뇌가 사고를 부호와하는 방법을 해독하다

뇌와 의식은 과학 분야와 철학 분야 모두에서 극도로 어려운 개념이었다. 오늘날 우리는 뇌에 대해 더 많은 것을 알고 있기는 하지만, 뇌와 의식은 여전히 신비롭고 미스터리한 분야다. 아마 더 많은 시간이 흘러야 이해할 수 있을지도 모르겠다. 그러나 지난 10년간 매우 흥미로운 발전이 일어났던 바, 이 책은 그러한 발전을 알려는 연구자나 학생 등에게 훌륭한 안내서라고 생각한다.

저자는 프랑스 SACLAY 연구소의 인지신경영상 연구 분과의 수장으로, 프랑스 학술원 회원이면서 언어와 우리 뇌에서 수(Number)를 인지하는 분야를 연구하는 과학자이기도 하다. 아울러 의식에 대한 좋은 연구들을 진행해온 이 분야의 저명한 과학자이기도 하다.

저자는 뇌와 의식에 대한 연구와 관련된 새로운 실험에 따른 증거를 요약하면서 이 책을 시작한다. 사실 뇌와 의식에 대한 연구에서 대표적인 걸림돌 중 하나는 눈에 보이는 '주관적 특성'이다. 실제로 일어나는 현상을 '객관적으로 연구하는 것'을 목적으로 하는 과학은 이러한 '주관적 특성'이라는 것을 어떻게 다룰 것인가?

그래서 많은 과학자들은 이러한 '주관적 특성'이라는 것을 극복할 수 없기에, 특히 의식에 대한 연구는 영원히 철학자들의 영역으로 남을 것이라고 봐왔다. 하지만 저자는 과학 분야에서의 새롭고 창의적인 실험과 그에 따른 흥미진진한 결과를 소개하고 있다.

저자는 "의식이란 대뇌 피질 내부에서 뇌 전체에 정보를 발송하는 것이다"라고 주장하고, 의식은 신경세포의 네트워크에서 생기며, 신경세포망의 존재 이유는 뇌 전체를 통해 대대적으로 적절한 정보를 공유하기 위한 것이라고 주장한다.

저자가 제안한 '광역 신경세포 작업 공간'이라는 개념은 신선하면서도 도전적이다. 아울러 저자는 이 작업 공간에 부여된 근본적인 성질은 '자율성'이라고 이야기하고 있다. 그렇다면 우리는 자유의지의 기계인가? 우리 내부로부터 기원하는 자율 활성화 신경세포, 그것의 능력은 어디로부터 오는 것일까?

저자는 또한 이러한 의문에 따른 실험의 증거들을 제시하면서 뇌와 의식에 대한 새로운 이론까지 개발하려고 한다. 그 이론은 뇌와 의식을 연구하는 데 있어서의 좋은 출발점이며, 뇌와 의식에 대한 더 많은 연구를 이끌어줄 검증 가능한 이론이기도 하다.

의식에 대한 우리의 이해는 아직 걸음마 단계이고, 이 책도 끝에서는 깊은 철학적 의문으로 되돌아가지만, 지금보다 더 나은 과학적 해답을 찾게 되면 아마도 요즈음 잘 알려진 강한 인공지능(AI)도 이를 기반으로 탄생하게 되지 않을까 생각해본다. 레이 커즈와일이 이야기하고 스티븐 호킹 박사가 걱정하는 미래의 강한 인공지능의 출현과 관련하여 의식에 대한 문제는 중심에 놓일 것이며, 이러한 인공지능과의 공존 문제는 바로 우리 뇌와 의식에 대한 연구에서 이루어질 것이고, 이는 결국 인류의 미래를 결정할 것이라고 생각한다.

그래서 이 책은 '인공지능이 단순한 업무를 넘어서 창의성이 필요한 부분까지 해냄으로써 인간의 모든 일을 대신하는 시대가 오는 것은 아닌가 하는 우려가 시작되는 이 시대에, 우리가 함께 고민해야 할 부분에 대한 안내서' 역할을 하고 있다고 본다.

김영보(가천의과학대학교 교수/신경외과 교수/뇌과학 연구원)

뇌의식의
탄생

뇌의식의
탄생

스타니슬라스 데하네 지음 | 김영보 감수 | 박인용 옮김

내 부모, 그리고
미국인 부모이신 앤과 댄에게

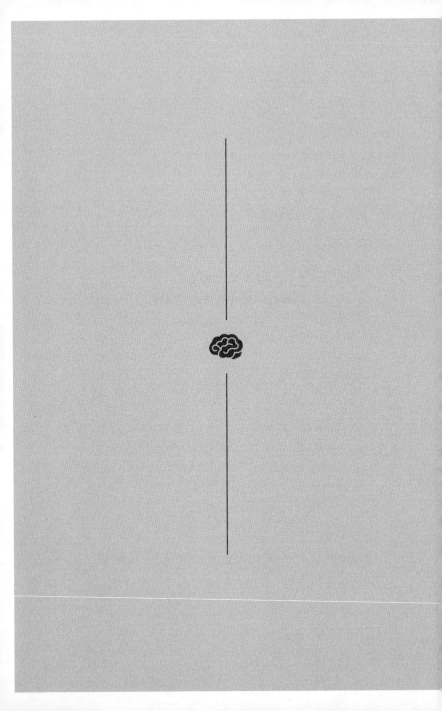

의식은 세상에서 유일하게 진정한 것이며
가장 커다란 미스터리다.

– 블라디미르 나보코프, 《서자 표시의 문장*Bend Sinister*》(1947)

뇌는 하늘보다 넓으니,
뇌를 여럿 나란히 놓으면
아주 손쉽게 하나가 다른 것을 포함하며
그대까지도 그럴 것이기 때문이다.

– 에밀리 디킨슨(1862년경)

추천의 글

"뇌 속의 정신을 탐구하는 흥분을 경험하고자 하는 사람이 반드시 읽어야 할 책." 《네이처》

"데하네는 무의식의 마에스트로다." 《사이언티픽 아메리칸 마인드》

"데하네는 세상에서 가장 심오한 미스터리 가운데 하나를 탐구하는 데 필요한 바로 그 청사진을 제공한다. 똑똑하고 완벽하며 명쾌한 책." 《워싱턴포스트》

"직관을 바꾸는 실험들로 가득 차있다." 《뉴사이언티스트》

"명쾌하다. 데하네의 최고의 업적은 그가 제창한 광역작업공간이론이며, 그것은 뇌에서 일어나는 과정의 일부가 왜 의식의 경험으로 이어지는지에 대한 완벽한 설명의 첫 단계다. 데하네의 설명은 현재까지 신경을 근거로 한 의식의 이야기 가운데 가장 세련된 것이다."

크리스 프리스, 《네이처》

"데하네는 이 책에서 20년 가까이 이루어진 활발한 실험과 모델링 작업의 결실을 요약한다…… 이 책은 의식에 대한 연구가 탄생할 때 산파 역할을 한 방법들을 소개하며……정보를 뇌 전반에 걸쳐 활용할 수 있는 것이야말로 바로 의식상태에서 의문이 만들어지는 동안 우리가 주관적으로 경험하는 것이라고 상정한다……. 그런 의문에 대답하기 위해서는 어떤 시스템 내부에서 전달된 데이터의 유형이 생물학적 또는 인공적인 유기체에 의식경험을 일으키느냐 하는 정보이론적인 설명이 요구된다. 하지만 풍부한 자료를 기반으로 훌륭하게 집필된 데하네의 책은 이것을 피하면서 행동이나 신경의 관찰에 국한시킨다."

크리스토프 코치, 《사이언스》

"의식에 관한 두툼한 책들은 지난 10년 동안 모든 연구자들이 논전에 참여하려고 하는 바람에 별로 가치가 없는 것이 되어버렸다. 하지만 스타니슬라스 데하네는 관련 분야—철학, 역사, 인지심리학, 뇌촬영, 컴퓨터모델링 등—의 정상에서 새로운 것을 추가하는 극소수의 인물 가운데 한 사람이다."

《뉴사이언티스트》

"생생한 비유의 재능을 지닌 훌륭한 교사로서 데하네는 '의식은 우리에게 순간마다 알아두어야 할 내용에 대해 보도자료로 배포하는 수천억 개의 신경세포를 참모로 거느리고 있는 큰 단체의 대변인 같은 것'이라고 말한다. 그런 다음 자신과 동료들이 구축한 '광역 신경세포 작업 공간'에 관한 깜짝 놀랄 만한 이론을 설명하면서, 피라미드와 같은 우리의 신경세포와 수상돌기, 그리고 각각의 신경세포가 '얼굴, 손, 물체' 같은 특정한 자극에 대해 '관여'한다는 발견 등의 묘사로 우리를 열광시킨다. 우리를 다른 동물과 차별화시키는 '매우 정교한 생물학적 기계'에 대한 놀라운 묘사."

《북리스트》

"복잡한 용어를 흥미롭고 이해할 수 있는 어구로 설명하는 데하네의 솜씨는 자료의 근본적인 이해를 높이는 사진이나 그림이 덧붙여짐으로써 더욱 강화되어있다……. 이 책은 모든 면에서 뇌의 놀라운 메커니즘을 더욱 뚜렷하게 부각시킬 것이다."

《퍼블리셔스 위클리》

"스타니슬라스 데하네의 주목할 만한 책은 오늘날 의식을 다룬 것으로서 내가 지금까지 읽은 것 중 최상의 것이다. 세계적인 과학자인 데하네는 의식을 연구하기 위한 일련의 실험을 개발하는 데 선구적인 역할을 해왔다. 그러한 실험들은 이 분야에 혁명을 일으켰으며, 우리에게 의식의 생물학에 직접 접근하게 해주었다. 간단히 말해 이 책은 역작이 아닐 수 없다. 일반 독자에게 아주 새로운 지적탐구의 세계를 열어준다."

에릭 캔들,
《기억을 찾아서》와 《성찰의 시대》의 저자이자 노벨생리의학상 수상자

차례

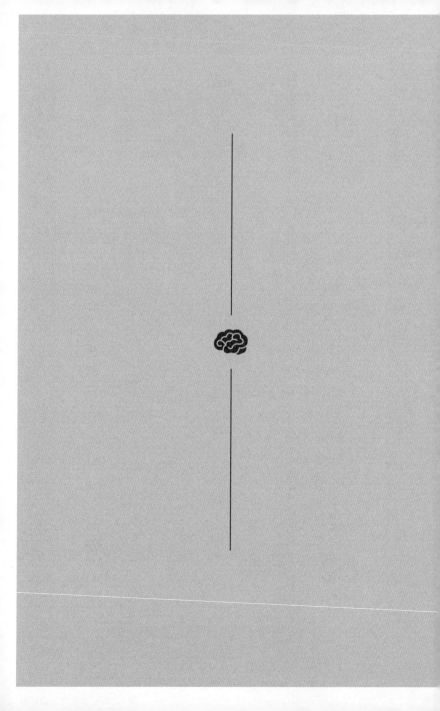

서문
생각의 재료

깊고 깊은 라스코 동굴 속, 신석기 시대의 화가들이 말과 사슴과 황소 등의 다채로운 동물을 그려놓은 유명한 '황소의 전당 Great Hall of the Bulls'을 지나면 그보다 덜 알려진 앱스Apse라는 회랑이 시작된다. 그곳에 있는 5m 남짓의 구덩이 바닥에는 선사 시대 회화로서는 드물게도 부상당한 들소 한 마리와 코뿔소 한 마리 곁에 사람이 묘사되어있다(18페이지의 〈그림 1〉 참조). 그는 손바닥을 하늘로 향하고 두 팔을 뻗은 채 등을 바닥에 대고 똑바로 누워있으며, 그의 곁에는 새 한 마리가 막대 위에 올라앉아있고, 조금 떨어진 곳에는 아마도 들소의 몸에서 내장(그림에도 내걸려있다)을 꺼내는 데 사용되었을 부러진 창이 놓여있다.

그림 속 인물은 음경이 발기되어있는 것으로 미루어 분명히 남성이다. 수면연구가 미셸 주베Michel Jouvet에 따르면 그 그림의 의미는 꿈꾸는 남자와 꿈을 묘사하고 있다고 한다.[1] 주베와

그림 1.
마음은 몸에 기력이 없는 동안 날아다닐지도 모른다. 약 1만 8,000년 전에
그려진 것으로 추정되는 이 선사시대 그림에서는 한 남자가 반듯이 누워있
다. 성기를 힘차게 발기한 것(아주 생생한 꿈을 꾸는 렘수면의 특징)으로 미루어
이 남자는 자면서 꿈을 꾸고 있는 것인지 모른다. 화가는 그 남자 곁에 몸이
해체된 들소 한 마리와 새 한 마리를 그려놓았다. 수면연구가 미셸 주베에
따르면 이것이 꿈을 꾸는 사람과 그 꿈을 묘사한 최초의 그림일지 모른다고
한다. 여러 문화에서 새는 꿈꾸는 동안 날아다니는 마음의 능력을 상징한
다. 이원론二元論의 조짐, 즉 생각이 신체와는 다른 영역에 속한다는 잘못된
직관을 나타내고 있다.

그의 연구팀은 주로 수면의 특정 시간 동안에 꿈을 꾼다는 사실을 발견했고, 그 활동이 잠을 자는 것처럼 보이지 않기 때문에 '역설적'이라고 언급했다. 꿈을 꾸는 동안 뇌는 깨어있을 때와 거의 마찬가지로 활동을 하고, 두 눈도 쉬지 않고 움직인다. 남성의 경우 성적인 내용이 포함된 꿈을 꾸지 않더라도 꿈을 꾸는 동안에는 힘찬 발기를 경험한다. 20세기에 들어서야 이 기묘한 생리적 현상이 과학계에 알려졌지만, 주베는 우리의 선조들도 그것을 쉽게 알아차렸을 것이라며 위트 있게 덧붙인다. 그림 속의 새는 꿈꾸는 사람의 정신을 상징하는 가장 자연스러운 비유라 할 수 있다. 또 그 마음은 꿈꾸는 동안 한 마리의 참새처럼 먼 장소와 다른 시간으로 날아가는 것이다.

이처럼 모든 문화의 미술이나 상징에 잠, 새, 영혼, 발기 등의 이미지가 주목할 만큼 자주 등장하지 않았다면 이러한 생각은 그저 상상의 수준에서 그쳤을지도 모른다. 고대 이집트의 미술 중에서 인간의 머리를 단 채, 이따금 발기된 음경과 함께 묘사되는 새는 무형의 영혼인 바^{Ba}를 상징했다. 모든 인간 속에는 불멸의 바가 머물고 있다가 죽을 때 내세를 찾아 날아간다고 여겨진 것이다. 또 라스코의 앱스 회화와 아주 흡사한 것으로, 위대한 신 오시리스^{Osiris}를 그린 전통적인 묘사에서는 그가 음경을 발기한 채 등을 대고 누워있는 동안 올빼미 이시스^{Isis}가 호루스^{Horus}를 낳기 위해 그의 몸 위를 날면서 그의 정자를 취하는 장면을 볼 수 있다. 힌두교 경전인 《우파니샤드^{Upanishad}》에서도 그와 비슷하게 영혼을 비둘기로 묘사하며, 그 비둘기가 죽으면 멀리 날아가 정신이 되어 돌아온다고 한다. 비둘기와 흰색 날개를 가진 다른 새에 대한 상징은 여러 세기를 거치며 기독교의 정신인 성령과, 인간을 찾아오는 천사를 상징하게 되었다. 이처럼 날아다니는 정령은 부활의 상징인 이집트의 불사조에서부터 갓난아이에게 정신을 주고 죽은 사람들에게서는 그것을 거둬들이는 핀란드의 새 시에룰린투Sielulintu에 이르기까지 자주적인 마음에 대한 보편적인 비유로 쓰이고 있다.

새의 비유에서 우리는 하나의 직감을 발견하게 된다. 우리의 생각이 우리의 몸을 형성하는 하찮은 물질과는 전혀 다르다는 것이다. 다시 말해, 몸이 가만히 누워 꿈꾸는 동안 생각은 멀리 떨어진 상상과 기억의 영역 속을 떠돌아다니는 것처럼 보인다. 정신활동을 물질세계의 활동과 비교해 이해할 수 있는, 이보다 더 나은 증거가 있을까? 정신이 명확한 것으로 만들어져있다는 증거는 무엇일까? 자유롭게 날아다니던 정신은 어떻게 뇌에서 발견되는 것일까?

데카르트가 풀지 못한 수수께끼

마음이 신체와 구분되는 별개의 영역에 속한다는 생각은 이미 플라톤의 《파이돈Phaedo》(기원전 4세기)과 기독교 영혼관의 토대가 되는 텍스트인 토마스 아퀴나스의 《신학대전Summa theologica》(1265~1274)과 같은 철학적 저술에서부터 이론화되었다. 그러나 의식은 물질이 아닌 성분으로 이루어져있어 정상적인 물리법칙을 벗어난다는 이원론의 명제를 분명히 진술한 사람은 프랑스의 철학자 르네 데카르트(1596~1650)였다.

오늘날 신경과학 분야에서는 유행처럼 데카르트를 조롱하고 있다. 1994년 안토니오 다마지오Antonio Damasio가 베스트셀러 《데카르트의 오류Descartes' Error》[2]를 출간한 이후 의식에 관한 현대의 대다수 도서들은 데카르트 때문에 신경과학연구가 지연되었다는 비난으로부터 출발했다. 하지만 사실은 이렇다. 데카르트는 선구적인 과학자였을 뿐 아니라 근본적으로는 환원주의자였다. 그가 시대를 앞질러 인간정신을 기계적으로 분석한 것은, 합성생물학synthetic biology과 이론모형을 최초로 실행에 옮긴 것과 같다. 데카르트는 순간적인 판단에 따라 이원론을 주장한 것이 아니었다. 그의 주장에는 "의식의 자유를 흉내낼 수 있는 기계란 결코 있을 수 없다"는 논리가 밑받침되어있다.

현대 심리학의 아버지 윌리엄 제임스도 "복잡하면서 분명히 지능적인 작용을 할 수 있는, 완전히 자급자족하는 신경 메커니즘을 생각해낼 정도로 과감했던 최초의 인물은 데카르트였다"[3]고 말하면서 우리가 데카르트에게 진 빚을 인정한다. 실제로 데카르트는 그의 통찰력이 돋보이는 《인체의 묘사Description of the Human》, 《영혼의 정열Passions of the Soul》, 《인간L'homme》

등의 저술을 통해 신체 내부의 활동에 대한 기계적인 관점을 단호하게 제시했다. 그는 우리를 세련된 자동장치 같은 존재로 봤다. 우리의 몸과 뇌는 문자 그대로 교회에서 사용되는 악기인 '오르간'을 여러 개 모아놓은 것처럼 작용한다는 것이다. 그리고 거대한 소리는 '동물의 정령'이라는 특별한 액체를 저수조로부터 아주 다양한 파이프 안으로 들어가게 하며, 이러한 파이프들의 조합이 우리 활동의 모든 리듬과 음악을 만들어낸다고 했다.

이러한 기계가 만들어내는 모든 기능을 한번 생각해보길 바란다. 음식물의 소화, 심장과 동맥의 박동, 신체 각부의 영양과 성장, 호흡, 각성과 수면, 외부 감각기관에 의해 받아들이는 빛·소리·냄새·열·기타 그들과 비슷한 여러 성질, 그러한 생각이 상식과 상상을 담당하는 기관에서 자아내는 인상, 그것들의 생각이 기억에 남거나 각인되는 것, 식욕이나 정열의 내적 움직임, 그리고 마지막으로 감각에 제시되는 물체의 작용을 그토록 적절하게 뒤따르는 모든 신체 각부의 외적 움직임 등……. 이 기계가 만들어내는 기능들은 시계나 그밖의 여러 자동장치의 움직임이 균형추와 바퀴의 배치를 뒤따르듯 아주 자연스럽게 기관의 배치를 따를 뿐이다.[4]

데카르트가 그린 '수압식 뇌hydraulic brain'는 물체 쪽으로 한 손을 움직이는 데 아무런 어려움이 없었다. 눈의 내부 표면에 물체의 시각적 특징이 충돌하면서 특정한 일부 파이프가 활성화된다. 그러면 송과체(솔방울샘)에 자리 잡고 있는 내부의 의사결정 시스템이 어느 방향으로 기울며 정령들을 흘려보냄으로써 사지를 적절하게 움직이도록 만든다(24페이지의 〈그림 2〉 참조). 이러한 통로들이 선별적으로 강화되는 것에 대응해 기억이 생성된다. 이것은 놀랍게도 "학습이란 뇌의 연결이 변화하는 것에 의존한다(함께 발화하는 신경세포가 함께 연결된다)"는 현대의 생각을 예견한 것이었다. 데카르트는 정령들의 압력이 낮춰지면 잠에 빠진다고 이론화함으로써 수면의 명쾌한 기계적 모델까지 제시했다. 예를 들어 각성상태의 모델은 동물의 정령들의 원천이 풍부할 때 모든 신경을 통해 순환한다고 설명하고 있다. 이렇게 압력이 가해진 기계는 어떤 자극에나 반응할 준비를 하게 된다. 반대로 수면상태에서는 정령들의 압력이 약해져 몇 가닥의 실만 움직일 수 있게 된다고 설명한다.

한편 데카르트는 유물론에 대한 서정적 호소로 결론을 내렸는데, 이는 물질의 이원론을 확립한 사람의 생각이라는 점에서 전혀 의외였다.

그렇다면 이러한 기계들의 기능을 설명하기 위해 심장에서 끊임없이 타오르는 불―무생물에서 발생하는 불과 똑같은 성질의 불―의 열기 때문에 불안해지는 피와 정령 이외에, 자라나거나 민감한 생물, 또는 그 밖의 다른 움직임이나 생명 따위를 생각하

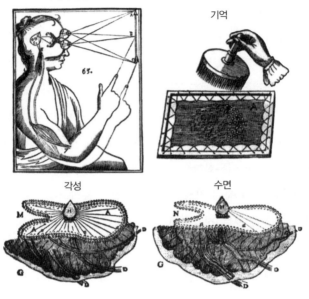

시각과 행동

기억

각성

수면

그림 2.

사고에 대해 아직 완전히 유물론적인 개념에까지 이르지 못한 르네 데카르트의 신경계 이론. 그의 사후인 1664년에 발표된 《인간L'homme》에서 데카르트는 시력과 행동이 눈, 뇌 속의 송과체, 팔의 근육 사이에 적절한 연결을 통해 이루어지는 것이라고 예견했다. 그리고 기억은 천에 구멍을 뚫는 것처럼 이러한 경로들이 선별적으로 강화되는 것이라 상상했다. 심지어 의식의 동요까지도 송과체를 움직이는 동물 정령의 다양한 압력으로 설명할 수 있었다. 높은 압력은 각성, 낮은 압력은 수면이 된다. 이 같은 기계적인 입장에도 불구하고 데카르트는 "몸과 마음은 송과체를 통해 상호작용하는 서로 다른 종류의 물질로 만들어져있다"고 믿었다.

는 것은 불필요하다.

그럼 데카르트는 왜 물질이 아닌 영혼의 존재를 인정했을까? 이는 데카르트가 자신이 만든 기계적인 모델이 인간정신의 더 높은 수준의 능력에 대한 유물론적인 해결책을 마련해주지 않는다는 것을 알아차렸기 때문이다.[5] 그리고 2가지 중요한 정신적 기능이 신체기능을 가진 기계의 능력 외부에 놓여있다고 생각해서였다. 첫 번째 기능은 생각하는 것을 말로 보고하는 능력이었다. 데카르트는 기계가 "어떻게 우리가 자신의 생각을 다른 사람들에게 밝히는 것처럼 말 또는 말로 구성되는 신호를 사용하는지" 알 수 없었다. 기계도 특정한 입력에 반응해 특정한 소리를 출력하도록 조작할 수 있으므로 반사적인 외침은 아무런 문제가 아니었다. 하지만 "아무리 멍청한 사람이라도 할 수 있는 것처럼" 어떻게 기계가 질문에 대답할 수 있을까?

두 번째 정식적 기능은 유연한 추론이었다. 기계는 "기관의 배치에 따라" 엄격하게 작동할 수 있는 고정된 장치일 뿐이다. 이러한 장치가 무한하게 다양한 생각을 만들어낼 수 있을까? 데카르트는 이렇게 결론을 내렸다. "우리가 이성에 의해 행동하듯이, 기계가 마치 생명을 가진 것처럼 작동하는 데 충분할 만큼 다양한 기관을 그 속에 갖추기란 도덕적으로 불가능하다."

유물론에 대한 데카르트의 도전은 오늘날에도 유효하다. 어떻게 뇌와 같은 기계가 미묘한 인간의 언어를 구사해 자신을 말로 표현하고 그 자체의 정신상태를 반영할 수 있을까? 그리고 어떻게 유연한 방식으로 합리적인 결정을 내릴 수 있을까? 의식을 다루는 과학이라면 이러한 핵심 문제를 반드시 짚고 넘어가야 한다.

마지막 문제

우리 인간은 여러 광년 떨어진 은하를 확인하고 원자보다 더 작은 소립자를 연구할 수 있습니다. 하지만 아직 귀 사이에 자리 잡은 1.4킬로그램짜리 물질의 미스터리는 풀지 못하고 있습니다.

– 버락 오바마,
2013년 4월 2일 '브레인 이니셔티브BRAIN initiative'를 발표하면서

우리는 유클리드, 카를 프리드리히 가우스, 알베르트 아인슈타인 덕분에 물질계를 지배하는 수학적 원리를 상당히 이해하게 되었다. 아이작 뉴턴과 에드윈 허블의 업적 덕분에 우리 지구가 원초의 대폭발인 빅뱅big bang으로부터 기원하는 10억에 이르는 은하 가운데 하나 속에 있는 하나의 먼지 같은 티끌에 지나지 않는다는 것도 이해한다. 그리고 찰스 다윈, 루이 파스퇴르, 제임스 왓슨, 프랜시스 크릭은 생명이 수십억의 화학 반응에 의해 이루어짐을 증명해주었다. 이 모든 것이 그저 간단한 물리

학적 원리에 불과한 것이다.

오로지 의식의 발생에 대한 지식만이 마치 중세시대에 머물러있는 것 같다. 나는 어떻게 생각할 수 있는가? 생각하고 있는 것 같은 '나'라는 존재는 무엇인가? 내가 다른 시간, 다른 장소에서 다른 몸으로 태어났다면 달라졌을까? 잠이 들고 꿈을 꾸거나 죽었을 때는 어디로 가는 것일까? 그것이 모두 내 뇌로부터 일어나는가? 아니면 나는 정령의 일부분 안에서 명확한 생각의 물질로 이루어진 존재일까?

수많은 명석한 사람들이 이러한 성가신 질문들 때문에 혼란스러워 했다. 1580년 프랑스의 인문주의자 미셸 드 몽테뉴는 유명한 수필 가운데 하나에서 "과거의 사상가들이 영혼의 성격에 대해 기술한 것에서 일관성을 발견할 수 없으며, 영혼의 성격은 물론 몸속에서 그것이 자리 잡고 있는 장소에 대한 그들의 의견이 모두 다르다"고 불평했다. "히포크라테스와 헤로필로스는 그것이 뇌실 속에 있고, 데모크리토스와 아리스토텔레스는 몸 전체에, 에피쿠로스는 위 속에, 스토아학파 철학자들은 심장 안과 그 주위에, 엠페도클레스는 핏속에 있다고 했으며, 갈레노스는 신체 각부마다 자체의 영혼이 있다고 생각했는가 하면, 스트라톤은 그것이 눈썹 사이에 있다고 했다."[6]

19세기와 20세기에도 의식에 대한 문제는 정상적인 과학의 영역 밖에 놓여있었다. 그것은 여전히 애매하고 제대로 정립되지 못한 영역이었으며, 그것이 지니는 주관성 때문에 객관적인 실험의 경계 너머에 자리 잡았다. 오랜 세월 동안 어떤 연구자도 그 문제를 진지하게 다루려 하지 않았다. 의식에 대해 생각하는 것은 연로한 과학자들의 취미에 머물 뿐이었다. 심지어 인지심리학의 창시자 조지 밀러는 그의 저서 《심리학, 정신생활의 과학*Psychology, the Science of Mental Life*》(1962)에서 공식적인 금지를 제안했다. "의식이라는 말은 수백만 사람들의 혀로 닳아 문드러진 말이다⋯⋯. 아마도 우리는 지금 '의식' 때문에 모호해진 몇 가지 용도에 관한 더 정확한 용어를 개발할 수 있을 때까지 10년이나 20년 정도 그 말의 사용을 금해야 할지도 모른다."

실제로 그 말은 금지되었다. 1980년대 후반에 학생이었던 나는 연구실 회합에서 '의식'이라는 말을 사용하지 못하게 된 것을 알고 놀랐다. 물론 실험대상인 사람들에게 그들이 보았던 것을 분류하라거나 어둠 속에서 심상心像을 형성해보라고 하는 등 다양한 방식으로 의식을 연구했지만, 그 말 자체는 여전히 금기였다. 전문적인 과학간행물에서도 그 말은 사용되지 않았다. 심지어 실험자들은 피험자가 의식지각의 역치 때 자극을 알아차렸는지의 여부를 보고하려 하지 않았다. 몇몇 중요한 예외가 있기는 하지만[7] 일반적으로 '의식'이라는 말을 사용하는 것이 심리학연구에 아무런 가치를 더하지 않는다는 느낌을 지울 수 없었다. 새롭게 등장한 긍정적인 인지과학에서도 정신활동이 정보 처리와 그것만의 분자와 신경세포로 수행되는 것으로만 묘사되었다. '의식'은 제대로 정립되지 않았고 불필요하며 이미 사용되지 않는 말이었다.

그러다 1980년대 후반에 모든 것이 바뀌었다. 오늘날 신경과학연구의 최첨단에는 의식 문제가 자리 잡고 있다. 이제 의식 문제는 그 자체를 다루는 학회와 전문지까지 등장할 만큼 활발한 분야다. 그리고 자신이 유연하게 사용할 수 있고 다른 사람들에게 밝힐 수 있는 주관적인 관점을 우리의 뇌가 어떻게 만들어내는지를 비롯해 데카르트의 중요한 도전들에 대해 다루기 시작하고 있다. 이 책은 그처럼 사정이 뒤바뀐 이야기를 다룬다.

의식을 정의하는 방식

지난 20년 동안 인지과학, 신경생리학, 뇌영상의학 등의 분야에서 의식에 대해 실속 있는 경험적 연구가 이루어졌다. 그 결과 의식 문제는 추정만 무성하던 지위를 벗어나 독창적 실험들이 이루어지는 문제가 되었다.

나는 이 책에서 하나의 철학적 미스터리를 실험실의 현상으로 전환시킨 전략을 상세하게 점검하고자 한다. 그리고 이 변화를 가능케 한 3가지 기본요소를 다룰 것이다. 의식에 대한 더 나은 명쾌한 정의, 의식이 실험에 의해 조정될 수 있다는 발견, 주관적 현상에 대한 새로운 존중이 바로 그것이다.

일상적인 대화에서 등장하는 '의식'이란 말은 광범위한 영역의 복잡한 현상을 망라하는 애매한 의미를 지니고 있다. 그렇다면 첫 번째 과제는 이러한 혼돈상태에서 질서를 발견하는 것이어야 한다. 이를 위해 정밀한 실험을 할 수 있는 분명한 선까지 주제의 범위를 좁힐 필요가 있다. 앞으로 보게 되겠지만, 현대 과학에서는 의식을 최소한 3가지 개념으로 구분한다. 잠들 때나 깨어날 때마다 달라지는 각성vigilance, 구체적인 정보에 대해 우리의 정신적 자원을 맞추는 주의attention, 주의를 기울인 정보 일부가 이윽고 인식되어 다른 사람들에게 이야기할 수 있게 되는 의식화conscious access 등이 그것이다.

나는 진정한 의식이란 의식화라고 생각한다. 이는 우리가 보통 깨어있을 때는 무엇에 초점을 맞추든 그것이 의식될 것이라는 간단한 사실에 근거한다. '각성'이나 '주의'만으로는 충분하지 않다. 우리가 완전히 깬 상태에서 주의를 기울이면 대상을 보고 그에 대한 인식을 다른 사람들에게 묘사할 수 있지만, 간혹 그럴 수 없는 경우가 있다. 아마도 그 대상이 너무 희미하거나 아니면 너무 짧게 번뜩거려 보지 못했기 때문일 것이다. 첫 번째 경우에는 의식화가 이루어진 것이고, 두 번째 경우에는 그러지 못한 것이다. 하지만 앞으로 보게 되다시피 우리의 뇌는 그 정보를 무의식적으로 처리하고 있을지도 모른다.

의식을 다루는 새로운 연구 분야에서는 의식화를 각성 및 주의와 확연히 구분할 수 있는 현상으로 정립시켰다. 게다가 그것은 연구실에서 쉽게 확인할 수 있다. 우리는 이제 하나의 자극이 인식되는 것과 인식되지 않는 것 사이, 보이는 것과 보이지 않는 것 사이의 경계를 가로지를 수 있으며, 그렇게 함으로써 그것이 뇌 속에서 어떻게 변화하는지를 확인할 수 있는 수십 가지의 방법에 대해 알고 있다.

또한 의식화는 더욱 복잡한 형태의 의식경험에 대한 관문이기도 하다. 우리는 가끔 일상적인 언어로 우리의 자아감과 의식을 융합시키기도 한다. 여기서 우리의 자아감은 곧 뇌가 하나의 관점, 어느 구체적인 시점에서 주위를 둘러보는 '나'를 만들어내는 방법을 의미한다. 의식은 또 반복적일 수 있다. 우리의 '나'는 그 자체를 경멸하고, 그 자체의 성능에 대해 언급하며, 심지어 그것이 무엇인지도 모를 때조차 알고 있다. 좋은 소식은 심지어 의식이 지니고 있는 더 높은 수준의 이런 의미들이 이제 더 이상 실험으로는 다가갈 수 없는 것이라는 점이다. 우리는 연구를 통해 '나'가 외부 환경과 그것 자체에 대해 느끼고 그것을 이야기하는 것을 수량화하는 법을 배웠다. 우리는 심지어 자아감을 조정할 수도 있다. 그래서 사람들은 MRI(자기공명영상장치) 내부에 누워있는 동안 정신이 몸을 빠져나가는 것을 경험할지도 모른다.

일부 철학자들은 여전히 위에서 언급한 개념 가운데 어떤 것도 문제의 해답으로는 부족하다고 생각한다. 그들은 문제의 핵심이 다른 의미에서의 의식 속에 놓여있다고 여긴다. 그들은 예리한 치통이나 싱싱한 잎의 파릇파릇함 같은 독특한 성질을 비롯한 우리의 내적 경험에 대해 배타적인 성질을 가지는 '현상적 인식phenomenal awareness'이 우리 모두에게 있는 직감들 속에 있다고 믿는다. 또한 이러한 내적 성질은 결코 신경세포의 과학적 묘사로 축소시킬 수 없으며, 본질적으로 개인적·주관적이므로 다른 사람들과 힘들게 말을 주고받는 의사소통이 허용되지 않는다고 주장한다. 하지만 나는 그 의견에 동의하지 않는다. 또한 의식화와 구분되는 현상적 의식phenomenal consciousness이라는 개념이 많은 오해를 불러일으키고 있으며, 결국 이원론에 빠진다는 것을 주장할 것이다. 먼저 의식화에 대해 간단히 살펴보자. 일단 어느 감각정보가 우리 마음에 어떻게 인식되고 보고될 수 있는지가 밝혀지면 설명할 수 없는 경험들이 지니는 온갖 난제가 사라질 것이다.

볼 것인가, 보지 않을 것인가

의식화는 믿기 힘들 만큼 사소하다. 우리가 물체 위에 눈길을 주면 거의 당장 그 물체의 형태, 색상, 정체를 인식하게 된다. 하지만 우리의 지각적 인식 뒤에는 의식이 나타나기에 앞서 수십억 개의 시각신경세포가 반응하며, 거의 약 0.5초가 걸려 끝나는 복잡한 뇌활동이 일어난다. 이 기다란 처리 과정을 어떻게 분석할 수 있을까? 어느 부분이 순전히 무의식적으로 자동으로 작동하는 것인지, 그리고 어느 부분이 보고 있다는 의식으로 이어지는지를 어떻게 구분할 수 있을까?

이것이 바로 의식을 다루는 현대의 연구 분야가 시작되는 두 번째 요소다. 지난 20년에 걸쳐 인지과학자들은 의식을 조정하는 매우 다양한 방법을 발견했고, 이제 우리는 의식지각 conscious perception의 메커니즘에 관한 강력한 실험수단에 대해 알고 있다. 실험설계에서의 미세한 변화를 통해 우리에게 대상을 보이게 하거나 보이지 않게도 할 수 있다. 사람들 앞에서 단어 하나를 아주 짧게 보여줌으로써 무슨 말인지 알아차리지 못하게 하는 것이다. 교묘하게 어수선한 광경 속에 다른 물체들을 놓아두어 항상 사람들의 시선을 끌게 함(의식지각에 대한 내적 경쟁에 이기게 함)으로써 어느 물체 하나를 전혀 눈에 띄지 않게 할 수도 있다. 그리고 우리의 주의를 산만하게 할 수도 있다. 이는 마술사들이 자주 사용하는 방법인데, 보고 있는 사람의 마음을 다른 생각에 사로잡히게 만들어 아주 명확한 몸짓조차 전혀 눈에 띄지 않게 만드는 것이다. 심지어 우리의 뇌가 마술을 부리게 할 수도 있다. 뚜렷이 구분되는 두 이미지가 우리의 두 눈에 띌 경우, 우리 뇌는 자동적으로 변환되면서 두 이미지를 하나씩 보여줄 뿐, 결코 한꺼번에 두 이미지를 동시에 보여주지는 않을 것이다.

정보 입력 쪽에서는 인식된 이미지(의식에 들어온 이미지)와 상실된 이미지(무의식의 망각으로 사라진 이미지)의 차이가 미미할지도 모른다. 하지만 뇌 속에서는 그 차이가 증폭되어야 한다. 궁극적으로는 하나에 대해서만 말할 수 있고 다른 하나에 대해서는 말할 수 없어야 하기 때문이다. 우리는 이러한 증폭이 정확하게 언제 어디서 일어나는지 추정하는 것을 새로운 의식연구 분야의 목표로 삼아야 한다.

의식적 지각과 무의식적 지각 사이에 미미한 대조를 만들어 내는 실험전략이야말로 의식이라는 미지의 성역에 발을 디딜 수 있는 중요한 아이디어였다.[8] 우리는 여러 해 동안 서로 잘 어울리는 실험적 대조(거기서 한 조건은 의식지각으로 유도되는 데 반해, 다른 조건은 그렇지 못했다)를 다수 발견했다. 까다로운 의식 문제가 뇌의 메커니즘을 해독하는 실험의 문제로 축소된 것이다. 그것은 2가지 시도로 구분되며, 훨씬 다루기 쉬운 문제였다.

과학은 주관성을 어떻게 분석하는가

마지막 단계는 아주 단순하지만, 논란의 여지가 있다. 이 연구전략은 내가 개인적으로 새로운 의식연구 분야에서 세 번째로 중요한 요소라고 여기는 것, 즉 주관적 보고를 진지하게 다루는 것에 의존했다. 우선 피험자에게 두 종류의 시각적 자극을 주는 것만으로는 충분하지 않았다. 우리는 피험자가 그러한 자극에 대해 어떻게 생각하는지를 실험자로서 세심하게 기록해야 했다. 피험자의 자기성찰도 중요했다. 그것은 우리가 연구하려는 목표이기도 한 현상을 밝혀주기 때문이다. 실험자가 어떤 이미지를 볼 수 있었더라도 피험자가 그것을 본 것을 부인했다면, "그 이미지는 볼 수 없는 것"이라 기록되어야 했다. 무엇보다도 심리학자들에게는 주관적인 자기성찰을 가급적 정확하게 지켜볼 수 있는 새로운 방법을 모색하는 것이 중요해졌다.

주관성을 이처럼 강조하는 것은 심리학에서 하나의 혁명에 가깝다. 20세기 초 존 브로더스 왓슨John Broadus Watson(1878~1958)과 같은 행동주의 심리학자는 심리학 분야에서 자기성찰을 강제로 추방시켰다.

행동주의 심리학자가 보는 심리학은 순전히 객관적이며, 실험이 주를 이루는 자연과학 분야다. 그 이론적인 목표는 행동의 예측과 제어다. 자기성찰은 그 방법론의 본질적인 부분을 형성하지 않으며, 그 데이터는 의식 측면으로 해석되는 것에 쉽사리 의존하기 때문에 과학적인 가치가 없다.[9]

비록 나중에는 행동주의 심리학 자체도 거부되었지만, 그것은 지속적인 자취를 남겼다. 20세기 내내 자기성찰에 의존하는 것이 심리학에서 매우 의심스럽게 여겨졌던 것이다. 하지만 나는 이 독단적인 입장이 크게 잘못된 것이라고 주장할 것이다. 그것은 뚜렷이 구분되는 2가지 문제, 즉 연구방법으로서의 자기성찰과 미가공 데이터로서의 자기성찰을 융합시킨다. 연구방법으로서의 자기성찰은 신뢰할 수 없다.[10] 아무것도 모르는 대상 인물이 자신의 정신이 어떻게 작용하는지 이야기하는 것을 곧이곧대로 받아들일 수 없음은 분명하다. 그렇지 않다면 우리의 연구 분야가 너무 수월할 것이다. 그리고 그들이 몸에서 빠져나가 천장에까지 올라갔다거나 꿈속에서 세상을 떠난 할머니를 만났다고 주장하는 그들의 주관적 경험도 너무 곧이곧대로 받아들여서는 안 된다. 그러나 어떤 의미에서는 심지어 그런 엉뚱한 자기성찰도 믿어야 한다. 그 사람이 거짓말을 하고 있는 것이 아니라면 그들의 자기성찰은 설명을 필요로 하는 진정한 정신적 사건과 부합하기 때문이다.

의식을 올바르게 이해하려면 주관적 보고를 미가공 데이터라고 생각해야 한다.[11] 자신의 몸을 빠져나가는 경험을 했다고 주장하는 사람이 정말로 천장으로 끌린 것처럼 느끼는 이유를 진지하게 다루지 않는다면 의식연구 분야가 존재하지 않을 것이다. 실제로 의식을 연구하는 분야에서는 착시visual illusion, 오인된 그림, 정신의학적 망상, 기타 상상에서 나온 허구 등 순전히 주관적인 현상을 굉장히 많이 사용한다. 오직 이러한 사건들만이 객관적인 물리적 자극과 주관적인 인식을 구분할 수 있게 한다. 따라서 전자보다 후자와 이루는 뇌의 상관관계를 탐구하도록 한다. 의식을 연구하는 과학자이다 보니 우리는 주관적으로 보거나 놓칠 수 있는 새로운 시각적 모습, 또는 때로는 들린다고 하고 때로는 들리지 않는다고 하는 소리를 발견할 때가 가장 즐겁다. 매번 피험자들이 느끼는 것을 기록하기만 하면, 그것 자체가 만반의 준비를 갖춘 셈이다. 이를 통해 우리가 그 실험을 의식적인 것과 무의식적인 것으로 분류할 수 있으며, 그리하여 그들을 구분하는 뇌의 활동패턴을 탐구할 수 있기 때문이다.

의식적인 사고의 기호

이러한 3가지 요소, 즉 의식화에 초점을 맞추는 것, 의식지각을 조정하는 것, 자기성찰을 꼼꼼하게 기록하는 것에 의해 의식연구가 하나의 정상적인 실험과학으로 전환되었다. 우리는 사람들이 보지 못했다고 말하는 그림이라도 실제로 뇌에서는 어느 정도까지 처리되었는지 탐구할 수 있다. 앞으로 발견하게 되겠지만, 표면적으로 우리에게 의식되는 정신의 밑바닥에서는 믿기 어려울 정도로 무의식적 처리가 이루어진다. 역하閾下(잠재의식)의 이미지를 사용하는 연구를 통해 이러한 의식적인 경험에 대한 뇌의 메커니즘을 연구할 수 있는 강력한 발판이 마련되었다. 현대의 뇌촬영법에 의해 우리는 무의식적 자극이 뇌 속에서 얼마나 멀리 갈 수 있고 어디에서 멈추는지를 정확하게 탐구할 수단을 가지게 됨으로써 신경활동의 어떤 패턴이 의식의 처리와 관련이 있는지를 단정할 수 있다.

지난 15년 동안 우리 연구팀에서는 fMRI(기능적 자기공명영상 장치)로부터 EEG(뇌전도, electroencephalography)와 MEG(뇌자도, magentoencephalography)에 이르기까지, 심지어 사람의 뇌 속 깊이 삽입하는 전극에 이르기까지 이용 가능한 모든 도구를 사용해 의식이 대뇌 속에 있다는 근거를 확인하기 위해 노력해 왔다. 전 세계의 다른 여러 연구실과 마찬가지로 우리 연구실에서도 뇌를 촬영 중인 사람이 의식경험을 하고 있기만 하다면 체계적인 실험에 의해 뇌활동의 패턴을 찾는 일에 몰두한다. 나는 그러한 의식경험을 '의식의 기호signatures of consciousness'라고 부른다. 실험을 거듭하다 보면 똑같은 기호가 나타난다. 뇌활동의 몇몇 표지는 사람이 그림이나 단어, 숫자, 소리 등을 인식하면 언제나 크게 변화한다. 이러한 '기호'는 주목받을 정도로 안정되어있으며, 매우 다양한 시각, 청각, 촉각, 인지적 자극에서 관찰할 수 있다.

의식이 있는 모든 인간에게 나타나는 재현 가능한 의식의 기호를 경험으로 발견하는 것은 단지 첫 단계일 뿐이다. 그에 따른 이론적인 탐구가 뒷받침되어야 한다. 이러한 의식의 기호가 어떻게 처음 생겼을까? 왜 그들이 의식하는 뇌를 나타낼까? 왜 어떤 유형의 뇌의 상태만 내부의 의식경험을 일으킬까? 오늘날 어느 과학자도 이러한 문제를 해결했다고 주장할 수 없지만, 우리는 실험을 위한 강력한 가설을 몇 가지 세웠다. 나는 동료들과 함께 '광역 신경세포 작업 공간global neuronal workspace'이라는 이론을 수립했다. 그리고 의식이란 대뇌 피질 내부에서 뇌 전체에 대해 정보를 방송하는 것이라고 제안했다. 의식은 신경세포의 네트워크에서 생기며, 신경세포망의 존재 이유는 뇌 전체를 통해 대대적으로 적절한 정보를 공유하는 것이다.

철학자 대니얼 데닛Daniel Dennett은 이 아이디어를 '뇌 속의 명성fame in the brain'이라고 정의했다. 우리는 이 광역 신경세포 작업 공간 덕분에 우리에게 강렬하게 새겨지는 어떤 생각이라도 오랫동안 마음속에 간직할 수 있으며, 미래의 계획에 통합시킬 수 있다. 따라서 의식은 뇌가 컴퓨터처럼 작동하는 데 빈틈없는 역할을 담당한다. 즉, 적절한 생각들을 선택하고 증폭해 전파시키는 것이다.

그렇다면 의식을 전파하는 회로는 무엇일까? 기다란 축삭을 뻗어 피질을 종횡으로 오가면서 그것을 서로 연결해 하나로 통합시키는 일련의 거대한 신경세포가 의식의 메시지를 뇌 전체에 확산시킨다고 생각된다. 이 구조를 컴퓨터로 시뮬레이션하자 우리가 실험을 통해 발견했던 중요한 사실들이 재현되었다. 뇌에 들어오는 감각정보의 중요성에 대해 많은 영역들의 판단이 일치하면 그들은 서로 공조해 뇌 전체에 걸쳐 대규모 소통이 이루어지는 상태에 돌입한다. 그리고 광범위한 네트워크가 높은 수준으로 활성화된다. 이 활성화의 성격이 우리가 경험적으로 알아차리는 의식의 기호를 설명해주는 것이다.

무의식적 처리도 깊을 수 있지만, 의식화에는 기능성의 층이 하나 더 덧붙여진다. 우리는 의식의 전파기능에 의해 특이할 정도로 강력한 작동을 수행할 수 있다. 광역 신경세포 작업 공간은 사고 실험, 즉 외부 세계와 격리될 수 있는 순수하게 정신적인 작용을 위해 내부 공간을 하나 개방한다. 그 덕분에 우리는 오랫동안 중요한 데이터를 마음속에 간직할 수 있다. 그리고 그것을 다른 정신 과정에 전할 수 있으며, 따라서 우리의 뇌는 데카르트가 찾고 있던 것과 같은 유연성을 갖게 된다. 일단 정보가 의식되면 그것은 일련의 기다란 임의의 작동 안으로 들어갈 수 있다. 그 정보는 이제 더 이상 반사적으로 처리되지 않고 생각에 의해 마음대로 방향을 바꿀 수 있다. 그리고 언어 영역에 연결되어있는 덕분에 우리는 그것을 다른 사람들에게 이야기할 수도 있다.

마찬가지로 광역 신경세포 작업 공간에 부여된 근본적인 성질이 바로 자율성이다. 최근의 연구를 통해 뇌에서는 자발적인 활동이 극렬하게 일어나고 있다고 밝혀지고 있다. 뇌에서는 외부 세계로부터가 아니라 내부로부터, 다시 말해 일부 무작위적인 자율활성화 신경세포의 특이한 능력으로부터 기원하는 내부 활동이 끊임없이 뇌 전체에 걸쳐 일어나고 있다. 그 결과, 그리고 데카르트의 오르간 비유와는 아주 정반대로, 광역 신경세포 작업 공간은 입력·출력의 형식으로 작동하는 것이 아니라 출력을 만들어내기 전에 자극받기를 기다리고 있는 것이다. 오히려 그것은 심지어 아주 깜깜한 가운데서도 끊임없이 뇌 전체의 신경활동패턴을 방송함으로써 윌리엄 제임스가 말했던 '의식의 흐름stream of consciousness', 즉 주로 현재의 목표에 의해 형성되고 오직 가끔 감각을 통해서만 정보를 얻는 느슨하게 연결된 생각들의 끊임없는 흐름을 일으킨다. 르네 데카르트는 의도, 생각, 계획 등이 지속적으로 튀어나와 우리의 행동을 형성하는 이런 종류의 기계를 상상할 수도 없었을 것이다. 하지만 내가 주장하는 것은 바로 데카르트의 도전을 해결하고, 아울러 의식의 훌륭한 모델로서도 손색이 없는 '자유의지' 기계이다.

의식의 미래

의식에 대한 우리의 이해는 아직 걸음마 단계에 머물러있다. 앞으로 의식에 대해서 우리는 무엇을 더 알 수 있게 될까? 이 책의 끝에 가면 우리는 깊은 철학적 의문으로 돌아갈 것이지만, 지금보다 더 나은 과학적 대답을 얻을 것이다. 그때 나는 의식에 대한 우리의 이해를 증대시키는 것이 우리 자신에 대해 매우 심오한 의문의 일부를 해결할 뿐 아니라 어려운 사회적 결정에 직면하기도 할 것이며, 심지어 컴퓨터처럼 인간정신의 힘을 흉내내는 새로운 기술을 개발하는 데 도움이 되리라고 주장할 것이다.

물론 세부적인 많은 것들이 해결되어야 하지만, 의식의 연구는 이미 단순한 가설 이상이다. 의학적 응용도 이제 머지않았다. 전 세계의 수많은 병원에는 혼수상태나 식물인간상태의 수천 명에 달하는 환자들이 뇌내출혈, 자동차사고, 일시적인 산소결핍 등에 의해 뇌가 파괴됨으로써 아무 말도 하지 못한 채 꼼짝하지 않고 혼자 격리되어 누워있다. 그들이 다시 의식을 되찾을까? 그들의 일부는 이미 의식을 찾았지만 '록트인locked in상태(의식은 있지만 의사소통을 하지 못하는 상태 – 옮긴이 주)'여서 우리에게 그걸 알리지 못하는 것은 아닐까? 뇌촬영 연구결과를 실시간으로 의식을 경험하는 모니터로 변환시키면 그들을 도울 수 있을까?

우리 연구실에서는 지금 어떤 사람에게 의식이 있는지 없는지를 신빙성 있게 파악해줄 강력한 시험을 계획하고 있다. 객관적인 의식의 기호를 활용할 수 있게 됨으로써 오늘날 혼수상태에 있는 전 세계의 환자들을 돕고 있으며, 앞으로는 갓난아이에게 의식이 있는지, 그렇다면 언제 의식이 있는지에 관한 문제까지도 곧 알려줄 것이다. 비록 어떤 과학도 결코 실재를 당위로 바꾸지 않겠지만, 일단 우리가 객관적으로 환자나 갓난아이에게 주관적인 느낌이 있는지를 단정한다면 훨씬 더 나은 윤리적인 결정을 하게 될 것이라 확신한다.

의식의 연구를 또 하나 멋지게 응용하는 분야가 바로 컴퓨터 관련 기술이다. 우리는 실리콘으로 뇌회로를 모방할 수 있게 될까? 현재 우리 지식이 의식 있는 컴퓨터를 만들기에 충분한가?

그러기 위해서는 무엇이 더 필요할까? 앞으로 의식이론이 개선된다면 진짜 신경세포와 회로에서 이루어지는 의식의 작용을 흉내내는 전자칩을 만들어낼 수 있을 것이다. 만약 그렇다면 그 다음 단계는 그 자체의 지식을 인식하는 기계가 될까? 그리고 우리는 그 기계에게 자아감과 심지어는 자유의지의 경험까지 부여할 수 있을까?

이제부터 나는 "너 자신을 알라"는 그리스의 격언에 더욱 깊은 의미를 보장해줄 탐구이자, 의식의 최첨단 연구를 살펴보는 여행으로 당신을 초대하고자 한다.

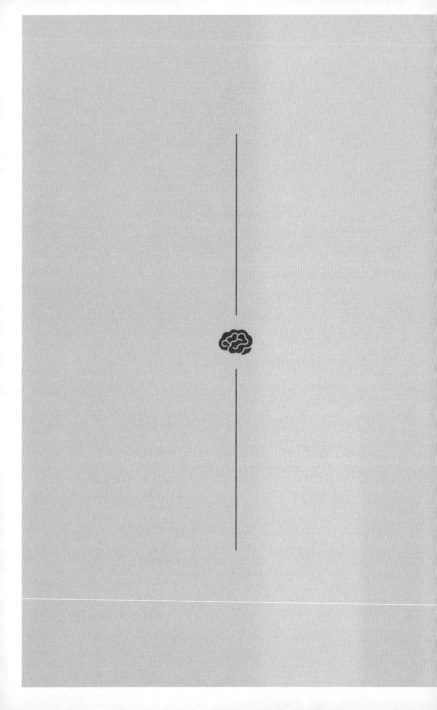

1

실험실로 들어온 의식

의식연구는 어떻게 과학이 되었을까? 첫 번째로 우리는 가장 간단한 것에 초점을 맞추어야 했다. 자유의지와 자의식 같은 성가신 문제는 나중에 다루기로 하고, 범위를 좁혀 의식화라는 문제에 집중했다. 왜 우리의 감흥 가운데 일부는 의식지각으로 바뀌는 데 반해 다른 일부는 무의식적인 것으로 남아있느냐 하는 것이었다. 그러자 여러 가지 단순한 실험에 의해 의식적 지각과 무의식적 지각 사이의 미세한 대조를 만들 수 있었다. 오늘날 우리는 실험을 철저하게 통제하면서 문자 그대로 하나의 이미지를 마음대로 보이게 하거나 보이지 않게 할 수 있다. 똑같은 이미지가 일정한 시간의 절반 동안에만 의식적으로 인식되는 한계조건을 확인함으로써 우리는 자극을 지속시키고 뇌를 변환시킬 수 있다. 그 다음에는 보는 사람의 자기성찰을 채집하는 것이 중요해진다. 그것이 의식의 내용을 규정하기 때문이다. 이로써 우리는 결국 주관적 상태의 객관적 메커니즘, 무의식에서 의식으로 전환하는 것을 나타내는 뇌활동의 체계적인 '기호'를 탐구하는 단순한 연구 프로그램을 만들 수 있다.

〈그림 3〉의 착시를 보자. 밝은 회색으로 인쇄된 12개의 동그라미가 1개의 검은색 십자를 둘러싸고 있다. 이제 한가운데에 있는 십자를 집중적으로 바라보자. 몇 초가 지나면 회색 동그라미가 나타났다 사라졌다 할 것이다. 그것들은 몇 초 동안 당신의 의식에서 사라졌다가 다시 되돌아온다. 때때로 그 모두가 사라져 일시적으로 아무것도 없는 것처럼 보이지만 몇 초가 지나면 좀 더 짙은 회색으로 나타난다.

이처럼 객관적으로 고정된 시각적 표시가 우리의 주관적 의식에서 임의로 나타났다 사라졌다 할 수 있다. 이 심오한 관찰이 현대의 의식연구에 근간을 이룬다. 이제 고인이 된 노벨상 수상자 프랜시스 크릭Francis Crick과 신경생물학자 크리스토프 코크Christof Koch는 그 같은 착시가 뇌에서 일어나는 의식 대 무의식의 자극이 어떻게 처리되는지를 추적하는 수단이 될 것임을 1990년대에 발견했다.[1]

이 연구 프로그램은 개념적으로는 크게 어렵지 않다. 예컨대 12개의 동그라미를 바라보는 실험에서 우리는 동그라미가 보이는 동안 뇌 속의 다른 곳에서 이루어지는 신경세포의 방출을 기록해, 동그라미가 보이지 않을 동안에 이루어지는 것과 비교할 수 있다. 크릭과 코크는 그 같은 탐구를 하기 좋은 영역으로 시각을 지목했다. 우리가 망막으로부터 대뇌 피질까지 시각정보를 전하는 신경통로를 상세하게 이해하기 시작했을 뿐만 아니라, 보이는 자극과 보이지 않는 자극을 대조시키는 데 사용할

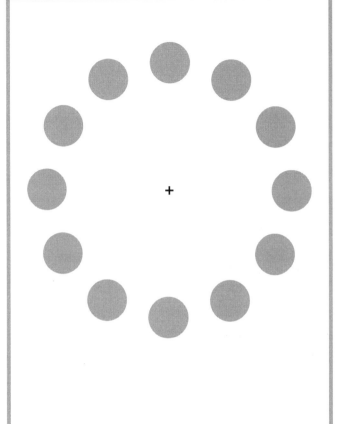

그림 3.
'트록슬러효과Troxler fading'라는 착시는 의식의 주관적 내용이 조정될 수 있는 여러 가지 방법 중의 하나를 보여준다. 한가운데의 십자를 집중적으로 응시하라. 그러면 몇 초 뒤 회색 동그라미 몇 개가 사라졌다가 시시각각으로 돌아올 것이다. 객관적인 자극은 일관되지만 그에 대한 주관적인 해석은 계속 바뀐다. 무엇인가 당신의 뇌 속에서 변화하고 있음에 틀림없다. 그것을 추적할 수 있을까?

수 있는 수많은 착시 현상이 있기 때문이기도 하다.[2] 그들이 무언가를 공유할까? 모든 의식상태의 밑바닥에 있으면서 뇌 속의 의식화를 통일시키는 '기호'를 마련하는 단일한 뇌활동패턴이 있는 것일까? 그런 기호패턴을 찾아낸다면 의식연구는 한층 더 도약할 것이다.

크릭과 코크는 실제적인 방법으로 그 문제를 해결했다. 그들의 뒤를 이어 수십 개의 연구소들이 초보적인 착시를 통해 의식을 연구하기 시작했다. 그리고 이 연구 프로그램의 3가지 특징으로 인해 의식지각을 실험으로 파악하기에 이르렀다. 첫 번째, 착시에는 정교한 의식이라는 것이 필요하지 않았다. 단, 보거나 보지 않거나 하는 단순한 행위, 내가 '의식화'라고 부르는 것이 필요했다. 두 번째, 엄청난 수의 착시를 연구에 사용할 수 있었다. 앞으로 보게 되다시피 인지과학자들은 단어, 그림, 소리, 심지어 고릴라까지 마음대로 사라지게 하는 수십 가지의 기법을 발명했다. 세 번째, 그런 착시는 뚜렷이 주관적이다. 오직 당신 자신만이 마음속에서 동그라미가 언제 어디서 사라지는지를 분간할 수 있다. 하지만 그 결과는 재현될 수 있다. 그 모양을 보는 사람들이 똑같은 종류의 경험을 보고하기 때문이다. 그것을 부인하는 것은 아무 소용이 없다. 우리 모두 우리 의식 속에서 진정하고 특이하며 매혹적인 무엇인가가 이루어지고 있다고 본다. 우리는 그것을 진지하게 받아들여야 한다.

나는 3가지 중요한 요소들이 의식을 과학의 범주로 끌어들였다고 주장한다. 바로 의식화에 초점을 맞추고, 의식을 마음대로 조정하는 여러 가지 계책을 사용하며, 주관적인 보고를 진정한 과학적 데이터로 취급하는 것이다. 이제 이러한 요소를 각각 하나씩 생각해보자.

의식의 여러 가지 측면

> 의식: 지각, 생각, 감각 등을 가지는 것 — 인식. 이 말은 의식이 무엇을 뜻하는지를 파악하지 않고는 알아차리지 못한다는 점을 제외하고는 정의할 수 없다. (중략) 그것에 대해서는 읽을 만한 것도 전혀 없었다.
>
> — 스튜어트 서덜랜드,
> 《국제심리학사전The International Dictionary of Psychology》(1996)

과학은 가끔 자연언어의 애매모호한 범주를 가다듬는 새로운 구분을 만들어냄으로써 진보하기도 한다. 과학사에서 찾을 수 있는 고전적인 사례 중 하나는 열과 온도의 개념을 분리한 것이다. 일상적인 직감으로는 둘을 동일한 것으로 취급한다. 결국 무엇인가에 열을 가하면 온도가 올라간다고 생각하지 않는가? 아니, 틀렸다. 얼음덩어리에 열을 가하면 온도가 섭씨 0도에 고정된 채 녹을 것이다. 어떤 물질(예컨대 섭씨 수천 도에 이르는 불꽃의 불똥)은 고온이라도 더 열이 거의 없어 살갗을 태우지 못할 것이다(질량이 거의 없기 때문이다). 19세기에 이르러 열(전해지는 에너지의 양)과 온도(어느 형체에서의 운동에너지)를 구분한 것이 열역학을 진보시키는 열쇠가 되었다.

우리가 일상적으로 사용하는 '의식'이라는 말은 일반인이 사용하는 '열'이라는 말과 비슷하다. 그것은 상당한 혼란을 일으키는 여러 가지 의미를 통합하고 있다. 이 분야에 질서를 부여하기 위해서는 먼저 그들을 정리할 필요가 있다. 이 책에서 나는 그들 가운데 하나인 '의식화'라는 말이 현대의 실험장치에 의해 연구하기 충분할 정도로 초점이 맞춰져 있으며, 문제 전반을 밝혀줄 기회를 가진 의문을 나타낸다고 생각한다.

그럼 의식화는 무엇을 의미할까? 어느 때라도 우리 감각에는 엄청난 감각자극의 흐름이 이르지만 우리의 의식에는 그 가운데 아주 소량만 접근하는 것처럼 보인다. 매일 아침 내가 차를 몰고 출근하는 동안 똑같은 주택들을 지나치지만 그들의 지붕 색깔이나 창문의 숫자를 알지 못한다. 책상에 앉아 이 책을 집필하는 데 집중하는 동안 내 망막에는 주위의 물체, 사진, 회화, 그들의 형태나 색상 등에 대한 정보가 쏟아져 들어온다. 그와 동시에 내 귀에는 음악, 새의 지저귐, 이웃사람들이 내는 소음이 들어온다. 하지만 내가 글을 쓰는 데 집중하는 동안 이러한 산만한 정보는 모두 무의식적인 배경 속에 머물고 있다.

의식화는 매우 개방적이면서 동시에 지나치게 선택적이다.

그것의 잠재적 레퍼토리도 엄청나다. 어느 순간에라도 내가 주의를 기울이기만 하면 색상, 향기, 음향, 잊혔던 기억, 느낌, 전략, 오류, 심지어는 의식이라는 말의 여러 가지 의미까지도 의식할 수 있게 된다. 만약 내가 실수를 저지르면 심지어 내 감정, 전략, 오류, 후회 등이 내 의식에 들어오는 것, 다시 말해 자의식까지도 의식할지 모른다. 하지만 어느 순간에도 의식의 실제 레퍼토리는 극적으로 제한되어있다. 근본적으로 우리는 한 번에 대략 하나의 의식적 사고로 축소되는 것이다(그러나 우리가 한 문장의 의미를 생각할 때와 마찬가지로 하나의 생각도 몇 가지 부수적인 성분을 지닌 실체의 '덩어리'일 수 있다).

의식은 제한적인 수용능력을 갖고 있다. 따라서 다른 항목에 접근하기 위해서는 어느 한 항목에서 물러나지 않으면 안 된다. 잠시 읽기를 멈추고 자신의 다리 자세가 어떤지 살펴보자. 어쩌면 어느 한 부위가 압력을 받거나 다른 부위에 통증이 있을지 모른다. 이 지각을 비로소 의식하는 것이다. 하지만 1초 전에 그것은 전의식preconsciousness이었다. 다시 말해, 접근할 수는 있지만 접근되지 않은 채 무의식상태의 광대한 저장소에 잠자코 있었던 것이다. 그것이 반드시 처리되지 않은 채 머물러있는 것은 아니다. 당신은 그 같은 신체의 신호에 반응해 무의식적으로 부단히 자신의 자세를 조정한다. 하지만 이제 의식화가 그것을 당신의 정신으로 이끌었다. 갑자기 그것은 언어체계에도, 기억, 주의, 의도, 계획 등의 다른 여러 과정에도 접근할 수 있게 되었다. 정확하게 전의식에서 의식으로 전환되어 갑자기 하나의 정보를 인식하게 하는 것이다(이에 대해서는 다음 장에서 다룰 예정이다). 그러면 정확히 무엇이 일어나느냐 하는 것이 내가 이 책에서 분명히 해두고 싶은 의식화에 대한 뇌의 메커니즘이다.

그렇게 하기 위해서는 미묘하지만 필수적인 단계를 확인해야 한다. 바로 의식화를 단순한 주의와 좀 더 구분하는 것이다. 주의란 무엇일까? 윌리엄 제임스는 그의 기념비적인 저작 《심리학원리 The Principles of Psychology》(1890)에서 유명한 정의를 내놓았다. 그는 "주의란 동시에 있는 것 같은 여러 가지 물체나 사고의 흐름 가운데 하나를 분명하고 생생한 형태로 정신이 차지하는 것"이라고 했다. 불행하게도 이 정의는 뚜렷이 구분되는 뇌의 메커니즘인 '선택'과 '접근'이라는 2가지 서로 다른 개념을 융합하고 있다. 윌리엄 제임스가 말한 '정신이 차지하는 것'이 바로 본질적으로 내가 말하고 있는 의식화다. 그것은 정보를 우리 생각의 바로 앞으로 가져옴으로써 우리가 '마음속에 간직할' 의식의 정신적인 대상이 되도록 하는 것이다. 제임스의 정의대로라면 주의의 이 측면은 의식과 동시에 일어난다. 대상이 우리의 마음을 차지해 우리가 그것을 말이나 몸짓으로 보고할 수 있게 되면 우리가 그것을 의식하는 것이다.

하지만 제임스의 정의에는 또 두 번째의 개념, 즉 여러 가지 가능한 생각의 흐름 가운데 하나를 격리하는 것(우리가 이제 '선택적 주의'라고 부르는 것)까지 포함되어있다. 우리의 감각 환경은 잠재적인 수많은 지각으로 늘 소란스럽다. 우리의 기억에는 바로 다음 순간에 우리의 의식에 드러날 수 있는 지식이 가득 차있는 것이다. 따라서 정보의 과부하를 피하기 위해 우리 뇌의 시스템들은 선별적인 여과장치를 사용한다. 수많은 잠재적인 생각 가운데 우리의 의식에 이른 것은 그야말로 최고 중의 최고, 바로 우리가 '주의注意'라고 부르는 매우 복잡한 체에 의해 걸러진 것이다. 우리의 뇌는 부적절한 정보를 무자비하게 폐기하며, 궁극적으로 현재의 우리 목표에 부합되는 것을 바탕으로 단 하나의 의식대상을 분리시킨다. 그러면 이 자극은 증폭되어 우리 행동을 좌지우지할 수 있다.

그렇다면 분명히 주의의 선별기능 가운데 모두 아니면 대부분은 우리의 인식 외부에서 작용하는 것이 틀림없다. 만약 우리가 처음부터 생각의 후보가 되는 모든 대상을 의식적으로 선별해야 했다면 우리가 과연 생각을 할 수 있었을까? 의식화와 분리할 수 있는 주의의 체는 대체로 무의식적으로 작동한다. 사실 일상생활에서도 우리 환경은 자극적인 정보들로 꽉 차있는 경우가 적지 않으며, 그래서 우리가 접근해야 할 항목을 선별하기 위해 많은 주의를 기울여야 한다. 따라서 가끔 주의가 의식의 관문 역할을 하기도 한다.[3] 하지만 실험자들은 단 하나의 정보만 피험자들의 인식에 들어가도록 아주 간단한 상황을 만들어내어 선별할 필요를 없애기도 한다.[4] 그 반대로 많은 경우에, 비록 최종결과가 결코 우리에게 의식되지 않더라도, 주의는 은밀히 작용하면서 들어오는 정보를 증폭하거나 억제해버린다. 간단히 말해 선별적인 주의와 의식화는 뚜렷이 구별되는 과정이다.

따로 세심하게 구분해야 할 필요가 있는 것은 세 번째 개념이다. '자동의식intransitive consciousness'이라고도 하는 각성이 그것이다. 영어에서 '의식적Conscious'이라는 형용사는 타동적이다. 우리는 경향, 촉감, 따끔거림, 치통 따위를 의식할 수 있다. 그 말은 대상이 우리의 인식에 들어오거나 들어오지 않는다는 사실, 즉 '의식화'를 나타낸다. 그러나 의식한다는 것은 자동적일 수도 있다. 예컨대 "부상당한 그 병사는 의식이 있었다"고 할 때, 그 말은 여러 가지 점진적인 상태를 나타낸다. 이런 점에서 의식은 우리가 잠자는 동안, 기절했을 때, 또는 전신마취가 되어있을 때 상실하는 종합적인 능력이다.

혼란을 피하기 위해 과학자들은 종종 이런 의미에서의 의식을 '각성'이라고 한다(한국어로 모두 '각성'으로 번역된 'wake-fulness'와 'vigilance'도 아마 구분되어야 할 것이다 – 옮긴이 주). 전자는 주로 잠을 잤다 깼다 하는 식의 하부 피질 메커니즘의 사이클을 가리키며, 후자는 의식상태를 뒷받침하는 대뇌 피질과 시상으로 이루어지는 네트워크에서의 흥분 정도를 가리킨다. 하지만 두 개념은 의식화와 확연히 구분된다. 각성, 경계, 주의 등은 모두 단지 의식화를 할 수 있게 하는 조건들일 뿐이다. 그들이 반드시 항상 우리에게 특정 정보를 인식하기에 충분한 것은 아니다. 예컨대 시각 영역(시각겉질)에 약간의 뇌내출혈이 있는 환자들은 색맹이 될지도 모른다. 이런 환자들은 의식이 깨어 있고 주의를 기울일 수 있을지도 모른다. 경계심도 그대로이며 주의력도 남아있다. 하지만 색채를 지각하는 자그마한 회로를 상실함으로써 이 측면에 대한 접근을 방해받고 있는 것이다. 우리는 제6장에서 어김없이 아침이 되면 일어나고 밤이 되면 잠이 들지만 깨어있는 동안에는 의식적으로 어떤 정보에도 접근하는 것 같지 않는 식물인간상태의 환자를 다룰 것이다. 그들은 각성상태에 있지만 손상된 뇌가 더 이상 의식상태를 유지할 수 없는 것처럼 보인다.

우리는 이 책의 대부분에서 어떤 생각을 의식하는 동안 무엇이 일어날까 하는 '접근'에 대해 물음을 계속 제기할 것이다. 하지만 제6장에서 의식의 '각성'에 대한 의미를 되짚고, 증대되는 의식연구를 혼수상태나 식물인간상태, 또는 그와 유관한 장애의 환자들에게 응용하는 것을 고려할 것이다.

'의식'이라는 말은 여전히 다른 의미도 지니고 있다. 많은 철학자와 과학자는 의식이 주관적 상태로서 자아의식과 친밀한 관계에 있다고 생각한다. '나'는 그 퍼즐에서 필수적인 조각인 것 같다. 지각을 하고 있는 사람이 누군지를 먼저 짐작해보지 않고 어떻게 의식적 지각을 이해할 수 있겠는가? 흔히 보다시피 혼절했다가 깨어나는 주인공이 으레 하는 물음은 "여기가 어디요?"이다. 내 동료인 신경학자 안토니오 다마지오는 의식을 '지각행위의 자아'라고 정의한다. 그 정의는 자아가 무엇인지를 알기 전까지 의식의 수수께끼를 풀지 못한다는 뜻을 함축하고 있다.

고든 갤럽Gordon Gallup은 그와 똑같은 직관을 바탕으로 고전적인 테스트를 고안했다. 그 테스트는 어린이와 동물이 거울을 통해 자신을 알아차리는지를 살피는 것이다.[5] 어린이는 자아의식이 있기 때문에 거울을 이용해 자기 몸의 감춰진 부분에 접근하게 된다. 예컨대 이마에 몰래 붙여놓은 붉은색 스티커를 알아낸다. 보통 18개월 내지 24개월 된 아이들에게는 거울을 이용해 그 스티커를 찾아내는 능력이 있다. 침팬지, 고릴라, 오랑우탄, 심지어 돌고래, 코끼리, 까치까지도 이 테스트를 통과했다고 한다.[6] 그래서 동료 연구자들은 '의식에 대한 케임브리지 선언' (2012년 7월 7일)을 통해 "인간이 유일하게 의식을 만들어내는 신경학적 기질을 소유한 것이 아님을 나타내는 많은 증거가 존재한다"고 직설적으로 언명했다.

하지만 과학에서는 다시 한 번 개념들을 재정립해야 할 필요가 있다. 거울을 인식하는 데는 의식을 나타내는 것이 필요하지 않다. 그것은 단지 신체가 어떻게 보이고 움직이는지를 예측한 뒤, 이러한 예측과 실제의 시각적 자극을 비교하는 과정을 통해 이뤄진다. 다시 말해 움직임을 조절하는 완전히 무의식적인 장치에 의해 수행될 수 있다. 거울을 보면서 아무 생각 없이 면도를 할 때와 마찬가지다. 비둘기도 그 테스트를 통과하도록 만들 수 있다. 물론 거울을 사용하는 자동장치에 버금가도록 비둘기들을 훈련시켜야 할 것이다.[7] 거울을 인식하는 테스트는 단지 하나의 유기체가 자신의 몸이 어떻게 보일지 예상할 만큼 자신의 몸에 대해 충분히 배우는지, 그리고 그 예상을 실제와 비교하는 데 사용할 만큼 거울에 대해 배우는지를 측정하는 것에 불과할지도 모른다. 그것은 흥미로운 능력임에는 틀림없지만, 자아개념을 가지고 있는지를 알아보는 테스트와는 거리가 멀다.[8]

의식적 지각과 자기이해 사이의 연결은 아주 중요하긴 하지만 불필요하다. 음악회에 가거나 아름다운 일몰을 바라보면서 "나는 내 자신을 즐겁게 해주는 행위를 하고 있다"는 점을 내 자신에게 상기시키지 않고도 내 의식상태를 고양시킬 수 있다. 내 몸과 자아는 반복되는 음향이나 뒤에 비치는 조명처럼 배경에 머물러있을 뿐이다. 그들은 내 주의를 끌 잠재적인 소재로서 내 의식 밖에 놓여있으며, 나는 필요할 때마다 그들에게 주의를 기울이거나 집중할 수 있다. 내 견해로는 자의식이란 색상이나 음향에 대한 의식과 상당히 같다. 내 자신의 어느 측면을 의식하는 것은 단지 또 다른 형태의 의식화일 수 있다는 말이다. 그리고 거기서 의식화가 이루어지고 있는 정보는 본질적으로 감각적인 것이 아니라 '나'에 대한 다양한 정신적 표현 가운데 하나, 즉 내 몸, 내 행동, 내 느낌, 또는 내 생각에 관한 것이다.

자의식이 특별하고 매혹적인 이유는 이상한 루프loop가 포함된 것처럼 보이기 때문이다.[9] 내가 자신을 되돌아볼 때 '나는' 지각하는 사람이자 동시에 지각되는 사람처럼 보인다는 것이 어떻게 가능할까? 이처럼 의식이 재귀되는 감각은 바로 인지과학자들이 메타인지metacognition라 부르는 것이며, 자기 자신의 마음을 생각할 수 있는 능력이기도 하다. 프랑스의 실증주의 철학자 오귀스트 콩트Auguste Comte(1798~1857)는 이것을 논리적으로 불가능한 것으로 간주했다. 그는 "생각하는 개인이 사유하는 사람과 사유하는 것을 지켜보는 또 한 사람으로 갈라질 수는 없다. 이 경우 관찰되는 기관과 관찰하는 기관이 똑같은데, 어찌 관찰이 이루어질 수 있을 것인가?" 하고 말했다.[10]

하지만 콩트가 틀렸다. 존 스튜어트 밀이 주목했다시피 관찰하는 것과 관찰되는 것이 서로 다른 시기나 서로 다른 시스템 안에서 부호화되면 그 역설이 해소되는 것이다. 하나의 뇌 시스템이 놓친 것을 또 다른 뇌 시스템이 알아차릴지도 모른다. 우리는 말 한 마디가 혀끝에서 머뭇거리거나(우리는 알아야 한다는 것을 알고 있다), 논리의 오류를 알아차리거나(우리는 틀린 것을 알고 있다), 시험을 잘못 치른 것에 대해 후회하거나(우리는 공부했고 답을 알고 있다고 생각했는데도 왜 시험을 잘못 치렀는지 상상하지 못한다) 할 때 항상 그렇게 한다. 대뇌 피질 전전두엽prefrontal cortex의 일부 영역에서 우리의 계획을 점검하고 우리가 내린 결정에 확신을 주며 우리의 오류를 검출하는 것이다. 그들은 우리의 장기적인 기억과 상상력 사이의 긴밀한 상호작용에서 닫힌 회로의 시뮬레이터로 작용하면서 외부의 도움 없이 우리 자신을 돌아보게 하는 내적 독백을 지원한다. 여기서 '돌아보게 한다'는 말은 일부 뇌 영역이 다른 것의 작용을 '재현'함으로써 평가하게 만드는, 거울과 같은 기능을 암시한다.

과학자로서 우리는 대체로 의식의 가장 간단한 개념인 의식화, 즉 "우리가 특정 정보를 어떻게 인식하는가?" 하는 방법으로부터 시작하게 된다. 자아라든지 재귀하는 의식 따위의 까다로운 문제는 나중으로 미루는 것이 좋을 것이다. 의식화에 초점을 맞추는 것, 그것을 주의, 각성, 자의식, 메타인지 등의 다른 개념들과 세심하게 구분하는 것이 현대의 의식연구를 이루는 첫 번째 요소다.[11]

최소의 대조

의식의 연구를 가능케 하는 두 번째 요소는 우리의 의식을 이루는 내용에 영향을 미치는 수많은 실험의 조정이다. 1990년대에 이르러 인지심리학자들은 의식상태와 무의식상태를 대조시킴으로써 의식을 조작할 수 있음을 깨달았다. 그림이나 단어, 심지어 영화까지도 보이지 않게 만들 수 있었던 것이다. 뇌수준에서 그러한 이미지에 무슨 일이 일어난 것일까? 무의식적 처리의 힘과 한계를 세심하게 정함으로써 우리는 사진의 음화에서와 마찬가지로 의식 자체의 윤곽을 그리기 시작할 수 있다. 뇌영상 기술과 결합된 이 단순한 아이디어는 대뇌 피질이 의식을 만들어내는 메커니즘을 실험적으로 연구하는 데 견고한 바탕을 마련해주었다.

1989년에 심리학자 버나드 바스Bernard Baars는《의식의 인지 이론*A Cognitive Theory of Consciousness*》[12]이라는 저서에서 의식의 본성으로 직접 이끌어주는 수십 가지의 실험이 있다고 주장했다. 바스는 중요한 관찰도 하나 덧붙였다. 이러한 실험들 중 다수에서 서로 아주 조금 다른 한 쌍의 시험적 상황에서 단 하나만 의식되는 '최소의 대조minimal contrast'가 보인다는 사실이었다. 그 같은 사례는 과학자들에게 의식적 지각을 실험에서 변수(자극이 그대로 지속되는 데도 불구하고 상당히 바뀐다)로 다룰 수 있게 해준다. 한편 연구자들은 그런 최소의 대조에 집중해 뇌속에서 일어나는 변화를 이해하려고 노력함으로써, 의식과 무의식 처리에 공통되는 모든 부적절한 뇌활동을 제거하고 오로지 인식되지 않은 것을 인식모드로 바꾸는 데 이르는 뇌의 과정에만 집중할 수 있다.

예컨대 키보드 치기 같은 활동의 습득을 생각해보자. 처음 키보드 치기를 배울 때는 속도가 느리고 주의를 기울여 모든 움직임마다 꼼꼼하게 자의식을 한다. 하지만 몇 주 동안 연습하면 키보드를 치는 속도가 아주 빨라지며, 말하거나 다른 것을 생각하는 동안에도, 그리고 자판의 위치를 의식적으로 기억하지 않고도 자동적으로 키보드를 칠 수 있다. 과학자들은 행동이 자동적으로 이루어지는 동안 무엇이 이루어지는지를 연구함으로써 의식에서 무의식으로 바뀌는 것에 대한 성찰을 얻을 수 있다. 그리고 바로 이 단순한 대조가 대뇌 피질의 네트워크, 특히 의식화가 일어날 때마다 활성화되는 대뇌 전두엽 부위를 포함하는 네트워크를 확인시켜준다.[13]

마찬가지로 무의식에서 의식으로 바뀌는 반대의 전환을 살피는 것도 가능하다. 실험자들은 시각적 인식을 살펴보기 위해 의식적 경험을 일으키는 여러 가지 자극을 만들어낼 수 있다. 한 가지 예가 바로 46페이지에서 소개한 착시다(47페이지의 〈그림 3〉 참조). 왜 고정된 동그라미가 때때로 시야에서 사라질까? 아직 그 메커니즘은 완전히 이해되지 않았지만, 일반적으로 우리의 시각계가 지속적인 이미지를 참된 입력정보라기보다 귀찮은 존재로 간주하기 때문으로 이해되고 있다.[14] 우리가 두 눈을 가만히 두고 있는 동안에는 각각의 동그라미가 우리의 망막에 흐릿한 회색의 얼룩인 양 지속적으로 움직이지 않고 나타난다. 그리고 어느 순간 우리 시각계는 이 지속적인 얼룩을 제거하기로 작정한다. 우리가 점을 보지 못하는 것은 눈의 결점을 여과해주는 진화된 시각계 때문인지도 모른다. 우리의 망막에는 많은 결점이 있는데, 대표적인 것이 광수용체(이것은 외부로부터라기보다 내부로부터 오는 것을 해석한다고 이해해야 한다)이다. 우리 시선 앞에 끊임없이 핏빛 곡선이 꼼지락거리면서 가로막고 있으면 얼마나 끔찍하겠는가. 따라서 하나의 대상이 완전히 움직이지 않는다는 것은, 우리 시각계가 빠진 정보를 채워 넣기 위해 가까운 감촉을 사용한다는 신호다[그렇게 '채워 넣는 것'이 바로 우리 망막에 있는 '맹점'(시각신경이 자리 잡고 있기 때문에 광수용체가 없는 곳)을 우리가 알아차리지 못하는 까닭을 설명해준다]. 우리가 아주 조금이라도 눈을 움직이면 점들이 망막 위에서 약간 표류할 것이다. 따라서 시각계에서는 그들이 눈 자체가 아니라 외부 세계에서 온 것임에 틀림없음을 알아차리고 그들을 즉각 인식시킨다.

맹점을 채워 넣는 것은 단지 무의식에서 의식으로 바뀌는 것을 살펴보게 해주는 여러 가지 착시 가운데 하나에 지나지 않는다. 인지과학자의 도구상자 속에 있는 다른 여러 가지 패러다임을 간단히 살펴보기로 하자.

경쟁적인 이미지

역사적으로 의식적 시각과 무의식적 시각 사이에서 만들어지는 최초의 대조 가운데 하나는, 뚜렷이 구분되는 이미지가 두 눈에 비칠 때 우리 뇌 속에서 일어나는 묘한 주도권 다툼을 살피는 것으로부터 나왔다.

우리에게 부단히 움직이는 두 눈이 있다는 사실을 우리의 의식은 전혀 염두에 두지 않는다. 뇌에 의해 안정적인 3차원의 세계를 바라보고 있는 동안에 이루어지는 매우 복잡한 과정은 감추어져있다. 우리 두 눈은 어느 순간이라도 외부 세계의 이미지를 약간 다르게 받아들인다. 단, 시각이 중복되는 경우는 없다. 우리는 자연적인 조건에서 으레 두 이미지를 알아차리지 못하고 그냥 하나의 비슷한 이미지로 융합시켜버리는 것이다. 우리 뇌는 심지어 두 눈 사이에 있는 약간의 간격을 이용해 두 이미지 사이에서 상대적인 변환을 유도한다. 1838년 영국의 과학자 찰스 휘트스톤 경Sir Charles Wheatsone에 의해 처음 관찰되었다시피 뇌는 이 차이를 통해 대상의 깊이를 만들어냄으로써 우리가 입체감을 느끼게 해준다.

하지만 휘트스톤 경은 "한쪽 눈에는 사람의 얼굴, 다른 쪽 눈에는 집의 모습이 들어온다면 어떻게 될까?" 하고 궁금해했다. 두 이미지도 융합될까? 우리는 서로 무관한 두 이미지를 동시에 볼 수 있을까?

휘트스톤 경은 그것을 알아보기 위해 입체경stereoscope이라는 장치를 만들었다(이것에 의해 풍경화로부터 포르노에 이르기까지 입체적인 그림에 대한 유행이 갑자기 시작되어 빅토리아 여왕의 시대 이후까지 지속되었음). 오른쪽 눈과 왼쪽 눈 앞에 각각 거울을 하나씩 놓아 서로 구분되는 모습이 두 눈에 들어갈 수 있도록 만든 장치였다(64~65페이지의 〈그림 4〉 참조). 얼굴과 집처럼 두 모습이 서로 무관할 때 시각은 아주 불안정해졌다. 그 장면이 융합되기는커녕 보는 사람의 지각이 두 이미지 사이를 끊임없이 왔다 갔다 했고 그 간격이 아주 짧았던 것이다. 몇 초 동안

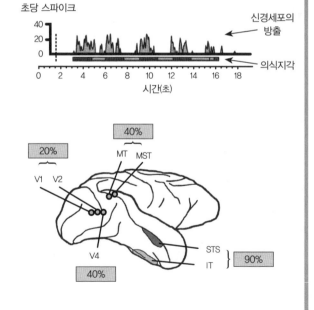

찰스 휘트스톤 경

휘트스톤 경의 입체경

의식지각

시간

초당 스파이크

신경세포의 방출

의식지각

시간(초)

20%

40%

V1 V2

MT MST

V4

40%

STS

IT

90%

그림 4.

'두 눈 사이의 경쟁은 1838년 찰스 휘트스톤 경에 의해 발견된 강력한 착시다. 각각의 눈에 서로 다른 이미지가 제시되지만 어느 순간에도 우리는 오직 하나의 이미지만 본다. 여기서는 왼쪽 눈에 얼굴이, 오른쪽 눈에 집이 들어온다. 우리는 2가지가 융합된 이미지를 보는 것이 아니라 얼굴, 집, 다시 얼굴…… 등을 번갈아가며 끝없이 두 이미지를 보게 된다. 니코스 로고테티스와 데이비드 레오폴드는 원숭이들에게 조이스틱을 사용해 그들이 본 것을 보고하도록 훈련시켰다. 두 연구자는 원숭이들도 이 착시를 경험한다는 것을 밝혔으며, 나아가 원숭이들의 뇌 속에서 이루어지는 신경세포의 활동을 기록했다. 이 착시는 시각 처리의 초기 단계, 대부분의 신경세포가 두 이미지를 똑같이 부호화하는 V1과 V2 영역에서는 나타나지 않았다. 하지만 대뇌 피질의 수준이 더 높은 영역, 특히 IT(대뇌 피질 하부측두엽)와 STS(상부 측두열구superior temporal sulcus) 등의 뇌 영역에서 대부분의 세포는 주관적 인식과 상관관계를 이루었다. 그들의 방출 비율에 의해 어느 이미지가 주관적으로 보이는지가 예측됐던 것이다. 이 선구적인 연구는 의식지각이 압도적으로 수준이 높은 대뇌피질연합 영역association cortex에 의존함을 시사한다.

얼굴이 나타났다가 조금 지나면 그 모습이 분해되면서 사라지고 집이 드러났다. 이런 식의 전환이 오직 뇌에 의해 되풀이되었다. "어느 이미지가 나타나는지를 정하는 것은 의지력이 아닌 것 같다"고 휘트스톤 경은 주목했다. 받아들이기 어려운 자극과 대면할 때 오히려 뇌는 '얼굴' 또는 '집'이라는 두 해석 사이에서 주저하며, 양립할 수 없는 두 이미지가 서로 의식지각을 두고 다투는 것처럼 보인다. 그래서 '두 눈 사이의 경쟁binocular rivalry'이라는 말이 등장했다.

두 눈 사이의 경쟁은 주관적 지각에 대한 순수한 테스트를 할 수 있게 해주기 때문에 실험자에게는 꿈 같은 것이다. 비록 자극이 일관하게 지속되더라도 보는 사람은 자신의 시각적 변화를 보고한다. 게다가 바로 그 똑같은 이미지가 시간에 따라 상태가 바뀐다. 때로는 완전히 보이다가도 때로는 아예 의식지각에서 사라져버리기도 한다. 그럼 그 이미지에 무슨 일이 생긴 것일까? 두 신경생리학자 데이비드 레오폴드David Leopold와 니코스 로고테티스Nikos Logothetis는 원숭이의 대뇌 피질 시각 영역visual cortex에 있는 신경세포 데이터를 기록함으로써 보이는 시각적 이미지와 보이지 않는 시각적 이미지가 대뇌에서 맞이하는 운명을 최초로 관찰했다.[15] 그들은 원숭이들에게 레버를 사용해 자기들의 지각을 보고하도록 훈련시킨 뒤, 그들도 우리와 마찬가지로 임의로 두 이미지가 약간 바뀌는 것을 경험한다는 사실을 밝혀냈다. 또 최종적으로 원숭이들이 선호하는 이미지가 의식경험에 나타났다 사라졌다 하는 동안 단일 신경세포들의 반응까지도 추적했다. 결과는 분명했다. 최초의 처리 단계 때 대뇌 피질의 시각적 관문 역할을 하는 1차 시각 영역에서 많은 세포들에 객관적인 자극이 반영됐던 것이다. 그 세포들의 발화는 단순히 두 눈에 어느 이미지가 나타나는지에 의존했으며, 원숭이 자신의 지각이 전환되었다고 보고할 때도 바뀌지 않았다. V4 영역처럼 더 높은 수준의 시각 영역과 하측두 피질inferotemporal cortex 내부에서 처리가 좀 더 높은 수준으로 진행됨에 따라 점점 더 많은 신경세포가 원숭이의 보고와 일치하기 시작했다. 원숭이가 선호하는 이미지가 보인다고 보고할 때 그러한 신경세포가 강하게 발화했으며, 이 이미지가 억제되었을 때 훨씬 적게 또는 전혀 발화하지 않았던 것이다. 이것은 문자그대로 의식경험과 신경세포의 상관관계를 최초로 살펴본 경우였다(64~65페이지의 〈그림 4〉 참조).

오늘날까지 두 눈 사이의 경쟁은 의식경험의 근저에 있는 신경 메커니즘에 다가갈 수 있는 특별한 방법으로 남아있다. 수백 가지의 실험이 이 패러다임을 위해 이루어졌으며, 수많은 변형까지 발명되어왔다. 예컨대 '지속적 섬광 억제continuous flash suppression'라는 새로운 방법 덕분에 이제는 밝은 색깔 직사각형의 흐름을 지속적으로 한쪽 눈에 비춰 오직 하나의 역동적인 흐름만 보이게 함으로써 두 이미지 중의 하나를 영구적으로 시야에서 보이지 않게 할 수 있다.[16]

두 눈의 착시에서 발견할 수 있는 중요한 문제는 무엇일까? 그것은 시각적 이미지가 오랫동안 눈에 제시되어 시각적 처리를 담당하는 뇌 영역으로 전해져도 의식적인 경험에는 이르지 못하도록 아예 억제될 수 있음을 나타낸다. 여러 이미지를 두 눈에 동시에 주입시키더라도 그 가운데 하나만 지각하게 하는 두 눈 사이의 경쟁을 통해, 의식에 중요한 것은 주변적 시각처리의 초기 단계(2가지 대안이 아직 모두 가능성을 지닌다)가 아니라 후기 단계(단일한 주도적 이미지가 출현한다)임이 입증된 것이다. 우리의 의식이 똑같은 장소에서 두 대상을 동시에 파악할 수 없으므로 우리의 뇌는 격렬한 경쟁에 휩싸이게 된다. 그리고 둘 또는 헤아릴 수 없이 많은 잠재적인 지각이 우리에게 알려지지 않은 채 끊임없이 의식되기 위해 경쟁한다. 하지만 어느 순간에 나 그들 가운데 단지 하나만 우리에게 의식된다. 경쟁이란 정말 의식화를 위한 이 부단한 투쟁에 대한 적절한 비유가 아닐 수 없다.

주의가 깜박거릴 때

두 눈 사이의 경쟁은 수동적인 과정일까? 우리가 의식적으로 어느 이미지를 경쟁의 승리자로 정할 수 있을까? 경쟁적인 두 이미지를 지각할 때 우리는 수동적으로 끝없이 바뀌는 이러한 이미지에 종속되어있다고 주관적으로 느낀다. 하지만 그 인상은 틀렸다. 주의가 대뇌 피질에서의 경쟁 과정에서 중요한 역할을 맡기 때문이다. 무엇보다 먼저, 우리가 이러한 두 이미지 가운데 어느 하나, 예컨대 집이 아니라 얼굴에 주의를 기울이면 그 지각이 약간 더 오래 지속된다.[17] 하지만 그 효과는 약하다. 두 이미지 사이의 싸움은 우리의 제어가 미치지 않는 단계들에서 시작된다.

그러나 우리가 주의를 기울임으로써 단 하나의 승자가 존재하게 된다는 점은 매우 중요하다. 말하자면 그 싸움이 일어나는 장소 자체가 의식이 이루어지는 마음인 것이다.[18] 두 이미지가 제시되는 장소로부터 우리가 주의를 돌리면 경쟁도 멈춘다.

어떻게 우리가 이것을 알 수 있느냐고 질문할지도 모른다. 우리는 집중하지 못한 사람에게 그가 본 것이 무엇이며, 그 이미지들이 아직도 번갈아 지각되는지 등을 질문할 수 없다. 왜냐하면 그가 대답하기 위해서는 그 장소에 주의를 기울여야 하기 때문이다. 주위를 돌아보지 않고 첫눈에 우리가 얼마나 많은 것을 지각하느냐를 판정하는 것은, 거울에서 두 눈이 어떻게 움직이는지를 살펴보려는 것과 매우 닮았다. 틀림없이 우리의 두 눈은 부단히 움직일 것이지만, 거울을 통해 그것을 바라볼 때마다 바로 그 때문에 움직임이 멈출 것이다. 주의를 도외시하고 경쟁을 연구하려는 것은 그동안 마치 주위에 듣는 사람이 아무도 없을 때 나무가 쓰러지면 무슨 소리가 나는지, 또는 우리가 잠에 빠져드는 바로 그 순간에 어떻게 느끼는지를 묻듯이 오히려 문제를 키우려는 것처럼 보였다.

그러나 과학은 가끔 불가능한 것도 성취한다. 미네소타 대학교의 장평Peng Zhang과 그의 동료들은 보는 사람이 주의를 기울이지 않을 때도 여전히 이미지가 번갈아 나타나는지를 굳이 질문할 필요가 없음을 깨달았다.[19] 그들이 해야 할 일이라고는 뇌에 있는 경쟁의 표지를 찾아내는 것이었으며, 그 표지는 두 이미지가 여전히 서로 경쟁하고 있는지를 나타낼 것이다. 그들은 경쟁이 이루어지는 동안 신경세포들이 어느 하나의 이미지에 대해 번갈아 발화한다는 것을 이미 알고 있으니(64~65페이지의 〈그림 4〉 참조), 주의를 기울이지 않는 상태에서도 그 같은 변화를 여전히 측정할 수 있을 것이라 생각했다. 장펑은 '주파수 표지frequency tagging'라는 방법을 사용해 각 이미지가 그 자체의 특정한 리듬으로 깜박거리는 것에 따라 '표지'를 붙였다. 이렇게 하면 2가지 주파수 표지를 뇌전도(머리에 부착된 전극을 통해 기록된다)에서 쉽게 검출할 수 있다. 두 주파수는 경쟁이 두드러지게 이루어지는 동안에는 서로 배타적이었다. 우리가 한 번에 단 하나의 이미지만 인식한다는 사실을 반영한다면 하나의 진동이 강할 때 다른 하나의 진동은 약할 것이다. 하지만 우리가 주의를 기울이는 것을 멈추면 이러한 변화도 멈추고, 두 표지는 서로에 대해 독립적으로 움직인다. 즉, 주의를 기울이지 않는 것이 경쟁을 막는 것이다.

순수한 자기성찰에 의한 또 하나의 실험에서 이 결론을 확인할 수 있다. 고정된 시간 동안 서로 경쟁하는 이미지로부터 주의가 제거될 때, 주의를 기울이지 않는 기간 동안에도 이미지들이 계속 번갈아 바뀌었다면 다시 지각되는 이미지는 원래 그래야 했던 이미지와 달라진다.[20] 따라서 두 눈 사이의 경쟁은 주의에 좌우된다. 의식적으로 주의를 기울이는 마음이 없으면 두 이미지가 함께 처리되어 더 이상 경쟁이 이루어지지 않는다. 경쟁에는 주의를 기울이는 적극적인 관찰자가 필요한 것이다.

따라서 동시에 주의가 기울어질 수 있는 이미지의 수는 극히 제한된다. 이 제한은 또 그것대로 의식화에 대한 새로운 최소의 대조로 이어진다. '주의의 깜박거림attentional blink'이라고 명명된 이 방법은 의식하는 마음을 일시적으로 포화시킴으로써 이미지를 잠깐 동안 보이지 않게 하는 것이다.[21] 72페이지의 〈그림 5〉는 주의의 깜박거림이 일어나는 전형적인 조건들을 보여준다. 컴퓨터 화면 속 일련의 기호가 똑같은 자리에 나타난다. 대부분의 기호는 숫자지만 일부는 글자이며, 피험자에게는 이것을 기억하라고 말한다. 맨 처음의 글자는 쉽게 기억된다. 두 번째 글자가 첫 번째 글자 뒤 0.5초쯤 지나 튀어나온다면 그 또한 정확하게 기억될 것이다. 하지만 만약 두 글자가 거의 잇달아 나타나면 두 번째 글자는 완전히 놓쳐지는 경우가 적지 않다. 피험자는 한 글자만 보았다면서 글자가 둘이나 있었다는 사실을 알고는 놀란다. 첫 번째 글자에 주의를 기울이는 행위 때문에 두 번째 글자를 지각하지 못하는 '정신의 깜박거림'이 일시적으로 생기는 것이다.

우리는 뇌촬영기법을 사용해 의식에 들어오지 않은 모든 글자가 뇌에는 들어온다는 것을 알고 있다. 그러한 글자는 모두 초기 시각 영역에 이르고, 심지어는 시각계 아주 깊이 목표로 분류되는 지점까지 나아가기도 할 것이다. 뇌 일부에서는 목표가 되는 글자가 언제 제시되었는지 '알고' 있다.[22] 하지만 어쩐 일인지 이 지식이 결코 우리에게 의식되지는 못한다. 글자가 의식적으로 지각되려면 우리의 의식에 등록되는 처리 단계에까지

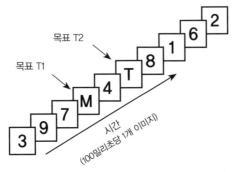

목표 T2

목표 T1

시간
(100밀리초당 1개 이미지)

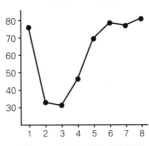

목표 T2의 가시성(%)

목표 T1과 T2 사이의 시간 간격
(100밀리초의 단계)

그림 5.
주의의 깜박거림은 의식지각의 일시적인 제한을 나타낸다. 가끔 글자가 섞여 배치된 일련의 숫자들을 볼 때 우리는 최초의 글자(여기서는 M)를 쉽게 알아차리지만 두 번째 글자(여기서는 T)를 알아차리지 못한다. 우리가 최초의 글자를 기억하고 있는 동안 우리 의식이 일시적으로 '깜박거리며' 그래서 그 다음 순간에 제시되는 두 번째 자극을 인식하지 못한다.

이르러야 한다.[23] 이 등록 과정은 매우 제한적인 것 같다. 매 순간 단지 소량의 정보만이 그것을 통과할 수 있다. 한편 그 시각적 광경의 다른 모든 것은 지각되지 않은 상태에 머물러있다.

두 눈 사이의 경쟁은 동시에 보이는 두 이미지 사이의 경쟁이다. 의식의 깜박거림이 있는 동안에는 똑같은 장소에서 잇달아 제시되는 두 이미지 사이에도 두 눈 사이의 경쟁과 비슷한 경쟁이 시간을 두고 일어난다. 우리 의식은 가끔 너무 느려서 화면 위에 나타나는 이미지의 빠른 속도를 제대로 따라가지 못한다. 글자 하나를 기억에 넣는 행위는 우리가 의식하는 데 필요한 자원을 상당히 오래 묶어놓기에 충분하기 때문에 우리가 숫자와 글자를 수동적으로 바라보기만 하면 그들을 빠짐없이 '보는' 것 같아도, 다른 글자나 숫자를 일시적으로 보지 못하는 경우가 생기는 것이다. 의식의 마음속을 요새에 비유하자면, 정신을 서로 경쟁하도록 강요하는 자그마한 다리가 그 앞에 자리 잡고 있어, 의식화라는 과정에 좁은 병목이 생기는 것이다.

어쩌면 당신은 우리가 때때로 연속적인 두 글자를 (〈그림 5〉의 데이터에 있는 시간의 약 3분의 1 정도에) 본다는 것에 반대할지도 모르겠다. 게다가 다른 여러 가지 현실적인 상황에서 거의 동시에 나타나는 2가지 사물을 인식하는 데 아무 문제가 없다고 느낄지도 모른다. 예컨대 우리는 어떤 사진에 주의를 기울이면서 자동차의 경적 소리를 들을 수 있다. 심리학자들은 동시에 2가지 일을 처리해야 하는 그런 상황을 '이중과제dual tasks'라고 부른다. 그럼 어떻게 될까? 우리의 의식이 구조적으로 한 번에 1가지 일을 수행하도록 제한되어있다는 생각을 반박하는 것일까? 그렇지 않다. 심지어 그런 경우에도 우리는 여전히 매우 제한되어있다는 증거들이 있다. 우리는 결코 정확히 똑같은 순간에 2가지 무관한 항목을 의식적으로 처리하지는 못한다. 우리가 한꺼번에 2가지에 주의를 기울이려고 할 때 우리의 의식이 즉각 두 자극에 '대응한다'는 인상은 착각에 지나지 않는다. 주관적 정신은 그들을 동시에 감지하지 못한다. 둘 중의 하나가 의식되지만 두 번째의 것은 기다리지 않으면 안 된다.

이 병목 현상에 의해 처리에 지연(쉽게 측정할 수 있다)이 생기는데, 이것을 '심리적 불응기psychological refractory period'라 부른다.[24] 의식하는 마음이 첫 번째 항목을 의식적인 수준에서 처리하고 있는 동안 그것은 후속적인 정보 입력에 일시적으로 응답하지 않는 것처럼 보이며, 그래서 정보를 처리하는 것이 매우 느린 것처럼 보인다. 첫 번째 항목을 처리하고 있는 동안 두 번째 항목은 무의식적인 완충상태에서 지체되면서 첫 번째 항목의 처리가 끝날 때까지 거기에 머물게 된다.

우리는 무의식상태로 기다리는 이 시간에 대해 제대로 알지 못한다. 우리 의식은 다른 곳에 사로잡혔기에 감각계의 밖으로 나가 두 번째 항목에 대한 우리의 의식 시작이 지연되고 있음을 알아차릴 도리가 전혀 없는 것이다. 그 결과 우리가 정신적으로 다른 것에 사로잡혔을 때는 언제나 사건들의 타이밍에 대한 우리의 주관적 인식이 조직적으로 잘못될 수 있다.[25] 일단 우리가 첫 번째 과제를 처리하고 있다가 두 번째 항목이 언제 나타났는지 추정하라는 지시를 받으면 그것을 우리의 의식에 들어온 순간으로 실제보다 늦게 추정하는 잘못을 범한다. 심지어 두 입력 정보가 객관적으로 동시에 이루어진 경우에도 '동시'라는 것을 인식하지 못하고 우리가 처음 주의를 기울인 것이 더 빨리 나타난 것이라고 느낀다. 사실상 우리 의식이 느릿느릿한 것 때문에 주관적 지연이 일어나는 것이다.

주의의 깜박거림과 불응기는 심리적으로 깊이 관계된 현상이다. 마음이 사로잡혔을 때는 언제나 인식될 만한 다른 모든 후보가 무의식의 완충상태에서 기다리고 있어야 한다. 그리고 그 대기상태는 위험하다. 어느 순간이라도 내부 소음, 마음을 산란하게 하는 생각, 또는 다른 여러 가지 자극이 있으면 완충상태에 있는 항목은 깜박거리다가 인식에서 지워지거나 사라질지도 모르기 때문이다. 실제로 실험을 통해서도 이중과제 동안 불응과 깜박거림이 모두 일어나는 것이 확인된다. 두 번째 항목의 의식지각은 항상 지연되며, 지연이 지속됨에 따라 완전히 소멸될 가능성도 늘어난다.[26]

이중과제를 다루는 대부분의 실험에서 깜박거림은 아주 짧은 시간 동안만 지속된다. 글자 하나를 기억하는 시간은 정말로 잠깐이면 된다. 하지만 좀 더 오래 마음을 산란시키는 과제를 수행할 때는 어떻게 될까? 놀랍게도 우리는 외부 세계에 대해 전혀 의식하지 못할 수도 있다. 책에 몰두한 사람, 정신집중을 한 체스선수, 문제풀이에 골똘한 수학자 등은 지적으로 몰두해 있을 경우 오랫동안 정신적인 격리가 일어나며 그 동안에는 주위에 대한 인식이 모조리 사라져버린다는 사실을 잘 알고 있다. '부주의 맹시inattentional blindness'라는 이 현상은 쉽게 확인할 수 있다. 어떤 실험[27]에서는 컴퓨터 화면을 응시하는 피험자들에게 위쪽에 주의를 기울이게 했다. 곧 거기에 글자가 하나 나타날 것이니 그것을 기억하라고 지시한 것이다. 그들은 이 과제를 두 차례에 걸쳐 연습했다. 그런 다음 세 번째에는 주변의 글자와 동시에 예상하지 못한 형태가 중심에 등장했다. 커다란 검은색 점이나 숫자 하나, 또는 심지어 단어 하나를 비춘 것이다. 그리고 거의 1초 가까이 지속된다. 하지만 놀랍게도 피험자의 3분의 2 가까이가 그것을 알아차리지 못했다. 그들은 주변에 있는 글자 이외에 다른 것은 보지 못했다고 보고했다. 그 실험을 다시 반복할 때야 비로소 그들은 중요한 모양을 보지 못한 것을 알아차리고 깜짝 놀랐다. 간단히 말해 부주의가 시각장애인을 만들어버리는 것이다.

또 하나의 고전적인 사례로는 댄 사이먼스Dan Simons와 크리스토퍼 샤브리Christopher Chabris가 고안한 '보이지 않는 고릴라the invisible gorilla' 실험(78~79페이지의 〈그림 6〉의 위쪽 이미지 참조)이 있다.[28] 피험자들은 흰색 티셔츠를 입은 팀과 검은색 티셔츠를 입은 팀이 농구를 하는 모습을 담은 동영상을 보게 된다. 그리고 그들은 흰색 티셔츠를 입은 팀에서 공을 몇 번이나 패스하는지 알아내야 한다. 그 영상은 약 30초 동안 계속되며, 조금만 주의를 기울이면 거의 모든 사람이 15회의 패스를 헤아릴 수 있다. 그때 실험자가 "그런데 고릴라는 보았습니까?" 하고 묻는다. 물론 보았을 리 없다! 테이프를 되감아 다시 보면, 영상의 중간에 고릴라 모양의 옷차림을 한 배우가 누구나 볼 수 있도록 무대 한가운데에 나타나 가슴을 여러 번 탁탁 친 뒤 사라지는 장면이 있다. 그 영상을 본 피험자의 대다수는 처음 상영 때 고릴라를 알아차리지 못한다. 그들은 고릴라가 있을 리 없다고 큰소리치고, 심지어는 실험자가 다른 필름을 돌린 것이라고 주장하기도 한다! 흰색 티셔츠를 입은 사람들에게 주의를 기울이는 바람에 검은색 고릴라의 모습이 의식에서 사라져버린 것이다.

이 고릴라연구는 인지심리학에서 하나의 커다란 이정표였다. 거의 같은 시기에 연구자들은 부주의 때문에 일시적으로 장님처럼 되어버리는 상황을 수십 가지나 발견했다. 사람을 목격자로서 신뢰할 수 없음을 드러내는 실험인 셈이다. 이처럼 간단한 조작만 하더라도 아주 노골적인 광경조차 의식할 수 없게 된다. 그런가 하면 케빈 오리건Kevin O'regan과 론 렌싱크Ron Rensink는 '변화 맹시change blindness'[29]를 발견했다. 이것은 한 그림의 어느 부분이 지워졌는지를 알아차리지 못하는 현상이다. 삭제 부분이 있는 것과 없는 두 그림을 화면 위에서 매초마다 교차시키고 그 사이에 잠깐씩만 빈틈을 둔다. 두 그림을 보는 사람들은

그림의 변화가 많거나(제트기에서 엔진이 사라진다), 내용이 적절해지거나(운전 장면에서 도로 중앙의 점신이 실선으로 바뀐다) 하는데도 불구하고 두 그림이 똑같다고 단언한다.

댄 사이먼스는 실제 배우들을 동원하는 현장 실험을 통해 변화 맹시를 증명해보였다. 한 배우가 하버드 대학교의 캠퍼스에서 어느 학생에게 길을 묻는다. 그들의 대화는 지나가던 인부들에 의해 잠깐 중단되고, 2초 뒤 원래의 배우가 두 번째 배우로 교체된다. 두 사람의 머리카락과 옷차림이 다르지만 대부분의 학생들은 그들이 바뀐 것을 알아차리지 못한다.

더욱 놀라운 경우는 피터 조핸슨Peter Johansson의 선택 맹시 choice blindness에 관한 연구다.[30] 이 실험에서는 남성 피험자에게 각각 한 여성의 얼굴을 찍은 두 장의 사진을 보여주고, 그가 좋아하는 여성의 사진을 고르게 한다. 피험자들이 고른 사진을 건네줄 때 실험자는 몰래 두 사진을 서로 바꾼다. 피험자들은 자신이 선택하지 않은 사진을 보게 되지만, 피험자의 절반이 이 조작에 대해 전혀 알지 못한다. 그리고 그들은 자신이 선택하지 않은 여성에 대해 흐뭇해하면서, 자신이 선택한 얼굴이 왜 다른 얼굴보다 더 매력적인지 확실한 이유까지도 설명하려는 노력을 아끼지 않았다!

런던 교통부에서 제작한 짧은 추리영화 〈범인은?Whodunnit?〉 (78~79페이지의 〈그림 6〉의 가운데 및 아래쪽 이미지 참조)은 시각적 무지에 대해 가장 훌륭하게 보여주고 있다.[31] 한 형사가 3명의 용의자를 심문한 뒤 그들 가운데 1명을 체포한다. 의심스러운 것은 전혀 없다. 그렇지만 영화를 되돌려보면 엄청난 변화를 놓친 것을 깨닫게 된다. 시각적 광경 중에서 적어도 21개 요소가 바로 우리 눈앞에서 뒤죽박죽으로 바뀐 것이다. 5명의 조수들이 가구를 바꾸었는가 하면, 커다란 곰인형을 중세의 갑옷으로 대체하기도 했고, 배우들이 외투를 바꿔 입고 손에 쥐고 있던 물체를 교환하는 것을 도왔다. 순진한 구경꾼들은 그 모두를 놓친 것이다.

영화의 끝에서는 런던 시장이 등장해 다음과 같은 말을 남긴다. "여러분이 찾고 있지 않는 것을 놓치기란 쉬운 일입니다. 바쁜 도로 위에서는 이것이 치명적일 수 있지요. 그러므로 자전거를 타고 다니는 사람이 없는지 살펴야 합니다." 그의 말이 옳다. 비행 시뮬레이션을 활용하는 연구에서는 예비조종사들이 관제

탑과 교신할 때 다른 일에 정신을 기울이지 못하는 바람에 다가오는 항공기를 알아차리지 못해 충돌할 수 있다는 것을 보여주고 있다.

이러한 실험들이 전하는 교훈은 분명하다. 주의를 기울이지 않으면 어떤 대상이라도 우리의 의식에서 사라질 수 있다. 그래서 그것이 의식지각과 무의식지각을 대조시키는 중요한 도구가 되는 것이다.

의식지각의 마스킹

실험실에서 부주의 맹시를 검사하는 데는 문제가 하나 있다. 실험에서는 수백 가지의 시도가 반복되어야 하지만, 부주의는 매우 불안정한 현상이기 때문이다. 최초의 시도에서 순진한 피험자가 대부분 큼직한 변화조차 놓쳤다고 해도, 조금이라도 조작되었다는 단서만 있으면 그들도 얼마든지 주의를 기울이게 된다. 그들이 경계를 하자마자 변화가 보이지 않는 조건이 사라지는 것이다.

게다가 주의를 기울이지 않은 자극이 비록 무의식적으로 강력한 주관적 느낌을 만들어내기는 하더라도, 과학자들은 피험자들이 보지 않았다고 주장하는 변화를 그들이 정말 인식하지 못하는지를 의심의 여지없이 입증하기란 매우 어렵다는 것을 알고 있다. 한 차례의 실험 과정이 끝난 뒤 연구자가 그들에 대해 의문을 가지기도 하지만, 이 의문은 대부분 느리게 제기되며 또한 지켜볼 뿐이다. 또 하나의 가능성은 전체 실험이 끝날 때까지 의문 제기를 연기하는 것이지만, 그때는 잊어버리는 것이 문제가 되기 때문에(몇 분이 지나면 피험자는 자신이 인식했던 것을 과소평가할지도 모른다) 이 또한 곤란하다.

일부 연구자는 변화 맹시의 실험 동안 피험자들이 항상 전반적인 상황은 인식하고 있지만 세부 내용의 대부분을 기억하지 못할 뿐이라는 견해를 제시한다.[32] 그렇다면 변화 맹시는 인식의 결여에서 일어나는 것이 아니라 오래된 장면과 새로운 장면을 비교하지 못하는 것에서 일어날지도 모른다. 일단 동작의 신호가 제거되면 불과 1초의 지연이라도 뇌가 2가지 그림을 비교하는 데 어려움을 겪을 수 있다. 원래 피험자는 아무것도 변화하지 않았다고 응답하게 되어있다. 이 해석에 따르면 그들은 의식적으로 모든 장면을 지각하면서 단지 그들이 다르다는 것을 알아차리지 못했을 뿐이다.

내 개인적으로는 잊는다는 것으로 모든 부주의 맹시나 변화 맹시가 설명되리라는 것이 의심스럽다. 농구 경기의 고릴라나 범죄 현장의 곰인형도 결국 기억될 수 있는 것이 아니겠는가. 하지만 여전히 의심은 남는다. 의문의 여지가 없는 과학적인 연구라면 "어떤 이미지를 100% 다 볼 수는 없다"라는 패러다임이 필요하다. 그러면 피험자들이 얼마나 많은 정보를 알고 있든, 얼마나 많은 정보를 알기 위해 노력하든, 그리고 몇 번이나 그 영상을 돌려보든 그들은 여전히 그것을 보지 못한다. 다행히 그런 완전한 형태의 불가시성이 존재한다. 심리학자들은 그것을 '마스킹masking'이라 부르며, 다른 사람들에게는 '식역 이하의 이미지subliminal image', 즉 알아차리지 못한 사이에 영향을 미치는 이미지라 알려져있다. 식역 이하의 이미지는 의식의 경계 아래에 제시되는 이미지로서(식역識閾이란 감각이나 반응을 일으키는 경계를 의미한다), 아무리 노력을 기울이더라도 그것을 볼 수 없다.

그런 이미지는 어떻게 만들어낼까? 가장 쉬운 방법은 그것을 매우 모호하게 만드는 것이다. 하지만 그럴 경우 보통 이미지의 질을 매우 저하시키기 때문에 뇌활동이 거의 이루어지지 않는다. 그보다 흥미로운 방법은 해당 이미지를 다른 두 이미지 사이에 끼워넣고 잠깐 깜박거리는 것이다. 84페이지의 〈그림 7〉은 radio라는 단어의 이미지를 '마스킹'할 수 있는 방법을 보여준다. 먼저 영상 프레임 하나의 길이에 해당하는 33밀리초라는 짧은 시간 동안 그 단어를 깜박거린다. 완전한 어둠 속에서는 심지어 1마이크로초 길이의 빛이 깜박이더라도 뭔가를 볼 수 있기 때문에 이 시간 자체로는 불가시성을 유도하기에 충분하지 않다. 하지만 radio라는 이미지를 보이지 않게 하는 것은 '마스킹'이라는 착시다. 그 단어의 앞뒤로 같은 자리에 기하학적 도형이 나타난다. 타이밍이 맞을 경우 피험자의 눈에는 단지 깜박거리는 패턴만 보일 뿐, 그 단어는 도형 사이에 끼여 전혀 보

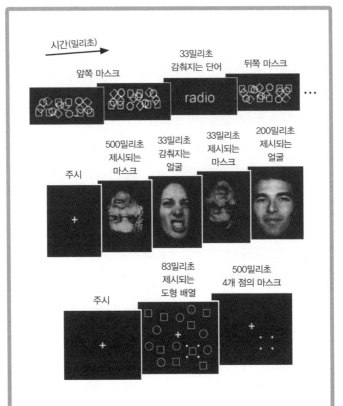

그림 7.

마스킹에 의해 이미지가 보이지 않을 수 있다. 이 기법은 마스크처럼 작용하면서 의식지각을 방해하는 그림들의 배경 속에 그림 하나를 깜박거리는 것이다. 맨 위의 예에서는 일련의 도형 안에서 잠깐 동안 깜박거리는 단어 하나가 피험자의 눈에 띄지 않는다. 중간의 예에서는 강한 감정을 나타내는 얼굴이 깜박이더라도 그 앞뒤에 임의의 사진들을 배치함으로써 의식하지 못하게 할 수 있다. 피험자는 마스크와 마지막 얼굴만 보게 된다. 맨 아래의 경우 도형의 배치가 목표 역할을 한다. 역설적이지만 지각되지 않는 유일한 도형은 4개의 점으로 표시된 것이다. 4개의 점은 먼저 배치된 것보다 지속 시간이 더 오래 연장됨으로써 마스크 역할을 한다.

이지 않게 된다.

내 자신도 식역 이하의 마스킹 실험을 다수 고안하고 있으며, 부호화능력에 대해 알고 있음에도 컴퓨터 화면을 볼 때는 내 눈을 의심하지 않을 수 없다. 정말 두 마스크 사이에는 전혀 아무것도 없는 것처럼 보이기 때문이다. 하지만 광전지를 사용하면 그 단어가 정말로 객관적으로 깜박거린다는 것을 확인할 수 있다. 그 단어가 사라지는 것은 순전히 주관적인 현상이다. 그 단어를 어느 정도 오래 보면 반드시 다시 나타나기 때문이다.

많은 실험에서 '보는 것'과 '보지 않는 것' 사이의 경계를 상당히 뚜렷하게 확인할 수 있다. 하나의 이미지는 40밀리초 동안 제시될 때 아예 보이지 않지만, 대부분의 실험에서 그 지속시간을 60밀리초로 늘리면 쉽게 보인다. 이 발견을 통해 '식역 아래'와 '식역 위'라는 말을 정의할 수 있게 되었다. 비유적으로 의식의 관문은 훌륭히 규정된 식역이며, 깜박거리는 이미지는 그 안쪽이거나 아니면 바깥쪽에 있다. 식역의 길이는 대상에 따라 달라지지만 항상 50밀리초에 가깝다. 우리는 그 시간의 절반 동안 깜박거린 이미지를 지각한다. 따라서 시각적 자극을 식역에 제시한다는 것은 훌륭하게 제어되는 실험 패러다임을 내놓는 셈이다. 객관적 자극은 지속적이지만, 그것을 주관적으로 감지하는 것은 실행할 때마다 달라진다.

의식을 마음대로 조정하기 위해 마스킹의 몇 가지 변형이 사용되기도 한다. 하나의 사진이 다른 이미지들 사이에 끼어있으면 시야에서 사라질지도 모른다. 그 사진이 웃는 얼굴이나 두려움에 싸인 얼굴(84페이지의 〈그림 7〉 참조)일 때 우리는 피험자가 식역 아래에 숨겨진 감정(결코 의식적으로 지각되지 않았던 것, 바로 그것이 무의식수준에서 찬란히 빛난다)을 지각하는 것을 조사할 수 있다. 또 다른 마스킹의 예는 무작위로 배치된 도형을 깜박거리게 하며, 그 도형 중 하나를 4개의 점으로 둘러싸고 좀 더 오래 지속시킴으로써 표시하는 것이다(〈그림 7〉 참조).[33] 놀랍게도 표시가 이루어진 도형만 의식의 경험에서 사라지고 다른 모든 것은 뚜렷이 보이게 된다. 4개의 점은 다른 도형들보다 더 오래 지속되기에 점과 그들이 둘러싸는 공간은 그 자리에 있는 도형에 대한 의식적 지각을 대체해버리는 것처럼 보이는 것이다. 그래서 이 방법을 '대체 마스킹substitution masking'이라 한다.

마스킹은 일시적이지만 훌륭한 연구용 도구다. 높은 정밀도와 실험 파라미터에 대한 완벽한 제어를 통해, 의식되지 않은 시각적 자극이 맞이하는 운명을 탐구할 수 있게 해주기 때문이다. 가장 좋은 조건은 단일한 마스크의 뒤를 이어 목표가 되는 단일한 자극을 깜박거리는 것이다. 그리고 정확한 순간에 피험자의 뇌속에 훌륭하게 제어된 분량의 시각정보(예컨대 단어 1개)를 '주입'한다. 원칙적으로 이 분량은 피험자가 그 단어를 의식적으로 지각하기에 충분해야 할 것이다. 왜냐하면 마스크가 제거될 경우 피험자는 항상 그것을 볼 것이기 때문이다. 그러나 마스크가 있을 경우에는 이전의 이미지가 무시되며, 마스크가 바로 피험자에게 지각되는 유일한 것이 된다. 뇌 속에서 기이한 달리기가 일어나고 있음에 틀림없는 것이다. 비록 그 단어가 먼저 들어오더라도 뒤따라 들어오는 마스크가 따라잡음으로써 그것이 의식으로 지각되지 않게 하는 것 같다. 마치 눈 앞에 제시된 항목의 수가 하나인지 둘인지 판단하기 위해 증거를 가늠하는 통계학자처럼 뇌가 거동하는 것이다. 단어 제시가 짧고 마스크가 강한 경우라면 피험자의 뇌는 마스크만 제시되어있다고 결론을 내리는 압도적인 증거와 마주하게 될 것이다. 그리고 단어에 대해서는 전혀 지각하지 못하게 된다.

주관적인 것의 우월

마스킹이 된 단어나 사진이 정말 의식되지 않는다는 것을 증명할 수 있을까? 우리 연구실에서 이루어진 실험에서 우리는 피험자들에게 각각의 실험을 마친 뒤 그들이 단어를 봤는지의 여부를 간단히 물었다.[34] 동료들 가운데 일부는 이 절차가 '지나치게 주관적'으로 판단된다면서 불만을 나타냈다. 하지만 그 같은 회의적인 자세는 잘못인 것 같다. 의식연구에서는 주관성이야말로 실험대상과 관련된 문제의 핵심이기 때문이다.

다행히 회의적인 사람들에게 확신을 줄 만한 다른 수단들도 있다. 우선 마스킹이 피험자들 사이에서 상당한 일치를 이끌어내는 주관적 현상이라는 것이다. 약 30밀리초 이하의 지속시간에서는 모든 피험자가 매번 단어를 본 것을 부인한다. 다만 적어도 무엇인가가 어떻게든 달라지는 것을 지각하는 데는 최소한의 시간이 필요하다.

마스킹이 이루어지는 동안 주관적 불가시성이 객관적 결과를 만들어내는 것을 쉽게 확인할 수 있다는 것은 매우 중요하다. 피험자들이 아무것도 보지 못한다고 보고하는 실험들에서 그들은 보통 그 단어가 무엇인지 말하지 못한다. 반드시 대답을 해야 한다고 강요될 때만 그 빈도가 약간 높다(이는 어느 정도 식역 이하의 지각을 나타내는 발견이며, 다음 장에서 다시 다룰 것이다). 그리고 몇 초가 지난 뒤에는 마스킹이 된 숫자가 5보다 큰지 작은지와 같은 아주 간단한 판단까지도 하지 못한다. 우리 연구실의 실험들 가운데 하나[35]에서는 37개 단어로 된 똑같은 리스트를 단어가 보이지 않게 마스킹한 뒤 20회가량 거듭 제시했다. 그리고 실험의 끝에 이르러 참가자들에게 제시되지 않은 새로운 단어들 사이에서 앞서 제시된 단어를 고르도록 했다. 그들은 단어를 전혀 고르지 못했는데, 이는 마스킹된 단어가 그들의 기억에 아무런 흔적을 남기지 않았음을 시사해준다.

이러한 증거들은 모두 우리의 의식연구에서 세 번째로 중요한 요소, 즉 주관적 보고를 신뢰할 수 있고 또 신뢰해야 한다는 중요한 결론을 증명한다. 마스킹에 의해 이루어지는 불가시성이 비록 주관적 현상이더라도 거기에는 우리의 정보 처리능력을 보여주는 아주 실질적인 결과가 있다. 특히 그 불가시성은 우리에게 있는 '이름을 붙이는 능력'과 '기억하는 능력'을 급격히 저하시킨다. 마스킹의 영역에 가까워지면 피험자들이 '의식된다'고 하는 실험에 뒤따라 정보량의 엄청난 변화가 이루어지며, 그것은 주관적인 인식의 느낌에서뿐만 아니라 자극을 처리하는 방법의 다른 여러 가지 개선에도 반영된다.[36] 우리는 의식하는 정보가 무엇이든, 그것이 식역 이하일 때보다 더 뛰어나게 그것에 이름을 붙이거나 등급을 매기거나 판단하거나 기억할 수 있다. 달리 말해 관찰하는 사람은 자신의 주관적 보고에 대해 임의대로 하는 것도 아니고, 변덕을 부리지도 않는다. 즉, 그들이 정직하게 바라본 느낌을 보고할 때 그런 의식화는 정보 처리에서의 엄청난 변화(그 결과 거의 언제나 성능이 강화된다)와 조응한다는 것이다.

달리 말하면 1세기 동안에 걸친 행동주의나 인지과학의 의심과는 반대로, 자기성찰이 정보의 원천으로 존중할 만하다는 것이다. 그것이 가치 있는 데이터를 제공할 뿐 아니라(행동과 뇌촬영방법 등에 의해 객관적으로 확인할 수 있다), 의식의 연구가 무엇에 관한 것인지의 본질을 규정해주기도 한다. 우리는 의식의 기호 또는 사람이 어떤 의식상태를 경험할 때마다 뇌 속에서 체계적으로 일어나는 일련의 신경세포의 움직임, 즉 주관적 보고에 대한 객관적 설명을 찾고 있다. 당연히 그에 대해서는 그 사람만이 이야기할 수 있다.

우리 분야에서 하나의 선언이 된 2001년의 어느 논평에서 나는 동료인 리오넬 나카슈Lionel Naccache와 함께 이 입장을 다음과 같이 정리했다. "주관적 보고는 의식에 대해 인지신경과학cognitive neuroscience이 연구하려는 주된 현상이다. 따라서 그들은 다른 심리학적 관찰과 더불어 측정·기록되어야 할 필요가 있는 1차적인 데이터를 이룬다."[37]

이렇게 말한다고 해서 자기성찰에 대해 순진한 생각을 가져서는 안 된다. 물론 그것이 심리학자에게 원재료가 되기는 하지만, 마음의 움직임을 들여다볼 수 있는 직접적인 창문은 아니기 때문이다. 신경증 또는 정신질환 환자가 어둠속에서 사람들의 얼굴이 보인다고 할 때는 그들의 말을 글자 그대로 받아들이지 않지만, 그가 이 경험을 한 적이 있었음을 부인해서도 안 된다. 우리에게는 단지 "그가 왜 그 같은 경험을 한 적이 있는가?"를 설명할 의무가 있을 뿐이다. 어쩌면 측두엽 속에서 얼굴 인식회로face circuit가 자연발생적으로, 아마 뇌전증처럼 활성화되었기 때문인지도 모른다.[38]

정상적인 사람의 경우에도 자기성찰은 분명히 틀릴 수 있다.[39] 당연히 우리는 수많은 무의식 과정에 다가가지 못한다. 하지만 그렇다고 해서 우리가 그들에 관한 이야기를 만들어내는 것을 막지는 못한다. 예컨대 많은 사람들은 어떤 단어를 읽을 때 그것의 전체적인 모양을 바탕으로 즉시 '하나의 전체로' 그 단어를 알아차린다고 생각하지만, 실제로는 글자를 바탕으로 하는 꼼꼼한 분석이 이루어지며, 또 이에 대해서는 전혀 인식하지 못하고 있다.[40] 두 번째 예로, 우리의 과거행동을 이해하려 애쓸 때를 생각해보자. 사람들은 가끔 무의식적인 참된 동기에 대해서는 전혀 알지 못한 채 자신의 결정에 대해 온갖 종류의 왜곡된 사후 해석을 만들어낸다. 어느 고전적인 실험에서는 소비자들에게 네 켤레의 나일론스타킹을 보여준 뒤 어느 것의 품질이 가장 우수한지를 판단하라고 했다. 실제로는 모든 스타킹이 똑같은 것이었지만, 사람들은 선반의 오른쪽에 있는 것에 강한 선호도를 나타냈다. 그리고 자신의 선택에 대해 설명을 요구받았을 때 아무도 선반의 위치를 언급하지 않은 채 단지 섬유의 품질에 대해 장황하게 이야기했다. 이 경우 자기성찰은 분명히 망상이었다.

그 점에서는 행동주의 심리학자들이 옳았다. 심리학연구의 한 방법으로서 자기성찰은 튼튼한 기반을 마련해주지 못한다. 자기성찰은 우리에게 마음이 어떻게 작용하는지를 전혀 이야기해주지 않기 때문이다. 하지만 수단으로서 자기성찰은 여전히 의식의 연구를 구축하기 좋은 완벽하고도 유일한 플랫폼을 이룬다. 등식의 중요한 절반, 즉 어느 경험에 대해 피험자들이 어떻게 느끼느냐 하는 것(그들이 근본적인 진실에 대해 틀리는 것은 상관없다)을 제공해주기 때문이다. 우리 인지신경과학자들은 의식에 대한 과학적 이해를 얻으려면 '단지' 그 등식의 나머지 절반, 즉 "어떤 객관적인 신경생물학적 사건이 한 사람의 주관적 경험에서 일어나고 있느냐?" 하는 것을 파악하면 된다.

마스킹에서 봤던 것처럼 때때로 주관적 보고가 즉각 객관적 증거에 의해 입증될 수 있다. 마스킹이 된 단어를 봤다고 말하는 사람은 곧 그것을 큰 소리로 정확하게 말함으로써 입증할 수 있다. 하지만 의식연구자들은 피험자들이 적어도 표면적으로 도무지 확인할 수 없을 것 같은 내적인 상태에 대해 보고하는 다른 많은 사례를 조심할 필요가 없다. 심지어 그 같은 사례에서도 그 사람의 경험을 설명해주는 객관적이고 중립적인 일이 틀림없이 있을 것이다. 그리고 이 경험은 다른 물리적 자극과 분리되었으므로 연구자들이 실제로 그것의 대뇌에서의 출처를 격리시키기가 더욱 수월할지도 모른다. 다른 감각적인 파라미터와 그것을 혼동하지 않을 것이기 때문이다. 따라서 현대의 의식연구자들은 부단히 '순수하게 주관적인' 상황을 찾고 있으며, 거기서는 감각적 자극이 항상적이지만(때로는 없는 경우조차 있다) 주관적 지각은 달라진다. 이러한 이상적인 상황에 의해 의식경험이 순수한 실험 변수로 바뀌는 것이다.

좋은 사례가 스위스 신경학자 올라프 블랑케Olaf Blanke에 의해 이루어진, 신체를 빠져나가는 경험에 관한 일련의 아름다운 실험이다. 외과 환자들은 가끔 전신마취 동안 자신이 몸을 빠져나가는 것을 느낀다고 보고한다. 그들은 천장에서 공중부양하면서, 심지어 자신의 무기력한 신체를 내려다보는 억제할 수 없는 느낌을 묘사한다. 그들의 이야기를 진지하게 받아들여야 할까? 신체를 빠져나가는 비행이 '정말로' 일어날까?

이러한 환자들의 보고를 확인하기 위해 몇몇 사이비과학자는 환자가 실제로 날아다녀야만 볼 수 있는 위치에 몇 가지 물체의 그림을 감춰놓았다. 물론 이 방법은 우스꽝스럽다. 이러한 현상을 올바르게 확인하려면 주관적 경험이 어떻게 뇌의 기능장애로 일어날 수 있는지에 대해 살펴봐야 한다. 블랑케는 "우리가 외부 세계에 대한 특정 관점을 취하는 근저에서 뇌가 어떤 종류의 표현을 하게 될까?" 하는 의문을 가졌다. 뇌는 신체의 위치를 어떻게 판단할까? 블랑케는 여러 신경증 환자와 외과 환자를 다룬 뒤 대뇌 피질의 오른쪽 측두엽과 두정엽의 교차되는 부분이 손상되거나 전기적 충격을 받으면 신체로부터 빠져나가는 듯한 감흥이 반복적으로 야기된다는 것을 발견했다.[41] 이 영역은 다수의 신호가 수렴되는 수준 높은 부위에 위치한다. 이때의 신호들은 시각으로부터, 체성감각계somatosensory system와 운동감각계kinesthetic system(신체 접촉 및 근육과 행동신호를 나타내는 뇌의 지도)로부터, 그리고 전정계vestibular system[내이內耳에 위치하는 생체의 관성 유도장치로서, 우리 머리의 움직임을 감시한다]로부터 오는 것들이다. 뇌는 이러한 다양한 신호를 취합해 환경과 상대적인 신체의 위치에 대한 종합적인 표현을 만들어낸다. 하지만 이 과정은 뇌가 손상되어 신호가 일치되지 않거나 모호해지면 제대로 이루어지지 않을 수 있다. 그러면 정신이 몸을 빠져나가면서 날아다니는 느낌이 '정말' 생긴다. 따라서 그것은 정말로 물리적인 일이긴 하지만, 온전히 환자의 뇌 속에서만 일어나는, 그의 주관적 경험이다. 몸을 빠져나가는 상태는 대체로, 흔들리는 배 위에서와 같이, 우리의 시각이 전정계와 일치하지 않을 때 우리 모두가 경험하는 어지러움이 악화된 형태라 할 수 있다.

블랑케는 나아가 어떤 사람이라도 자신의 몸을 빠져나갈 수 있음을 보여주었다. 그는 정상적인 뇌에서 몸을 빠져나가는 경험을 유발시키기 위해 동기화되었지만 본래의 장소에서는 옮겨진 시각·촉각신호를 통해 알맞은 양의 자극을 만들어냈다.[42] 심지어 그는 똑똑한 로봇과 MRI를 통해 환각까지도 재현했다. 그러자 스캐닝대상인 사람이 환각을 경험하는 동안 그의 뇌에서는 환자의 병변이 위치하는 부위와 매우 가까운 곳인, 측두엽과 두정엽의 연결 부분이 밝아졌다.

우리는 아직도 이 부위가 어떻게 작용해 자신의 소재에 대한 느낌을 만들어내는지 알지 못한다. 하지만 신체를 빠져나가는 상태가 초심리학적 호기심으로부터 주류 신경과학으로 확장된 이 놀라운 이야기는 희망의 메시지를 전해준다. 기이한 주관적 현상들의 신경적인 기원조차 추적할 수 있는 것이다. 무엇보다 그런 자기성찰을 얼마나 올바르게 다루는지가 관건이다. 이러한 자기성찰은 우리 뇌의 내부 메커니즘에 대한 직접적인 성찰을 제공하지는 않는다. 오히려 그들은 견실한 의식연구가 적절하게 근거를 마련할 수 있게 해주는 원재료가 될 것이다.

의식에 대한 현대의 연구를 간단히 재검토해보는 이 장의 끝부분에서 우리는 낙관적인 결론에 이른다. 지난 20년 동안 여러 가지 실험도구가 등장했으며, 연구자들은 의식을 마음대로 조작하고 있을지도 모른다. 우리는 단어, 사진, 영화 한 편이 모두 의식에서 사라지게 했다가, 약간 변화시키거나 아니면 때로는 전혀 바꾸지 않고 다시 보이게 할 수도 있다.

우리는 이제 데카르트가 기꺼이 제기하려고 했을 질문을 할 수 있다. 일단, 보이지 않는 이미지에 무엇이 일어나는가? 그것이 여전히 뇌 속에서 처리되는가? 얼마나 오래 걸릴까? 대뇌 피질 안으로는 얼마나 멀리 들어가는가? 자극이 어떻게 의식되지 않게 하는지에 따라 그 대답은 달라질까?[43] 그리고 두 번째로, 자극이 의식적으로 지각될 때 무엇이 바뀔까? 하나의 항목이 의식에 들어올 때만 나타나는 독특한 뇌의 움직임이 있는가? 우리는 이러한 의식의 기호를 확인하고, 그들을 이용해 의식이 무엇인지를 이론으로 구체화할 수 있을까?

이러한 질문 가운데 첫 번째, 식역 이하의 이미지가 우리의 뇌, 생각, 결정 등에 깊이 영향을 미치고 있는지의 여부에 대한 흥미로운 문제를 이제 살펴보자.

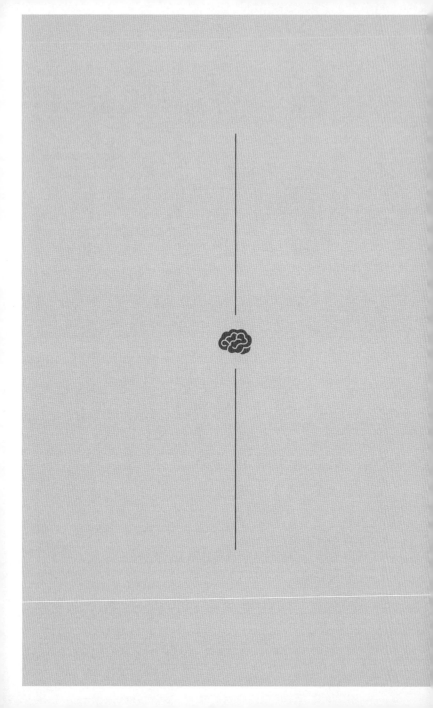

2

무의식의 깊이 측정

보이지 않는 이미지 하나가 뇌 속으로 얼마나 깊이 들어갈 수 있을까? 그것이 더 높은 대뇌 피질중추cortical center에 이르러 우리의 의사결정에 영향을 미칠 수 있을까? 그 답을 찾는 것은 의식적 사고conscious thought 특유의 윤곽을 묘사하는 데 중요하다. 심리학과 뇌촬영에 관한 최근 실험들에서는 무의식이 뇌에서 맞이하는 운명을 추적해왔다. 우리는 무의식적으로 마스킹이 된 이미지를 알아차리고 분류하며, 심지어 보이지 않는 단어까지 해독·해석한다. 식역 이하의 화상은 우리에게 동기와 보상을 유발한다. 물론 우리는 전혀 알아차리지 못한다. 심지어 지각을 행동으로 연결하는 복잡한 작용들조차 몰래 펼쳐지면서 우리가 얼마나 자주 무의식의 '자동항법장치'에 의존하는지를 보여준다. 우리는 무의식 과정에 뒤따른 소란스러움을 알지 못한 채 의사결정을 좌우하는 의식의 힘을 과대평가하고 있지만, 사실상 우리가 의식으로 제어하는 능력은 제한되어있다.

과거와 미래는 미미한 의식 밖에 허락하지 않는다.

― T. S. 엘리엇, 〈번트 노턴Burnt Norton〉(1935)

2000년 미국 대통령선거운동 당시 조지 W. 부시 팀에서 만든 광고 영상에는 앨 고어의 경제정책에 대한 풍자와 함께 'RATS(쥐 새끼들)'라는 커다란 단어가 들어있었다(〈그림 8〉 참조). 엄격히 말해 식역 이하에 해당하는 것은 아니었지만, 그 이미지는 사람들에게 눈치 채이지 않은 채 지나갔다. 'BUREAUCRATS(관료들)'라는 단어의 끝에서 눈에 띄지 않고 흘러갔기 때문이다. '쥐새끼들'이라는 그 욕설은 논란을 불러일으켰다. 그것을 본 사람의 뇌가 그 숨은 의미를 제대로 가리켰을까? 그 의미가 뇌의 어디까지 전달되었을까? 그것이 유권자의 감정중추emotional center에까지 이르러 대통령후보를 고르는 판단에 영향을 미쳤을까?

12년 전의 프랑스 선거에서도 논란을 불러일으킬 만한 식역 이하의 이미지가 사용되었다. 대통령후보 프랑수아 미테랑의 얼굴이 국영방송 프로그램의 로고에 잠깐 비쳐졌던 것이다(그림 8). 보이지 않는 이 이미지는 프랑스 시청자들에게는 인기가 많은 저녁 8시 뉴스방송이 시작될 때마다 매일 등장했다. 이것이 투표에 영향을 미쳤을까? 인구 5500만의 국가라면 아주 미미한 비율만 선택을 바꾸더라도 수천 표에 이를 것이다.

식역 이하의 이미지를 이용하는 모든 조작의 원조는 1957년의 어느 영화에 '마시자 코카콜라Drink Coca Cola'라는 단어가 포

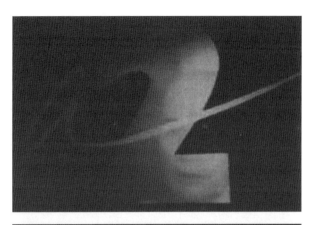

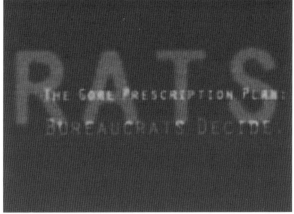

그림 8.
식역 이하의 이미지는 가끔 대중매체에서도 사용된다. 1988년 프랑스 대통령선거운동 당시에는 현직 대통령이자 후보였던 프랑수아 미테랑의 얼굴이 공공 텔레비전 프로그램의 로고가 나오는 사이에 잠깐 비쳐졌다. 그리고 2000년 조지 W. 부시의 광고영상에서는 앨 고어의 경제정책 영상에 은밀하게 RATS라는 단어를 노출시켰다. 과연 이런 무의식적 이미지가 뇌에서 처리되어 우리의 결정에 영향을 미치는 것일까?

함된 프레임을 삽입한 것이다. 이제는 모두가 그 이야기와 코카콜라의 엄청난 판매 증가로 이어지는 결과를 잘 알고 있다. 하지만 식역 이하에 대한 연구의 신화적 이야기는 완전히 조작된 것이었다. 제임스 비커리James Vicary는 나중에 그 실험이 허위였음을 인정했다. 이제는 그 신화와 과학적 의문만 지속되고 있을 뿐이다. 과연 보이지 않는 이미지가 우리의 생각에 영향을 미칠 수 있을까? 이것은 자유와 대중 조작 측면에서 중요한 문제일 뿐 아니라, 뇌에 대한 우리의 과학적 이해를 위해서도 관건이 되는 질문이기도 하다. 우리가 이미지를 처리하기 위해서는 그것을 의식해야 할까? 아니면 아무런 인식 없이 감지하고 분류해 판단할 수 있을까?

무의식적인 방법으로 뇌에 정보를 제시할 수 있는 다양한 방법이 존재하기 때문에 이 문제는 더욱 무시할 수 없게 되었다. 두 눈에 보이는 이미지, 부주의, 마스킹, 그리고 그 밖의 여러 가지 상황에 의해 우리는 주위 환경에 대한 관점들에 소홀해진다. 우리는 단지 그것들을 보지만 못하는 것일까? 주어진 대상에 주의를 기울일 때마다 항상 주의를 기울이지 못하는 주위에 대한 지각을 멈추는 것일까? 아니면 계속 식역 이하의 방식으로만 처리하고 있는 것일까? 만약 그렇다면 의식이 없는 채로 뇌 속을 얼마나 멀리 나아갈 수 있을까?

의식경험에 대한 뇌의 기호를 확인하려는 우리의 과학적 목표를 위해 이러한 질문들에 대답하는 것은 매우 중요하다. 만약 식역 이하의 처리가 깊은 곳에서 이루어지고, 그 깊이를 우리가 가늠할 수 있다면, 우리는 의식의 성질을 훨씬 더 잘 알게 될 것이다. 예컨대 초기 단계의 지각이 전혀 드러나지 않은 상태에서 이루어질 수 있음을 알면 의식연구에서 그 단계를 배제하는 것이 가능해진다. 이 제거 과정을 더 수준 높은 작용에까지 확장함으로써 우리는 의식이 있는 마음의 특징에 대해 점점 더 많은 것을 알게 될 것이다. 무의식의 윤곽을 묘사해가면 점진적으로 의식을 가진 마음의 네거티브사진을 인화하는 셈이 될 것이다.

무의식의 선구자들

우리의 인식 밖에서 많은 양의 정신적 처리가 이루어진다는 사실을 발견한 사람은 일반적으로 지그문트 프로이트Sigmund Freud(1856~1939)로 알려져 있다. 하지만 이것은 프로이트 자신에 의해 만들어진 신화다.[1] 역사가이자 철학자인 마르셀 고셰 Marcel Gauchet는 이렇게 언급했다. "실질적으로 정신분석 이전에는 마음이 체계적으로 의식과 동일시되었다고 프로이트가 선언하지만, 우리는 그것이 엄밀히 틀린 것이라 선언하지 않을 수 없다."[2]

사실상 우리의 정신작용 가운데 다수가 몰래 일어나며, 의식이란 잡다한 무의식 처리장치 위에 놓인 얇은 합판일 뿐이라고 밝힌 사람은 프로이트보다 수십 년 또는 수백 년 이전에 있었다.[3] 고대 로마의 그리스인 의사 갈레노스Galen(129?~200)와 철학자 플로티노스Plotinus(204?~270)는 보행과 호흡 등 일부 신체활동이 주의를 기울이지 않더라도 이루어진다는 것을 이미 알아차렸다. 그리고 그들은 그 이름마저 의사들의 상징으로 남아 있는 히포크라테스Hippocrates(기원전 460?~377?)로부터 상당 부분의 의학지식을 물려받았다. 한편 히포크라테스는 뇌전증에 대해《신성한 질병The Sacred Disease》이라는 방대한 논문을 펴냈다. 그는 거기서 환자의 몸이 갑자기 그의 의지와 어긋나게 마음대로 움직이는 점에 주목했다. 그리고 뇌가 우리를 부단하게 제어하며 우리의 정신생활을 은밀하게 꾸려가고 있다는 결론을 내리면서 다음과 같이 말했다.

우리는 쾌락, 즐거움, 웃음, 장난, 더불어 슬픔, 고통, 비탄과 눈물까지 뇌로부터 생긴다는 것을 알아야 한다. 특히 뇌를 통해 생각하고 보고 들으며, 추한 것과 아름다운 것, 나쁜 것과 좋은 것, 유쾌한 것과 불쾌한 것을 구분하기도 한다.

로마 제국의 멸망에 뒤따른 중세의 암흑시대 동안에는 인도와 아랍의 학자들이 고대의 의학적 지혜 가운데 일부를 보존했다. 11세기에 이르러 알하젠Alhazen으로 알려진 아랍의 과학자 이븐 알하이삼Ibn al-Haytham(965~1040)이 시지각의 주된 원리를 발견했다. 그는 데카르트보다 몇 세기 앞서 눈이 빛을 내는 것이 아니라 받아들이는 암상자Camera obscura처럼 작용한다는 것을 이해했으며, 다양한 착각이 우리의 의식적 지각을 기만할 수 있을 것이라고 예견했다.[4] 알하젠은 의식이 항상 제어되지 않는다고 결론지었다. 그는 무의식적 추론이 자동으로 이루어지는 것을 상정한 최초의 인물이었다. 우리가 모르는 사이에 뇌가 이용 가능한 감각 데이터 너머에 있는 결론으로까지 비약함으로써 때로는 존재하고 있지 않는 것까지 보게 한다는 것이다.[5] 8세기가 지나 물리학자 헤르만 폰 헬름홀츠Hermann von Helmholtz는 1867년의 저서《생리광학Physiological Optics》에서 바로 그와 똑같은 용어 '무의식적 추론'을 사용해 우리 시각은 입력되는 감각 데이터에 어울리는 최상의 해석을 자동적으로 계산해낸다고 기술했다.

무의식적 지각의 문제 너머에는 우리의 가장 깊은 동기와 욕망의 기원이라는 더욱 커다란 문제가 기다리고 있었다. 프로이트 이전의 여러 세기 동안 아우구스티누스(354~430), 토마스 아퀴나스(1225~1274), 데카르트(1596~1650), 스피노자(1632~1677), 라이프니츠(1646~1716)를 비롯한 많은 철학자들이 "인간의 행동의 과정은 감각운동반사sensorimotor reflex로부터 알 수 없는 동기와 숨겨진 욕망까지를 비롯한 자기성찰에 이르지 못하는 광범위한 여러 메커니즘에 의해 움직인다"는 사실에 주목했다. 스피노자는 어린이들이 우유를 찾는 것, 피해를 입은 사람이 복수를 하려는 의지, 주정뱅이가 술병을 찾는 것, 주체하지 못하고 쏟아내는 수다쟁이의 말 등을 무의식적 충동이라고 열거했다.

18세기와 19세기 동안 초기의 신경학자들은 신경계에 무의식회로가 편재해있다는 증거를 차례로 발견했다. 마셜 홀 Marshall Hall(1790~1857)은 특정 감각의 입력을 특정 운동의 출력으로 연결하는 '반사활reflex arc'의 개념을 발전시켰으며, 척수에서 비롯된 기본적인 신체동작과 관련하여 우리에게 자발적인 통제가 결여된 것도 강조했다. 그의 뒤를 이어 존 휼링스 잭슨 John Hughlings Jackson(1835~1911)은 뇌간brain stem에서 대뇌 피질까지, 그리고 자동적인 움직임에서 점차 자발적이고 의식적인 움직임에까지 이르는 신경계의 서열상 조직을 강조했다. 프랑스에서는 테오뒬 리보Théodule Ribot(1839~1916), 가브리엘 타르드Gabriel Tarde(1843~1904), 피에르 자네Pierre Janet(1859~1947) 등 심리학자와 사회학자가 우리의 행동기억에 저장된 실제적인 지식(리보)에서부터 무의식적 모방(타르드), 심지어 어린 시절에 시작되어 우리 성격의 단면이 되는 무의식적 목표(자네) 등 광범위한 인간의 오토마티즘human automatism을 강조했다.

프랑스 과학자들이 얼마나 진보되었던지 야심만만한 프로이트가 논문을 발표하면서 유명해졌을 때 자네는 프로이트가 자기의 아이디어를 많이 이용했다고 항의할 정도였다. 그리고 1868년에 이미 영국의 정신분석학자 헨리 모즐리Henry

Maudsley(1835~1918)는 "정신작용의 가장 중요한 부분, 생각이 의존하는 본질적인 과정은 무의식적 정신활동"이라고 기록했다.[6] 또 다른 동시대의 신경학자로서 오스트리아의 빈에서 프로이트와 함께 활동했던 지그문트 엑스너Sigmund Exner는 프로이트가 1923년에 출판한《에고와 이드Das Ich und das Es》에서 생각했던 것보다 20년이나 앞선 1899년에 "우리는 '내가 생각한다', '내가 느낀다' 따위로 말할 것이 아니라 '내 안에서 생각된다es denkt in mir', '내 안에서 느껴진다es fühlt in mir'는 식으로 말해야 할 것이다"라고 했다.

19세기 말에 이르러 무의식 과정이 편재해있다는 것이 널리 받아들여지자 위대한 미국의 심리학자이자 철학자였던 윌리엄 제임스William James는 주요 저서인《심리학원리The Principles of Psychology》(1890)에서 과감하게 이렇게 말했다. "뭉뚱그려 생각해보면 이러한 모든 사실은 의문의 여지 없이 우리의 본성이 지니는 심연에 새로운 빛을 던져줄 하나의 탐구가 시작된 것을 의미한다. (중략) 그 사실들은 결론적으로 아무것도 느끼지 못한다는 어떤 사람의 말이 아무리 진지하더라도 아무 느낌이 없다는 사실의 확실한 증거로 받아들여서는 결코 안 된다는 점을 입증하는 것이다."[7] 그리고 그는 어떤 인간이라도 "자신이 전혀 알아차리지 못한 채 온갖 종류의 모순된 일을 할 것이다"라고 추정했다.

무의식적인 메커니즘이 우리의 삶 가운데 많은 것을 움직인다는 사실을 분명히 보여주는 신경학적·심리학적 성찰들에 비하면, 상대적으로 프로이트의 기여는 추측에 근거한 것 같다. 심지어 그의 저작에서 견고한 생각은 그 자신의 것이 아닌 반면에, 그 자신의 생각은 견고하지 않다고 말하더라도 전혀 이상할 것이 없다. 돌이켜보면 프로이트가 자신의 견해에 대해 실증테스트를 해보려 하지 않았던 것이 여간 실망스럽지 않다. 19세기 후반과 20세기 초는 실험심리학이 탄생한 시기였다. 이 시기에 정밀한 반응시간과 오류를 체계적으로 수집하는 등의 새로운 경험적 방법이 활발히 이루어졌다. 하지만 프로이트는 정신 모델을 진지하게 테스트하지도 않은 채 비유를 통해 제의하는 데 만족하는 인상을 남긴다. 내가 좋아하는 작가 가운데 한 사람인 블라디미르 나보코프Vladimir Nabokov는 프로이트의 방법에 참지 못하고 욕을 퍼붓기도 했다. "잘 속는 사람들이나 저속한 사람들에게 '고대 그리스 신화를 그들의 성기에 날마다 바르면 모든 정신병이 낫는다'고 믿게 하라. 나는 정말 개의치 않는다."[8]

무의식작용이 일어나는 곳

19세기와 20세기의 많은 의학적 발전에도 불구하고 불과 20년 전인 1990년대에 내가 동료들과 함께 뇌영상기법을 식역 이하의 지각에 적용하기 시작할 때도 뇌 속의 보이지 않는 그림의 문제를 둘러싸고 여전히 엄청난 혼란이 있었다. 그리고 상반되는 여러 가지 설이 제안되고 있었다. 가장 단순한 생각은 대뇌 피질이 의식하는 동안 다른 모든 회로가 의식하지 않는다는 것이었다. 대뇌 피질은 신경세포들이 얇은 판처럼 접힌 상태로 두 대뇌반구의 표면을 이루고 있다. 포유류의 뇌에서 가장 진화된 부위인 피질에서는 주의, 계획, 언어 등의 밑바탕이 되는 높은 수준의 작용이 이루어진다. 따라서 매우 당연하게도 피질에 이른 정보는 무엇이든 의식되어야 할 것이라고 가정할 수 있었다. 그와 대조적으로 무의식작용은 공포의 자극을 검출하거나 눈을 움직이는 것 등의 기능을 맡도록 진화된 편도체amygdala나 소구colliculus 같은 특화된 뇌의 핵심 부분 내부에서만 일어난다고 생각되었다. 이러한 신경세포 무리는 '피질하부회로'를 형성하며, 그 이름처럼 피질 아래에 위치하고 있다.

그와 다르기는 하지만 똑같이 순진한 또 하나의 제안에서는 뇌의 두 반구들 사이의 이분법이 등장했다. 좌뇌에는 언어회로가 들어있어 그것이 무엇을 하고 있는지 보고할 수 있으므로, 좌뇌는 의식할 수 있고 우뇌는 의식하지 않는다는 것이었다.

세 번째 가설은 대뇌피질회로의 일부가 의식하는 반면에 다른 회로는 의식하지 않는다는 것이었다. 구체적으로 말해 뇌로 전해지는 시각정보는 물체와 사람의 얼굴을 인식하는 복측 시각경로ventral route를 통해 무엇이든 반드시 의식된다고 했다. 한편 대뇌 피질의 두정엽을 지나면서 사물의 형상과 위치를 통해 우리의 행동을 유도하는 배측 시각경로dorsal visual route에 의해 전해 지는 정보는 깜깜한 무의식에 영원히 자리 잡게 된다는 것이다.

이처럼 단순한 이분법들은 어느 것 하나 면밀한 검토를 이겨 내지 못했다. 우리가 지금 알고 있는 것을 바탕으로 하면 뇌의 거의 모든 영역이 의식과 무의식의 사고에 모두 관여할 수 있 다. 하지만 무의식의 범위에 대한 이해를 점진적으로 확장해 이 결론에 이르는 데는 정교한 실험이 필요했다.

먼저 뇌가 손상된 환자들에 대한 간단한 실험들을 통해 뇌에 서 꽁꽁 감춰진 밑부분, 그러니까 피질 아래에서 무의식작용이 이루어진다는 것이 시사되었다. 예컨대 측두엽 아래에 위치하 는 아몬드 모양의 신경세포 무리인 편도체는 일상생활 가운데 중요하고 정서적으로 힘든 상황에 반응한다. 그것은 두려움을 부호화하는 데 특히 중요하다. 뱀과 같은 무서운 자극은 우리가 피질의 의식수준에서 그 정동情動을 나타내기에 훨씬 앞서 망막 으로부터 편도체를 활성화시킨다.[9] 여러 실험들을 통해 그 같 은 정동의 평가가 편도체의 급속한 회로를 거치며 매우 신속하 게 무의식적으로 이루어진다는 사실이 나타났다. 1900년대 초 스위스의 신경학자 에두아르 클라파레드Édouard Claparède는 무 의식적인 정동기억을 보여주었다. 그는 기억상실 환자와 악수 를 하면서 손을 핀으로 찔렀다. 다음 날 그 환자는 기억상실 때 문에 그를 알아차리지 못하면서도 그와 악수하기를 단호히 거 부했던 것이다. 이로써 복잡한 정동작용이 인식 이하의 상태에서 일어날 수 있으며, 그들이 항상 정동 처리에 특화된 일련의 피질하부 뇌핵subcortical nucleus에서 일어나는 것 같다는 최초의 증거가 실험을 통해 밝혀졌다.

식역 이하의 처리에 관한 또 하나의 데이터 원천은 '맹시盲視' 환자들이다. '맹시'란 대뇌 피질로 시각정보가 입력되는 주된 원천인 1차 시각 영역에 병변이 있는 것을 의미한다. '맹시'라는 용어가 다소 모순처럼 들리지만, 이 환자들의 셰익스피어적 조건, 즉 '보면서도 보지 않는 것'을 정확하게 말해준다. 그들은 1차 시각 영역의 병변 때문에 시각장애인이 되기도 하며, 그 병변에 의해 의식적 시각을 빼앗긴다. 또 시계의 특정 부분(바로 피질이 파괴된 영역과 정확하게 대응된다)이 보이지 않는다고 하며, 마치 시각장애인이라도 된 것처럼 행동한다. 하지만 실험자가 그들에게 물체나 불빛을 보이면 믿을 수 없을 만큼 정확하게 그것을 가리킨다.[10] 마치 좀비처럼 무의식적으로 아무것도 보지 않는 쪽을 향해 손을 가리키는 것이다. 정말 말 그대로 맹시가 아닐 수 없다.

어떤 해부학적 통로가 그대로 남아 맹시 환자들의 무의식적 시각을 지원하는 것일까? 분명히 일부 시각정보가 그들의 눈을 멀게 하는 병소를 우회해 망막에서 손으로 전해진다. 처음에 연구자들은 그 환자들의 시각 영역으로 들어가는 입구가 파괴되어있었기 때문에 그들의 무의식적 행동이 순전히 피질하부의 회로에서 일어나는 것이라 의심했다. 가장 적합한 의심대상은 시각, 눈의 움직임, 기타 공간 반응 등에 특화된 간뇌의 핵 가운데 하나인 상구superior colliculus였다. 실제로 맨 처음 이루어진 맹시의 fMRI연구에서도 보이지 않는 목표물이 상구에 강한 활성화를 일으킨다는 점이 드러났다.[11] 그러나 그 연구에는 보이지 않는 자극이 피질을 활성화한다는 증거도 있었으며, 그리고 나중의 연구를 통해서는, 보이지 않는 자극이 어떻게 해서든 손상된 1차 시각 영역을 우회해 시상thalamus과 피질의 더 수준 높은 시각 영역을 활성화시킬 수 있음이 분명히 확인되었다.[12] 그러니까 우리 내부에 있는 무의식적 반응에 더해져 눈과 손의 움직임을 유도하는 뇌회로에는 분명히 오래된 피질하부경로뿐 아니라 훨씬 더 많은 것이 포함되어있는 것이다.

캐나다의 심리학자 멜빈 구데일Melvyn Goodale은 또 다른 환자에 대한 연구를 통해 대뇌 피질이 무의식의 처리에 기여한다는 사실을 강화해주었다. D.F.라고 알려진 이 환자는 34세 때 일산화탄소에 중독되었다.[13] 산소가 결핍되자 D.F.의 좌우 측면 시각 영역lateral visual cortex은 되돌릴 수 없는 치명적인 손상을 입었다. 그 결과 의식적인 시각의 가장 기본적인 측면을 일부 상실하면서 신경학자들이 '시각 형태의 실인증visual form agnosia'이라 부르는 상태가 되었다. D.F.는 형상을 인식하는 데 있어 정사각형과 직사각형을 구분할 수 없었으므로 시각장애인과 다름없었다. 그리고 직선의 기울어진 방향이 수직인지 수평인지 비스듬한지도 알아차리지 못했다. 하지만 몸짓에 관계하는 계통은 여전히 제대로 기능을 발휘했다. 비스듬히 뚫린 틈새로 카드를 한 장 집어넣도록 하는 실험에서 틈새의 방향을 제대로 알아차리지 못하면서도 손은 아주 정확하게 움직인 것이다. D.F.의 운동계통은 항상 의식적으로 할 수 있는 것보다 오히려 더 훌륭하게 사물을 무의식적으로 '보는' 것 같았다. 또 그녀는 붙잡으려는 물체의 크기에 맞춰 손을 웅크렸지만 자발적으로는 전혀 그럴 수 없었으며, 단지 엄지와 다른 손가락 사이의 거리를 통해 지각하는 크기를 상징적으로 나타낼 뿐이었다.

운동행동을 발휘하는 D.F.의 무의식적 능력은 의식적으로 똑같은 시각적 형상을 지각하는 능력보다 훨씬 뛰어난 것 같았다. 구데일과 그의 동료는 그녀의 능력을 단지 피질하부의 운동경로만으로는 설명할 수 없으며, 대뇌 피질의 두정엽 또한 관련시켜야 한다고 주장했다. 비록 D.F.가 인식하지는 못하더라도 물체의 크기와 방향에 관한 정보는 여전히 그녀의 후두엽occipital lobe과 두정엽parietal lobe까지 나아가고 있었다. 거기서 아직 그대로 남아있던 회로는 그녀가 의식적으로는 볼 수 없는 크기, 위치, 심지어 형상 등에 대한 시각정보까지 추출했다.

D.F.의 사례 이래로 다수의 비슷한 환자를 통해 중증의 맹시와 실인증연구가 이루어졌다. 그들 가운데 일부는 앞이 보이지 않는다고 하면서도 물체와 부딪치지 않고 많은 사람들이 왕래하는 복도를 헤쳐나갈 수 있었다. 다른 환자들은 '공간무시spatial neglect'라는 일종의 무의식상태를 경험했다. 이 매혹적인 상태,

즉 우뇌 가운데서도 보통 하부두정엽inferior parietal lobe 가까이에 보이는 병변 때문에 환자는 공간의 왼쪽 부분에 대해 주의를 기울이지 못하게 된다. 그 결과 환자는 가끔 어느 장면이나 물체의 왼쪽 절반을 놓치기도 한다. 어떤 환자는 식사가 부족하다고 강력히 항의하기도 했다. 하지만 그는 식판의 오른쪽에 놓인 음식만 모조리 먹었을 뿐 왼쪽에 그대로 남아있는 음식을 전혀 알아차리지 못했던 것이다.

공간무시 환자들은 의식적인 판단과 보고 면에서 흠이 많기는 하지만 왼쪽 시야가 정말 보이지 않는 것은 아니다. 그들의 망막과 초기 시각 영역early visual cortex은 기능을 완전히 발휘한다. 그런데 더 수준이 높은 병변 때문에, 이 정보에 주의를 기울이고, 그것을 의식수준으로 나타내는 데 방해를 받는 것이다. 그렇다면 주의를 기울이지 않는 정보는 아예 사라질까? 그렇지 않다. 피질에서는 여전히 무시된 정보의 처리가 무의식수준에서 이루어진다. 존 마셜John Marshall과 피터 핼리건Peter Halligan은 두 집 가운데 왼쪽 집에서 화재가 일어나고 있는 그림을 공간무시 환자에게 보여줌으로써 이 점을 멋있게 지적했다(그림 9).[14] 그 환자는 차이를 강력하게 부인했다. 두 집이 똑같다고 주장했던 것이다. 그러나 어느 집에서 살고 싶은지 선택하라고 하자 그 환자는 지속적으로 화재가 난 집을 선택하지 않았다. 분명히 뇌에서는 여전히 시각정보를 심도 있게 처리하기 때문에 화재를 '피해야 할 위험'으로 분류할 수 있었던 것이다. 수년 뒤 뇌영

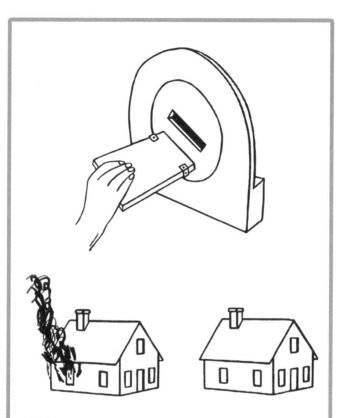

그림 9.

멜빈 구데일과 데이비드 밀너David Milner(1991)의 환자 D.F.는 뇌의 병변에 이어 모든 시각적 인식능력을 상실하고 심지어 경사진 틈새 같은 간단한 형상조차도 전혀 지각할 수도 묘사할 수도 없었다(위). 하지만 그 환자는 그 틈새 속으로 카드를 정확하게 밀어 넣음으로써 복잡한 손의 운동이 무의식적으로 유도될 수 있음을 보여주었다. 존 마셜과 피터 핼리건(1988)의 환자 P.S.는 중증의 좌측면 공간무시 증상을 가지고 있어 그림 아래쪽에 있는 두 집 사이의 차이를 의식적으로 지각하지 못했다. 하지만 어느 쪽 집에서 살고 싶으냐는 질문을 받았을 때 화재가 난 집을 지속적으로 회피함으로써 그가 무의식적으로는 그림의 의미를 이해하고 있음을 시사했다.

상기법을 통해 공간무시 환자들의 경우 보이지 않는 자극이 복측 시각 영역ventral visual cortex(집과 얼굴에 반응한다)을 여전히 활성화할 수 있음을 확인했다.[15] 심지어 무시된 글자와 숫자의 의미도 보이지 않는 상태로 그러한 환자의 뇌에 이르렀다.[16]

뇌의 어두운 면

초기에는 이 모든 증거가 종종 의식작용과 무의식작용 사이의 분리에 대한 생각을 바꾸었다고 주장할 수 있는 커다란 뇌의 병변을 가진 환자들로부터 나왔다. 병변이 없는 정상적인 뇌들에서도 이미지가 무의식적으로 깊은 시각적 수준에서 처리될까? 우리가 모르는 사이에 우리의 대뇌 피질이 작용할 수 있을까? 심지어 독서나 산수 등과 같이 우리가 학교에서 얻는 세련된 기능까지도 무의식적으로 발휘될 것인가? 우리 연구소는 이러한 질문에 긍정적인 대답을 내놓은 최초의 연구소 가운데 하나였다. 우리는 뇌영상기법을 사용해 보이지 않는 글자와 숫자가 대뇌 피질의 아주 깊숙이까지 이른다는 것을 보여주었다.

제1장에서 설명한 것처럼 우리는 수십 밀리초 동안 그림을 비치면서도 눈에 보이지 않게 할 수 있다. 그 직전이나 직후에 다른 형상들을 통해 의식으로부터 감추고자 하는 중요한 사건을 마스킹하는 속임수를 쓰는 것이다(84페이지의 〈그림 7〉 참조).

그러나 그런 마스킹된 그림이 뇌 속 어디까지 전해질까? 나는 동료들과 함께 '식역 이하의 점화subliminal priming'라는 교묘한 기법을 사용함으로써 하나의 지표를 얻었다. 뇌영상기법을 사용해 보이지 않는 글자와 숫자가 대뇌 피질의 깊숙한 곳까지 이른다는 사실을 보여준 것이다. 우리는 식역 이하에 해당하는 글자나 그림(프라임prime이라 한다)에 뒤이어 눈에 띄는 다른 항목(타깃target이라 한다)을 비췄다. 계속되는 실험에서 타깃은 프라임과 같아지기도 하고 달라지기도 했다. 예컨대 우리는 프라임이 되는 단어 'house(집)'를 피험자들이 보지 못할 정도로 아주 짧게 비춘 다음, 타깃이 되는 단어 'radio(라디오)'를 의식적으로 볼 수 있을 정도로 충분히 길게 비추었다. 그러자 피험자들은 감춰진 단어가 있었다는 것조차 알아차리지 못했다. 그들은 오로지 눈에 띄는 타깃 단어에만 초점을 맞췄다. 우리는 그들에게 그것이 살아있는 생물이면 특정한 키를 누르고 인공물이면 다른 키를 누르게 함으로써 그것을 알아차리는 데 걸리는 시간이 어느 정도인지 측정했다.

수십 가지의 실험을 통해 재현되고 밝혀진 놀라운 사실은 "무의식적이라도 앞에 제시된 단어가 동일한 단어일 경우 그 처리 속도가 높아진다"는 점이다.[17] 두 번의 단어 제시가 1초 이하의 간격으로 분리되어있는 한, 심지어 전혀 감지되지 않을 때조차도 반복이 촉진으로 이어지는 것이다. 따라서 사람들은 radio라는 말 앞에 house라는 무관한 말이 제시될 때보다 radio라는 말이 또 나오면 반응도 빨라지고 실수도 줄어들었다. 이것을 '식역 이하의 반복 점화subliminal repetition priming'라고 한다. 펌프에 마중물을 부어 그것을 작동시키는 것과 마찬가지로, 보이지 않는 단어로 단어를 처리함으로써 회로를 점화시킬 수 있다.

우리는 이제 뇌로 보내진 점화정보가 매우 추상적일 수 있음을 알고 있다. 예컨대 프라임 단어가 소문자(radio)고 타깃 단어가 대문자(RADIO)일 때도 점화효과가 있다. 시각적으로 소문자 a는 대문자 A와 도무지 같아 보이지 않는다. 다만 문화적 관습이 이러한 두 형상을 같은 글자로 귀속시킬 뿐이다. 실험에 의하면 능숙한 독자의 경우 놀랍게도 이 지식이 완전히 무의식상태에서 처리되며, 또한 이러한 지식은 초기 시각계통에 모여있다. 식역 이하의 점화는 구체적 어휘가 반복될 때(radio-radio)와 꼭 마찬가지로 대·소문자가 바뀔 때(radio-RADIO)도 똑같이 강력했다.[18] 따라서 무의식적 정보도 추상적인 표현의 문자열에까지 진행되는 것이다. 이처럼 뇌는 단어를 힐끗 쳐다보기만 해도 글자 형태의 피상적인 변화와 별개로 그러한 글자를 재빨리 확인해내는 것이다.

그 다음 단계는 이 작용이 어디에서 일어나는지를 이해하는 것이다. 내가 동료들과 함께 입증한 것처럼 뇌영상기법은 상당히 민감해서 무의식적인 말이 유발하는 자그마한 활성도 확인할 수 있다.[19] 우리는 fMRI를 사용해 뇌 전체에 걸쳐 식역 이하의 점화에 영향을 받은 영역을 나타내는 사진을 만들었다. 그 결과 복측 시각 영역의 많은 부분이 무의식적으로 활성화되는 것을 확인했다. 그 회로에는 형태인식의 진보된 메커니즘을 갖추고 독서의 초기 단계를 수행하는 방추형 뇌이랑(방추상회)fusiform gyrus이라는 영역도 포함되었다.[20] 여기서는 점화가 단어의 형상에 의존하지 않았다. 이 뇌 영역에서는 분명히 대·소문자 여부와 관계없이 단어의 추상적인 확인을 처리할 수 있었다.[21]

이러한 실험 이전에 일부 연구자는 방추형 뇌이랑이 항상 의식적인 처리에 참여할 것이라고 상정하기도 했다. 그 뇌이랑은 우리가 형상을 볼 수 있게 하는 복측 시각경로를 이루고 있다. 연구자들은 후두부의 시각 영역을 두정엽의 활동계로 연결시키는 배측 시각경로에서만 무의식작용이 이루어진다고 생각했다.[22] 또한 그림과 단어의 확인에 관여하는 복측경로가 무의식적으로 작용할 수도 있음을 보여줌으로써 우리 실험은 물론 다른 실험들도 복측경로가 의식적이고 배측경로가 그렇지 않다는 단순한 생각을 타파하는 데 도움이 되었다.[23] 이러한 두 회로는 비록 대뇌 피질의 위쪽에 자리 잡고 있는데도 불구하고 의식경험에서는 수준 이하로 작동할 수 있는 것처럼 보였다.

의식 없는 결합

식역 이하의 점화에 관한 연구가 거듭될수록 우리 시각에서

의식이 지니는 역할에 대한 신화 같은 이야기들이 많이 타파되었다. 그 가운데 하나가 시각적 광경의 개별 요소들이 아무런 지각 없이 처리될 수 있다고 하더라도, 그들을 결합시키려면 의식이 필요하다는 생각이었다. 즉, 의식적으로 주의를 기울이지 않으면 움직임이나 색상 같은 특징은 자유롭게 떠돌기만 할 뿐 적절한 사물을 이루기 위해서 함께 결합되지 않는다는 것이다.[24] 뇌 속의 여러 장소에서는 광역적인 인식이 일어나기 전에 하나의 '바인더'나 '파일' 안에 정보를 통합시키지 않으면 안 된다. 따라서 일부 연구자들은 신경세포의 동조synchrony[25] 또는 재진입reentry[26]에 의해 가능해지는 이 결합 과정이야말로 의식적인 처리의 특징이라고 생각했다.

이제 우리는 그들의 생각이 틀렸다는 것을 알고 있다. 일부 시각정보의 결합은 의식 없이도 일어날 수 있다. 글자를 하나의 단어로 결합하는 경우를 생각해보라. 글자는 분명히 정확하게 결합이 이루어지고 왼쪽에서 오른쪽으로 배열되어야, RANGE(다양성)와 ANGER(분노)처럼 글자 하나의 위치에 따라 혼동이 일어나는 것을 피할 수 있다. 실험에서는 그런 결합이 무의식적으로 이루어짐이 드러났다.[27] 우리는 또 RANGE라는 단어 앞에 anger가 아니라 range가 와야 식역 이하의 반복 점화가 일어난다는 것을 알아냈다. 이것은 식역 이하의 처리가 단지 글자의 존재뿐 아니라 그들의 배치상태에 따라 매우 민감하다는 것을 보여준다. 사실 anger 다음에 나오는 RANGE에 대한 반응은 tulip(튤립)처럼 무관한 단어 다음에 나오는 RANGE 에 대한 반응보다 빠르지 않았다. 식역 이하의 지각은 공통된 80%의 단어에 의해 혼란을 일으키는 것이 아니다. 글자 하나라 도 식역 이하의 점화패턴을 급격하게 바꿀 수 있는 것이다.

지난 10년 동안 그 같은 식역 이하의 지각을 나타내는 현상 이 단지 쓰여진 단어뿐만 아니라 얼굴, 사진, 그림 등을 통해서 수백 번이나 재현되었다.[28] 그리하여 우리가 시각적 광경으로서 경험하는 의식은 우리가 두 눈을 통해 받아들이는 초기의 입력 정보와는 아주 다른, 고도의 처리가 이루어진 이미지라는 결론 에 다다랐다. 우리는 결코 망막이 보는 것처럼 세상을 보지 않 는다. 사실 우리는 망막의 중심을 향해 확대되고 혈관에 가려지 는 매우 왜곡된 일련의 밝고 어두운 픽셀(화소)을 통해, 또 뇌까 지 케이블로 이어지고 '시각신경원반(맹점)blind spot'이라는 커 다란 구멍도 있는 매우 흉한 신체기관을 통해 보게 된다. 그리고 그 이미지는 우리가 주위를 두리번거림에 따라 끊임없이 흐릿해 지거나 바뀔 것이다. 하지만 우리는 그 대신에 망막의 결점을 보 정하고, 시각신경원반을 고치며, 눈과 머리의 움직임을 안정시키 고, 이전에 경험했던 비슷한 시각적 광경을 바탕으로 엄청난 재 해석을 거친 3차원 광경을 보게 된다. 모두 무의식적으로 이루어 지는 이러한 작용들은 너무 복잡해 아직 컴퓨터모델링으로 재현 하기가 불가능할 정도다. 예컨대 우리 시각계는 이미지에서 그 림자를 감지하고, 그것을 제거한다(120페이지의 〈그림 10〉 참조).

그림 10.

강력한 무의식적 계산이 우리의 시각작용에서 이루어진다. 이 이미지를 힐 끗 쳐다보면 정상적으로 보이는 체스판을 볼 수 있다. 칸 A가 검고 칸 B가 희다는 사실에 대해서는 아무런 의심도 하지 않는다. 하지만 놀랍게도 그들 은 아주 똑같은 회색으로 인쇄되어있다(종이로 이 사진을 가리고 확인해보자). 이 착각을 어떻게 설명할 수 있을까? 우리의 뇌는 0.1초 사이에 무의식적으 로 이 광경을 물체로 분해하고 빛이 오른쪽 위로부터 온다고 판단하며 원통 형이 체스판 위에 그림자를 드리우는 것을 감지하고 이미지에서 이 그림자 를 제거함으로써 정확한 체스판 색깔이라 추론되는 것을 보여준다. 우리의 의식에는 이처럼 복잡한 계산의 최종결과만 들어오는 것이다.

그리고 뇌는 힐끗 한번 보고는 무의식적으로 광원을 추측하고 물체의 형태, 불투명도, 반사율, 밝기 등을 추론한다.

우리가 눈을 뜰 때마다 시각 영역에서는 항상 엄청난 평행작용이 일어난다. 하지만 우리는 그것을 의식하지 못한다. 시각의 내부 작용을 알지 못한 채 그저 우리가 수학 문제를 풀거나 체스게임을 할 때처럼 우리 자신이 열심히 일하고 있다고 느낄 때만 뇌가 열심히 활동한다고 믿는 것이다. 그리고 세상이 시각적으로 매끈한 모습을 띠는 것처럼 보이게 하기 위해 뇌가 얼마나 열심히 일하고 있는지를 전혀 알지 못한다.

무의식적으로 체스를 하다

무의식적 시각의 위력을 보여주는 또 하나의 예로 체스경기를 생각해보자. 그랜드마스터인 게리 카스파로프Garry Kasparov가 체스경기에 집중할 때, 예컨대 검은색 차車, rook가 흰색 여왕을 위협하고 있음을 알아차리기 위해서는 말들의 배치에 대해 의식적으로 주의를 기울여야만 한다. 혹은 시각계통이 자동적으로 말들 사이의 관계를 다루는 동안 기본적인 전략에 초점을 맞출 수 있을까?

우리는 직관적으로 체스 전문가라면 체스경기의 분석을 반사적으로 할 것이라 생각한다. 실제로도 그랜드마스터는 한 번 힐

끗 쳐다보는 것만으로도 체스판의 판세를 평가하고 자동적으로 말들의 배치를 의미 있게 분석하기 때문에 상세하게 기억할 수 있다는 것이 연구를 통해 입증되고 있다.[29] 게다가 최근의 어느 실험에서는 이 분할 과정이 정말 무의식적으로 이루어짐을 밝혔다. 체스마스터가 보지 못하도록 가린 마스크들 사이로 단순화시킨 경기를 불과 20밀리초 동안만 끼워넣듯이 비추었는데도 체스마스터는 자신의 수를 판단할 수 있었던 것이다.[30] 단, 그 실험은 숙련된 체스선수의 경우에만, 그리고 왕이 체크상태가 될지 아닌지 등을 판단하는 것과 같은 중요한 문제를 해결하는 경우에만 해당된다. 이 실험을 통해 시각계통이 말의 종류(차 또는 기사)를 고려한 뒤 재빨리 이 정보를 의미 있는 덩어리('체크 상태에 놓인 검은색 왕')로 결합시킨다는 것을 알 수 있다. 이러한 세련된 작용은 완전히 의식 밖에서 일어나는 것이다.

목소리를 보다

　지금까지 거론된 사례는 모두 시각에서 유래한다. 의식은 우리의 서로 다른 감각까지도 하나의 전체로 결합할 수 있을까? 영화를 볼 때처럼 시각·청각신호를 융합시키기 위해 의식이 있어야 할까? 놀랍게도 여러 감각에 걸쳐있는 다중적인 정보까지도 무의식적으로 결합될 수 있다. 우리는 단지 그 결과만 인식한다. 1976년 해리 맥거크Harry McGurk와 존 맥도널드John MacDonald가 처음 거론한 '맥거크효과McGurk effect'라는 놀라운 착각 때문에 이런 결론을 얻을 수 있었다.[31] 인터넷에서 확인할 수 있는 동영상[32]을 보면 한 여성이 분명히 "다다다다" 하고 말하는 것처럼 보인다. 여기까지는 아무것도 이상할 것이 없다. 그런데 눈을 감으면 청각적 자극이 "바바바" 하는 음절로 들린다! 어떻게 이런 착각이 일어난 것일까? 시각적으로는 그 사람의 입이 꼭 '가' 하고 말할 것처럼 움직인다. 하지만 귀로는 '바' 하는 음절이 들리기 때문에 뇌가 갈등에 직면하는 것이다. 그래서 무의식적으로 2가지 정보를 융합함으로써 그것을 해결한다. 만약 두 입력정보가 잘 동조되면 뇌는 그러한 정보를 결합해 단일한 중간쯤의 지각결과로서 '다' 하는 음절을 만든다. 청각의 '바'와 시각의 '가' 사이에서 절충하는 것이다.

이 청각적 착각은 우리의 의식경험이 얼마나 느리고 또 재구축되는지를 다시 한 번 보여준다. 생각보다 놀랍게도 우리는 귀에 이르는 음파를 듣지 못하고, 눈에 들어오는 광양자(포톤)를 보지 못한다. 우리에게 의식화되는 것은 생경한 감흥이 아니라 외부 세계를 능숙하게 재구축한 결과다. 우리 뇌는 우리가 받아들이는 개별적인 모든 감각정보에 대해 생각하고, 그들을 활용도에 따라 분류한 뒤, 지속성을 지니는 하나의 전체로 결합시키는 똑똑한 탐정처럼 작용한다. 따라서 주관적으로는 어느 것 하나도 재구축된 것 같지 않게 받아들인다. 우리는 융합된 소리

'다'가 추정된 것이라는 사실을 전혀 알아채지 못한다. 그저 그 것을 듣기만 할 뿐이다. 하지만 맥거크효과가 일어나는 동안에 "우리가 듣는다"는 행위는 분명히 음향에서뿐 아니라 시야에서 도 일어난다.

뇌 가운데 어디에서 다중감각의 의식적 결합이 이루어질까? 뇌영상기법을 통해 밝혀진 바에 따르면 맥거크효과(착각)의 의 식적 결과가 최종적으로 나타나는 곳은 초기 청각 영역early auditory area 또는 시각 영역visual sensory area이 아니라 대뇌 피 질 전두엽frontal cortex이었다.[33] 우리가 의식적으로 지각하는 내 용은 처음에 좀 더 높은 영역에서 증류를 거친 뒤 초기 감각 영 역으로 되돌아온다. 그리고 여러 가지 복잡한 감각작용이 우리 몰래 일어나, 마치 감각기관을 통해 직접 들어오기라도 한 것처 럼 마음의 눈에 매끄럽게 비칠 광경을 만들어내고 있는 것이 분 명하다.

그럼 아무 정보라도 무의식적으로 조립될 수 있을까? 아마 아닐 것이다. 시각, 언어인식, 체스 등을 보면 어떤 공통점을 발 견할 수 있다. 즉, 모두 매우 자동적이며 숙달된 뒤에도 계속 연 마한다는 점이다. 그러한 정보가 아무런 지각 없이 결합될 수 있는 것도 아마 그 때문인 듯하다. 독일의 신경생리학자 볼프 징거Wolf Singer는 아마도 두 종류의 결합을 구분해야 할 것이라 는 견해를 피력했다.[34] 통상적인 결합은 감각적인 입력정보의 특정 조합에 관여하는 신경세포에 의해 부호화되는 것이다. 하지만 그와 대조적으로 비통상적인 결합은 예측되지 못하는 조합을 새로 만들어야 한다. 그리고 이들은 뇌 동조가 좀 더 의식되는 상태에 의해 조정될지도 모른다.

대뇌 피질이 어떻게 우리의 지각을 합성하는지에 대해서는 미묘하게 달라진 이 견해가 훨씬 더 적합한 것처럼 보인다. 뇌는 태어날 때부터 세상이 어떻게 보이는지에 대해 많은 훈련을 받는다. 그리고 여러 해 동안 환경과의 상호작용을 거침으로써 물체의 어느 부분이 빈번하게 함께 움직이는 경향을 보이는지에 대한 통계를 상세하게 수집할 수 있게 된다. 시각을 담당하는 신경세포도 많은 경험을 통해 익숙한 물체의 특징을 나타내는 특정 부분의 조합을 전담하게 된다.[35] 그리고 학습된 후에는, 심지어 마취가 된 동안에도, 계속적으로 적절한 조합에 반응한다. 바로 이런 형태의 결합에는 의식이 필요하지 않다는 사실의 분명한 증거인 셈이다. 글자로 적힌 단어들을 알아차리는 우리의 능력은 아마도 그런 무의식에 의한 통계적 학습 덕분일 것이다. 성인이 될 때까지 책을 읽는 사람이라면 평균적으로 수백만 단어를 본 경험이 축적되어있으며, 그의 시각 영역에는 the, un, tion 같은 빈번한 문자열을 확인하는 데 전문화된 신경세포가 존재할 가능성이 많다.[36] 마찬가지로 체스마스터의 경우에는 일부 신경세포가 체스판의 배치에 맞춰졌을지도 모른다. 뇌회로 안에서 전적으로 이뤄지는 이런 종류의 자동적인 결합은, 예컨대 새로운 단어가 한 문장 속에서 결합되는 것과 전혀 다르다.

그라우초 마르크스Groucho Marx가 "시간은 화살처럼 날아가고, 과일은 바나나처럼 날아간다"고 한 말에 우리가 미소를 지을 때 이러한 단어는 우리 뇌에서 처음으로 결합된다. 그리고 그 결합의 일부는 적어도 의식을 필요로 하는 것처럼 보인다. 뇌영상기법을 사용한 실험들에서는 확실히 마취된 동안 문장에 단어를 통합시키는 우리 뇌의 능력이 크게 감소되는 것을 보여준다.[37]

무의식적 의미?

우리의 시각계통은 아주 똑똑하기 때문에 무의식적으로 여러 개의 글자를 하나의 단어로 조립한다. 하지만 그 단어의 의미도 의식 없이 함께 처리될 수 있을까? 아니면 단어 하나까지 이해하는 데도 의식이 필요한 것일까? 얼핏 간단해 보이는 이 물음에 대답하기 위해 두 세대의 과학자들이 맹렬히 싸웠고, 각 진영에서 자신들의 대답이 확실하다고 주장했다.

어떻게 단어를 이해하는 데 의식을 가진 마음이 필요 없을까? 존 로크가 《인간오성론Essay Concerning Human Understanding》 (1690)에서 말했다시피 의식을 "한 사람의 마음속에서 지나가는 것에 대한 지각"이라 정의한다면, 마음이 어느 단어의 의미를 동시에 의식하지 않고 파악할 수 있는지 알기란 힘들 것이다. 영어 원어의 어원적 의미를 따져보면, 의미의 조각들을 '상식'적으로 조립하는 것을 의미하는 이해(comprehension)와, '함께 아는 것'을 의미하는 의식(consciousness)은 거의 동의어처럼 마음속에서 아주 밀접하게 관련되어있다.

하지만 단어 이해의 초기 단계에서 의식이 요구된다면 언어가 어떻게 작용할 수 있을까? 이 문장을 읽는 동안 하나의 일관적인 메시지로 단어들을 조립하기 전에 의식적으로 각 단어의 의미를 파악하는가? 아니다. 우리 의식은 전체적인 요지, 그러니까 주장의 논리에 초점을 맞춘다. 각각의 단어를 한 번 힐끗 쳐다보기만 해도 전반적인 논지 속에 그 단어를 집어넣을 수 있다. 우리는 하나의 신호가 어떻게 의미를 만들어내는지에 대해 자기성찰을 하지 않는다.

그러니 누가 옳을까? 30년에 걸쳐 심리학과 뇌영상기법이 발전함에 따라 마침내 그 문제가 일단락되었는데, 그 과정에 대한 이야기는 매우 흥미롭다. 온갖 추측과 반박이 점진적으로 하나의 진실로 수렴되면서 안정을 찾은 것이다.

그 이야기의 시작은 1950년대에 이뤄진 '칵테일파티cocktail party효과'에 대한 연구로 거슬러 올라간다.[38] 소란한 파티 한가운데에 있는 자신의 모습을 떠올려보자. 주위에서 많은 대화들이 뒤섞여 들려오지만 가까스로 1가지 대화에 집중한다. 필터처럼 작용하는 주의 덕분에 한 목소리를 골라내고 다른 모든 목소리를 물리친다. 정말 그럴까? 영국의 심리학자 도널드 브로드벤트Donald Broadbent는 낮은 수준에서 처리를 중단시키는 초기의 필터로 주의가 작용하리라 추정했다. 그는 주의를 기울이지 않는 목소리가 이해에 영향을 미치기 전에 지각수준에서 차단되리라고 생각한 것이다.[39] 하지만 그의 견해를 자세히 검토하자 그렇지 않음이 밝혀졌다. 파티석상에서 참석자 한 사람이 당신 뒤에 서있다가 나지막한 목소리로 갑자기 당신의 이름을 부르는 것을 상상해보기 바란다. 그러면 우리의 주의는 단번에 그 사람에게 쏠린다. 이것은 주의가 기울어지지 않은 단어도 올바른 이름으로서의 의미가 드러날 때까지 우리의 뇌에서 확실히 처리되고 있음을 의미한다.[40] 이 효과는 세심한 실험으로 확인할 수 있으며, 심지어 주의를 기울이지 않았던 단어들도 주의를 기울여 듣고 있는 대화에 편향을 일으킬 수 있음을 보여준다.[41]

칵테일파티나 주의가 분산되는 그 밖의 실험들을 통해 무의식적 이해 과정이 시사되지만, 그들이 과연 확실한 증거를 마련해줄까? 아니다. 그러한 실험에서 듣는 사람은 자신의 주의가 분산되는 것을 부인하며 주의가 기울어지지 않은 말(즉 이름이 불리기 전의 대화)을 들을 수 없었노라고 주장하지만, 어떻게 확신할 수 있겠는가? 회의적인 사람들은 주의가 기울어지지 않은 말이 정말 의식되지 않는다는 것을 부인함으로써 그 같은 실험결과를 쉽게 깨뜨려버린다. 어쩌면 듣는 사람의 주의가 어느 하나의 정보에서 다른 정보로 재빨리 전환되거나, 아니면 어떤 공백기가 생겨 한두 단어가 빠뜨려지기도 할 것이다. 칵테일파티효과는 실생활을 배경으로 하고 있기에 인상적이기는 하지만, 무의식적 처리를 알아보기 위한 실험실의 테스트로는 적절하지 않다.

1970년대에 들어와 케임브리지 대학교의 심리학자 앤서니 마셀Anthony Marcel은 한 걸음 더 나아갔다. 그는 마스킹기법을 사용해 식역 이하에서 단어를 비췄다. 그는 이 방법을 통해 아무것도 보이지 않는 상태를 만들어냈다. 모든 피험자가 모든 실험에서 어떤 단어를 본 사실을 부인했던 것이다. 심지어 숨겨진 단어가 하나 제시되어있다는 말을 들을 때조차도 그것을 지각하지 못했다. 굳이 대답을 해보라는 요청을 받았을 때 피험자는 숨겨진 글자열이 영어 단어인지 임의의 자음글자가 나열된 것인지조차 분간할 수 없었다. 그렇지만 마셀은 피험자의 뇌에서 숨겨진 단어가 그 의미에 이르기까지 무의식적으로 처리되는 것을 보여줄 수 있었다.[42] 그는 한 실험에서 '파랑', '빨강' 같은 색상을 나타내는 단어를 피험자에게 비췄다. 피험자들은 그 단어들을 본 것을 부인했지만, 나중에 해당 색상의 천조각을 고르라는 요청을 받자 다른 무관한 단어에 노출되었을 때보다 약 20분의 1초 더 빠르게 반응했다. 따라서 보이지 않았던 색상의 단어가 그들에게 해당 색상을 고르도록 촉발시킨 것이다. 이것은 숨겨진 단어의 의미가 피험자들의 뇌에 무의식적으로 등록됨을 의미한다.

마셀의 실험에서는 또 다른 놀라운 현상이 드러났다. 바로 뇌에서 단어가 지닐 수 있는 모든 의미가 심지어 모호하거나 타당하지 않을 때조차 무의식적으로 처리되는 것 같다는 점이다.[43]

내가 당신의 귀에 'bank(은행, 강둑)'라는 영어 단어를 소곤거리는 것을 상상해보자. 당신의 마음속에 금융기관 하나가 떠오르지만 조금 지나 내가 '강가'라는 뜻으로 말했을지도 모른다는 생각이 든다. 의식적으로는 한 번에 단 하나의 뜻만 지각하게 되는 것처럼 보인다. 그리고 어느 의미가 선택되는지는 분명히 주위 상황에서 영향을 받는다. 로버트 레드퍼드 주연의 1992년 영화 〈흐르는 강물처럼〉의 제목을 본 뒤에 bank라는 단어를 보면 물과 관련된 의미가 촉발될 것이다. 또 '강'이라는 단어 하나만으로도 bank라는 단어에서 '물'이라는 단어를 촉발할 수 있는 반면, bank라는 단어를 보기에 앞서 '저축'이라는 단어를 본다면 '돈'이라는 단어가 촉발됨을 알 수 있다.[44]

중요한 것은 주위 상황에 따르는 이 적응이 의식적인 수준에서만 일어나는 것 같다는 사실이다. 마셀은 프라임 단어가 식역 이하 수준에서까지 마스킹되었을 때 2가지 의미가 함께 활성화되는 것을 관측했다. 심지어 주위 상황이 '강'이라는 의미를 강하게 떠올리게 할 때도 bank라는 단어를 비추었더니 '돈'과 '물'이라는 단어가 모두 촉발되었던 것도 확인했다. 따라서 우리의 무의식은 아주 똑똑하다고 할 수 있다. 그렇기에 어느 한 단어가 모호할 때나 여러 의미 가운데 어느 하나만이 실제로 주위 상황에 적합할 때조차도 그 단어가 지니는 모든 의미론적 관련성을 함께 비축했다가 필요에 따라 꺼낼 수 있다. 쉽게 말해 의식은 선택하는 반면, 무의식은 제안하는 것이다.

무의식에 관한 커다란 전쟁

마셸의 의미론적 촉발 실험은 매우 창의적이었다. 그 실험들은 한 단어의 의미에 대한 세련된 처리가 무의식적으로 일어날 수 있음을 강하게 시사해주었다. 그러나 그 실험들도 확실한 것은 아니었으며, 여전히 회의론자들은 꿈쩍도 하지 않았다.[45] 그들의 회의적 입장 때문에 무의식적 의미 처리를 주장하는 연구자들과 이를 무시하는 연구자들 사이에 큰 싸움이 벌어졌다.

그들의 불신이 결코 정당화되지 못한 것은 아니었다. 마셸이 찾아낸 식역 이하의 영향은 아주 작았기 때문에 무시할 수 있는 것에 가깝기도 했다. 때때로 100분의 1초 미만의 간격으로 단어를 비추는 것은 처리를 도와줄 뿐이었다. 어쩌면 이 효과는 감춰진 단어가, 비록 기억에는 아주 짧게 자취를 남기거나 아니면 전혀 아무런 자취를 남기지는 않았지만, 실제로 보였던 극소수의 실험들로부터 생겼을지도 모른다. 마셸의 연구를 인정하지 않는 사람들은 프라임이 항상 무의식적인 것은 아니었다고 주장했다. 그들은 실험의 끝에 가서야 피험자들이 "아무 단어도 보지 못했다"고 구두로 보고하는 것은 프라임 단어를 결코 보지 못했다는 사실의 확실한 증거가 되지 않는다고 주장했다. 피험자의 프라임인식을 가급적 객관적으로 측정하려면, 예컨대 숨겨진 단어를 말해보라거나 그것을 어떤 기준에 따라 분류해보라거나 하는 등, 개별적인 실험을 통해 훨씬 더 큰 주의를 기울일 필요가 있었다. 회의론자들은 이 같은 2차적인 과제에 대한 임의적인 기록만이 프라임 단어가 정말 보이지 않았음을 증명한다고 주장했다. 그리고 이 과제는 처음 이뤄진 실험과 아주 똑같은 조건 아래에서 수행되어야 했다. 이런 이유로 그들은 마셸의 실험들에서 이 조건들이 충족되지 않았거나, 충족되었더라도 우연의 반응을 높이는 요인들이 상당히 있었기 때문에 피험자들이 몇몇 단어를 보았을 것이라고 주장했다.

무의식 처리 옹호자들은 회의론자들의 비판들에 맞서 자신들의 실험 패러다임을 확충했다. 그 결과, 놀랍게도 여전히 단어, 숫자, 심지어 그림까지도 무의식적으로 파악될 수 있음을 확인했다.[46] 1996년 미국 시애틀의 심리학자 앤서니 그린월드Anthony Greenwald는 최고 수준의 전문지 〈사이언스Science〉에 단어들의 정서적인 의미가 무의식적으로 처리된다는 확실한 증거를 제공할 가능성이 있는 연구결과를 발표했다. 그는 피험자들에게 단어들을 제시하고, 정서적으로 긍정하는지 부정하는지를 선택한 다음 해당 반응 키를 누르도록 요청했다. 그리고 피험자들에게 알리지 않은 채 타깃 단어마다 그 앞에 프라임 단어를 감춰두었다. 이 단어쌍들은 서로 일치해 각각의 의미를 강화시키거나(happy[행복]에 이어 joy[즐거움]가 뒤따르는 것처럼 함께 부정적이거나 함께 긍정적인 것) 아니면 서로 일치되지 않았다(rape[성폭행]에 이어 joy가 나오는 것). 피험자들은 서로 일치하는 단어쌍의 경우에 일치하지 않는 단어쌍의 경우보다 더 빨리 대답했다. 두 단어에 의해 환기되는 정서적인 의미는 무의식적으로 쌓였다가 그들이 같은 정서를 공유할 때는 마지막 결정에 도움을 주고, 같은 정서를 공유하지 않을 때는 결정을 방해하는 것 같았다.

그린월드의 실험결과는 얼마든지 반복할 수 있는 것이었다. 대부분의 피험자들은 숨겨진 프라임 단어를 볼 수 없었을 뿐 아니라, 기대 이상으로 자신들의 정체나 감정을 객관적으로 판단하지 못했다고 주장했다. 게다가 그들이 그런 직접적인 추측과 제를 얼마나 잘할 수 있었느냐 하는 것은, 그들이 얼마나 일치되는 촉발을 많이 나타냈느냐는 것과 무관했다. 그리고 그 촉발 효과는 프라임인 단어를 볼 수 있었던 소수의 사람들과는 무관한 것처럼 보였다. 그제야 비로소 정서적인 의미가 무의식적으로 활성화될 수 있다는 점이 확연히 드러났던 것이다.

과연 그랬을까? 〈사이언스〉의 엄격한 편집진에서 그것을 받아들인 것과 무관하게, 그린월드는 자신의 작업에 대해 매우 엄격한 비평가였다. 몇 해가 지난 뒤 그린월드는 제자 리처드 에이브럼스Richard Abrams와 함께 자신의 실험에 대한 재해석을 추진했다.[47] 그리고 자신의 실험에서 소수의 반복되는 단어들만 사용되었다는 점을 지적했다. 어쩌면 피험자들은 같은 단어에 자주 대답했을지도 모른다는 것이다. 따라서 그는 시간의 제약을 받을 경우 의미를 생각하면서 응답해야 하는 단어들을 떠올리기보다 글자들 자체만 관련지음으로써 의미를 우회하는 결과가 나타났을지도 모른다고 추정했다. 〈사이언스〉에 게재된 실험에서도 피험자들은 반복해서 똑같은 단어를 프라임 단어나 타깃 단어로 보고 항상 똑같은 규칙에 따라 분류했기 때문에 그의 설명은 합당했다. 그린월드는 피험자들의 뇌가 happy를 20회나 긍정적인 단어라고 의식적으로 분류한 뒤, 어쩌면 아무 의미 없는 글자 h a p p y로부터도 '긍정적'이라는 반응을 이끌어내는, 의미론과 무관한 경로에 연결됐을지도 모른다는 점을 깨달았다.[48]

결국 그의 예감이 맞은 것으로 드러났다. 이 실험에서 촉발은 정말 식역 이하에서 이루어졌지만, 그것이 의미를 우회했던 것이다. 먼저 그린월드는 의미 없이 혼합된 프라임도 실제의 단어와 마찬가지로 효과적임을 보였다(hypap도 happy와 마찬가지로 강력한 프라임이었음). 두 번째로 그는 사람들이 의식적으로 본 단어들과 감춰진 프라임 역할을 한 단어들의 유사성을 세심하게 조작했다. 한 실험에서 의식적인 두 단어는 tulip과 humor(유머)였는데, 피험자들은 이 단어들을 분명히 긍정적으로 분류했다. 그런 다음 그린월드는 그런 글자를 재결합해 부정적인 단어 tumor(종양)를 만들고, 그것을 무의식적으로만 제시했다.

그 결과, 놀랍게도 부정적인 단어인 tumor가 무의식적으로 긍정적인 반응을 촉발했다. 식역 이하에서 피험자의 뇌가 tumor를 전혀 다른 의미의 단어인 tulip 및 humor와 함께 취급했던 것이다. 이것은 촉발이 특정한 글자들과 그들이 만들어내는 반응 사이의 피상적인 연상에 의존한다는 분명한 증거였다. 그린월드의 실험에서는 무의식적 지각을 관련시킬 뿐, 단어들의 깊은 의미는 관련시키지 않았던 것이다. 적어도 이러한 실험조건들에서 보면 무의식적 처리는 전혀 똑똑한 것이 아니었다. 단어의 의미에는 개의하지 않고 단지 글자들과 반응들 사이의 대응에만 의존할 뿐이었다.

앤서니 그린월드는 자신이 〈사이언스〉에 발표했던 논문의 의미론적 해석을 스스로 파괴해버린 것이다.

무의식의 산술

비록 무의식의 의미론적 처리는 여전히 난해한 상태에 머물고 있었지만, 1998년에 이르러 나는 동료들과 함께 그린월드의 실험이 아마 최종적인 결과는 아닐 것이라고 생각했다. 그린월드의 실험에서 특이한 점 가운데 하나는 피험자들에게 400밀리초의 엄격한 시한 이내에 대답하라고 요청한 것이었다. 이 시한은 tumor와 같은 희귀한 단어의 의미를 생각하기에는 너무 짧은 것 같았다. 그처럼 촉박한 시한은 뇌에서 글자와 반응을 연관시킬 시간밖에 되지 않는다. 만약 시간적 여유가 좀 더 있었으면 단어의 의미를 무의식적으로 분석했을지도 모른다. 그래서 리오넬 나카슈와 나는 단어의 의미가 무의식적으로 활성화

될 수 있음을 분명히 입증할 몇 가지 실험을 시작했다.[49]

강력한 무의식효과를 얻으려는 기회를 최대화하기 위해 우리는 의미를 지닌 단어들 가운데서 가장 단순한 유형을 찾았다. 바로 숫자였다. '10' 아래의 숫자는 특별하다. 매우 짧은 단어로서 빈번하게 사용되고 매우 친숙하며 어린 시절부터 익혀왔다. 숫자들의 의미도 간단하기 그지없다. 그것들은 한 자리로 나타낼 수 있을 만큼 아주 간단한 형태를 띤다. 그래서 우리는 임의로 제시하는 일련의 문자열 앞뒤로 1, 4, 6, 9 등의 수를 전혀 보이지 않게 비추는 실험을 실시했다. 그리고 곧이어 분명히 보이는 두 번째 수를 비췄다.

우리는 피험자들에게 아주 간단한 지시에 따르게 했다. 그들이 보는 수가 5보다 큰지 작은지 가급적 빨리 말해달라는 것이었다. 그들은 숨겨진 수가 있다는 것을 알 턱이 없었다. 실험의 막바지에 이르러 별개의 테스트를 통해 그들이 숨겨진 수의 존재를 알고 있더라도 그것을 보거나 크고 작은지를 구분할 수 없음이 밝혀졌다. 그럼에도 불구하고 보이지 않는 수가 의미론적 촉발semantic priming을 일으켰다. 피험자는 그러한 수가 타깃과 일치하지 않을 때(하나는 5보다 크고 다른 하나는 5보다 작을 때)보다 타깃과 일치할 때(둘 다 5보다 클 때)에 빨리 반응했던 것이다. 구체적으로 예를 들면 피험자들이 볼 수 없게 한 상태에서 숫자 9를 비추면 9와 6에 대한 반응이 가속되었지만, 4와 1에 대한 반응은 지연되었다.

그리고 뇌영상기법을 사용해 대뇌 피질의 수준에서 이 효과의 흔적을 검출해냈다. 대뇌 피질의 운동 영역에서 손을 움직이게 하는 아주 작은 활성(보이지 않는 자극에 대한 적절한 반응일 것)이 있음을 관측한 것이다. 즉, 지각으로부터 운동제어에 이르기까지 뇌를 가로질러 무의식의 투표가 이루어지고 있었던 것이다(138페이지의 〈그림 11〉 참조). 이 효과는 보이지 않는 단어와 숫자의 의미를 무의식적으로 분류하는 것으로부터 비로소 일어날 수 있었다.

후속 작업에서는 회의론자들의 입을 틀어막아버리는 결과를 이끌어냈다. 우리가 거둔 식역 이하의 효과는 수에 사용되는 표기법과 전혀 무관했다. four(4)가 4를 촉발한 것과 '4'가 4를 촉발한 것은 아주 똑같이 반복됨으로써 그 효과가 모두 추상적인 의미의 수준으로 일어나고 있음을 시사했던 것이다. 그 뒤 우리는 프라임이 눈에 보이지 않는 시각적인 수 그리고 타깃이 의식적으로 말하는 수일 때에도 지속됨을 밝혔다.[50]

우리의 첫 실험에서 그 효과는 시각적인 형상과 반응 사이의 직접적인 관련에 의해 야기되었을지도 모른다. 그린월드가 정동적인 단어를 가지고 했던 실험에서도 안고 있던 것과 똑같은 문제였다. 하지만 피험자들에게는 보이지 않게 한 숫자의 촉발효과 덕분에 이 비판을 피할 수 있었다. 실험 전체에서 결코 의식적으로 보인 적이 없던 감춰진 숫자들이 여전히 의미를 지니는 촉발효과를 일으킨다는 것이 입증된 것이다.[51] 우리는 fMRI로

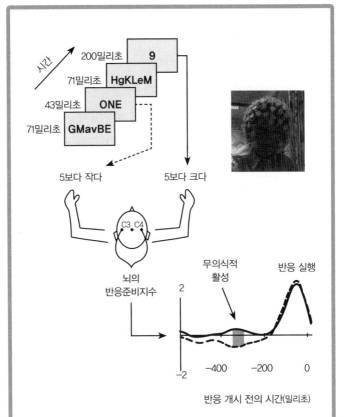

그림 11.
대뇌 피질 운동 영역에서는 우리가 보지 못하는 자극에 대한 반응도 준비할 수 있다. 여기서는 피험자에게 5보다 크거나 작은 수를 분류하도록 요청했다. 이 예에서 볼 수 있는 타깃인 숫자는 9였다. 타깃의 바로 직전에 감춰진 수가 비춰졌다(단어 one[1]). 그 감춰진 수는 보이지 않지만 운동 영역으로 자그마한 무의식적 활성을 보내고 이에 반응해 손을 움직이게 했다. 그러므로 보이지 않는 상징이 임의적인 지시에 따라 확인되고 처리되며 대뇌 피질의 운동 영역에 이르기까지 전파되는 것일지도 모른다.

뇌활성을 촬영함으로써 왼쪽과 오른쪽 두정엽 안에 있는 뇌의 '수감각number sense' 영역이 보이지 않는 수에 영향을 받은 직접적인 증거까지 확보했다.[52] 이러한 영역에서는 수의 양적인 의미가 부호화되며,[53] 특정한 양으로 조율된 신경세포들이 발견될 것이라 생각된다.[54] 식역 이하의 촉발효과 동안에는 우리가 똑같은 수를 두 번 나타낼 때마다(예컨대 nine[9] 다음에 9) 그들의 활동이 줄어들었다. 이것은 신경세포가 똑같은 항목이 두 번 표시되는 것을 인식함을 나타내는 '반복억제repetition suppression' 또는 '순응adaptation'이라는 고전적인 현상이다. 수량을 부호화하는 신경세포는 심지어 처음 제시되는 것이 무의식적일 때조차도 똑같은 수를 두 번 보는 것에 차츰 익숙해지는 것 같았다. 특정한 의미에 관여하는 높은 뇌 영역이 의식 없이 활성화될 수 있다는 증거는 점점 늘고 있다.

마지막으로 우리 동료가 수의 촉발효과가 그 의미의 직접적인 중첩기능으로 다양해지는 것을 보여줌으로써 마침표를 찍었다.[55] 가장 강한 촉발효과는 똑같은 양을 두 번 나타냄으로써 얻어졌다(예컨대 4에 앞서 보이지 않게 four를 제시한 것). 촉발효과는 가까이 있는 수(4에 앞서 three[3]가 제시되는 것)의 경우 약간 저하되었고, 조금 떨어진 수가 제시될 때(4에 앞서 two[2]가 나오는 것)는 더욱 작아지기도 했다. 그 같은 의미론적 거리효과는 수의 의미를 나타내는 특징이다. 그것은 피험자의 뇌에서 4가 2나 1보다 3에 가깝다는 것을 부호화할 때만 비로소 일어날 수 있다. 그리고 이것이야말로 바로 그 수의 의미를 무의식적으로 추출한다는 확실한 주장인 것이다.

의식 없이 개념들을 결합하다

회의론자들은 숫자만큼은 특별한 경우라고 상정하면서 어쩔 수 없이 우리의 실험결과를 받아들였다. 그들은 성인들이 숫자와 근접한 일련의 어휘들을 많이 경험하기 때문에 자동적으로 이해할 수 있는 것이 그리 놀라운 일은 아니라고 주장했다. 하지만 다른 유형의 단어들이라면 달라질 것이며, 분명히 그들의 의미는 의식 없이 표현되지도 않을 것이라고 했다. 그러나 유사한 촉발효과기법에 의해 숫자의 영역 밖에서도 보이지 않은 단어와 의미가 일치되는 효과가 드러남으로써 이 마지막 저항선마저 무너졌다.[56] 예컨대 타깃 단어 piano(피아노)가 동물이 아니라 물체라고 판단하는 것은 chair(의자)라는 일치하는 단어를 식역 이하로 제시함으로써 쉬워질 수 있으며, cat(고양이)이라는 일치하지 않는 단어를 제시함으로써 방해되게 할 수 있다. 그것은 프라임 단어를 실험 내내 결코 보여주지 않더라도 마찬가지다.

인지과학자들의 이러한 결론 역시 뇌영상기법을 통해서 확인됐다. 신경활동의 기록을 통해 의미 처리에 관여하는 뇌 영역이 의식 없이 활성화될 수 있다는 직접적인 증거가 나왔던 것이다.

내 동료들과 나는 어느 연구에서 뇌 안쪽 깊숙한 곳에 있는, 정동의 처리에 전문화된 대뇌 피질 아래쪽 영역에 꽂은 전극을 이용했다.[57] 당연히 그 같은 기록은 건강한 피험자들뿐 아니라 뇌전증 환자를 위해서도 이루어졌다. 전 세계의 여러 병원에서는 통상적으로 뇌전증 발작의 근원을 파악하고 손상된 조직을 제거하기 위해 환자의 두개골 깊숙이 전극을 삽입하는 수술이 행해지고 있다. 그리고 환자가 동의할 경우 발작이 없는 동안 과학적인 연구를 위해 전극을 이용하는 것이다. 그에 의해 자그마한 뇌 영역의 평균적인 활동이나 때로는 단 하나의 신경세포가 발하는 신호에 접근이 허용된다.

우리의 경우 전극이 뇌에서 정동에 관여하는 구조인 편도체에까지 이르렀다. 앞서 설명한 것처럼 편도체는 뱀이나 거미에서부터 스산한 음악과 낯선 사람들의 얼굴에 이르기까지 무서움을 자아내는 온갖 종류의 것에 반응한다. 심지어 식역 이하로 제시되는 뱀이나 얼굴조차 그것을 촉발할지도 모른다.[58] 우리는 깜짝 놀라게 하는 어떤 무의식적인 말에 대해서도 이 영역이 활성화되는지에 대해 의문을 가졌다. 그래서 rape(성폭행), danger(위험), poison(독) 등 혼란을 일으키는 의미를 가진 단어들을 피험자들에게는 보이지 않게 하면서 비췄다. 그러자 아주 흥미롭게도 fridge(냉장고)나 sonata(소나타) 등과 같은 중립적인 단어를 비췄을 경우에는 나타나지 않던 전기신호가 나타났다. 환자들 자신에게는 보이지 않는 단어들을 편도체는 '봤던' 것이다.

이 효과는 놀라울 정도로 느렸다. 보이지 않는 단어 하나가 무의식적인 정동 반응을 일으키기까지는 0.5초 이상이 걸렸다. 그러나 그 활성화는 완전히 무의식적이었다. 피험자는 편도체가 발화했는데도 아무 단어도 볼 수 없었다면서 추측을 해보라는 요청에도 전혀 대답하지 못했다. 따라서 쓰여진 단어는 전혀 아무런 의식 없이 천천히 뇌로 들어와 확인되고 심지어 이해될 수도 있을 것이다.

어쩌면 편도체는 대뇌 피질의 일부가 아니기 때문에 더욱 특별하고 자동적인 것처럼 여겨지는지도 모른다. 대뇌 피질의 언어 영역language cortex이 무의식적 의미에 발화할 수 있을까? 계속되는 실험에서 긍정적인 대답이 나왔다. 그들은 예상치 못한 의미에 대한 뇌의 반응을 나타내는 대뇌 피질의 파波에 의존했다. "아침식사 때 나는 크림과 양말이 든 커피를 좋아한다." 이런 실없는 문장을 읽는 동안 양말이라는 단어의 기이한 의미 때문에 N400이라는 특별한 뇌파가 만들어진다(N은 머리의 가장 위쪽의 음전압을 나타내는 형태, 그리고 400은 최대잠복시간peak latency을 가리키며, 그 단어가 나타난 뒤 약 400밀리초다).

N400은 주어진 단어가 문장 안에서 어떻게 어울리는지 평가하는 정교한 작용수준을 반영한다. 그 크기는 직접적으로 당혹스러움의 정도에 따라 달라진다. 의미가 대충 적절한 단어는 아주 작은 N400을 야기하는 반면, 전혀 예상하지 못한 단어는 훨씬 큰 N400을 만들어내는 것이다. 놀랍게도 뇌에서 일어나는

이 일은 마스킹에 의해서든[59] 부주의에 의해서든[60] 보이지 않게 된 경우 우리가 보지 못하는 단어에서조차도 일어난다. 우리의 측두엽에 있는 신경세포망에서는, 보이지 않는 단어의 여러 가지 의미뿐 아니라 그들이 이전의 의식에서 적합했던 것까지도 함께 자동적으로 처리하는 것이다.

네덜란드의 심리학자 시몬 판 할Simon van Gaal과 나는 최근 작업에서 N400 뇌파가 단어의 무의식적 결합을 반영할 수 있는 것조차도 밝힌 바 있다.[61] 이 실험에서는 둘 다 식역 이하로 마스킹되어있는 단어가 계속 등장한다. 그들은 '행복하지 않다', '매우 행복하다', '슬프지 않다', '매우 슬프다' 등 긍정적이거나 부정적 의미를 독특하게 결합하도록 선택되었다. 식역 이하로 제시되는 어구들 바로 다음에 피험자들은 긍정적이거나 부정적인 단어(예컨대 war[전쟁] 또는 love[사랑])를 봤다. 이 의식적인 단어에 의해 생기는 뇌파 N400은 뇌 전체에 걸친 무의식적 배경에 의해 조절되었다. 단어 war는 어울리지 않는 단어 happy가 먼저 나올 때는 커다란 N400이 나오게 했지만, 의미를 강조하는 부사 very(매우)나 부정사 not(아닌)에 의해 그 효과가 상하로 크게 조절되었다. 뇌에서는 무의식적으로 very happy war(매우 행복한 전쟁)가 어울리지 않는 단어임을 나타냈고, not happy war(안 행복한 전쟁)나 very sad war(매우 슬픈 전쟁)가 더욱 잘 어울린다고 판단했다. 그 실험을 통해 뇌가 제대로 구성된 어구의 구문과 의미를 무의식적으로 처리할 수 있음이 근

사하게 입증된 것이다.[62]

어쩌면 이러한 실험에서 가장 주목할 만한 측면은 단어들이 의식되든 보이지 않든 뇌파 N400의 크기가 정확하게 똑같다는 것일지도 모른다. 이 발견에는 여러 가지 의미가 함축되어있다. 우선 어떤 측면에서 의식이 의미에 적합하지 않다는 것을 의미한다. 즉, 우리 뇌가 의미를 인식하든 않든 의미의 수준에 이르기까지 계속 때때로 아주 똑같은 작용을 한다는 말이다. 그리고 또 무의식적 자극이 항상 뇌에 미세한 것을 만들어내는 것도 아님을 의미한다. 뇌활동은 그것을 일으키는 자극이 비록 보이지 않는 상태로 머물러 있을지라도 극렬할 수 있는 것이다.

우리는 보이지 않는 단어의 의미도 만들어내는 뇌의 네트워크에서 대규모 활성이 충분히 일어날 수 있다고 결론을 내렸다. 하지만 1가지 유의사항이 있다. 의미 처리 과정에서 생기는 뇌파 발생원을 정확하게 재구축하자 무의식활동이 좁고 전문화된 뇌회로에 한정되어있음이 드러났기 때문이다. 뇌활동은 무의식적 처리가 이루어지는 동안 의미가 처리되는 언어 네트워크의 1차 영역인 왼쪽 측두엽의 경계 속에 머물러있었다.[63] 나중에는 의식되는 단어가 그와 반대로 전두엽까지 침범해 '마음속에 있는' 말의 특별한 주관적 감각까지 느끼게 하는 훨씬 광범위한 뇌 네트워크에서마저 우세를 차지하는 것도 살펴볼 예정이다. 이것은 바로 무의식적인 단어가 의식적인 단어만큼 영향력이 있는 것이 아님을 의미한다.

주의를 기울이더라도 무의식적

글자나 숫자가 우리 눈에 띄지 않은 채 뇌를 통해 나아가면서 결정을 치우치게 하고 언어 네트워크에 영향을 미친다는 사실은 많은 인지과학자들을 놀라게 할 만한 일이다. 그동안 우리는 무의식의 힘을 과소평가해왔다. 또 우리의 직관은 신뢰할 수 없음이 드러났다. 우리에게는 인지 과정이 의식 없이 무엇을 진행할 수 있는지 없는지를 알 도리가 없었다. 문제는 완전히 실증적이었다. 우리는 정신적 능력 하나하나의 구성요소의 과정까지 꼼꼼하게 살펴보고, 그러한 능력 가운데 어느 것이 우리 마음에 어필하는지 하지 않는지를 판단해야만 했다. 오직 주의 깊은 실험만이 그 문제를 판단할 수 있었다. 하지만 마스킹이나 주의의 깜박거림 같은 기법으로 무의식적 처리의 깊이나 한계를 테스트하는 것은 결코 쉽지 않았다.

지난 10년 동안 인간의 무의식에 도전하는 진기한 결과들이 등장했다. 주의에 대해 생각해보자. 자극에 대해 주의를 기울이는 능력보다 더 의식과 밀접하게 관련된 것은 없는 것처럼 보인다. 주의를 기울이지 않으면 우리는 외부 자극을 전혀 알아차리지 못할지도 모른다. 이것은 댄 사이먼스가 만든 고릴라 영화나 부주의 맹시의 수많은 사례로도 이미 분명해졌다. 서로 경쟁하는 여러 자극이 있을 때는 언제나 주의야말로 의식적인 경험에 필요한 관문인 것 같다.[64] 적어도 그 같은 조건에서는 의식에 주의가 필요하다. 하지만 놀랍게도 그 역은 참이 아닌 것으로 드러나고 있다. 최근의 몇몇 실험에서는 우리의 주의 역시 무의식적으로 기울어질 수 있음을 보여준다.[65]

주의를 기울이는 데 의식의 감독이 필요하다면 정말 기이할 것이다. 윌리엄 제임스 덕분에 이미 우리가 주목했듯이 주의를 기울이는 것의 역할은 "몇 가지 가능한 생각의 대상 중 하나"를 선택하는 것이다. 우리의 마음이 수십, 심지어 수백 가지 생각들 때문에 끊임없이 산만해지고 그중 어느 생각이 좀 더 깊이 살펴볼 가치가 있는지 파악하기 위해 그들 각각을 의식적으로 검토해야 한다면, 그것은 너무나 비능률적이다. 어느 대상이 타당하고 증폭되어야 하는지에 대한 결정은 우리들 몰래 엄청난 병행을 통해 이루어지는 자동적인 과정에 맡겨두는 것이 낫다. '무의식'이라는 이름의 수많은 근로자에 의해 운영되는 '주의를 기울이는 스포트라이트'가 켜지는 것도 놀라운 일이 아니다.

최근에 이르러 실험을 거듭한 결과 의식 없이 이루어지는 선택적 주의의 작용이 밝혀졌다. 우리 눈가에 하나의 자극을 너무 짧게 비춰 그것을 보지 못하게 하는 것을 가정해보자. 몇 가지 실험에서는 그렇게 비춰진 것이 비록 무의식상태에 머물기는 하더라도 여전히 우리 주의를 끌지 모른다는 것을 보여주었다. 어떤 감춰진 단서가 우리 눈길을 끌었음을 비록 알지 못하더라도, 우리는 좀 더 주의를 기울일 것이며 따라서 똑같은 위치에 제시되는 다른 자극에 주의를 기울이는 데 더욱 빠르고 정확해질 것이다.[66] 거꾸로 어떤 감춰진 그림은 그 내용이 현재의 과제와 어울리지 않는 것이면 그 과제의 수행 속도를 늦출지도 모른다. 흥미롭게도 이 효과는 주의를 흩뜨리는 자극이 눈에 보일 때보다 의식되지 않을 때 더 훌륭하게 발휘된다. 주의를 산만하게 하는 것이 의식되면 그것을 자발적으로 제거할 수 있지만, 의식되지 않으면 그것을 제어하는 법을 배울 수 없기 때문에 우리를 귀찮게 할 가능성이 그대로 남게 되는 것이다.[67]

우리 모두가 알다시피 요란한 소음, 깜박거리는 불빛, 그 밖에 예상하지 못하는 감각적인 일 등은 주의를 끌게 마련이다. 아무리 열심히 그것을 무시하려고 애쓰더라도 그것은 우리의 정신적 프라이버시를 침해한다. 왜 그럴까? 그것들은 부분적으로 잠재적인 위험이 없을지 지켜보게 하는 일종의 경보 메커니즘이기 때문이다. 우리가 세금 계산이라든가 좋아하는 컴퓨터 게임에 집중하는 동안 그 메커니즘을 아예 단절시킨다면 안전하지 못할 것이다. 고함소리나 우리 이름을 부르는 소리 등과 같은 예상치 못한 자극은 우리가 지금 생각하는 도중에도 들릴 수 있어야 한다. 그래서 '선택적 주의'라는 여과장치는 어떤 입력정보가 우리의 정신적 자원을 요구하는지 판단하기 위해 우리의 지각 밖에서 지속적으로 작동되어야 하는 것이다. 한마디로 무의식적 주의는 부지런한 감시견처럼 작용한다.

심리학자들은 마음의 이와 같은 자동적 상향식 작용이 무의식적인 작동일 뿐이라고 오랫동안 생각했다. 그들은 흔히 무의식적 처리에 대해 '활성화 확산spreading activation'이라는 비유를 든다. 이것은 자극에서 시작되어 우리 뇌회로에서 수동적으로 퍼져나가는 하나의 파동을 의미한다. 감춰진 프라임은 점진적으로 인식, 의미 귀착, 운동 프로그래밍 등의 과정과 접하면서 시각 영역의 여러 서열을 올라가는 동안 피험자의 의지, 의도, 주의 등으로부터 결코 영향을 받지 않으면서도 그것들과 붙어 다녔다. 따라서 식역 이하의 실험들에서 나온 결과는 피험자의 전략이나 기대와는 독립된 것으로 생각되었다.[68]

그러므로 우리 실험들이 이 견해를 깨뜨렸을 때 매우 충격적이었다. 우리는 식역 이하의 촉발이 주의나 지시 등과는 상관없이 독립적으로 작용하는 수동적 상향식 과정이 아님을 입증했다. 사실, 주의는 무의식적 자극이 처리되고 있는지 아닌지를 판단한다.[69] 예상하지 못한 시간과 장소에 제기되는 무의식적 프라임은 후속되는 타깃에 대해 전혀 촉발효과를 자아내지 않는다. 심지어 radio에 뒤따라 나오는 radio에 의해 가속된 반응과 같은 간단한 반복효과조차 이러한 자극에 얼마나 많은 주의가 기울여지느냐에 따라 달라진다. 주의를 기울이는 행위는 주의가 기울어진 시간과 장소에서 제기되는 자극에 의해 생기는 뇌파를 엄청 증폭시키게 된다. 놀랍게도 무의식적 자극도 의식적 자극과 꼭 마찬가지로 이 주의의 스포트라이트로부터 이익을 얻는다. 달리 말해 주의는 시각자극을 증폭시킬 수 있지만, 그런데도 그것이 우리에게 지각되지 못하게끔 아주 약하게 유지시키는 것이다.

의식적 의도는 심지어 무의식적 주의의 방향에까지 영향을 미칠 수 있다. 일련의 기하학적 형태가 제시된 뒤 원을 무시하고 정사각형만 찾아내라는 요청을 받았다고 하자. 한 실험에서는 정사각형이 오른쪽, 원이 왼쪽에 등장하지만 둘 다 마스킹이 되어 알아차리지 못하도록 조작했다. 그래서 우리는 어느 쪽에 정사각형이 비쳐졌는지 모른 채 아무렇게 고른다. 그러나 N2pc라는 두정엽의 활성화 표지에서는 우리 주의의 무의식적인 방향이 올바른 방향으로 향하고 있음이 드러난다.[70] 우리의 시각적 주의는 전혀 아무것도 보이지 않는 실험에서나, 심지어 나중에 틀린 쪽을 선택하게 되더라도 은밀하게 올바른 타깃에 끌린다. 이와 비슷하게, 주의의 깜박거림 동안 모든 문자열 가운데 임의적으로 타깃이 된 기호는 비록 알아차리지 못하는 상태에 머물고 있더라도 뚜렷이 더 많은 뇌활동을 일으킨다.[71] 그런 실험들에서 주의는 무의식적으로 타당성 있는 형상 쪽으로 기울어지기 시작하는 것이다. 하지만 이 과정에서 타깃의 자극은 피험자의 의식적인 지각에 이르지 못한다.

보이지 않는 동전의 금액

우리의 주의는 어떻게 자극의 타당성 여부를 판단할까? 선택 과정의 중요한 구성요소 가운데 하나는 사고의 잠재적인 대상 각각에 대한 가치부여다. 동물들은 생존하기 위해 어떤 사물과 마주칠 때마다 긍정적이거나 부정적인 가치를 부여할 재빠른 방도를 가져야만 한다. 머물러있어야 할 것인가, 아니면 달아나야 할 것인가? 다가가야 할 것인가, 아니면 뒤로 물러나야 할 것인가? 이것이 소중한 먹이일까, 아니면 독이 든 미끼일까? 가치 평가는 기저핵basal ganglia이라는 일련의 핵(뇌의 밑부분 가까이에 위치하기 때문에 붙여진 이름) 안에서 신경 네트워크가 관련되어야 하는 특수한 과정이다. 그리고 짐작했겠지만 이들도 역시 우리의 의식 밖에서 작용할 수 있다. 심지어 금액과 같은 상징적인 가치조차도 무의식적으로 추정하는 것이 가능하다.

한 실험에서 1페니 주화와 1파운드 주화의 사진이 식역 이하의 상태에서 인센티브로 제시되었다(〈그림 12〉 참조).[72] 피험자의 과제는 핸들을 움켜잡는 것이었으며, 그 힘이 일정량을 넘어서면 돈을 차지했다. 각각의 실험을 시작할 때 주화 사진을 통해 얼마의 돈이 걸려있는지 표시되었다. 하지만 이러한 사진 가운데 일부는 너무 빨리 비춰지는 바람에 의식적으로 지각할 수 없을 정도였다. 피험자들은 주화 사진을 인식한 것을 부인했지만 1페니보다 1파운드를 차지할지 모른다는 생각이 들 때 더욱 강하게 힘을 주었다. 게다가 1파운드를 얻게 될지도 모른다는 기대 때문인지 피험자의 손에 땀이 났고, 뇌의 보상회로가 슬그머니 활성화되었다. 피험자들은 자신의 행동이 실험마다 달라지

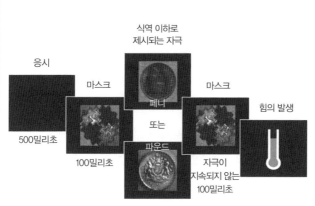

식역 이하로
제시되는 자극

응시

마스크

마스크

힘의 발생

500밀리초

페니

또는

파운드

100밀리초

자극이
지속되지 않는
100밀리초

다양한 지속시간:
17, 50, 또는 100밀리초

무의식적인 힘 조정

무의식적인 기대

무의식적인
보상회로 활성화

그림 12.
무의식적인 인센티브가 우리의 동기유발에 영향을 미칠 수 있다. 이 실험에
서 피험자들은 돈을 얻으려면 가급적 힘껏 핸들을 움켜쥐라는 요청을 받았
다. 비춰지는 사진에 의해 획득할 수 있는 돈이 1페니가 아니라 1파운드라는
것이 알려지자 피험자들은 더욱 힘을 냈다. 그들은 그 사진이 마스킹되어
어느 동전이 제시되는지 알지 못할 때조차 그렇게 하기를 계속했다. 뇌의
보상회로도 무의식적으로 미리 활성화되었고, 기대 때문인지 손에서도 땀
이 났다. 따라서 무의식적인 이미지가 동기부여, 정동, 보상 등의 회로를 촉
발할 수 있는 것이다.

는 이유를 인식하지 못했다. 자신들의 동기가 무의식적으로 조작되고 있음을 알아차릴 수 없었던 것이다.

또 다른 연구에서는 식역상태의 자극이 지니는 가치를 사전에 알려주지 않았지만, 피험자들은 실험 도중에 분명히 알게 되었다.[73] 피험자들은 '신호'를 보고 단추를 누르거나 누르지 말아야 할지를 추측해야 했다. 각각의 경우마다 그들에게는 단추를 누르거나 누르지 않은 결과 돈을 땄는지 아니면 잃었는지 통보되었다. 기하학적 형태가 그들에게 알려지지 않은 채 신호 중간에 식역 이하의 상태로 비치면서 올바른 반응을 가리켰다. 한 형태는 단추를 누르도록 하는 표시, 다른 형태는 단추를 누르지 않도록 하는 표시, 세 번째 형태는 중립적인 것이었다. 그리고 그것이 나타날 때 둘 중의 한 반응이 보상받을 확률은 50%였다.

피험자들은 몇 분 동안 이 게임을 하자 어쩐 영문인지 이 과제에 훨씬 능숙해졌다. 그들은 신호가 나오는 동안 여전히 감춰진 형태를 볼 수 없었지만, 어느 정도 감을 잡은 듯 상당한 금액의 돈을 따기 시작했다. 그들의 무의식적 가치계통이 발동된 셈이었다. 긍정적인 신호의 형태가 키를 누르게 했고, 부정적인 신호의 형태는 키를 누르는 것을 억제시켰다. 뇌영상에서는 복측선조체ventral striatum라는 기저핵의 특정 영역이 각각의 형태에 타당한 가치를 부여했음을 보여주었다. 간단히 말해 피험자들이 결코 보지 못했던 기호들이 의미를 획득한 것이다. 즉, '거부감을 자아내는 것'과 '매력적인 것'으로 구분되어 주의와 행동에 대한 경쟁을 부추긴 것이다.

이런 실험들의 결과는 분명하다. 즉 우리의 뇌 속에는 무의식적으로 작동하는 일련의 똑똑한 장치가 들어있어, 우리 주변의 세상을 부단히 감시할 뿐 아니라 우리의 주의를 유발하고 우리의 사고를 형성할 가치를 부여하고 있다는 것이다. 이러한 식역 이하의 표지 덕분에 우리에게 쏟아지는 부정형의 자극들이 우리의 당면 목표에 타당성이 있는지에 따라 세심하게 분류되어 결국 기회들로 가득 찬 풍경이 된다. 오직 가장 타당성이 있는 것들만이 우리의 주의를 끌어 의식 속으로 들어올 기회를 얻는다. 우리의 무의식적인 뇌에서는 휴면상태에 있는 기회들이 우리 지각수준 아래에서 끊임없이 평가됨으로써 우리의 주의가 대체로 식역 이하의 상태에서 작용함을 증언하고 있는 것이다.

무의식적인 수학

의식의 성질을 과대평가하는 것으로부터 되돌아오는 것이야말로 심리적인 일의 과정에 대한 깊은 성찰에서 빼놓을 수 없는 예비 단계다.

– 지그문트 프로이트, 《꿈의 해석 *The interpretation of Dreams*》(1900)

프로이트의 말이 맞았다. 의식은 과대평가되고 있다. 의식적인 사고만 의식하고 있다는 간단한 말을 생각해보자. 우리는 무의식작용이 우리가 모르는 사이에 이루어지기 때문에 의식이 우리의 신체적·정신적 생활에서 맡는 역할을 끊임없이 과대평가한다. 그리고 무의식의 놀라운 힘을 잊어버림으로써 우리의 행동이 의식적인 결정에 의한 것이라 여기는 경우가 많다. 따라서 일상생활에서 중요한 역할을 하는 것이 의식이라고 잘못 규정해버린다. 프린스턴 대학교의 심리학자 줄리언 제인스Julian Jaynes는 이렇게 말한다. "의식은 우리가 의식하는 것보다 우리의 정신생활에서 훨씬 더 작은 부분이다. 우리는 자신이 의식하지 않고 있다는 것을 의식할 수 없기 때문이다."[74] 어쩌면 더글러스 호프스태터Douglas Hofstadter가 만든, 기발한 순환 프로그래밍법칙을 다른 식으로 바꾸어 표현하는 것처럼("프로젝트는 심지어 호프스태터법칙을 고려할 때조차 항상 예상보다 더 길어지게 마련이다"), 줄리언 제인스의 언급을 다음과 같이 바꿈으로써 하나의 보편적인 법칙으로 간주할 수도 있을지 모른다.

우리는 심지어 지각의 엄청난 간극을 지각하고 있을 때조차 끊임없이 우리의 지각을 과대평가한다.

그렇다면 우리는 지각 밖에서 얼마나 많은 시각, 언어, 주의 등이 일어날 수 있는지를 엄청나게 과소평가하고 있는 셈이다. 우리가 의식의 특징이라고 생각하고 있는 정신활동의 일부가 실제로는 무의식적으로 이루어지는 것은 아닐까? 수학을 생각해보자. 세상에서 가장 위대한 수학자 가운데 한 사람이었던 앙리 푸앵카레Henri Poincaré는 자신의 무의식이 모든 것을 처리하는 것 같았던 몇 가지 흥미로운 사건에 대해 이렇게 이야기했다.

나는 광산학교에서 주관하는 지질탐사를 위해 당시에 내가 살고 있던 캉을 떠났다. 여행에서 겪은 일이 수학을 잊게 해주었다. 우리는 쿠탕스에 도착한 뒤 몇 군데를 둘러보기 위해 승합차를 탔다. 그 계단에 발을 내딛는 순간 내게는 아무런 전조가 없었음에도 내가 푹스함수Fuchsian function를 정의하는 데 사용했던 변환이 비유클리드기하학의 변환과 똑같다는 생각이 떠올랐다. 그 생각을 바로 확인하지는 못했다. 승합차에 자리를 잡고 앉아 이미 시작된 대화를 계속했기 때문에 그럴 여유가 없었기 때문이다. 하지만 나는 완벽하게 확신했다. 캉으로 돌아온 뒤에야 한가한 틈을 타 그 결과를 확인했다.

그리고 다음과 같은 경우도 있다.

나는 주의를 돌려 몇 가지 계산 문제를 풀려고 했지만 별다른 성과를 거두지 못했고, 이전의 연구와도 관계가 있다는 의심도 갖지 않았다. 기분이 울적해진 나는 며칠 동안 해변에서 시간을 보내면서 다른 것을 생각했다. 어느 날 아침, 해변의 절벽 위를 걷는 동안 부정삼원이차식의 계산적 변환이 비유클리드기하학의 그것들과 똑같다는 그 생각이 다시 갑자기 이전과 똑같이 짧게 확실하게 떠올랐다.

이 2가지 일화는 수학자의 정신에 대한 매혹적인 책을 낸 세계적인 수학자 자크 아다마르Jacques Hadamard가 소개한 것이다.[75] 아다마르는 수학적 발견의 과정을 준비, 부화, 해명, 검증으로 이어지는 4가지 단계로 분해했다. 준비 단계에서는 모든 준비 작업, 그리고 문제에 대한 의식적인 탐구가 망라된다. 안타깝게도 이 정면공격은 가끔 결실을 맺지 못하지만, 모든 것이 상실되는 것은 아닐지도 모른다. 무의식적인 정신이 탐구에 나서기 때문이다. 정신이 문제에 모호하게 사로잡혀있기는 하지만 그것에 대해 작업하고 있다는 의식적인 표시는 전혀 나타나지 않기 때문에 겉으로 드러나지 않는 그 다음의 부화 단계가 시작되기도 한다. 부화 단계는 그 결과가 없으면 감지되지 않을 것이다. 밤새 평안하게 잠들고 난 뒤나 느긋한 산책 뒤 갑자기 해명 단계가 일어난다. 해결책이 번뜩이면서 수학자의 의식으로 침범해오는 것이다. 대체로 틀리지 않는 경우가 많다. 하지만 의식적으로 천천히 노력을 기울이는 검증 단계가 뒤따라야만 모든 세부적인 사항을 마무리 짓게 된다.

아다마르의 이론은 매력적이지만 검증을 이겨낼 수 있을까? 무의식적인 부화기가 정말 존재할까? 아니면 그것은 단지 발견의 흥분에 도취되어 만들어진 회고담에 지나지 않는 것일까? 우리가 정말로 복잡한 문제를 무의식적으로 풀 수 있을까? 인지과학에서는 최근에 들어서야 비로소 이러한 의문을 연구하기 시작했다. 앙투안 베샤라Antoine Bechara는 사람들이 확률과 수적 예상에 대해 가지고 있는 수학 이전의 직관을 연구하려는 도박 과제를 아이오와 대학교에서 개발했다.[76] 이 테스트에서는 피험자들에게 네 벌의 카드와 2,000달러를 주었다(심리학자들은 부자가 아니기 때문에 당연히 가짜지폐다). 카드를 뒤집으면 "100달러를 땄습니다" 또는 "100달러를 내놓아야 합니다" 하고 적힌 글이 나온다. 피험자들은 네 벌의 카드에서 마음대로 카드를 골라 가급적 많이 따려고 한다. 하지만 그들은 카드 네 벌 가운데 두 벌은 불리하다는 것을 알지 못한다. 따라서 처음에는 많은 돈을 따게 되지만 곧 많은 돈을 잃게 됨으로써 결국 손실을 입게 된다. 다른 두 벌의 카드는 보통의 소득과 손실을 준다. 이러한 카드를 통해서는 작지만 꾸준히 소득을 얻을 수 있다.

피험자들은 처음에는 네 벌의 카드에서 임의로 한 장씩 카드를 뽑아낸다. 하지만 점차 의식적으로 예감을 발달시켜 결국 어느 벌의 카드가 좋고 어느 벌의 카드가 나쁜지를 쉽게 알아낸다. 하지만 베샤라는 '예감 이전'의 기간에 관심을 가졌다. 수학자의 부화기와 비슷한 이 단계 동안 피험자들은 이미 네 벌의 카드에 대한 많은 증거를 가지고 있지만, 여전히 카드를 한 장씩 뽑으면서 어떻게 하는 것이 좋은지에 대한 단서가 전혀 없다고 주장한다. 놀랍게도 그들이 나쁜 더미에서 카드를 뽑기 직전 그들의 손에서 땀이 나기 시작하면서 피부의 전도성이 나빠졌다. 교감신경계sympathetic nervous system의 이 생리적 표지는 그들의 뇌가 이미 위험한 카드 더미를 기록하면서 식역 이하의 상태로 육감을 만들어내고 있음을 가리키는 것이다.

그 경고신호는 어쩌면 무의식적인 가치평가를 맡는 뇌 영역인 복내측 전전두엽ventromedial prefrontal cortex에서 이루어지는 작용들로부터 생길지도 모른다. 뇌영상에서는 손실을 입게 될 시도를 예견하는 이 영역의 뚜렷한 활성화를 보여준다.[77] 이 영역에 병변이 있는 환자들은 나쁜 결과가 나올 더미로부터 카드를 뽑으려 하기에 앞서 그것을 예견하는 피부의 전도성이 생성되지 않는다. 나중에 일단 나쁜 결과가 드러난 다음에야 그렇게 되는 것이다. 복내측 전전두엽과 안와전두엽orbitofrontal cortex에는 우리의 행동을 끊임없이 감시하고 그들이 잠재적으로 지니는 가치를 계산하는 일체의 과정이 포함되어있다. 베샤라의 연구에서는 이러한 영역이 가끔 우리의 의식적 지각 밖에서 작용하는 것을 시사하고 있다. 비록 우리가 임의의 선택을 하고 있는 듯한 인상을 자아내더라도 실제로 우리 행동은 무의식적인 예감에 의해 유도되는지도 모를 일이다.

예감을 갖는 것은 수학 문제를 푸는 것과 아주 똑같지는 않다. 하지만 네덜란드 심리학자인 압 데익스테르하위스Ap Dijksterhuis의 실험은 아다마르의 분류와 상당히 비슷하며, 정말 무의식적인 잠복기로부터 이득을 얻어 진정으로 문제를 해결할지도 모른다는 점을 시사해준다.[78] 데익스테르하위스는 학생들에게 최대 12가지의 특징이 서로 다른 4개 브랜드의 승용차 가운데 하나를 선택하라는 문제를 냈다. 학생들은 그 문제를 읽은 뒤 그 가운데 절반에 대해서는 어떤 선택을 할지 4분 동안 의식적으로 생각할 수 있도록 허용받았고, 나머지 절반에 대해서는 같은 시간 동안 철자 순서를 바꾼 단어를 찾아내는 게임을 하게 됨으로써 정신집중을 하지 못했다. 두 집단에게 각각 선택하게 하자, 놀랍게도 산만한 시간을 보낸 집단이 의식적으로 신중하게 생각한 집단보다 훨씬 더 많이 가장 좋은 차를 골랐다(실험의 결과는 60% 대 22%로서, 임의로 고르면 25%가 성공한다는 것을 감안하면 놀랄 만큼 큰 비율이었음). 이 작업은 이케아IKEA의 쇼핑 방식 등 몇 가지 실생활 상황에서 재현되었다. 이케아에서 쇼핑할 경우 점포를 한 번 방문한 뒤 여러 주 동안 신중하게 고려해 상품을 구매한 소비자들이 오히려 별다른 의식적 고려 없이 충동적으로 상품을 고른 소비자들보다 구매결과에 만족하지 않았던 것이다.

이 실험이 비록 무의식적 경험의 엄중한 기준을 제대로 충족시키지는 않지만(피험자들이 주의가 완전히 산만해져 문제에 대해 생각할 여지를 결코 주지 않은 것이 아니기 때문이다), 시사해주는 바는 많다. 문제 해결의 일부 측면이 전면적인 의식적 노력보다 오히려 무의식의 변두리에서 더욱 훌륭하게 처리되는 것이다.

우리가 어떤 문제에 대해 생각하면서 자거나 샤워하면서 생각해보면 혹시 좋은 생각이 떠오를 수 있을지 모른다고 생각하는 것도 전혀 틀린 말은 아닌 셈이다.

무의식이 어떤 문제라도 해결할 수 있을까? 또는 가능성이 훨씬 더 많겠지만, 일부 유형의 퍼즐을 풀면서 특히 무의식적 예감의 도움을 받게 될까? 흥미롭게도 베샤라의 실험과 데익스테르하위스의 실험에는 비슷한 문제들이 관련되어있다. 둘 다 피험자들에게 몇 가지 변수를 생각해보게 하는 것이다. 베샤라 실험의 경우 피험자들은 각각의 카드 더미가 유발하는 손익의 정도를 세심하게 검토하지 않으면 안 된다. 데익스테르하위스 실험의 경우 피험자들은 12가지 기준의 평균에 가중치를 둔 것에 근거해 자동차를 선택해야 한다. 그런 결정은 의식적으로 하게 될경우 우리의 작동기억working memory에 무거운 짐을 안긴다. 마음이 의식을 하면 으레 1가지나 몇 가지에 몰두하기 때문에 쉽게 압도된다. 데익스테르하위스 실험에서 의식적으로 생각하는 사람들의 결과가 좋지 못한 까닭은 아마도 이 때문일 것이다. 그들은 더 큰 그림을 보지 못한 채 1~2가지의 특징에 지나치게 중점을 두는 경향이 있었다. 반면 무의식적 과정은 여러 항목에 가치를 부여하고 그들의 평균을 구해 결정을 내리는 데 뛰어나다.

몇 가지 긍정적이거나 부정적인 가치를 합계하고 평균을 내는 것은 정말이지 기본적인 신경세포회로가 의식 없이도 할 수 있는 정상적인 레퍼토리에 속한다. 심지어 원숭이도 일련의 임의적인 형태에 의해 부여된 가치를 합해 결정을 내리는 법을 배울 수 있다. 두정부 신경세포parietal neuron의 발화가 그 합산을 유지하는 것이다.[79] 우리 연구소에서는 대략적인 덧셈이 인간의 무의식으로 가능한 범위에 있음을 입증했다. 어느 한 실험에서는 화살표를 5개씩 연속적으로 비추고, 피험자에게 오른쪽과 왼쪽 중 어느 쪽을 더 많은 화살표가 가리켰는지 물었다. 그 화살표가 마스킹에 의해 보이지 않게 되었을 때 피험자들에게 짐작을 해보라고 요청한 것이다. 피험자들은 임의로 반응하고 있다고 생각했지만, 사실상 그들은 확률이 예측하는 것보다 훨씬 더 훌륭하게 반응했다. 그들의 두정엽에서 나오는 신호는 그들의 뇌가 무의식적으로 전반적인 증거의 대략적인 합계를 계산하고 있다는 증거였다.[80] 그 화살표는 주관적으로는 눈에 띄지 않았지만, 피험자의 평가와 판단 시스템은 여전히 작용하고 있었던 것이다.

또 하나의 실험에서는 8개의 숫자를 비췄다. 그들 중 넷은 의식적으로 눈에 띄는 것이었지만 나머지 넷은 눈에 띄지 않는 것이었다. 우리는 피험자들에게 그 수들의 평균이 5보다 큰지 작은지 판단하게 했다. 대답은 평균적으로 아주 정확했지만, 놀랍게도 피험자들은 8개의 숫자를 모두 고려했다. 따라서 의식하는 수가 5보다 크지만 감춰진 수가 5보다 작으면 피험자들은 무의식적으로 "더 작다"고 대답하는 경향이 있었다.[81] 의식적으로 눈에 띄는 숫자를 가지고 평균을 내는 작용이 무의식적으로 눈에 띄는 숫자들에까지 확장된 것이다.

수면 동안의 통계

그렇다면 평균을 내는 것과 비교하는 것을 비롯한 몇몇 기본적인 수학적 작용은 분명히 무의식적으로 이루어지는지도 모른다. 하지만 푸앵카레의 성찰 같은 정말 창의적인 작용은 어떨까? 정말로 성찰은 우리가 전혀 기대하지 않고 다른 무엇인가를 생각하고 있을 때를 비롯해 아무 때나 머리에 떠오를 수 있을까? 그에 대한 대답은 긍정적인 것 같다. 우리 뇌는 임의적인 것처럼 보이는 서열에 감춰진 어떤 규칙성을 간파하는 세련된 통계학자처럼 작용한다. 그 같은 통계적 학습은 배경에서 끊임없이, 심지어 잠자고 있는 동안에도 이루어지고 있다.

울리히 바그너Ullrich Wagner와 얀 보른Jan Born 등은 밤새도록 잠을 푹 자고 난 뒤 일어나면 갑자기 성찰을 얻는 경우가 있다는 과학자들의 주장을 테스트했다.[82] 그들은 피험자들을 이상한 수학적 실험에 참가시켰다. 그 실험은 주의를 요구하는 규칙에 따라 7개 숫자의 서열을 다른 7개 숫자의 서열로 바꾸는 것이었다. 그 값을 찾아내는 데에는 정신을 쓰는 오랜 계산이 요구되었지만, 그들에게는 답의 맨 마지막 숫자만 말하도록 했다. 하지만 실험에는 피험자들이 모르는 숨겨진 지름길이 있었다. 답이

되는 서열에는 숨겨진 대칭이 하나 있었던 것이다. 마지막 3개 숫자가 바로 그 직전의 3개 숫자를 거꾸로 반복한 것이었으며 (예컨대 4 1 4 9 9 4 1), 그 결과 마지막 숫자는 두 번째 숫자와 항상 똑같았다. 피험자가 일단 이 지름길을 알아차렸더라면 그들은 두 번째 숫자에 멈춤으로써 엄청난 시간과 노력을 절약할 수 있었을 것이다. 처음 테스트가 이루어지는 동안에는 피험자 대부분이 규칙성을 알아차리지 못했다. 하지만 하룻밤 푹 자고 일어나자 그 성찰을 얻을 개연성이 배가됐다. 다수의 피험자들이 깨어나면서 그 해결책을 떠올린 것이다! 대조군과의 비교를 통해 경과시간은 타당성이 없고 잠이 원인이라는 것이 밝혀졌다. 잠을 자는 것이 이전의 지식을 더욱 치밀한 형태로 통합시킬 수 있는 것처럼 보인 것이다.

우리는 동물연구를 통해 해마hippocampus와 대뇌 피질의 신경세포가 수면 중에 활성화되었음을 알고 있다. 그들의 발화패턴이 이전의 각성상태 동안 일어난 행동의 똑같은 서열을 고속 전진형태로 '재생'하는 것이다.[83] 예컨대 쥐가 한 마리 미로를 뛰어다닌다. 그러다 잠에 빠지면 그 쥐의 뇌에서는 장소를 부호화하는 신경세포가 아주 정밀하게 재활성화됨으로써 그 패턴을 사용해 그 쥐가 마음속에서 움직이고 있는 장소를 훨씬 더 빠른 속도로, 때로는 심지어 역순으로도 해독할 수 있다. 어쩌면 이 시간적 압축이 숫자의 배열을 거의 동시적인 공간패턴으로 취급할 수 있는 가능성을 제공함으로써 고전적인 학습메커니즘에 의해 숨겨진 규칙성을 간파할 수 있게 해줄지도 모른다. 신경생물학적 설명이야 어떻든, 잠은 분명히 많은 기억의 통합·성찰을 뒷받침해주는 무의식적 활동이 왕성하게 이루어지는 시간이다.

식역 이하의 계책 보따리

연구실에서 드러난 이러한 결과는 푸앵카레가 무의식적으로 푹스함수와 비유클리드기하학을 탐구하고 있었을 때 마음속에 가지고 있던 수학적 사고와는 거리가 먼 것이었다. 하지만 그 간격은 적어도 부분적으로는 지각이 없어도 할 수 있는 광범위한 작용에 대해 연구하는 혁신적인 실험들을 통해 줄어들고 있다.

오랫동안 마음의 '중심기능central executive', 즉 우리 정신 작용을 제어하고 자동적인 반응을 회피하며 과제를 변환하고 오류를 감지하는 인지 시스템은 의식의 작용에 의한 것이리라 생각되었다. 그러나 최근 들어 세련된 중심기능은 보이지 않는 자극을 바탕으로 무의식적으로 작용한다는 것이 밝혀지고 있다.

그런 기능 중의 하나가 우리 자신을 제어하고 우리의 자동반응을 억제할 수 있는 능력이다. 사진이 화면 위에 나타날 때마다 키를 누르는 것과 같은 반복적인 과제를 수행하는 것을 상상해보자. 단, 이 과제에서 검은색 원반 사진이면 절대로 키를 눌러서는 안 되는 드문 경우는 제외된다. '정지신호과제'라 불리는 이와 같은 연구에서는 일상적인 반응을 억제하는 능력이 마음의 중심기능 시스템central executive system을 나타내는 표지임이 드러난다. 시몬 판 할은 반응을 억제하는 데 의식이 요구되는지를 물었다. 피험자들이 '정지신호'가 식역 이하의 상태인데도 여전히 클릭하기를 피할 수 있을까? 놀랍게도 그렇다는 대답을 얻었다. 의식하지 못하는 사이에 '정지신호'가 잠시 비쳤을 때 피험자들의 손이 느려졌고 가끔은 아예 반응하는 것을 멈춰버렸다.[84] 그들은 이유를 알지 못한 채 그렇게 했다. 이 억제를 촉발한 자극은 여전히 보이지 않았기 때문이다. 이는 '보이지 않는 것'이 '제어할 수 없는 것'과 같은 뜻이 아님을 가리킨다. 심지어 보이지 않는 '정지신호'까지도 우리의 행동을 제어하는 실행 네트워크 깊숙이까지 파고드는 활동의 흐름을 촉발할 수 있는 것이다.[85]

이와 비슷하게 우리는 오류 일부도 의식 없이 감지할 수 있다. 눈을 움직이는 과제에서 피험자의 눈이 목표를 벗어날 때, 나아가 피험자가 오류를 알아차리지 못하거나 자신의 눈이 목표를 벗어나 있다는 것을 부인할 때조차도 오류는 전방 대상피질anterior cingulate cortex에 있는 실행제어센터를 활성화한다.[86] 무의식적 신호가 심지어 다른 과제로 옮겨가는 부분적인 전환까지 일으키기도 한다. 이는 피험자에게 어느 한 과제에서 다음 과제로 바꾸도록 하는 의식적 신호를 할 때, 이 신호를 식역 이하의 상태로 비추더라도 여전히 속도를 늦추거나 대뇌피질수준

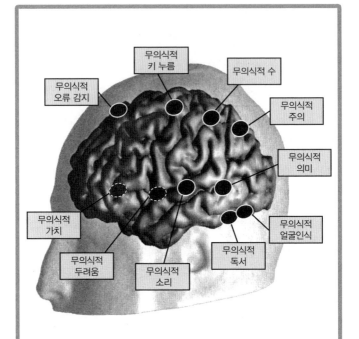

무의식적
오류 감지

무의식적
키 누름

무의식적 수

무의식적
주의

무의식적
의미

무의식적
가치

무의식적
두려움

무의식적
소리

무의식적
독서

무의식적
얼굴인식

그림 13.
인간 뇌에서 이루어지는 무의식적 작용의 개관이다. 이 그림에는 지각 없이
활성화되는 여러 회로의 부분집합만 나타나 있다. 이제는 뇌의 어느 부위도
무의식적으로 작용할 수 있으리라 여겨진다. 이해하기 쉽도록 각각의 계산
처리는 그것이 주로 이루어지는 뇌 부위에 표시되어있지만, 그 같은 신경세
포의 전문화는 항상 뇌 전체의 회로에 바탕을 두고 있음을 명심해야 한다.
무의식을 처리하는 장치 중 몇 가지는 피질 아래에 있다. 그 장치들은 피질
의 표면 아래에 위치하는 일군의 신경세포들과 관련되어있으며(파선으로 표
시된 타원), 가끔 위험이 다가오는 것을 알려주는 무서운 자극의 감지 등과
같은 인류 진화상 초기에 나타난 기능을 수행한다. 다른 계산 처리는 대뇌
피질의 여러 부분에서 이루어진다. 독서나 산술 같은 후천적인 문화적 지식
을 부호화하는 높은 수준의 대뇌 피질 영역조차 지각 없이 작용하는지도 모
른다.

에서 부분적인 과제 전환을 촉발하는 효과를 지닌다.[87]

요컨대 심리학에서는 식역 이하의 지각이 존재한다는 것뿐 아니라 일체의 정신 과정이 의식 없이 일어날 수 있다는 것까지도(비록 대부분의 경우 완전히 이루어지지 않더라도) 풍부하게 보여주었다. 〈그림 13〉은 제3장에서 논의된 실험들에서 지각이 없어도 활성화되는 여러 가지 뇌 부위를 요약해주고 있다. 무의식에는 분명히 단어 이해에서 수의 덧셈에 이르기까지, 그리고 오류 감지로부터 문제 해결에 이르기까지 커다란 계책 보따리가 들어있다. 이러한 계책은 광범위한 자극이나 반응과 병행해 재빨리 작용하기 때문에 가끔 의식적인 생각보다 뛰어나기도 한다.

앙리 푸앵카레는 《과학과 가설*Science and Hypothesis*》(1902)에서 느릿한 의식적 사고를 뛰어넘는 '무의식적인 과감한 처리unconscious brute-force processing'의 우수성을 예견하면서 다음과 같이 말했다.

식역 이하의 자아가 결코 의식적 자아보다 열등한 것이 아니다. 순전히 자동적인 것도 아니다. 분별력도 있고, 요령과 섬세함도 갖추고 있다. 선택할 줄도, 예측할 줄도 안다. 내가 무슨 말을 할까? 그것은 의식적인 자아가 실패한 것을 성공시키므로 예측하는 방법도 그보다 더 뛰어나다. 한 마디로 말해 식역 이하의 자아가 의식적인 자아보다 낫지 않은가?

현대과학의 입장에서는 푸앵카레의 질문에 "분명히 그렇다"고 대답할 수 있다. 우리 정신의 식역 이하에서 이루어진 작용이 여러 가지 면에서 의식적으로 이루어진 성과를 뛰어넘기 때문이다. 우리의 시각계통은 최상의 컴퓨터 소프트웨어까지 주춤하게 만드는 형상지각과 인식의 문제를 아무렇지 않게 해결한다. 그리고 수학 문제에 대해 생각할 때마다 무의식이 지니는 이 놀라운 계산능력에 의지한다.

그러나 흥분해서는 안 된다. 일부 인지심리학자는 의식이란 순전히 신화적 이야기이며, 케이크 위의 달콤한 과자처럼 장식적이지만 아무런 효능이 없는 특징을 지닐 뿐이라는 견해를 피력하기도 한다.[88] 그들은 우리의 결정과 행동 아래에 있는 모든 정신적 작용이 무의식적으로 이루어진다고 주장한다. 그들의 견해에서 보자면, 우리 지각은 뇌의 무의식적 성취를 바라보면서도 뇌 자체가 지니는 권능은 없는 단순한 방관자, 그러니까 운전자에게 이래라 저래라 하는 승객에 지나지 않는다. 1999년에 개봉된 영화 〈매트릭스The Matrix〉에서와 마찬가지로 우리는 교묘한 계략의 희생자이며 우리가 의식적인 삶을 살아가는 경험은 착각일 뿐이다. 우리가 내리는 결정은 모두 우리 내부의 무의식 과정들에 의해 우리 몰래 내려진다.

다음 장에서는 이 좀비이론에 대해 반박할 것이다. 나는 의식이 '진화된 기능evolved function', 즉 유용하기 때문에 진화에 의해 출현한 생물학적 특징이라고 생각한다. 따라서 의식은 구체적인 인지의 틈새를 채워주고 무의식적인 마음에 전문화되어있는 병행 시스템이 처리하지 못하는 문제를 해결해주어야 한다.

푸앵카레는 "수학자의 무의식적 톱니바퀴는 수학자가 초기 단계에서 의식적인 문제 해결을 위한 노력을 엄청나게 기울이지 않았으면, 식역 이하에서 뇌가 발휘하는 힘에도 불구하고, 애초에 움직이지 않았으리라"는 점에 주목했다. 그리고 그 뒤 "아하!" 하는 경험을 한 다음에는 비로소 무의식이 발견한 것처럼 보인 것을 의식적인 정신만이 단계별로 조심스럽게 검증할 수 있었던 것이다. 헨리 무어Henry Moore도《조각가의 말The Sculptor Speaks》(1937)에서 똑같은 지적을 했다.

비록 정신 가운데 비논리적이며 직감적이고 잠재의식적인 부분이 (예술가의) 작업에서 부분적으로 역할을 맡아야 하더라도, 예술가에게는 또한 활동하지 않는 것이 아닌 의식적인 정신도 있다. 그 예술가는 그것 덕분에 자신의 모든 개성을 집중해 작업하며, 그러한 의식적인 부분이 갈등을 해소하고 기억을 구성하며 그가 동시에 두 방향으로 걸으려고 하는 것을 방지한다.

이제 우리는 의식적인 정신의 독특한 영역으로 들어갈 준비가 된 셈이다.

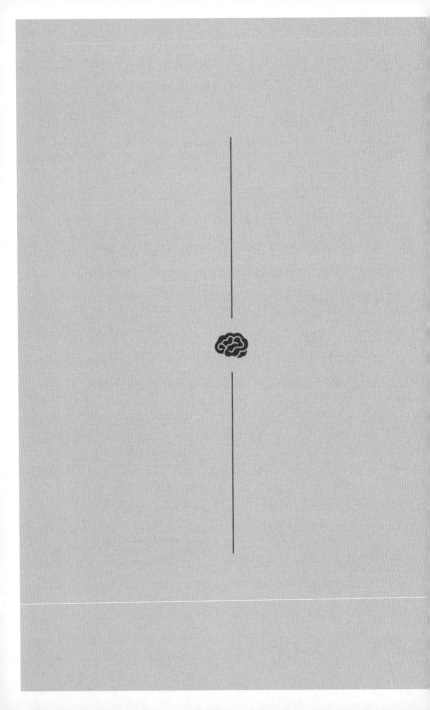

3
의식은 무엇에 좋은가?

의식은 왜 진화했을까? 의식에 의해서만 수행될 수 있는 일부 작용이 있을까? 아니면 의식은 단순한 부수적 현상, 우리의 생물학적 구성 가운데 쓸모없거나 심지어 착각에 불과한 특징일까? 사실상 의식은 무의식적으로는 일어날 수 없는 수많은 구체적인 작용을 지원한다. 식역 이하의 정보는 덧없이 사라질 수 있지만, 의식적인 정보는 안정되어있다. 우리가 원하는 대로 그것을 다룰 수도 있다. 의식은 또 입력되는 정보를 압축한다. 이는 엄청난 양의 감각정보를 세밀하게 선정된 일련의 소규모 상징들로 줄이는 것이다. 그렇게 추출된 정보는 또 하나의 처리 단계로 넘어감으로써 마치 직렬식 컴퓨터처럼 세심하게 제어되는 연쇄적인 작동을 수행할 수 있다. 널리 전파되는 이 기능은 의식에서 필요 불가결한 것이다. 인간의 경우 그것은 언어에 의해 크게 강화된다. 언어를 통해 의식된 사고를 사회 전반에 배포할 수 있기 때문이다.

우리가 알고 있는 한, 의식배포의 구체적인 내용이
바로 그 효용성을 가리켜준다.

– 윌리엄 제임스,《심리학원리》(1890)

생물학의 역사에서 기관들이 특정한 기능('최종 목적final cause' 또는 그리스어의 '텔로스telos')을 위해 설계되거나 진화되었다고 하는 것이 의미가 있느냐 없느냐 하는 목적론finalism/teleology만큼 격렬하게 논의된 문제는 거의 없었다. 다윈 이전의 시대에는 목적론이 표준이었다. 하느님의 손이 만물의 숨은 설계자로 간주되었기 때문이다. 프랑스의 위대한 해부학자 조르주 퀴비에Georges Cuvier는 생체기관의 기능을 해석할 때 끊임없이 목적론에 호소했다. 갈고리발톱은 먹이를 붙잡기 '위한' 것, 허파는 호흡을 '위한' 것이었고, 그 같은 최종 목적이야말로 바로 그 유기체가 하나의 통합된 전체로서 존재하는 조건이었다.

찰스 다윈은 생태계를 맹목적으로 형성하는 방향성 없는 힘을 설계가 아닌 자연선택natural selection이라고 지목함으로써 이 상황을 급변시켰다. 다윈의 자연관에는 하느님의 의도가 필요하지 않다. 진화된 기관은 그들의 기능을 '위해' 설계되는 것이 아니라 단지 생물에게 번식의 이득을 부여할 뿐이다. 그러자 진화론 반대자들은 다윈의 주장에 대한 반증사례로서 그들이 보기에 아무런 이득이 되지 않고 명백한 설계의 결과라고 생각되는 것들을 찾아냈다. 왜 공작은 시각적으로 놀라움을 자아낼 뿐

거추장스럽기만 한 거대한 꼬리를 달고 다닐까? 고대의 사슴 메갈로케로스Megaloceros는 왜 멸종의 원인으로 추정될 만큼 부피가 크고 12피트에 이르는 거대한 뿔을 달고 다녔을까? 이에 대해 다윈은 성선택sexual selection을 지적함으로써 대답을 대신했다. 암컷의 주의를 끌기 위해 경쟁하는 수컷들이 자신의 적합성을 알리기 위해서는 그토록 정교하고 많은 수고를 들여야 하며, 대칭을 이루는 디스플레이가 유리하다는 것이다. 그 교훈은 명백했다. 생물의 기관은 기능으로 단정되는 것이 아니며, 심지어 형편없는 장치라도 진화에 의해 개량되면 그것을 가진 개체에게 경쟁력을 부여할 수 있기 때문이다.

20세기 동안 종합적인 진화론에 의해 목적론은 점차 해체되었다. 진화와 발달을 의미하는 현대어(이보디보evo-devo)에는 이제 다음과 같이 "설계자 없는 정교한 설계"를 총체적으로 설명하는 확장된 개념들이 포함되어있다.

- **자발적 패턴 생성** 수학자 앨런 튜링Alan Turing은 화학 반응이 어째서 얼룩말의 줄무늬나 멜론의 엽맥 같은 구조적인 특징으로 이어지는지를 처음으로 기술했다.[1] 일부 나사조개류에서는 정교한 착색패턴이 불투명한 층 아래에 저절로 생김으로써 고유의 용도가 없음을 분명히 입증하고 있다. 그들은 그 자체의 존재 이유를 가지는 화학 반응의 결과에 지나지 않는다.

- 상대성장관계allometric relation 유기체의 전반적인 크기 증대 (그 자체의 이득이 있을지도 모른다)는 그것이 가지고 있는 기관 일부에 그 비율에 따른 변화를 일으킬지 모른다(그렇지 않을 수도 있다). 메갈로케로스의 기이한 뿔은 어쩌면 그런 상대성장의 변화에 기인한 결과일 것이다.[2]
- 스팬드럴spandrel 이것은 유기체를 이루는 과정에서 부산물로 생겼다가 나중에 다른 역할을 맡게 될지도 모르는 특징을 가리키기 위해 하버드 대학교의 고생물학자 스티븐 제이 굴드Stephen Jay Gould가 만든 말이다.[3] 대표적인 예가 남성의 젖꼭지일 것이다. 그것은 여성의 이로운 젖가슴을 만들기 위한 설계로부터 생긴 사소하지만 필연적인 결과다.

이러한 생물학적인 개념들을 염두에 두면 의식을 비롯한 인간의 생물적·심리적 특징이 반드시 인류의 전 세계적인 번성을 위한 기능적 역할로서 긍정적이라고는 더 이상 생각할 수 없게 된다. 의식은 우연히 생긴 장식무늬이거나 호모속Homo屬인 우리 인종에게 우연히 일어난 뇌 크기의 엄청난 증대, 또는 심지어 단순한 장식용 유리(스팬드럴spandrel) 같은 것에 지나지 않을 수도 있다. 이 견해는 프랑스 작가 알렉상드르 비알라트 Alexandre Vialatte의 직관과 일치한다. 그는 기발하게도 "의식은 부록처럼 아무런 역할도 하지 않으면서 우리 기분을 상하게 한다"고 했다. 1999년 영화 〈존 말코비치 되기Being John Malkovich〉

에서 극중의 인형조종자 크레이그 슈워츠는 자기성찰의 헛됨을 이렇게 이야기한다. "의식이란 지독한 저주야. 나는 생각하고 느끼고 괴로워하지. 그리고 내가 돌려받고 싶은 것은 내 일을 할 수 있는 기회뿐이야."

의식이 부수적 현상일 뿐일까? 그것을 제트엔진의 굉음처럼 쓸모없고 고통스럽지만 구조상 불가피한 뇌의 작동결과라고 간주해야 할 것인가? 영국 심리학자 맥스 벨먼스Max Velmans는 분명히 이런 비관적 결론에 기울어져있다. 벨먼스는 어마어마한 인지 기능들이 지각에 냉담하다고 주장한다. 그리고 우리가 그들을 지각하고는 있지만, 그들은 우리가 좀비에 불과할지라도 여전히 훌륭하게 작동할 것이라 한다.[4] 대중적 인기가 높은 덴마크의 과학논객 토르 뇌레트란데르스Tor Nørretranders는 우리가 스스로 통제하고 있다고 느끼는 것을 가리키기 위해 '사용자 착각user illusion'이라는 조어를 만들었다. 그는 우리의 결정이 모두 무의식적인 근원에서 나오므로 그 같은 느낌은 오류일 것이라고 믿는다.[5] 다른 많은 심리학자들도 "의식이란 운전자에게 이래라 저래라 간섭하는 승객과 같으며, 영원히 행동을 통제하지 못하는 쓸모없는 관찰자"라는 데 동의한다.[6]

하지만 나는 이 책에서 철학자들이 '기능주의적 의식관the functionalist view of consciousness'이라고 부르는 다른 길을 탐구하고자 한다. 그 논지의 핵심은 의식이 유용하다는 것이다. 의식적인 지각은 들어오는 정보를 내부 코드로 변환시켜 특유의 방식으로 처리되도록 한다. 의식은 정교한 기능이며, 특별한 역할을 수행하기 때문에 다윈이 말하는 수백만 년에 걸친 진화를 통해 선택되었을 것이다.

우리가 그 역할이 무엇인지 판단할 수 있을까? 우리는 진화사를 되돌릴 수 없지만, 보이는 이미지와 보이지 않는 이미지 사이의 미세한 대조를 사용해 의식작용의 특이성을 찾아낼 수 있다. 또한 심리학적 실험을 이용해 어떤 작용이 의식 없이 실현 가능하며, 지각이 있다고 할 때 어느 것이 유별나게 채용되는지 확인할 수도 있다. 이 장에서는 의식이 얼마나 쓸모없는지를 열거하지 않고 이러한 실험에 의해 의식이 고도로 효과적임이 드러나는 것을 보여줄 것이다.

무의식적 통계, 의식적 표본 추출

내가 그리는 의식의 그림에는 자연스러운 분업이 내포된다. 일군의 무의식 근로자들이 지하층에서 땀 흘리며 수많은 데이터를 분류하는 작업을 하고 있다. 한편 맨 꼭대기에서는 소수의 임원들이 상황에 대한 브리핑만 점검하고는 천천히 의식적인 결정을 내린다.

제2장에서는 우리의 무의식적 정신이 지니는 힘에 대해 다루었다. 지각에서부터 언어 이해, 결정, 행동, 평가, 억제 등에 이르

는 매우 다양한 인식작용이 적어도 부분적으로 식역 이하의 상태에서 전개될 수 있다. 의식 단계 아래에서는 수많은 무의식적 처리장치가 병행해 작용하면서 우리 환경에 대한 가장 상세하고 완벽한 해석을 추출하려고 끊임없이 노력한다. 그들은 마치 최상의 통계학자처럼 작용하면서 어렴풋한 움직임, 그림자, 반점 모양의 빛과 같은 극히 미세한 모든 지각적 힌트를 찾아내고, 그 특징이 바깥세상에서 참이 될 개연성을 계산하려고 한다. 기상청에서 수십 가지의 기상관측결과를 수집해 다음 며칠 동안 비가 올 확률을 추정하는 것과 거의 마찬가지로, 우리의 무의식적 지각은 감각정보를 사용해 우리 주위에 색상, 형태, 동물 또는 사람이 나타날 개연성을 계산한다. 그 반면에 우리의 의식은 이러한 개연성에 의한 세상의 일부 모습, 다시 말해 무의식의 분포로부터 얻어지고 통계학자들이 '표본'이라 부르는 것을 제공할 따름이다. 의식은 온갖 모호한 것을 가로질러 단순화된 하나의 모습, 현재로서는 세상에 대해 요약된 최상의 해석을 만들어내며, 그러면 이제 그것이 의사결정 시스템에 전해질 수 있다.

수많은 무의식적 통계학자와 단일한 의식적 의사결정자 사이에서 이루어지는 이 분업은, 세상에 대응해 행동해야 할 필요성 때문에 살아 움직이는 유기체에서 자동적으로 발생한다. 단지 개연성에만 의존해 행동할 수 있는 것은 아무것도 없다. 어느 시점에는 모든 불확실한 것을 무너뜨리고 결단을 내리기 위해 독단적인 과정이 필요하다. "주사위는 던져졌다Alea jacta est"

라는 카이사르가 폼페이우스의 수중으로부터 로마를 빼앗기 위해 루비콘강을 건넌 뒤 내뱉었던 유명한 말처럼 해야 하는 것이다. 어떤 자발적 행동에도 더 이상 뒤돌아갈 수 없는 경계선을 넘어서는 것이 필요하다. 의식은 뇌가 그 경계선을 넘어서게 하는 장치일지도 모른다. 모든 무의식적 개연성을 단일한 의식적 표본으로 축약시킴으로써 우리에게 더 나은 결정으로 나아가게 하는 것이다.

고전이 되어있는 뷔리당Buridan의 〈당나귀 우화〉는 복잡한 결정을 재빨리 처리하는 것의 유효성을 암시해준다. 가상의 이 이야기에서는 목도 마르고 허기가 진 당나귀 한 마리가 물통과 건초더미 사이의 정중앙에 자리 잡는다. 그 사이에서 결정을 내리지 못한 이 당나귀는 결국 배를 곯고 갈증에 시달리다 죽고 만다. 이 문제는 우스운 것처럼 보이지만, 우리는 끊임없이 이와 비슷한 종류의 어려운 결정과 대면하고 있다. 세상은 우리에게 불확실한 개연성의 결과를 내놓을 기회만 제공할 뿐이다. 의식은 입력되는 세상정보에 대해 가능한 수천 가지의 해석 가운데 오직 하나에만 우리 주의를 주어진 시간 동안 기울어지게 함으로써 이 문제를 해결한다.

철학자 찰스 샌더스 퍼스Charles Sanders Peirce는 물리학자 헤르만 폰 헬름홀츠의 발걸음을 더듬다가, 우리의 매우 간단한 의식적 관찰조차 무의식이 혼란스러울 정도로 복잡한 개연성에 입각해 추론한 결과임을 최초로 인식했다.

아름다운 이 화창한 봄날, 나는 창밖에 진달래가 활짝 피어있는 것을 본다. 아니, 아니다! 그것이 내가 보는 것을 묘사할 수 있는 유일한 방법이기는 하더라도 내가 그것을 보는 것은 아니다. 그것은 하나의 명제, 문장, 사실이지만, 내가 지각하는 것은 명제, 문장, 사실이 아니라 단지 하나의 이미지일 뿐이며, 사실의 언명에 의해 부분적으로 그것을 인식하는 것이다. 이 언명은 추상적이지만, 내가 보는 것은 구체적이다. 내가 보는 것을 문장으로 표현할 때 나는 가설 형성abduction을 한다. 실인즉 우리 지식의 전체 체계는 귀납induction에 의해 확인되고 다듬어진 순수한 가설이 직물처럼 곱게 짜인 것이다. 각 단계마다 가설 형성을 하지 않으면 공허하게 응시하는 것 이상으로는 지식을 조금도 진전시킬 수 없다.[7]

퍼스가 '가설 형성'이라 한 것은 현대 인지과학자로서 수학의 이 분야를 처음 탐구한 영국의 성직자 토머스 베이즈Thomas Bayes(1701?-1761)의 이름을 딴 베이즈 추론Bayesian inference에 해당한다. 베이즈 추론은 우리의 관찰 뒤에 숨겨진 원인을 추정하기 위해 통계적인 추론을 소급적으로 적용한다. 고전적인 확률이론에서는 보통 무엇이 일어나는지가 이야기된다(예컨대 "누군가 52장의 카드더미에서 3장을 뽑는다"). 그리고 구체적인 결과의 확률을 구하게 한다(예컨대 "3장의 카드가 모두 에이스일 확률은 얼마인가?"). 하지만 베이즈 추론에 따르면 우리는 결과로부터 알려지지 않은 기원에 의해 역방향으로 돌아갈 수 있다(예컨대 "52장의 카드 한 벌에서 누가 3장의 에이스를 뽑는다면, 그러한 카드 더미가 조작되어 4장 이상의 에이스가 들어있었을 가능성은 얼마나 될까?"). 이것을 '역추론reverse inference' 또는 '베이즈 통계학Bayesian statistics'이라 한다. 뇌가 베이즈 통계학자처럼 작용한다는 가정은 현대 신경과학에서 가장 논란이 많은 영역 가운데 하나다.

우리 뇌는 일종의 역추론을 해야 한다. 우리의 감흥은 모두 모호하고, 멀리 떨어져있는 많은 물체가 그러한 감흥을 일으켰을 수도 있기 때문이다. 예컨대 내가 접시 하나를 바라볼 때 그 테두리는 완전한 원으로 보이지만, 내 망막에는 실제로 왜곡된 타원으로 투영됨으로써 다른 해석의 여지가 생긴다. 공간의 온갖 방향에서 무한히 많은 감자 모양의 물체가 내 망막에 똑같이 투영될 수도 있다. 내가 원을 본다면, 그것은 시각에 관한 뇌가 무의식적으로 이 감각정보의 수많은 원인에 대해 생각하다가 가장 확률이 높은 것으로 '원'을 선택했기 때문이다. 따라서 '접시'를 '원'이라 생각하는 내 지각이 당장에 이루어지는 것처럼 보이지만, 실제로는 그 특정한 감흥에 대해 다른 수많은 설명을 모조리 제거하는 복잡한 추론에 의한 것이다.

신경과학에서는 시각의 중간 단계 동안 뇌에서 감각정보에 대해 다수의 해석이 가해진다는 많은 증거를 제시한다. 예컨대 단일한 신경세포는 단지 타원 하나의 전체 윤곽 가운데 작은 일부만 지각할지도 모른다. 이 정보는 광범위한 다양성의 형태 및 운동패턴과 양립할 수 있다. 하지만 일단 시각적 신경세포가 서로 이야기를 나누기 시작해 지각된 것이 무엇인가에 대한 그들의 '투표권'을 행사하게 되면 모든 신경세포가 모여들 수 있다. 셜록 홈스의 말처럼 가능성이 없는 것을 죽 제거해왔다면 남아 있는 것은, 비록 그럴 가능성이 없을지라도, 진리임에 틀림없는 것이다.

또한 엄격한 논리가 뇌의 무의식회로를 지배한다. 그러한 회로는 감각의 입력정보에 관해 통계적으로 정확한 추론을 수행할 수 있도록 이상적으로 조직되어있는 것 같다. 예컨대 측두엽 중부의 운동지각 영역(MT 영역)에서 신경세포는 오직 좁은 구멍(수용장receptive field)을 통해서만 물체의 움직임을 지각한다. 그 크기에서는 어떤 움직임도 모호하다. 만약 작은 구멍을 통해 지팡이를 보면 그 움직임을 정확하게 판단할 수 없다. 그 지팡이는 수직 방향이나 그 밖의 다른 여러 방향으로 움직일 수 있다(183페이지의 〈그림 14〉 참조). 이 기본적인 모호성은 '구멍 문제aperture problem'로 알려져있다. 그로 인해 우리의 MT 영역에 있는 개개의 신경세포가 무의식적으로 고통을 겪는다. 그러나 의식수준에서는 그렇지 않다. 심지어 아주 심각한 상황에서도 아무런 모호함을 지각하지 않는다. 뇌가 결정을 내려 최소한으로 움직이고, 가장 적합한 해석이라 간주하는 것을 우리에게 보게 하는 것이다. 그래서 지팡이는 항상 그것과 수직인 방향으로 움직이는 것처럼 보인다. 무의식적인 신경세포의 대군이 모든 가능성을 평가하지만, 의식은 단지 간추린 보고서만 받아들이는 것이다.

움직이는 직사각형 같은 약간 복잡한 기하학적 형태를 볼 때는 국부적인 모호성이 여전히 존재하지만, 직사각형의 다른 면들이 서로 구분되는 운동신호를 제공하기 때문에 그러한 신호가 결합되어 하나의 독특한 지각을 이루면 이제 그 모호성도 해소될 수 있다. 오직 한 방향의 움직임만이 각각의 면에서 생기는 제약을 통합적으로 만족시킨다(〈그림 14〉참조). 시각에 관여하는 뇌 영역이 그것을 추론해 우리에게 만족할 만한 견고한 움직임만 보게 하는 것이다. 신경세포의 기록에서는 이 추론에 시간이 걸림을 보여준다. MT 영역의 신경세포는 100밀리초 동안 내내 국부적인 움직임만 '보고' 120~140밀리초가 지난 다음에야 마음을 바꿔 뇌 전체의 방향을 부호화한다.[8] 하지만 의식은 이 복잡한 작용을 감지하지 못한다. 우리는 최초의 감흥이 모호했으며, 그들을 감지하기 위해 신경세포의 회로가 부지런히 노력을 기울여야만 했다는 것을 결코 알지 못한 채 주관적인 최종 결과, 그러니까 매끄럽게 움직이는 직사각형만 보게 된다.

흥미롭게도 마취된 동안에는 우리 신경세포를 단일한 해석으로 유도하는 수렴 과정이 사라진다.[9] 우리의 감각을 하나의 일관된 전체로 통합시키는 신경세포회로의 기능을 갑자기 작동하지 못하게 함으로써 의식을 상실하게 만드는 것이다. 의식은 신

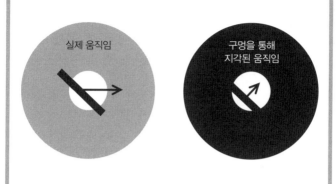

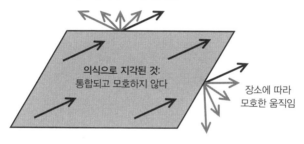

그림 14.

의식은 모호한 것을 해결하는 데 도움이 된다. 운동에 민감한 대뇌 피질의 영역에서는 신경세포들이 '구멍 문제'로 어려움을 겪는다. 그들은 각각 하나의 한정된 구멍('수용장'이라 한다)을 통해 입력정보를 받기 때문에 그 움직임이 수평으로 향하는지, 수직으로 향하는지, 아니면 다른 수많은 방향 중의 어느 하나로 향하는지를 구분하지 못한다. 하지만 우리의 인식에서는 아무런 모호함이 존재하지 않는다. 우리의 지각계통이 결정을 내려 항상 우리에게 직선에 수직인 방향으로 최소한의 움직임을 보게 하기 때문이다. 표면 전체가 움직일 때는 여러 신경세포에서 나오는 신호를 결합해 전체의 운동 방향을 지각한다. MT 영역에 있는 신경세포는 처음 각 부분의 움직임을 부호화하지만, 재빨리 우리가 의식적으로 지각하는 것에 일치하는 광역적인 해석으로 수렴한다. 이 수렴은 관찰자가 의식할 때만 일어나는 것 같다.

경세포들이 서로 일치할 때까지 상향이나 하향 두 방향으로 신호를 교환하는 데 필요하다. 그런데 의식이 없으면 지각의 추론 과정에서 외부 세계에 대한 일관된 하나의 해석을 만들어내기를 멈춰버리는 것이다.

지각의 모호성을 해소하는 데 의식이 담당하는 역할은 우리가 의도적으로 모호한 시각자극을 만들 때 특히 명백해진다. 우리가 뇌에 두 창살이 서로 반대 방향으로 겹쳐지도록 제시하는 것을 가정해보자(〈그림 15〉 참조). 뇌로서는 첫 창살이 다른 창살 앞에 있는지, 아니면 그 반대인지 구분할 도리가 없다. 하지만 우리는 주관적으로 이 기본적인 모호성을 지각하지 않는다. 그리고 결코 두 가능성이 혼합된 것도 지각하지 않지만, 의식적인 지각이 판단해 우리에게 두 창살 가운데 하나를 앞쪽에 보여주는 것이다. 2가지 해석은 교차한다. 몇 초마다 우리의 지각이 바뀌고, 우리는 다른 창살이 앞쪽으로 이동하는 것을 본다. 알렉상드르 푸제Alexandre Pouget와 그의 동료들은 속도와 간격 같은 변수가 바뀔 때 우리의 의식적인 시각이 해석을 유지하는 데 소비하는 시간은 감각이 받은 증거를 감안해 그 해석이 이루어질 가능성과 직접 관계가 있다는 것을 확인시켜준다.[10] 어느 때든 우리가 보는 것은 가장 그럴듯한 해석인 경향이 있지만, 그러나 다른 가능성도 가끔 튀어나와 통계적 가능성에 비례하는 시간 동안 우리의 의식적인 시각 속에 머물기도 한다. 우리의 무의식적 지각이 그 확률에 작용하며, 그러면 우리의 의식이 거기서

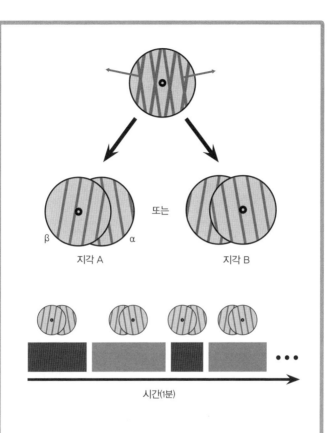

그림 15.

의식은 감각적인 입력정보를 해석한 것 가운데 가장 그럴듯한 것 하나만 우리가 보도록 작용한다. 2개의 창살을 겹친 그림은 모호해 보인다. 그래서 둘 중 어느 하나가 앞쪽에 있는 것으로 인식할 수 있는 것이다. 그러나 우리는 주어진 순간마다 그 가운데 어느 한 가능성만 지각한다. 우리의 의식적인 시각은 지각된 2가지 사이에서 번갈아 교차하며, 하나의 상태에 소비되는 시간의 비례는 이 해석이 옳을 가능성을 직접 반영한다. 따라서 우리의 무의식적 시각은 가능성을 계산하며, 의식은 그것의 표본을 추출한다.

임의로 표본을 추출한다.

이 확률법칙의 존재는, 비록 우리가 모호한 광경의 해석을 의식적으로 지각하고 있는 동안에도 우리 뇌가 여전히 다른 모든 해석들에 대해 검토하고 있으며, 어느 순간에라도 마음을 바꿀 준비가 되어있음을 보여준다. 무대 뒤에서 무의식의 셜록 홈스가 끊임없이 확률 분포를 계산하는 것이다. 퍼스도 "우리 지식의 모든 체계는 귀납에 의해 확인되고 다듬어진 순수한 가설로 짜인 직물"이라고 추정했다. 하지만 우리 모두는 의식적으로 하나의 표본만 보게 된다. 그래서 시각이 수학과 같은 복잡한 과정이라 느끼지 않고 우리가 눈을 뜨면 뇌의 의식에 의해 하나의 광경만 들어오는 것이다. 역설적이지만 의식적 시각에서 진행되는 표본 추출 때문에 우리는 그 내부의 복잡성을 영원히 보지 못한다.

표본 추출은 의식적인 주의가 없으면 일어나지 않는다는 의미에서 의식화 본연의 기능인 것 같다. 제1장에서 다룬 것을 기억할지 모르지만, 두 눈에 서로 구분되는 이미지가 제시되기 때문에 생기는 불안정한 지각, 즉 두 눈 사이의 경쟁에 대해 생각해보자. 우리가 그들에 주의를 기울이면 두 이미지는 끊임없이 우리 지각 속에 번갈아 나타난다. 비록 감각의 정보 입력이 고정되고 모호하더라도 우리는 하나의 이미지만 지각하기 때문에 그들이 끊임없이 바뀌고 있다고 인식한다. 하지만 우리가 주의를 다른 곳으로 돌릴 때는 그 경쟁이 중단된다는 사실은 매우 중요하다.[11] 이 말은 곧 우리가 의식적으로 주의를 기울일 때만 신중한 표본 추출이 이루어진다는 것과 같다. 따라서 무의식적 과정이 의식적 과정보다 더 객관적이다. 무의식적인 신경세포의 대군이 세계의 상태들과 확률 분포를 거의 비슷하게 이루는 반면에, 우리의 의식은 아무런 부끄럼 없이 그것을 "전부 아니면 전무"라는 식의 표본으로 축소시킨다.

그 모든 과정에는 묘하게도 양자역학과 유사한 점이 있다(그러나 신경 메커니즘의 대부분은 고전 물리학하고만 관련되어있을 가능성이 아주 많다). 양자물리학에서 물리적 실체는 어느 상태에서 입자가 발견될 확률을 결정하는 파동함수의 중첩으로 드러난다고 한다. 하지만 우리가 측정하려고 할 때마다 이러한 확률은 전부 아니면 전무의 어느 고정된 상태로 붕괴되어버린다. 우리는 결코 슈뢰딩거Schrödinger의 고양이 같은 반생반사의 기묘한 혼합물을 관측하지 못한다. 양자론에 의하면 물리적 측정이라는 행위 자체에 의해 확률이 별개의 상태로 붕괴된다고 한다. 우리 뇌에서도 비슷한 일이 일어난다. 어느 대상에 의식적으로 주의를 기울이는 행위 자체에 의해 그 대상에 대한 여러 가지 해석의 확률 분포가 붕괴되어 우리는 그 가운데 하나만 지각하게 되는 것이다. 그리고 의식은 우리에게 무의식적 계산의 광대한 영역을 슬쩍 엿보게 하는 별개의 측정장치로 작용한다.

그렇지만 이 매력적인 유사점은 표면적일지도 모른다. 양자역학의 배경에 있는 일부 수학이 의식지각을 다루는 인지신경과학에 적용될 수 있을지의 여부는 앞으로의 연구결과에 달려 있다. 하지만 우리 뇌에서 그 같은 분업은 만연되어있는 것이 확실하다. 무의식 과정이 재빨리 광범위하게 병행 처리를 하는 통계학자처럼 작용하는 동안 의식은 느릿하게 표본을 추출하는데, 이러한 경향은 시각에서뿐 아니라 언어 영역에서도 나타난다.[12] 제2장에서 본 것처럼 비록 의식적으로는 한 번에 둘 가운데 하나만 인식할지라도, 우리가 bank와 같은 모호한 단어를 지각할 때마다 2가지 의미가 일시적으로 우리의 무의식적 어휘 목록 속에서 핵심이 되는 것이다.[13] 똑같은 원리가 우리 주의의 기반을 이룬다. 우리는 한 번에 한 장소에만 있을 수 있는 것 같지만, 우리가 대상을 선정하는 무의식적 메커니즘은 실제로 확률적이며 동시에 여러 가지 가정을 생각한다.[14]

무의식의 탐정은 심지어 우리 기억 속에도 숨어있다. 다음과 같은 물음에 대답해보자. 전 세계 공항의 몇 %가 미국에 있을까? 어렵게 느껴지더라도 짐작해보기 바란다. 이제 그것을 잠시 접어두고 두 번째 짐작을 말해보자. 연구에 의하면 심지어 두 번째 짐작도 임의로 나온 것이 아니라고 한다. 게다가 만약에 내기를 해야 한다면 2가지 짐작 가운데 어느 하나를 고집하기보다 그들의 평균에 대해 거는 것이 더 낫다.[15] 이 경우에도 또다시 의식적인 정보검색은 숨겨진 확률 분포로부터 임의로 표본을 추출하는 보이지 않는 손으로 작용한다. 우리는 무의식의 힘을 고갈시키지 않고도 첫 번째나 두 번째, 심지어 세 번째 표본까지도 추출할 수 있다.

유추는 유용할 수도 있다. 이때의 의식은 거대한 기관의 대변인처럼 작용한다. 수천 명의 직원을 가진 FBI 같은 커다란 기관들에서는 항상 어느 한 개인이 파악할 수 있는 것보다 훨씬 더 많은 지식을 보유한다. 2001년 9월 11일의 슬픈 사건을 통해서도 알 수 있듯이 모든 직원이 각각 지니고 있는 엄청난 양의 타당하지 못한 생각들로부터 타당한 지식을 추출하기란 항상 쉽지 않다. 엄청난 양의 사실이 넘쳐나고 있는 수렁에 빠지지 않기 위해 기관장은 피라미드 형태로 제출되는 참모들의 보고서에 의존하며, 한 사람의 대변인을 통해 이 '공동의 지혜'가 널리 알려지도록 한다. 비록 극적인 사건의 사전 징후를 소홀히 하는 경우가 있기는 하더라도, 일반적으로 그 같은 서열을 통해 자원을 이용하는 것이 합리적이다.

1000억 개의 신경세포를 참모로 거느리는 뇌도 그와 비슷한 보고서 작성의 메커니즘에 의존해야 한다. 의식의 기능은 현재의 환경에 대해 일관된 방식으로 기억, 의사결정, 행동 등에 관여하는 다른 모든 영역들에게 낭독하기 전에 그 내용을 요약함으로써 지각을 단순화하는 것인지도 모른다.

뇌의 의식적인 브리핑이 유용해지려면 체계가 안정적이고 통합되어있어야 한다. 전국적인 위기 상황 동안 FBI에서 대통령에게 각각 일부 사실을 내포한 수천 통의 전문을 보내면서, 대통령에게 직접 사태를 파악해달라고 요청하는 것은 언어도단이다. 그와 마찬가지로 뇌도 낮은 수준의 입력정보의 홍수에 파묻힐 수 없다. 뇌는 여러 가지 조각을 모아 하나의 일관된 이야기를 만들지 않으면 안 된다. 대통령에게 하는 보고와 마찬가지로 뇌의 의식적인 요약도 환경에 대한 해석이 의도와 의사결정의 메커니즘과 호환되기에 충분할 만큼 추상적인 '사고 언어'로 기술되어야 한다.

지속되는 생각

언어를 학습할 때 뇌에 가해지는 개선에 의해 우리는 뇌를 일종의 반향실echo chamber로 바꾸면서 우리 자신의 활동을 검토하고 환기하며 연습하고 재설계할 수 있다. 그곳에서는 덧없이 사라질 과정들이 머물면서 그 자체가 대상이 될 수 있다. 가장 오래 머물면서 그 영향력을 획득하는 것을 '의식적 사고conscious thoughts'라 한다.

– 대니얼 데닛, 《마음의 종류Kinds of Minds》(1996)

말하자면 의식은 지금까지 있었던 것을 '있게 될 것'으로 연결시키는 하이픈, 과거와 미래 사이에 걸쳐 있는 다리인 셈이다.

– 앙리 베르그송, 《헉슬리 기념 강연Huxley Memorial Lecture》(1911)

우리 의식이 감각정보를 간극이나 모호함이 전혀 없는 종합적인 부호로 압축시키는 데는 이유가 있을 것이다. 그 같은 부호는 아주 소형이라 흔히 '작동기억Working memory'이라 부르는 것으로 제 시간에 아주 쉽게 들어갈 수 있기 때문이다. 작동기억과 의식은 밀접한 관계가 있는 것 같다. 우리는 대니얼 데닛의 말에 덧붙여 "의식의 주된 역할이란 지속되는 생각을 만들어내는 것이다"라고 주장할 수도 있다. 일단 하나의 정보가 의식되면 그것은 우리가 그것에 주의를 기울이고 기억하는 동안 우리의 마음속에 생생하게 간직된다. 의식에 관한 간단한 정보는, 비록 형성되는 데 몇 분이 걸렸더라도, 우리의 결정에 반영되려면 충분히 안정되어있어야 한다. 연장되는 이 지속시간이 바로 의식적 사고의 특징이다.

일시적인 기억을 가진 세포의 메커니즘은 인간에서부터 원숭이, 고양이, 쥐, 생쥐에 이르기까지 모든 포유류에 존재한다. 그것의 진화상 이점은 명백하다. 기억을 가지고 있는 유기체는 환경의 압박에서 벗어나게 된다. 그들은 더 이상 현재에 매여있지 않고서 과거를 회상하고 미래를 예견할 수 있다. 포식자가 바위 뒤에 숨어있을 경우 보이지 않는 그 존재를 기억하는 것은 그 유기체의 생사와 직결되는 문제다. 많은 환경적 사건들이 광범위한 공간에서 불특정한 시간 간격마다 일어나며, 다양한 조짐들에 의해 분류된다. 시간, 공간, 지식의 양상에 따라 정보를 종합하고 미래의 어느 시점에 다시 떠올릴 수 있는 능력은 의식을 지닌 마음의 기본요소다. 그리고 이는 진화가 진행되는 동안 확실히 선택되었을 것으로 여겨진다.

심리학자들이 '작동기억'이라 부르는 마음의 요소는 배외측 전전두엽dorsolateral prefrontal cortex 및 그와 접하고 있는 영역의 지배적인 기능 가운데 하나다. 따라서 이러한 영역은 우리 의식이 지니는 지식의 저장소일 가능성이 아주 높다.[16] 이러한 부위는 뇌영상기법을 이용한 실험에서 우리가 전화번호, 색깔, 또는 비쳐진 사진의 형태 같은 어떤 정보를 잠깐 간직할 때마다 등장한다. 또한 전전두엽의 신경세포는 활동기억active memory을 수행한다. 비쳐진 사진이 사라진 뒤에도 그들은 단기기억과제 동안 계속 발화하는 것이다. 때로는 수십 초 이후까지도 발화한다. 그리고 전전두엽이 손상되거나 산란될 때 이 기억은 사라진다. 무의식의 망각 속으로 떨어지는 것이다.

전전두엽의 병변으로 고통을 겪는 환자들은 또한 미래를 설계하는 데 커다란 결함을 나타낸다. 그들의 증상에서는 예지력 결여와 현재에 대한 고집스런 집착을 주목할 만하다. 그들은 원하지 않는 행동을 억제할 수 없는 것처럼 보이며, 자동적으로 연장을 들고 사용하거나(이용행동utilization behavior) 다른 사람을 흉내 내기를 참지 못한다(모방행동imitation behavior). 그들의 의식적 억제, 장기적 사고, 계획을 세우는 능력은 급격히 저하될지도 모른다. 매우 중증인 경우에는 무관심이나 그 밖의 여러 가지 증상이 정신생활의 수준이나 내용에서 엄청난 괴리를 보여준다. 의식과 직접 관계된 장애에는 편측 무시hemineglect(공간의 절반, 보통 왼쪽에 대한 혼란스러운 인식), 의지결여증abulia(자발적인 행동을 할 수 없음), 함구증akinetic mutism(반복하는 말은 하되 자발적인 말을 하지 못함), 질병실인증anosognosia(마비를 비롯한 심각한 결함을 지각할 수 없음), 자기인식적 기억 손상impaired autonoetic memory(자신의 생각을 떠올려 분석하지 못함) 등이 포함된다. 전전두엽을 손상시키면 심지어 짧은 시간의 시각적 표시를 지각하고 그에 대해 생각하는 기본적인 능력조차 발휘하지 못할 수도 있다.[17]

요약하면 전전두엽은 상당 시간 동안 정보를 유지하고, 그것에 대해 생각하며, 그것을 통합해 계획을 세우는 데 중요한 역할을 하는 것 같다. 그처럼 시간적으로 연장되는 사고에 반드시 의식이 관여한다는 더욱 직접적인 증거가 있을까? 인지과학자 로버트 클라크Robert Clark와 래리 스콰이어Larry Squire는 시간적 통합에 관해 간단한 테스트를 실시했다. '눈꺼풀 반사의 경과시간조건화time-lapse conditioning of the eyelid reflex'라 불리는 실험[18]에서 공기기계는 정밀하게 설정된 시간에 눈을 향해 공기를 내뿜는다. 반응은 즉각적이다. 토끼와 인간의 경우 똑같이 눈꺼풀의 보호막이 닫힌다. 이제 공기를 내뿜기에 앞서 짧은 경고음을 내보낸다. 그 결과를 파블로프 조건화Pavlovian conditioning라고 한다(벨소리를 들은 개들이 먹이를 기대하고 침을 흘리게끔 조건화했던 러시아의 생리학자 이반 페트로비치 파블로프Ivan Petrovich

Pavlov의 이름에 유래한다). 짧은 훈련을 거치면 소리 자체만으로 공기가 뿜어질 것이라고 여기면서 눈을 깜박거린다. 잠시 후 때때로 경고음만 내더라도 '눈을 감는' 반응을 유도할 수 있다.

눈을 감는 반사는 빠르지만, 그것이 의식적일까 무의식적일까? 놀랍게도 그 대답은 시간의 간격에 달려있다. 보통 '지연조건화delayed condtioning'라는 테스트에서는 공기가 뿜어질 때까지 경고음이 지속된다. 따라서 두 자극이 짧은 시간이나마 동물의 뇌에서 동시에 일어남으로써 그 학습은 동시에 일어나는 것을 검출하는 간단한 문제에 지나지 않다. 한편 '흔적조건화trace condtioning'라는 다른 테스트에서는 경고음이 짧고 뒤따라 공기가 내뿜어지는 사이에 빈 간격이 있다. 이 테스트는 비록 차이가 미미하지만 분명히 난이도가 높다. 피험자인 동물은 앞서 나온 경고음과 후속되는 공기의 분출 사이에서 체계적인 관계를 발견하기 위해 그 경고음이 활동적이었던 기억 흔적memory trace을 유지해야 하기 때문이다. 나는 혼동을 피하기 위해 앞으로 전자의 테스트를 '동시 발생이 바탕이 된 조건화(첫 번째 자극이 오래 지속되어 두 번째 자극과 동시에 발생함으로써 기억할 필요가 사라진다)'라 하고, 후자의 테스트를 '기억흔적조건화(피험자는 경고음과 불쾌한 공기 분출 사이의 시간 간격을 감안하기 위해 그 소리의 기억 흔적을 염두에 두고 있지 않으면 안 된다)'라고 부르기로 한다.

실험결과는 명백하다. 동시 발생을 기반으로 하는 조건화는 무의식적으로 일어나는 반면에, 기억흔적조건화는 의식이 있는 정신이 요구된다.[19] 사실상 동시 발생이 바탕이 된 조건화에는 대뇌 피질이 전혀 필요하지 않다. 대뇌를 제거한 토끼는 대뇌 피질, 기저핵, 대뇌변연계limbic system, 시상, 시상하부 hypothalamus 등이 없어도 경고음과 공기 분출의 시간이 겹칠 때 여전히 눈꺼풀이 닫히는 조건화를 나타낸다. 하지만 기억흔적 조건화에서는 해마와 그것이 연결된 구조(전전두엽이 포함된다)가 제대로 기능하지 않으면 아무런 학습이 이루어지지 않는다. 인간 피험자의 경우 그 사람이 경고음과 공기 분출 사이의 체계적인 예측관계를 알고 있음을 보고할 때 비로소 기억 흔적 조건화가 일어나는 것 같다. 노인이나 건망증 환자, 너무 산만해 시간관계를 알아차리지 못하는 사람 등은 아무 조건화를 나타내지 않는다(한편 이러한 조작은 동시 발생이 바탕이 된 조건화에서는 아무 효과가 없다). 뇌영상기법에서는 지각을 얻은 피험자들이 바로 학습 도중 자신의 대뇌 피질과 해마를 활성화하는 사람들임을 확인할 수 있다.

아무튼 이러한 조건화의 패러다임은 진화로 얻어진 어떤 특별한 역할이 의식에 있음을 시사한다. 단지 순간에 의해 좌우되기보다 오히려 시간을 두고 학습하는 것이다. 이를 위해 전전두엽과 그것에 연결된 영역(해마가 포함된다)으로 이루어지는 계통이 시간 간격을 잇는 데 필요불가결한 역할을 맡을지도 모른다. 의식은 제럴드 에덜먼Gerald Edelman의 말처럼 우리에게 '기억되는 현재remembered present'를 제공한다.[20] 그 덕분으로 우리의 과거경험 가운데 선택된 일부가 미래에 투영되고, 현재의 감각 정보와 함께 연계될 수도 있다.

기억흔적조건화의 실험에서 특히 흥미로운 점은 그것이 아주 간단하기 때문에 사람의 유아에서부터 원숭이, 토끼, 생쥐 등에 이르기까지 실행해볼 수 있다는 것이다. 생쥐에게 이 실험을 할 때는 사람의 전전두엽에 상응하는 그들의 전뇌 부위가 활성화된다.[21] 따라서 그 실험은 의식의 가장 기본적인 기능 가운데 하나, 그러니까 다른 여러 종에도 역시 존재할 아주 기본적인 작용을 다루는 것인지도 모른다.

시간적으로 연장되는 작동기억에 의식이 필요하다면 우리의 무의식적 사고는 시간을 가로질러 연장될 수 없을까? 식역 이하의 활동이 지속되는 시간을 측정한 것에 의하면 그것은 불가능하다. 식역 이하의 사고는 단지 한순간만 지속되기 때문이다.[22] 식역 이하의 자극의 수명은 그 효과가 완전히 사라질 때까지 얼마 동안 기다려야 하는지를 측정함으로써 추정할 수 있다. 그 결과는 매우 분명하다. 보이는 이미지는 오래 지속되는 효과가 있고, 보이지 않는 이미지는 우리 생각에 아주 짧은 기간에만 영향을 준다. 우리가 어떤 이미지를 마스킹에 의해 보이지 않게 할 때마다 그 이미지는 뇌의 시각, 철자, 어휘, 심지어 의미와 관련되는 부위를 활성화하지만, 그나마 짧은 시간 동안만 유지된다. 1초 정도 지나면 무의식적 활성화는 보통 감지하지 못할 수준까지 쇠퇴해버린다.

식역 이하의 자극이 뇌 속에서 급격한 속도로 쇠퇴해버리는 것은 많은 실험들을 통해 드러나고 있다. 내 동료인 리오넬 나카슈는 이러한 발견을 요약하면서 (프랑스 정신분석학자 자크 라캉Jacques Lacan의 견해에 대한 반박으로) "무의식은 언어 같은 구조가 아니라 붕괴하는 기하급수 같은 구조로 되어있다"고 결론을 내렸다.[23] 우리가 노력을 기울이면 식역 이하의 정보를 약간 더 오래 살릴지도 모른다. 하지만, 이 기억의 질이 아주 낮아지기 때문에 몇 초 지난 뒤 우리가 되살리는 기억이란 우연의 수준을 웃돌까 말까 할 정도다.[24] 오직 의식만이 우리가 지속적인 사고를 할 수 있도록 해준다.

인간 튜링머신

일단 정보가 '마음속'에 들어있어 시간적인 쇠퇴로부터 보호되면 그것이 구체적인 작용 안으로 들어갈 수 있을까? 인지작용의 일부에는 의식이 필요하므로 무의식적 사고 과정의 범위 밖에 있지 않을까? 그에 대답은 긍정적인 것 같다. 적어도 인간에게는 의식에 의한 세련된 직렬컴퓨터의 능력이 부여되어있다.

예컨대 머릿속으로 12 곱하기 13을 계산해보자.

끝났는가?

당신은 각각의 연산작용이 잇달아 뇌 속에서 일어나는 것을 느꼈는가? 자신이 취했던 각각의 단계를 단계별로, 그리고 그들의 즉각적인 결과를 충실히 보고할 수 있는가? 대부분 긍정적인 답변을 한다. 우리는 곱셈을 할 때의 계산 방식을 알고 있다. 내 개인적으로는 먼저 12^{12}이 144인 것을 기억하고 거기에 12를 더했다. 고전적인 곱셈 방식에 따라 숫자를 하나씩 곱한 사람도 있을 것이다. 요컨대 어떤 방법을 사용하더라도 의식적으로 그 방법에 대해 이야기할 수 있다. 그리고 그 이야기는 정확하다. 그 정확성은 반응시간과 눈의 움직임을 측정함으로써 검증할 수 있다.[25] 심리학에서는 그런 정확한 자기성찰을 유별난 것으로 생각한다. 대부분의 정신작용은 마음의 눈에는 불투명하며, 우리는 얼굴을 인식하거나, 한 단계의 계획을 세우거나, 두 숫자를 더하거나, 한 단어를 말하도록 해주는 작용에 대해 아무런 성찰을 하지 않는다. 하지만 두 자릿수 이상 숫자의 연산에서는 다르다. 마치 자기성찰이 가능한 일련의 단계로 이루어져있는 것처럼 보인다. 매우 간단한 이유가 있다. 컴퓨터과학자들이 '알고리즘algorithm'이라 부르는, 몇 가지 기본적인 단계를 서로 연결해 이루어지는 복잡한 방식은 의식이 독특하게 진화한 기능 가운데 하나인 것이다.

12 곱하기 13의 문제가 눈에 보이지 않는 깜박거림으로 제시된다면 무의식상태로 그것을 계산할 수 있을까? 아니, 결코 할 수 없다.[26] 중간결과를 저장했다가 다음 단계로 전하기 위해서는 느린 전달 시스템이 필요할 것으로 판단된다. 뇌에는 내부

루틴routine 사이의 정보를 유연하게 전파시킬 수 있게 해줄 일종의 '라우터router(경로기)'가 들어있어야 한다.[27] 이것은 의식의 주된 기능 가운데 하나라고 생각되는데, 여러 가지 처리장치로부터 정보를 수집하고 그것을 종합한 뒤 그 결과인 의식의 부호를 임의로 선택된 다른 처리장치로 전파시킨다. 이러한 장치는 그들 나름대로 자체의 무의식적 능력을 이 부호에 적용시킨다. 이 과정은 수없이 많이 되풀이될지도 모른다. 이러한 과정에 따라 나온 것이 직렬과 병렬이 혼합된 기계이다. 이 기계에는 의식적인 의사결정 및 정보경로제어information routing 등이 이루어지는 하나의 직렬 단계에 여러 단계의 대규모 병렬계산이 포함되어있다.

나는 물리학자 마리아노 시그만Mariano Sigman 및 아리엘 질버버그Ariel Zylberberg와 함께 그런 장치의 계산적 특성을 탐구했다.[28] 그것은 1960년대에 인공지능 관련 과제를 실행하려고 도입된 일종의 프로그램이자 컴퓨터과학자들이 '생산 시스템production system'이라 부르는 것과 매우 비슷하다. 그 생산 시스템은 '작동기억'이라고도 하는 데이터베이스와 수많은 if-then 생산 규칙(예컨대 만약 작동기억 속에 A가 있으면 그것을 B와 C의 서열로 바꾼다)으로 이루어진다. 생산 시스템은 각 단계에서마다 규칙이 작동기억의 현재 상태와 합치되는지를 검사한다. 만약 복수의 규칙이 합치되면 그들은 확률을 우선시키는 시스템을 바탕으로 경쟁한다. 마지막에 이르면 경쟁에서 이긴 규칙이 '점화'하며, 모든 과정이 재개되기에 앞서 작동기억의 내용을 바꾸는 것이 허용된다. 따라서 이러한 단계의 서열은 무의식적 경쟁, 의식적 점화, 전파 등의 직렬적인 순환 과정을 이룬다.

주목할 만한 것은 생산 시스템이 매우 단순하면서도 어떤 효과적인 순서, 즉 생각할 수 있는 어떤 계산이라도 실행할 수 있는 능력을 가진다는 점이다. 그러한 능력은 1936년 영국 수학자 앨런 튜링에 의해 발명되었으며, 디지털 컴퓨터의 기반이 되어 있는 이론적인 장치인 튜링머신Turing machine의 능력과 같다.[29] 따라서 우리는 "의식을 가진 뇌가 유연한 라우팅능력을 갖추고서 생물학적 튜링머신으로 작용한다"고 제안했다. 그래서 우리는 천천히 일련의 계산을 처리할 수 있다. 이러한 계산이 매우 느린 것은 각 단계마다 중간결과가 그 다음 단계로 전해지기 전에 일시적으로 의식 속에서 유지되어야 하기 때문이다.

이 주장에는 흥미로운 역사적 경위가 있다. 앨런 튜링이 그 머신을 발명했을 때, 그는 수학자 데이비드 힐버트David Hilbert가 1928년에 제기한 도전에 부응하려고 애쓰고 있었다. 그 도전이란 주어진 수학의 명제가 순수한 부호 조작을 통해 일련의 공리를 논리적으로 따르고 있는지의 여부를 수학자가 아닌 기계적인 절차가 결정할 수 있느냐 하는 것이었다. 튜링은 "실수real number를 계산하고 있는 과정의 사람"을 흉내내는 머신을 설계했다(1936년에 발표한 자신의 논문에 그렇게 적었음). 하지만 그는 심리학자가 아니었으며, 자기성찰에만 의존할 수밖에 없었다.

나는 그가 설계한 머신이 수학자의 정신적 과정 중 극히 일부, 의식화가 가능한 것만 포착하는 것은 바로 이 때문이라 생각한다. 직렬의 튜링머신에 의해 포착되는 직렬적·상징적 작용들은 의식적인 인간정신에 접근 가능한 작용들의 상당히 훌륭한 모델을 이룬다.

내 말을 오해해서는 안 된다. 나는 고전적인 컴퓨터로서의 뇌라는 상투적인 표현을 되풀이하고 싶지 않다. 어마어마하게 병렬적이며, 스스로 수정할 수 있는 구조를 가지고서 개개의 부호보다는 전반적인 확률 분포에 대해 계산할 수 있는 인간의 뇌는 현대의 컴퓨터와 크게 다르다. 신경과학에서는 정말 오랫동안 컴퓨터의 비유를 거부해왔다. 그러나 뇌가 길고 긴 계산에 몰두할 때는 직렬적 생산 시스템이나 튜링머신에 의해 대략적으로 포착된다.[30] 예컨대 235+457 같은 긴 덧셈을 할 때 걸리는 시간은 각각의 기본조작(5+7, 한 자리 올림, 3+5+1, 2+4 등)에 걸리는 시간의 합계로서, 그것은 바로 각 단계의 연속적인 실행으로 예상된다.[31]

튜링모델은 이상화되어있다. 인간의 행동을 확대해 들여다보면 우리는 예측되는 것과의 편차를 보게 된다. 단계가 진행되면서 시간상 깔끔하게 분리되지 않고 약간 겹쳐지며, 작용들 사이에서 원하지 않는 누화cross-talk를 만들어낸다.[32] 암산 동안에는 첫 번째 작용이 완전히 끝나기 전에 두 번째 작용이 시작될 수 있다. 제롬 사퀴르Jérôme Sackur와 나는 가급적 가장 간단한 알고리즘 가운데 하나를 연구했다. 수 n을 취하고 거기에 2를 더한(n+2) 뒤 그 결과가 5보다 큰지 작은지를 판단해보자 (n+2 > 5?). 우리는 피험자들이 그렇게 할 때 간섭interference이 일어나는지를 관측했다. 피험자들은 심지어 중간결과인 n+2를 얻기 전에도 무의식적으로 처음의 수 n과 5를 비교하기 시작했다.[33] 컴퓨터에서는 그런 어리석은 잘못이 결코 일어나지 않을 것이다. 마스터시계가 각 단계를 제어하고, 디지털 라우팅에 의해 각각의 비트가 항상 의도된 목적지에 도착하기 때문이다. 하지만 뇌는 결코 복잡한 셈을 하기 위해 진화된 것이 아니다. 확률적인 세계에서 생존하기 위해 선택된 뇌의 구조는 우리가 암산 동안 왜 그리 많은 오류를 범하는지를 설명해준다. 우리는 직렬적인 계산을 할 때 느린 직렬 방식으로 정보를 교환하기 위해 의식적 제어를 사용하면서 뇌 네트워크를 고통스럽게 '재활용'하기 때문이다.[34]

만약 의식의 여러 기능 중 하나가 뇌의 공용어로 작용할 수 있다면 어떻게 될까? 다시 말해 전문화될지도 모르는 여러 처리장치들에 두루 유연하게 정보를 도달시키는 매체로 작용할 수 있다면 어떻게 될까? 루틴이 된 단일한 작용이 무의식적으로 펼쳐질지도 모른다는 간단한 예측을 할 수 있겠지만, 정보가 의식적인 것이 아니면 그 같은 몇 단계를 연결시킬 수 없을 것이다. 예컨대 산술 영역에서 우리의 뇌는 3+2를 무의식적으로 계산할 수 있지만, $(3+2)^2$, $(3+2)-1$, $1/(3+2)$ 등은 계산하지 못할 것이다.

다단계 계산은 항상 의식적인 수고를 필요로 하기 때문이다.[35]

사쾨르와 나는 이 생각을 실험적으로 검증하기로 했다.[36] 타깃이 된 숫자 n을 깜박거리고 마스킹을 했으므로 피험자들은 시간의 절반에만 그것을 볼 수 있었다. 우리는 피험자들에게 그 숫자를 알아내고, 그것에 2를 더하며(n+2과제), 그것을 5와 비교하게(n > 5과제) 하는 3가지 과정을 요청했다. 그리고 네 번째 과정에서 그것에 2를 더한 결과를 5와 비교하는(n+2 > 5과제) 2단계 계산을 요청했다. 사람들은 처음의 3가지 과정에서 우연보다 훨씬 나은 성적을 거두었다. 우리는 아무것도 보지 못했다고 주장하는 사람들에게도 답을 짐작하게 했고, 그들은 자신의 무의식적 지식이 어느 정도인지를 발견하고 깜짝 놀랐다. 그들은 보지 않은 숫자를 우연만으로 예측하는 것보다 더 잘 맞힐 수 있었던 것이다. 즉 말로 숫자를 대답했을 때에는 거의 절반 가까이 맞췄지만, 네 숫자 가운데 하나를 고르는 것은 25%밖에 정확하지 않았다. 그들은 그것에 2를 더하거나 그 숫자가 5보다 큰지를 판단하는 데는 우연보다 나은 수준을 보이기도 했다. 물론 이러한 활동은 모두 친숙한 루틴이다. 제2장에서 본 바와 마찬가지로 그들이 부분적으로 의식 없이 활동할 수 있다는 증거는 많다. 하지만 중요하게도 피험자들은 무의식적 2단계 과제(n+2 > 5?)에서는 성공하지 못했다. 임의로 대답했던 것이다. 이 것은 이상한 일이다. 만약 그들이 숫자의 이름을 생각하고, 그 이름을 사용해 그 과제를 수행했다면 아주 높은 수준의 성공을 거두었을 것이기 때문이다! 그들의 뇌에는 식역 이하의 정보가 분명히 있었다. 절반에 가까운 정도로 감춰진 수를 올바르게 말할 수 있었던 것이 그 증거다. 하지만 의식 없이는 연속되는 두 단계를 통해 그 정보를 전할 수 없었다.

제2장에서 뇌는 정보를 무의식적으로 축적하는 데 전혀 어려움이 없음을 알았다. 몇 개의 연속되는 화살,[37] 숫자,[38] 심지어 자동차를 구입하는 조건[39]조차 함께 더할 수 있으며, 그 모든 증거를 통해 우리의 무의식적 결정이 유도될 수 있다. 이것은 모순일까? 아니다. 다수의 증거를 축적하는 것이 뇌에는 단일 작용이기 때문이다. 일단 신경세포의 축적회로accumulator가 열리면 의식적이든 무의식적이든 어느 정보라도 그것을 어느 한 방향으로 치우치게 할 수 있다. 우리의 무의식적 의사결정 과정에서 이루어지지 않을 것 같은 유일한 일은 다음 단계로 전할 수 있는 분명한 결정이다. 신경세포의 축적회로는 비록 무의식적 정보에 의해 한쪽으로 치우쳤다고 해도 결정을 내리고 다음 단계로 옮겨갈 수 있는 식역에까지는 결코 이르는 것 같지 않다. 그 결과 복잡한 계산에서 무의식은 최초의 과제를 위한 증거 축적의 수준에 머무를 뿐, 결코 두 번째 과제로 넘어가지 못한다.

더욱 일반적인 결과는 우리가 무의식적 직감에 따라 전략적인 사고를 할 수 없다는 것이다. 식역 이하의 정보는 전략적인 고려에 들어가지 못한다. 이것은 순환논법인 것 같지만 그렇지 않다. 전략이란 결국 뇌의 과정 중 하나다. 그러므로 사소한 것이 아니며, 따라서 이 과정이 의식 없이는 채용되지 못하는 것이다. 게다가 거기에는 순수하게 경험적인 결과가 있다. 5개의 연속된 화살표가 왼쪽이나 오른쪽을 가리키고 있는 것을 보고, 그 가운데 더 많은 화살표가 가리키는 방향이 어느 쪽인지 판단해야 하는 화살표 문제를 기억하는가? 의식이 있으면 이길 수 있는 전략을 재빨리 알아차린다. 일단 똑같은 방향을 가리키는 3개의 화살표만 보면 게임을 마칠 수 있으며, 그렇게 되면 어떤 추가정보가 있더라도 최종적인 답을 바꿀 수 없다. 피험자들은 그 과제를 좀 더 빨리 처리하기 위해 기꺼이 이 전략을 탐구한다. 하지만 다시 한 번 말하건대 그들은 정보가 식역 이하가 아니라 의식되어야만 비로소 그럴 수 있다.[40] 화살표가 식역 이하로 마스킹되어있을 때 할 수 있는 일이라고는 그들을 더하는 것뿐이다. 무의식적으로는 다음 단계로 전략적인 이동을 하지 못한다.

종합하면 이러한 실험은 의식의 중요한 역할을 가리킨다. 우리가 하나의 문제를 합리적으로 생각하기 위해서는 의식을 가지고 있어야 한다. 강력한 무의식이 놀라운 직감을 만들 수 있지만, 의식을 가지고 있어야만 합리적인 전략을 단계별로 쫓아갈 수 있다. 의식은 라우터처럼 작용해 임의의 연속적인 과정을 통해 정보를 투입함으로써 새로운 작동모드 전체, 그러니까 뇌의 튜링머신에 접근하게 해주는 것 같다.

사회적인 공유장치

의식은 엄밀하게 말해 사람 사이를 연결하는 네트워크일 뿐이다. 의식이 발달되어야 했던 것은 오로지 그 때문이었다. 그러므로 고립되고 야수와 같았던 인간 종족에게는 그것이 필요 없었을 것이다.

– 프리드리히 니체, 《유쾌한 과학The Gay Science》(1882)

인간의 경우 의식된 정보는 오로지 한 개인의 머릿속에서만 전파되는 것이 아니다. 언어 덕분에 그것은 마음에서 마음으로 전달될 수 있다. 인간의 진화 과정에서 사회적인 정보 공유는 의식의 가장 본질적인 기능 중 하나였을지도 모른다. 니체가 말한 '야수 같은 종wild-beast species'은 아마도 수백만 년 동안 비언어적인 버퍼나 라우터로서 의식에 의존했을 것이다. 하지만 호모속의 야수에게서만 그런 의식상태를 전달할 수 있는 세련된 능력이 출현했다. 그리고 인간의 언어, 그리고 비언어적 지시와 몸짓 등의 덕분에 한 사람의 마음 속에 출현하는 의식의 종합체가 재빨리 다른 사람들에게 전해질 수 있다. 의식된 부호를 이처럼 활발하게 사회에 전달함에 따라 새로운 계산능력이 나타난다. 인간은 단일 정신에서만 이용 가능한 지식에만 의존하는 것이 아니라, 오히려 수많은 관점 사이의 대립, 여러 가지 수준의 전문성, 다양한 원천적 지식 등이 허용되는 '다핵multicore의'

사회적 알고리즘을 만들어낼 수 있다.

생각을 말로 나타낼 수 있는 능력verbal reportability이 의식적 지각의 중요한 기준으로 간주되는 것도 우연한 일이 아니다. 우리는 누군가가 적어도 부분적으로는 언어를 통해 정보를 형성하지 않으면(물론 그가 마비되거나 실어증이거나 말하지 못할 정도로 어리지 않다고 상정한다), 그 사람이 그 정보를 인식하고 있다는 결론을 내리지 않는다. 인간의 경우 우리 마음속의 내용물을 표현하게 해주는 '언어형성장치verbal formulator'는 우리에게 의식이 있을 때만 채용할 수 있는 중요한 구성요소다.[41]

물론 우리가 항상 우리의 의식적인 생각을 마르셀 프루스트처럼 정확하게 표현할 수 있다는 의미는 아니다. 의식이 언어를 휩쓸어버리기도 한다. 묘사할 수 있는 것보다 훨씬 많은 것을 지각하는 경우가 그렇다. 카라바조Caravaggio의 회화작품, 그랜드캐니언의 황홀한 석양, 갓난아이의 표정 변화 같은 벅찬 경험은 언어적으로 묘사하기가 무척 힘들다. 어쩌면 그 때문에 그들이 매혹적인 것인지도 모른다. 그렇지만 우리가 인식하는 것이 무엇이든 적어도 부분적으로는 언어적 형식의 틀이 만들어질 수 있다. 우리의 정신세계를 구조화하고, 그것을 다른 사람들과 공유하게 해주는 의식적 사고의 분류적·문장론적 공식이 언어에 의해 만들어지는 것이다.

다른 사람들과 정보를 공유하는 두 번째 이유는 우리 뇌가 현재의 세부적인 감흥들로부터 추출해 의식적으로 '간략한 보고서'를 만들어내는 것이 이롭다고 생각하기 때문이다. 말이나 몸짓은 우리에게 초당 40~60비트에 불과한[42] 느린 통신채널밖에 제공하지 않는다. 이것은 1990년대에 우리 사무실을 혁신시켰지만 이제는 골동품이 된 1만 4,400보baud짜리 팩스보다 약 300배나 느리다. 그래서 뇌는 정보를 짧은 문자열로 조합된 일련의 부호로 압축하고, 그것을 사회적 네트워크를 통해 전송한다. 그런데 실질적으로 내가 순전히 나의 관점으로 본 이미지를 다른 사람들에게 정밀하게 전송하는 것은 헛된 일이다. 내가 아닌 다른 사람들이 원하는 것은 내가 본 대로 세상을 상세하게 묘사한 것이 아니기 때문이다. 그들이 보는 것은 그들 자신의 관점에서도 사실이기 쉬운 여러 측면들을 요약한 것, 다시 말해 여러 감각기관으로부터 들어와 통합되고, 환경에 관한 객관적이며 반영구적인 종합정보다. 인간의 경우 의식은 적어도 다른 사람들의 정신이 유용하다고 정확히 판단할 수 있을 정도의 요약수준으로 정보를 응축시키는 것처럼 보인다.

여러분은 언어가 어떤 할리우드 여배우의 스캔들 얘기 따위나 주고받는 것 같은 사소한 목표에 기여하는 것을 못마땅해 할지도 모른다. 그런데 옥스퍼드 대학교의 인류학자 로빈 던버Robin Dunbar에 의하면 우리의 대화 가운데 약 3분의 2가 그 같은 사교적 화제에 관한 것일지 모른다고 한다. 그는 심지어 언어의 진화에 관해 '몸단장과 가십grooming and gossip'설까지 제안했다. 언어가 오로지 유대관계를 맺는 장치로 출현했다는 설이다.[43]

우리의 대화가 가십성 기사 이상의 것임을 증명할 수 있을까? 그러한 대화가 다른 사람들에게 "집합적인 결정을 내리는 데 필요한 그런 종류의 응축된 정보"를 전하는 것을 보여줄 수 있을까? 이란의 심리학자 바하도르 바흐라미Bahador Bahrami는 최근 실험을 사용해 이 생각이 맞음을 입증했다.[44] 그는 짝을 이룬 피험자들에게 간단한 지각적 과제를 시켰다. 그들에게 2가지 화면을 보여준 뒤 첫 번째 화면과 두 번째 화면 중 식역 가까이 제시되는 타깃 이미지가 들어있는 것을 판단하게 했다. 각각의 짝에 속하는 두 피험자가 먼저 대답을 했다. 그러면 컴퓨터가 각자의 선택을 알려주었으며, 만약 두 사람의 의견이 다를 경우에는 간단한 논의를 거쳐 이견을 해소시켰다.

이 실험에서 특히 절묘한 것은 결국 각 과제에서 짝을 이룬 피험자가 단일한 피험자처럼 행동했다는 점이다. 그들은 항상 단일한 답을 내놓았다. 답의 정확성은 고전적으로 어느 한 사람의 행동을 평가할 때 사용하는 것과 정확하게 똑같은 과거의 훌륭한 심리물리학의 방법으로 측정할 수 있었다. 그리고 그 결과는 명확했다. 두 피험자의 능력이 어느 정도 비슷하기만 하면 그들을 짝을 짓게 할 경우 정확성이 상당히 개선되었다. 즉, 그룹을 이루면 개인 가운데 가장 뛰어난 자보다 성적이 나았던 것이다. 바로 '백짓장도 맞들면 낫다'는 속담과 같다.

바흐라미의 실험방법은 수학적 모델로 만들 수 있다는 점에서 커다란 이점이 있다. 각자가 개별적인 노이즈수준을 가지고 세상을 지각한다고 가정하면, 그들의 감흥을 어떻게 결합해야 할지 계산하기는 쉽다. 주어진 과제에서 각 피험자가 지각한 신호의 강도는 그 피험자의 평균 노이즈수준에 반비례하며, 그런 다음 그 강도의 평균을 구해 복합된 감흥을 나타내는 유일한 값을 얻는다. 복수의 뇌에 의해 이루어지는 결정을 최적화하는 이 규칙은 사실 단일한 뇌 안에서 복수의 감각이 통합되는 것을 지배하는 법칙과 정확하게 동일하다. 그리고 그것은 매우 간단한 방법으로 계산할 수 있다. 대부분의 경우 사람들은 자신이 본 것의 뉘앙스를 전달하는 것이 아니라(그것은 물론 불가능하다), 단지 분류된 답(이 경우 첫 번째나 두 번째 화면)을 확신의 정도(또는 그것의 결여)에 따라 전달할 필요가 있다.

성공적인 피험자 짝은 자발적으로 이 전략을 채용하고 있었다. 그들은 "확실하다", "확신이 전혀 없다", "짐작에 불과하다" 등의 말을 사용하면서 자기가 확신하는 정도에 대해 이야기했다. 그들 가운데 일부는 심지어 확신의 정도를 수치로 나타내는 방법까지 만들기도 했다. 그 같은 확신을 나타내는 방법을 사용함으로써 짝지은 사람들의 성적이 매우 높은 수준으로까지 상향되었고, 이론적인 최고의 값과 구분할 수 없어졌다.

바흐라미의 실험은 확신의 판단이 우리의 의식적인 작용에서 그처럼 중요한 위치를 차지하는 이유를 쉽게 설명해준다. 의식적인 사고는 각각 자신이나 다른 사람에게 유용하기 위해 확신의 정도를 나타내는 표지를 붙여야 한다. 우리가 하나의 정보를 알고 있거나 알지 못한다는 점을 알고 있을 뿐만 아니라, 그것을 의식할 때는 언제나 확신하거나 확신하지 못하는 정도를 정확하게 할당할 수 있다. 게다가 사회적으로 우리는 누가 누구에게 무엇을 말했으며, 그들이 옳고 그른지(이것이 바로 가십이 우리의 대화에서 중심이 되는 특징이다)를 염두에 두면서 정보원의 신뢰도를 확인하기 위해 끊임없이 노력하고 있다. 대체로 인간의 뇌 특유의 이러한 진화는 불확실성의 평가가 사회적 의사결정 알고리즘에 없어서는 안 될 요소임을 시사하는 것이다.

베이즈의 결정이론에서는 그와 똑같은 의사결정 규칙이 우리자신의 사고와 우리가 다른 사람들로부터 받아들이는 사고에도 적용되어야 한다고 지적한다. 두 경우 모두 최적의 결정을 내리기 위해서는 모든 정보를 한데 모아 결정을 내리는 공간으로 가져오기 전에 내부의 것이든 외부의 것이든 각 정보원의 신뢰도를 추정함으로써 그것을 가급적 정확하게 판단해야 한다. 사람이 되기 전 영장류의 전전두엽은 이미 작업 공간을 만들어놓고 적절히 신뢰도 평가를 거친 과거와 현재의 정보원을 편집해 결정을 유도하게 되어있었다. 거기서부터 하나의 중요한 진화단계, 어쩌면 인간 특유의 것일지도 모를 진화에 의해 이 작업 공간이 다른 사람의 마음으로부터 전해지는 사회적 입력정보에 개방되었던 것 같다. 이 사회적 인터페이스의 발달에 따라 우리는 집합적 의사결정 알고리즘의 이점을 누릴 수 있었다. 이로써 우리는 자신의 지식을 다른 사람들의 지식과 비교함으로써 더 나은 결정을 하게 된 것이다.

뇌영상기법 덕분에 뇌의 어느 네트워크가 정보 공유와 의존도 추정을 지원하는지가 해명되기 시작했다. 우리가 사교능력을 발휘할 때는 언제나 뇌의 (복내측 전전두엽 내부에서도) 전두극 frontal pole 안과 중앙선을 따라 자리 잡은 전전두엽의 가장 앞쪽 부분이 계통적으로 활성화된다. 측두엽temporal lobe과 두정엽의 접합부는 물론 뇌의 중앙선(설전부precuneus)을 따라 자리 잡은 부위 등 뒤쪽에서도 활성화가 가끔 일어나기도 한다. 잘 배분된 이러한 영역이, 강력한 장거리 섬유관(신경)으로 긴밀하게 서로 연결되고 전전두엽을 구심점으로 삼아 뇌 전체의 네트워크를 형성한다. 이 네트워크는 휴식 동안 우리가 자신만의 시간을 가질 때마다 언제나 활성화되는 회로들 사이에서 두드러지게 나타난다. 우리는 자유시간을 가질 때 사회활동을 추적하는 시스템의 이 '기능멈춤상태default mode'로 자연스럽게 되돌아가는 것이다.[45]

사회적 의사결정가설에서 예상되는 것처럼 이러한 부위의 다수가 우리가 자신에 대해 생각할 때, 예컨대 자신의 결정에 대한 자신감수준에 대해 자기성찰을 할 때[46]와 다른 사람들의 생각에 대해 고려할 때[47] 모두 활성화된다는 점은 매우 주목할 만하다. 전두극과 복내측 전전두엽은 특히 우리 자신과 다른 사람들에 대해 판단할 동안 매우 비슷한 반응 프로파일을 나타낸다.[48] 마치 한 사람에 관해 너무 많이 생각하면 다른 사람에 관해 생각하는 것에 프라이밍효과를 미칠 정도다.[49] 따라서 이 네트워크는 우리 자신의 지식이 지니는 신뢰도를 평가해 다른 사람들로부터 받아들이는 정보와 비교하는 데 매우 적합한 것 같다.

요컨대 인간의 뇌 속에는 우리의 사회적 지식을 표현하는 데 적응된 일련의 신경조직이 존재한다. 우리는 자신의 지식을 부호화하고 다른 사람들에 관한 정보를 축적하는 데 똑같은 데이터베이스를 사용한다. 뇌의 이러한 네트워크는 사회생활에서 알게 된 사람들에 관한 마음속의 데이터베이스에 우리 자신의 이미지를 마치 다른 사람들 곁에 앉아있는 고유의 인물처럼 구축한다. 마치 프랑스 철학자 폴 리쾨르Paul Ricoeur가 말한 것처럼 '타자로서의 자기 자신'을 나타내는 것이다.[50]

자아에 관한 이 견해가 옳다면 우리 자신의 아이덴티티에 관한 신경학적 기반은 오히려 간접적인 방식으로 구축되는 셈이다. 우리는 평생 다른 사람들의 행동뿐 아니라 자신의 행동을 지켜보며, 우리 뇌는 통계적으로 관찰하는 것에 관해 끊임없이 '마음을 정하면서' 추측한다.[51] 우리가 자신이 누군지 학습하는 것은 관측에 의한 통계적 추론이다. 자신과 함께 평생을 보냈기 때문에 자신의 성격, 지식, 자신감에 대해서는 다른 사람들의 그것들에 관한 견해보다 상당히 세련된 견해를 가지게 된다. 게다가 뇌는 그 내부 작용의 일부에 대해 특권적인 접근이 가능하다.[52] 자기성찰에 의해 우리는 자신의 의식적인 동기와 전략을 투명하게 알 수 있는 반면에, 다른 사람들의 그것을 해독할 확실한 수단이 전혀 없다. 하지만 우리는 우리의 진정한 자아를 결코 제대로 알지 못한다. 우리는 우리 행동의 실질적·무의식적인 결정요인에 대해 대체로 무지한 상태에 머물러 있으며, 그래서 과거의 경험이라는 안전지대를 벗어난 상황에서 우리 행동이 어떻게 될지 정확히 예측하지 못한다. 우리 행동의 세부적인 사항에 대해 말하자면, "너 자신을 알라"는 그리스인의 표어는 여전히 다가갈 수 없는 이상일 뿐이다. 우리 '자아'는 사회적 경험을 통해 우리가 다른 사람들의 마음을 이해하기 위해 시도하는 것과 똑같은 형식으로 채워지는 데이터베이스에 지나지 않으며, 따라서 그와 마찬가지로 확연한 간극, 오해, 착각 등이 포함될 가능성이 높다.

소설가들은 인간조건의 이런 한계를 놓치지 않았다. 영국의 현대 작가 데이비드 로지David Lodge는 자기성찰을 소재로 한 소설 《생각하다Thinks……》에서 두 주요 등장인물인 영어교사 헬렌과 인공지능계의 거물 랠프가 야간에 실외에서 세탁기가 조용히 돌아가고 있는 가운데 자아에 대한 깊은 생각을 교환하고 있는 것을 묘사한다.

헬렌: 온도조절장치가 붙어있겠군요. 그럼 의식이 있는 건가요?
랠프: 스스로를 의식하지는 못해요. 당신과 나처럼 자신이 좋은
　　　시간을 보내고 있는 줄 모르거든.
헬렌: 저는 자아 같은 건 없다고 생각했어요.

랠프: "고정된 개별적 실체"라는 뜻으로 한 말이라면, 그런 건 없
　　　지요. 그러나 물론 자아는 있어요. 우리가 항상 만들어내
　　　지요. 이야기를 지어내는 것처럼 말이오.

헬렌: 우리 인생이 허구에 지나지 않는다는 건가요?

랠프: 어떤 면에선 그래요. 뇌의 여력을 사용해 하고 있는 일 가
　　　운데 하나가 그것이죠. 우리 자신에 대한 이야기를 만드는
　　　것 말이오.

　부분적으로 자기기만은 인간에게만 있었던 의식의 진화 때문
에 우리가 치르는 대가일지도 모른다. 인간의 의식은 "기본적인
형태지만 유용한 집합적 결정"에 이르는 데 필요한 일종의 자신
감 평가를 하면서 의식적 지식을 다른 사람들과 소통하는 능력
으로 진화시킨 것으로 보인다. 비록 불완전하기는 해도 자기성
찰과 사회적 공유를 할 수 있는 인간의 능력에 의해 알파벳, 성
당, 제트기, 바닷가재를 사용한 일품요리 등이 생겼다. 그리고
진화상 처음으로 우리는 자발적으로 허구의 세계까지도 만들
수 있게 되었다. 우리는 가장하고 위조하고 거짓말을 하고 위증
하고 부인하고 맹세하고 주장하고 반박하고 묵살함으로써 사회
적 의사결정 알고리즘을 우리에게 이롭게 비틀어놓을 수 있는
것이다. 블라디미르 나보코프는 《문학강연Lectures on Literature》
(1980)에서 그 모든 것을 알아차렸다.

문학은 커다란 회색늑대가 쫓아오자 계곡을 빠져나오면서 "늑대다, 늑대!" 하고 어느 소년이 소리친 날 탄생한 것이 아니다. 그 소년이 "늑대다, 늑대!" 하고 외치면서 오는데 그 뒤에 단 한 마리의 늑대도 뒤따라오지 않았던 날 탄생했다.

즉, 의식은 마음의 가상현실을 만들어내는 시뮬레이터다. 그렇지만 뇌는 어떻게 마음을 만들까?

4

의식적 사고의 기호

뇌영상기법에 의해 의식연구에 커다란 돌파구가 열렸다. 하나의 정보가 의식에 접근하는 동안 뇌활동이 어떻게 펼쳐지는지, 무의식적인 처리가 이루어지는 동안 이 활동이 어떻게 달라지는지를 보여주었던 것이다. 이러한 두 상태를 비교하면 '의식의 기호Signature of consciousness'라는 것이 나타난다. 그것은 바로 자극이 의식적으로 지각되었다는 신뢰할 만한 표지다. 제4장에서는 4가지 의식적 사고의 기호를 다룬다. 첫 번째로 식역 이하의 자극이 대뇌 피질로 깊이 파고들 수 있더라도 이 뇌활동은 식역이 넘어설 때 강하게 증폭된다. 그 뒤 다른 여러 부위에 침투해 두정엽과 전전두엽회로에 갑작스러운 점화를 일으킨다(기호 1). 뇌전도에서 의식화는 나중에 P3파라는 느린 파로 나타난다(기호 2). 이 일은 자극보다 3분의 1초 늦게 일어난다. 우리 의식은 외부 세계에 뒤져있는 것이다. 뇌 깊숙이 찔러 넣은 전극으로 뇌활동을 추적함으로써 2가지 기호, 즉 뒤늦은 고주파 진동의 돌발(기호 3)과 멀리 떨어진 뇌부위 사이의 동기화된 정보 교환(기호 4)을 더 관찰할 수 있다. 이들은 모두 의식적 처리의 신뢰할 만한 지표가 된다.

사람은 …… 우리가 결코 뚫고 들어갈 수 없는 그림자,
그에 대한 직접적인 지식 같은 것이 있을 수 없는 그림자다.
– 마르셀 프루스트, 《게르망트 쪽으로The Guermantes Way》(1921)

마르셀 프루스트의 비유는 "요새 같은 마음the mind as a fortress"
이라는 오래된 상투어를 새롭게 환기시킨다. 마음의 벽 뒤로 물
러나 다른 사람들의 취조하는 듯한 눈초리로부터 몸을 감추면
우리는 원하는 것을 자유롭게 생각할 수 있을 것이다. 우리 의
식은 뚫고 들어갈 수 없는 하나의 성역과도 같다. 또한 우리가
동료나 친구, 배우자 등의 말에 주의를 기울이고 있다고 생각하
는 동안에도 우리 마음은 그 의식 속에서 마음대로 뛰논다. 줄
리언 제인스는 그것을 "아무 말 없는 독백과 예언의 비밀극장,
모든 기분, 묵상, 미스터리가 있는 보이지 않는 저택, 실망과 발
견이 무한한 휴양지"라고 묘사한다. 과학자들은 어떻게 이 몸속
의 요새에 침투할 수 있었을까?

그리고 불과 20년 사이에 놀라운 일이 일어났다. 1990년에
이르러 두개골이 투명해졌다. 일본의 연구자 오가와 세이지小川
成二와 그의 동료들이 fMRI를 발명한 것이다.[1] 이는 뇌세포와 혈
관의 연결을 이용하여, 아무것도 주입하지 않고서 뇌 전체의 활
동을 시각화할 수 있게 해주는 강력하면서도 전혀 무해한 기법
이다. 신경세포회로가 그 활동을 증가시킬 때는 언제나 이러한
신경세포를 둘러싸는 교세포glial cell가 시냅스의 활동에 나타나

는 급변을 감지한다. 그러한 교세포는 이 때문에 높아진 에너지 소비를 급히 보상하기 위해 주변의 혈관을 연다. 2~3초 뒤에는 혈류가 증가해 더 많은 산소와 글루코오스glucose(에너지를 공급하는 화학물질)를 끌어들인다. 그리고 산소를 운반하는 헤모글로빈 분자가 들어있는 적혈구가 늘어난다. 한편 fMRI는 멀리 떨어진 곳에서 헤모글로빈 분자의 물리적 특성을 검출할 수 있다는 특징이 있다. 그리고 헤모글로빈은 산소가 없을 때 작은 자석처럼 작용한다는 특징이 있다. MRI는 자기장에 생기는 매우 작은 자석들의 찌그러짐을 검출하게끔 조정된 거대한 자석이며, 따라서 뇌의 각 조직에서 일어나는 최근의 신경세포활동을 간접적으로 반영해준다.

fMRI는 살아있는 인간의 뇌의 활동상태를 밀리미터의 해상도와 초당 여러 번의 속도로 쉽게 시각화한다. 안타깝게도 신경세포가 발화하는 시간상 과정은 추적할 수 없지만, 이제 다른 기법을 이용해 두개골을 열지 않고도 시냅스의 전류에 생기는 시간상 변화를 측정할 수 있다. 1930년대에 발명된 훌륭한 뇌파기록방법인 뇌전도(EEG)는 머리 전체에 무려 256개까지 전극을 삽입해 뇌의 활동기록을 밀리초의 해상도로 제공하는 고품질·고성능 기법으로 완벽해졌다. 1960년대에는 그보다 훨씬 나은 기술이 등장했다. 바로 대뇌 피질 신경세포에서 방전이 이루어질 때 수반되는 미세한 자기파를 상당히 정밀하게 기록하는 뇌자기도magnetoencephalography(MEG)이다. 이러한 EEG나 MEG는 머리 위에 작은 도선을 장착하거나(EEG) 머리 주위에 고감도의 자기장검출기를 놓으면 모든 것을 간단히 기록할 수 있다.

이제 fMRI, EEG, MEG 등을 통해 시각적 자극이 망막으로부터 전두엽의 가장 높은 부위에까지 이르는 동안 뇌활동의 전체 서열을 추적할 수 있다. 이 도구들은 인지심리학의 기법들과 결합되어 의식을 엿볼 수 있는 새로운 창을 열어준다. 제1장에서 논의된 것처럼 피험자에게 자극을 가하는 여러 가지 실험을 통해 의식상태와 무의식상태 사이의 최적의 대조를 얻을 수 있다. 마스킹이나 부주의를 통해 볼 수 있는 이미지를 시야에서 사라지게 할 수도 있다. 심지어 이미지를 식역 부근에 두어 절반의 시간에만 지각시킴으로써 주관적인 인식에서만 다양하게 바뀌게 할 수 있다. 최상의 실험들에서는 자극, 과제, 성적이 아주 똑같아진다. 그 결과 실험으로 조작되는 유일한 변수는 바로 의식이다. 다시 말해, 피험자는 어느 경우에는 보인다고 하고 어느 경우에는 보이지 않는다고 하는 것이다.

그렇다면 의식이 뇌수준에서 어떤 차이를 만들어내는지를 검사하는 것만이 남게 된다. 실험의 의식적인 과제에서만 활성화되는 회로가 있다면, 구체적으로 어떤 것인가? 의식적인 지각이 특유의 뇌활동, 특정한 파나 진동을 끌어내는가? 그 같은 표지를 발견할 수 있다면 그들이 의식의 기호 역할을 할 것이다. 문서 위의 서명과 마찬가지로 신경활동이 보여주는 패턴의 존재는 의식적 지각의 충실한 지표가 될 것이다.

이 장에서는 뇌영상기법 덕분에 풀린 의식의 미스터리, 그리고 몇 가지 의식의 기호들에 대해 확인하고자 한다.

의식사태

2000년 당시 이스라엘의 텔아비브 소재 와이즈만 연구소에 재직하던 이스라엘 과학자 칼라니트 그릴스펙터Kalanit Grill-Spector가 간단한 마스킹 실험을 실시했다.[2] 그녀는 여러 장의 그림을 15분의 1초에서 8분의 1초까지 변화를 주면서 아주 짧은 시간 동안 비춘 뒤 그들을 뒤섞은 이미지도 하나 덧붙였다. 그 결과 일부 이미지는 여전히 감지될 수 있었던 반면에 일부 이미지는 완전히 보이지 않게 되었다. 의식적 지각을 하기에는 식역 이상으로 올라가거나 이하로 떨어진 것이다. 피험자들이 보고한 결과는 아름다운 곡선을 그렸다. 50밀리초 이하로 제시된 이미지는 보기가 매우 힘들었던 반면에 100밀리초 이상 제시된 것들은 볼 수 있었다.

그 후 그릴스펙터는 피험자들의 시각 영역을 촬영했다(당시에 뇌 전체를 촬영하기가 쉽지 않았다). 그녀는 확연한 분리를 관찰할 수 있었다. 초기의 시각 영역에서는 활성화가 의식과 무관하게 나타났다. 1차 시각 영역과 그 주위는 마스킹의 양과는 무관하게 기본적으로 모든 이미지에 의해 활성화되었다. 하지만 방

추상회fusiform gyrus와 외측 후측두부lateral occipitotemporal region
의 안, 더 고차적인 대뇌 피질의 시각중추에서는 뇌 활성화와
의식에 대한 피험자의 보고 사이에 밀접한 상관관계가 나타났
다. 이러한 부위는 얼굴, 물체, 단어, 장소 등으로 그림의 범주를
분류하고, 그들의 외양이 나타내는 변함없는 모습을 만들어내
는 데 관여한다. 뇌 활성화가 이 수준에 이르렀을 때는 언제나
이미지가 의식되기 쉬워지는 것 같았다.

그와 거의 똑같은 시기에 나는 마스킹된 단어들의 지각에 관
해 비슷한 실험을 하고 있었다.[3] 스캐너에서는 피험자가 의식적
지각을 수반하는 식역의 바로 위나 바로 아래에서 깜박거린 단
어를 볼 때마다 항상 활성화되는 영역에 대한 뇌 전체의 이미지
가 나왔다. 실험결과는 분명했다. 심지어 더 고차적인 시각 영역
인 방추상회조차 아무 의식 없이 활성화될 수 있었다. 사실 측
두엽과 두정엽 같은 고차적 영역이 관여하는 대뇌의 아주 추상
적인 작용들은 식역 이하에서도 작용할 수 있다. 예컨대 piano
와 PIANO가 같은 단어라거나 3이라는 숫자와 three라는 글자
가 같은 수량을 의미한다는 인식이다.[4]

그렇지만 의식적 지각의 식역을 넘어섰을 때는 내게도 고차
적인 시각중추에서의 엄청난 변화가 보였다. 그들의 활동은 크
게 증폭되었다. 글자를 인식하는 주요 부위인 '시각적 글자형태
영역visual word form area'에서는 뇌 활성화가 열두 배나 되었다.
게다가 글자가 마스킹되어 무의식상태일 때는 일련의 추가된

영역들이 새롭게 나타났다. 이러한 부위는 두정엽과 전두엽에 널리 분포했으며, 심지어 좌뇌와 우뇌 사이의 중앙선에 있는 전방 대상회anterior cingulate gyrus의 깊숙한 곳까지 이르렀다(225페이지의 〈그림 16〉 참조).

이 활성화의 증폭을 측정함으로써 우리는 의식적 처리와 무의식적 처리를 구분하는 증폭요인이 시각정보 입력통로를 이루는 일련의 부위에 따라 다양해지는 것을 발견했다. 최초의 대뇌 피질 단계인 1차 시각 영역에서는 보이지 않고 깜박거린 단어에 의해 이루어졌던 활성화도 충분히 강해서 쉽게 감지할 수 있었다. 하지만 그것이 대뇌 피질 속으로 나아감에 따라 마스킹에 의해 강도를 잃게 된다. 그러니까 식역 이하의 지각은 수평선 위로 어렴풋이 크게 보이지만 해안에 이를 때는 우리의 발을 살짝 적시기만 하는 커다란 파도와 비교할 수 있다.[5] 비교하자면 의식된 지각은 지진해일이다. 아니, 어쩌면 눈사태가 더 나은 비유일지도 모른다. 의식의 활성화가 차츰 강해지는 것이 작은 눈덩이에 눈이 달라붙어 나가다가 마침내 커다란 눈사태를 일으키는 것과 비슷하기 때문이다.

이 점을 인식시키기 위해 내 실험에서는 망막 속으로 최소한의 증거만 주입하기 위해 단지 43밀리초 동안만 단어를 깜박거렸다. 그렇지만 활성화는 진행되었고, 의식되는 과제에서는 여러 영역에서 커다란 활성화를 일으킬 때까지 끊임없이 증폭되었다. 멀리 떨어진 뇌 부위들도 또한 밀접하게 서로 연관되었다.

모든 영역에서 들어오는 뇌파가 동시에 정점에 이르렀다가 내려감으로써 그들이 메시지(멈출 수 없는 사태로 바뀔 때까지 서로를 강화해주는 여러 메시지)를 주고받음을 시사했다. 동기synchrony는 무의식적인 타깃보다 의식적인 타깃에서 더 강하게 이루어짐으로써 연관된 행동이 의식적 지각에 중요한 요인임을 시사했다.[6]

이러한 단순한 실험들에 의해 최초의 의식 기호가 나왔다. 이 기호는 감각자극에 대해 뇌활동이 점차 강도가 늘어나고 두정엽과 전전두엽의 여러 부위로 침투해가면서 증폭하는 것으로서, 그 패턴은 시각 이외의 감각에서도 가끔 되풀이되었다. 예컨대 소란스러운 fMRI 기기에 자신이 앉아있다고 생각해보자. 때때로 이어폰을 통해 짧은 펄스의 또 다른 소리가 들려온다. 이러한 펄스의 음향은 우리가 모르게 절반 수준만 감지되도록 설정되어있다. 이것은 청각에서의 의식적 지각과 무의식적 지각을 비교할 수 있는 이상적인 방법의 하나이다. 그리고 그 결과는 똑같이 분명하다. 의식되지 않은 소리에 의해서는 1차 청각 영역 주위의 대뇌 피질만 활성화되며, 의식되는 과제의 경우에는 뇌활동의 사태가 일어나 초기의 이 감각적 활성화를 증폭시켜 하부 두정엽과 전전두엽의 영역으로 파고든다(〈그림 16〉 참조).[7]

세 번째 예로 운동작용을 생각해보자. 타깃을 보면 언제나 움직이되 만약 타깃을 보기 직전에 "움직이지 말라"는 신호를 볼 경우에는 반응해서는 안 된다는 말을 들었다고 하자.[8] 이것은 반응을 금하는 전형적인 과제다. "움직이지 말라는 과제"에서

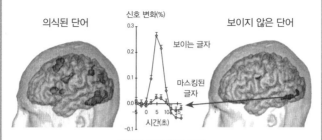

의식된 단어   신호 변화(%)   보이지 않은 단어

시각적 글자 형태 영역

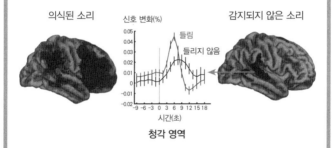

의식된 소리   신호 변화(%)   감지되지 않은 소리

청각 영역

그림 16.

의식된 지각의 첫 기호는 양쪽의 전전두부와 두정부를 포함하는 분배된 뇌 영역들에서 일어나는 격렬한 점화다. 마스킹에 의해 식역 이하로 만들어진 단어(위쪽)는 독서에 전문화된 회로를 활성화시키지만, 바로 그 단어가 보일 때는 활성화가 엄청나게 증폭되어 두정엽과 전전두엽으로 침투한다. 마찬가지로 청각 영역은 의식되지 않은 소리에 의해 활성화될 수 있지만(아래쪽), 바로 그 소리가 의식에 의해 감지될 때는 하부두정엽과 전전두엽의 확장된 부분에 침투한다.

"움직이라는 압도적인 반응"을 하기 위해 강렬한 경향을 억제하려면 의식적 절제를 발휘해야 할 필요가 있다. 이제 과제의 중반에서 의식적 지각을 위해 "움직이지 말라는 신호"가 식역 바로 아래에서 제시되는 것을 상상해보자. 지각하지 못하는 명령을 우리가 어떻게 따를 수 있을까? 흥미롭게도 우리 뇌가 이 불가능한 도전에 호응한다. 심지어 식역 이하의 과제에서도 피험자의 반응이 약간 느려짐으로써 뇌가 부분적으로 무의식 상태에서 억제력을 발휘한다는 것을 시사한다(제2장에서 살펴본 바 있다). 뇌영상에서는 식역 이하에서의 이 억제가 운동명령의 제어와 관계있는 두 부위, 즉 전보조운동 영역presupplementary motor area과 전방 섬엽anterior insula에 의존한다는 것을 보여준다. 하지만 의식적 지각이 엄청난 변화를 일으킨다. "움직이지 말라는 신호"가 보일 때 이러한 두 제어 부위에서 활성화가 거의 두 배 가까이 되어 두정엽과 전전두엽 등 더욱 넓은 영역으로 침투해 들어간다(〈그림 17〉 참조). 이제 두정엽과 전전두엽의 이 회로는 친숙해졌을 것이다. 갑작스러운 이 활성화는 의식적인 인식을 재현할 수 있는 기호로서 계통적으로 출현한다.[9]

의식사태가 일어나는 타이밍

뇌의 어느 부위가 활성화되는지를 알아내는 데 fMRI가 멋진

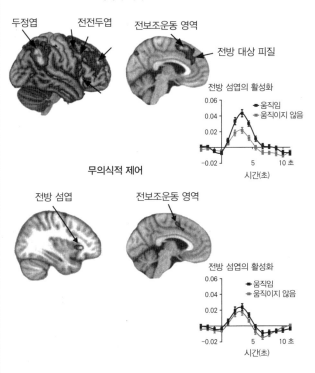

의식적 제어

두정엽　전전두엽　전보조운동 영역

전방 대상 피질

전방 섬엽의 활성화

0.06 ── 움직임
0.04 ── 움직이지 않음
0.02

-0.02　　5　　10 초
시간(초)

무의식적 제어

전방 섬엽　전보조운동 영역

전방 섬엽의 활성화

0.06 ── 움직임
0.04 ── 움직이지 않음
0.02

-0.02　　5　　10 초
시간(초)

그림 17.
의식적 또는 무의식적으로 제어되는 행동은 부분적인 뇌회로에 의존하고 있음이 분명히 드러난다. '움직이지 말라는' 보이지 않는 신호가 전방 섬엽과 전보조운동 영역—이들은 운동작용을 감시하고 조율한다(오른쪽)—같은 몇몇 전문화된 부위에 이른다. 똑같은 신호가 보이게 될 때는 자발적 제어와 관련된 두정엽과 전전두엽 등 더 많은 부위를 활성화시킨다.

도구일지라도, 정확하게 언제 그러는지를 이야기해줄 수는 없다. 그러니까 우리가 자극을 인식할 때 일련의 뇌 부위들이 얼마나 빨리 어떤 순서로 점화되는지를 측정하는 데에는 사용할 수 없다. 의식사태가 일어나는 시간을 정확하게 측정하려면 더욱 정밀한 방법인 뇌전도(EEG)와 뇌자기도(MEG)가 사용된다. 이 방법들은 몇 개의 전극을 두피에 붙이거나 머리 둘레를 자기 센서로 감싼 후 밀리초의 정밀도로 뇌활동을 추적할 수 있다.

1995년 클레르 세르쟝Claire Sergent과 나는 의식화의 시간 과정을 최초로 분리하게 된 EEG연구계획을 조심스럽게 수립했다.[10] 우리는 때로는 의식적으로 지각되고 때로는 전혀 감지되지 못하는 똑같은 이미지가 대뇌 피질에서 어떤 과정을 겪는지를 추적했다(〈그림 18〉 참조). 우리는 잠깐 주의가 산만해질 때 일시적으로 바로 눈앞에 있는 자극적인 것도 지각하지 못하는, '주의의 깜박거림 현상the attentional blink Phenomenon'을 이용했다. 세르쟝과 나는 피험자들에게 단어들을 찾도록 요구하면서, 또한 각 단어 앞에 일련의 다른 글자(이들에 대해서도 보고하도록 했다)를 제시함으로써 그들의 주의를 잠깐 산란시켰다. 그들은 이러한 글자를 기억하기 위해 잠깐 정신집중을 해야 했기 때문에 여러 번의 시도에서 타깃 단어를 놓치고 말았다. 우리는 그 같은 실수가 정확하게 언제 일어나는지를 알기 위해 각각의 단어를 제시한 뒤 그들에게 자신이 본 것을 커서로 보고하도록 요청했다. 그들은 끊임없이 커서를 움직이면서 "아무 단어도 보지

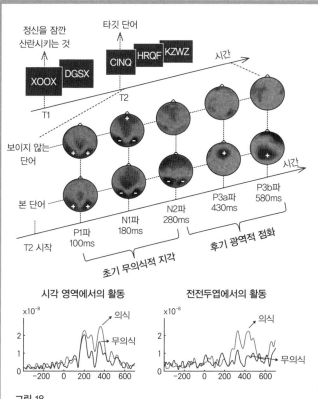

그림 18.
머리 위쪽과 뒤쪽 위의 느린 양성 뇌파는 의식적 지각의 두 번째 기호를 제
공해준다. 이 실험에서 단어들은 피험자가 다른 과제 때문에 주의가 산만해
진 바로 그 순간에 해당하는 의식의 깜박거림 동안 비춰졌다. 그 결과 피험
자들은 단어들의 절반을 놓쳤다. 그들은 빈번하게 단어를 볼 수 없었다고
보고했다. 머리 표면에서의 뇌파기록은 피험자들이 본 단어들과 보지 못한
단어들의 운명을 추적했다. 처음에는 2가지 모두 시각 영역에서의 똑같은
활성화를 끌어냈다. 그러나 약 200밀리초 지난 뒤 의식적 시도와 무의식적
시도가 갈라졌다. 의식되는 단어의 경우에만 활동하는 뇌파가 증폭되어 전
전두엽과 다른 여러 관련 부위로 흐르다가 다시 시각 영역으로 되돌아온다.
이 광역적 점화가 뇌의 윗부분에 커다란 양성 전위, 즉 P3파를 일으킨다.

못했다", "몇 개의 글자가 얼핏 보일 뿐이다", "단어의 대부분 글자가 보인다", "단어 전체가 보인다" 같은 보고를 했다.

세르장과 나는 똑같은 단어들이 임의로 의식되거나 의식되지 않도록 할 수 있을 때까지 모든 변수를 조정했다. 모든 것이 완벽하게 균형을 이루자, 피험자들은 절반의 시도에서는 그 단어를 완벽하게 봤다고 보고한 반면, 나머지 절반의 시도에서는 단어가 전혀 없다고 주장했다. 그들의 보고는 '전부' 아니면 '전무'라는 식이었다. 단어를 지각하거나 아니면 완전히 놓치고 말았으며, 몇몇 글자를 부분적으로 보았다고 보고하는 경우는 드물었다.[11]

그와 동시에 우리 기록에서는 뇌가 보이지 않는 상태로부터 지각되는 상태로 불연속적으로 도약하면서 갑작스러운 마음의 변화까지도 겪고 있음이 나타났다. 처음 초기 시각계통 내부에서는 보이는 단어와 보이지 않는 단어 모두 행동의 차이를 전혀 일으키지 않는다. 어느 시각적 자극과 마찬가지로 의식된 단어와 의식되지 않은 단어 모두 시각 영역의 뒷부분에서 두드러지지 않는 뇌파의 흐름을 일으킨 것이다. 이러한 뇌파를 P1과 N1이라 하며, 최초의 파는 약 100밀리초마다 정점에 이르는 양성 뇌파인 반면, 두 번째 파는 약 170밀리초마다 정점에 이르는 음성 뇌파임을 나타낸다. 두 뇌파는 시각 영역의 서열을 통해 시각정보가 진행되는 것을 반영했으며, 이 최초의 진행은 의식으로부터 전혀 영향을 받지 않는 것처럼 보였다. 활성화는 매우 강했으며, 단어를 보고할 수 있을 때와 전혀 보이지 않는 상태로 있을 때가 정확하게 똑같이 격렬했다. 분명히 그 단어는 피험자가 나중에 봤다거나 보지 않았다고 보고하는 것과는 무관하게 뇌의 시각 영역 속에 정상적으로 들어가고 있었다.

하지만 수백분의 1초 뒤 활성화의 패턴이 급변했다. 단어가 제시된 뒤 200~300밀리초 사이에 갑자기 무의식적 과제에서는 뇌활동이 사라진 반면에 의식적 과제에서는 꾸준히 뇌의 앞쪽을 향해 나아갔다. 약 400밀리초에 이르러 그 차이가 아주 커졌다. 단지 의식된 단어들만이 왼쪽 및 오른쪽 전두엽, 전방대상 피질, 두정엽에서 격렬한 활동을 일으켰다. 2분의 1초 이상 지난 뒤 활성은 뇌 뒷부분에 있는 1차 시각 영역을 비롯한 시각에 관여하는 부위로 돌아왔다. 다른 여러 연구자들도 이 후진하는 뇌파를 관측했지만, 그 의미는 제대로 알려져있지 않다. 어쩌면 의식된 시각적 표현에 대한 기억이 지속되는 것일지도 모른다.[12]

우리가 가한 원래의 자극이 보인 것과 보이지 않은 것에 대한 어느 과제에서나 정확히 똑같았던 점을 감안하면, 무의식에서 의식으로 전환하는 것이 매우 신속함을 확인할 수 있다. 자극이 출현한 뒤 200~300밀리초 사이의 0.1초도 되지 않은 시간 안에 우리 기록은 전혀 차이가 없는 것으로부터 "전부 아니면 전무"라는 식으로 바뀌었던 것이다. 비록 모든 단어가 비슷한 양의 행동을 통해 시각 영역 속으로 흘러들기 시작한 것처럼 보였을지라도, 의식적 과제의 경우 이 뇌파는 힘을 축적하면서 전두엽과 두정엽 네트워크의 제방을 돌파해 대뇌 피질의 더욱 넓은 부분으로 급속히 확산되었다. 반대로 무의식적 과제의 경우에는 뇌파가 뇌의 뒤쪽 여러 계통 내부에 안전하게 가둬짐으로써 의식은 그것과 접촉하지 않아 무엇이 일어났는지 전혀 알아차리지 못했다.

하지만 무의식활동은 즉각 진정되지 않았다. 무의식활동의 파는 왼쪽 두정엽 내부, 즉 단어의 의미와 관련된 부위들에서 잔향을 계속했다. 제2장에서 우리는 보이지 않는 단어들이 어떻게 주의의 깜박거림 동안 그들의 의미를 계속 활성화하는지 살펴봤다.[13] 이 무의식적인 해석은 측두엽 안에서 일어난다. 그것이 전두엽과 두정엽의 더 넓은 범위로 흘러넘쳐야 비로소 의식적 지각의 신호를 보내는 것이다.

이러한 의식사태에 의해 머리의 꼭대기에 붙인 전극으로 쉽게 포착할 수 있는 단순한 표지가 만들어진다. 의식되는 과제의 경우에만 충분한 전압을 지닌 뇌파가 이 부위에 침투하는 것이다. 그것은 약 270밀리초에서 시작되어 350~500밀리초 사이에서 정점에 이른다. 느리고 큰 이 움직임을 P3파(자극이 나타난 후 세 번째 커다란 양성 정점) 또는 P300파(종종 300밀리초 부근에서 시작)라 한다.[14] 그것의 크기는 몇 마이크로볼트에 지나지 않는다. AA건전지보다 100만 배나 작은 것이다. 하지만 현대의 증폭기로는 그런 전기활동의 급변도 쉽게 측정할 수 있다. P3파는 우리의 두 번째 의식 기호다. 여러 가지 패러다임에서는 이제 의식적 지각에 우리가 갑자기 접근할 때는 언제라도 P3파를 쉽게 기록할 수 있음이 밝혀졌다.[15]

우리는 뇌파기록을 더 자세히 살펴봄으로써 P3파의 발달로 인해 피험자들이 타깃 단어를 보지 못한 까닭을 설명해주기도 한다는 것도 발견했다. 우리 실험에서는 사실 2개의 P3파가 있었다. 처음 나온 P3파는 최초의 문자열(주의를 산란시키는 역할을 했고 항상 의식적으로 지각되었음)에 의해 일어났다. 두 번째 P3파는 타깃 단어가 보일 때 유도되었다. 흥미롭게도 두 파 사이에는 계통적인 교환조건이 있다. 최초의 P3파가 크고 길 때는 언제나 두 번째 P3파가 없게 될 가능성이 훨씬 높았다. 그리고 그들은 타깃 단어를 놓칠 가능성이 정확하게 많은 과제였다. 따라서 의식적 접근은 하나의 밀고 당기는 시스템으로 작용했다. 첫 번째 문자열 때문에 오래 붙잡혀있을 때(이것은 긴 P3파로 나타남)는 언제나 뇌가 그와 동시에 두 번째 단어에 주의를 기울일 수 없었던 것이다. 하나를 의식하면 다른 것에 대한 의식이 배제되는 것 같았다.

르네 데카르트는 기뻐했을 것이다. "우리는 한꺼번에 여러 가지에 많은 주의를 기울일 수는 없다"는 사실에 최초로 주목한 사람이 바로 그였기 때문이다. 그는 의식의 한계를 송과체가 한 번에 한쪽으로만 기울어질 수 있다는 단순한 물리적 사실 탓으로 돌렸다. 이제는 부정된 뇌의 국소화설을 제외하면 데카르트가 옳았다는 것이 밝혀졌다. 의식하는 우리의 뇌는 동시에 2가지 점화를 경험할 수 없으며, 한 번에 단지 하나의 의식적인 '덩어리'를 지각하게 해줄 뿐이다. 전전두엽과 두정엽은 최초의 자극을 함께 처리하려고 할 때는 언제나 그와 동시에 두 번째 자극에 달려들지 못한다. 첫 번째 항목에 집중하는 행위 때문에 두 번째 항목을 아예 지각하지 못하는 경우도 가끔 있다. 때로는 그것을 지각하기도 하지만, 그러면 그때의 P3파가 매우 지연된다.[16] 이것이 바로 제1장에서 다루었던 '심리적 불응기' 현상이다. 두 번째 타깃이 의식에 들어오기 전, 의식이 첫 번째 타깃의 처리를 끝낼 때까지 기다리지 않으면 안 된다.

의식은 세상보다 뒤처진다

이러한 관찰에서 얻어진 중요한 결과는, 예상하지 못했던 사건들에 대한 우리의 의식이 실제의 세상보다 상당히 뒤처진다는 점이다. 우리는 몰려드는 감각신호의 매우 작은 부분만 의식적으로 지각할 뿐 아니라, 또한 적어도 3분의 1초 정도의 시간이 경과한 뒤에 지각한다. 이 점에서 우리 뇌는 초신성을 관찰하는 천문학자와 같다. 빛의 속도는 유한하기 때문에 멀리 떨어진 항성으로부터 어떤 소식이 우리에게 이르는 데는 수백만 년이 걸린다. 마찬가지로 우리의 뇌가 느린 속도로 증거를 축적하기 때문에 우리가 '현재'라고 의식하는 정보는 적어도 3분의 1초 늦어진 정보다. 이 맹목시간은 입력정보가 너무 희미한 경우 의식적 지각을 위해 식역을 넘어서기 전에 천천히 증거를 축적해야 할 때면 2분의 1초까지 더욱 느려질지도 모른다(이것은 천문학자가 희미한 별에서 온 빛을 고감도 사진건판 위에 축적하기 위해 장시간 노출 촬영을 하는 것과 비슷하다).[17] 게다가 방금 우리가 살펴본 것처럼 마음이 다른 곳에 있으면 의식이 더욱 지연될 수 있다. 우리가 운전 중에 휴대폰을 사용해서는 안 되는 것도 바로 이 때문이다. 앞차의 브레이크등을 보고 자기 차의 브레이크를 밟는 것 같은 반사적인 반응조차도 의식이 산만해있을 때는 느려진다.[18]

우리는 자신의 주의력에 한계가 있음을 알지 못하며, 자신의 주관적 지각이 외부 세계의 객관적 사건보다 뒤처져있음을 깨닫지 못한다. 그러나 이는 대개 문제가 되지 않는다. 우리는 아름다운 석양과 교향악단의 연주가 2분의 1초 전의 것임을 깨닫지 못하더라도 그들을 보고 들을 수 있다. 수동적으로 듣고 있을 때는 정확히 언제 그 음향들이 나왔는지에 대해 개의치 않는다. 심지어 행동을 할 필요가 있을 때조차도, 세상의 움직임이 가끔 아주 느리기 때문에 우리 의식의 반응이 지연되더라도, 대략 적당히 맞출 수 있다. 우리 인식이 느리다는 것을 깨달았을 때는 바로 우리가 '실시간으로' 행동하려 할 때뿐이다. 알레그로를 연주하는 피아니스트라면 손가락 하나하나의 움직임을 제어하려고 시도할 정도로 어리석지는 않다. 의식적인 제어는 너무 느리기 때문에 빠른 연주에는 적합하지 않기 때문이다. 자신의 의식이 느린 것을 파악하려면 도마뱀이 혀를 내미는 것처럼 빠르고 예측할 수 없는 사건을 사진으로 촬영하려고 해보자. 우리 손이 셔터를 누를 즈음이면 이미 도마뱀의 혀는 입속으로 들어가버리고 말 것이다.

다행히 우리 뇌에는 이러한 지연을 보정하는 뛰어난 메커니즘이 함께 갖춰져있다. 첫 번째로 우리는 가끔 무의식적인 '자동항법'에 의존한다. 르네 데카르트가 관찰했던 것처럼 손가락에 화상을 입을 때 우리는 고통을 알아차리기도 전에 불에서부터 손을 멀리 떨어뜨린다. 우리 눈과 손이 가끔 적절하게 반응하는 이유도 우리 의식 바깥에서 작용하는 일련의 감각운동회로sensory-motor loop에 의해 유도되기 때문이다. 이러한 운동회로는 물론 우리의 의식적 의도에 따라(예컨대 촛불 앞으로 조심스럽게 다가갈 때처럼) 설정될 것이다. 하지만 그 뒤 행동 자체는 무의식적으로 일어나며, 우리 손가락은 그 변화를 의식적으로 감지하기보다 훨씬 앞서 타깃 위치의 갑작스러운 변화에 아주 놀랍도록 신속한 동작으로 적응한다.[19]

우리 의식의 느림을 보정하는 두 번째 메커니즘은 예견이다. 우리의 감각·운동 영역 거의 전부에는 외부 세계의 사건을 예견하는 시간학습 메커니즘이 들어있다. 그 같은 사건이 예견할 수 있는 방식으로 일어날 때, 이러한 메커니즘은 예견을 함으로써 우리에게 사건이 실제로 일어날 때와 더욱 가깝게 그 사건을 인식하게 해준다. 불행한 것은 잠깐 불빛이 번쩍이는 것처럼 예기치 않은 사건이 일어날 때 우리가 그 시작 시점을 오인한다는 점이다. 예측할 수 있는 속도로 움직이는 점에 비해 빛의 번쩍임은 점의 실제 위치보다 뒤처지는 것 같다.[20] 이 '번쩍임의 지체 flash lag'라는 효과 때문에 우리는 예측할 수 있는 자극을 예측할 수 없는 자극보다 항상 더 빨리 지각한다. 이 효과야말로 의식에 이르는 길고 험한 여러 통로에 대한 생생한 증언인 셈이다.

우리 뇌의 예견 메커니즘이 제대로 작동되지 않을 때 비로소 우리는 의식이 부과하는 오랜 지체를 통감하게 된다. 만약 실수로 우유잔을 떨어뜨리면 이 현상을 직접 경험한다. 아주 짧은 순간 우리는 의식이 뒤늦게 찾아와 어쩔 줄 모르는 것을 통감하며, 자신의 느림에 한탄만 할 뿐이다.

오류 지각은 다른 여러 물리적 속성의 지각과 마찬가지로 실질적으로 무의식적 평가에 이은 의식적 점화라는 두 단계에 걸쳐 이루어진다. 만약 빛이 번쩍이면 시선을 돌리는 식으로 눈을 움직이라는 요청을 받았다고 하자. 하지만 빛이 번쩍이더라도 우리 눈이 직접 돌려지지 않는 경우가 더 많을 것이다. 처음에는 자석인 것처럼 그 빛에 끌렸다가 잠시 뒤에야 눈길을 돌리게 될 것이다. 흥미로운 점은 우리가 최초의 오류를 인식하지 못하리라는 것이다. 몇몇 시도에서는 자신이 눈길을 바로 돌리지 않았는데도 그랬다는 느낌을 가질지도 모른다. 뇌전도를 사용하면 그 같은 무의식적 오류가 뇌에서 어떻게 부호화되는지를 살펴볼 수 있다.[21] 먼저 최초의 5분의 1초 동안에는 대뇌 피질이 의식적 오류와 무의식적 오류에 아주 똑같이 반응한다. 대상회Cingulate gyrus에 있는 자동항법장치가 지시에 따라 운동이 이루어지지 않는 것을 알아차리고 오류신호를 보내기 위해, 심지어 무의식상태에 머물러 있을 때도 활발하게 발화하기 때문이다.[22] 이 같은 최초의 뇌 반응은 다른 감각 반응과 마찬가지로 모두 무의식적이며, 가끔 감지되지 못한 상태에 있기도 한다. 하지만 자신의 잘못된 행동을 제대로 인식할 때는 후기의 뇌 반응, 그러니까 두피의 윗부분에서 기록할 수 있는 강한 긍정적 반응이 뒤따른다. 비록 '오류 관련 양성 전위error-related positivity(Pe)'라는 다른 이름으로 불러져왔지만, 이 반응은 우리가 감각적인 것을 의식적으로 지각하는 데 수반되는 친숙한 P3파와 전혀 구분되지 않는다. 따라서 행동과 감흥은 아주 비슷한 방식에 의해 의식적으로 지각되는 것 같다. 또 다시 이 경우에도 P3파가 뇌의 의식적인 평가를 나타내는 신뢰할 만한 기호인 것처럼 보이며, 이 기호는 그것을 촉발한 사건보다 훨씬 뒤에 생긴다.[23]

의식되는 순간을 분리

비판적인 독자는 여전히 회의적일지 모른다. 우리가 정말 의식화 특유의 기호를 확인했을까? 두정엽과 전전두엽 네트워크에서 관측된 점화와, 그들에 수반되는 P3파에 대해 다른 설명이 가능할까? 신경과학자들은 혼란을 일으킬 만한 모든 요인들을 제어하기 위해 지난 2000년대 동안 그들의 실험들을 세련시키기 위해 노력을 기울였다. 아직 완전하다고는 할 수 없지만 이러한 교묘한 실험 가운데 일부는 다른 감각·운동으로부터 의식적 지각을 제대로 분리시키고 있다. 그들이 어떻게 작용하는지 살펴보자.

의식적 지각에는 많은 결과가 뒤따른다. 우리가 하나의 사건을 인식할 때는 언제나 수많은 가능성이 생긴다. 우리는 말이나 몸짓을 통해 그것을 보고할 수 있다. 그것을 기억에 저장해두었다가 나중에 환기할 수도 있다. 그리고 그것을 평가하거나 그에 따라 행동할 수도 있다. 이러한 모든 것의 처리는 그에 대해 인식한 뒤에야 이루어진다. 그러므로 그들과 의식화가 혼동될지도 모른다. 의식되는 과제에서 우리가 관찰하는 뇌활동이 의식화와 어떤 구체적인 관계가 있을까?

이 어려운 문제를 다루기 위해 나는 동료 연구자들과 함께 의식적 과제와 무의식적 과제를 일치시키려고 열심히 노력해왔다. 우리의 첫 실험에서는 피험자들에게 설계상 두 경우 모두에서 비슷하게 행동하도록 요청했다. 예컨대 주의의 깜박거림 연구에서는 피험자들에게 먼저 타깃 글자를 기억한 뒤 단어 하나도 역시 봤는지 아닌지를 판단하게 했다.[24] 이론이 있겠지만, 사람이 단어를 보지 않았다고 판단하는 것은 단어를 봤다고 판단하는 것보다 더 어렵거나 아니면 똑같이 어렵다. 게다가 피험자들은 '봤다'거나 '보지 않았다'는 반응 모두 왼손이나 오른손으로 키를 누르는 똑같은 종류의 동작을 사용해 나타냈다. 이러한 요인 가운데 어느 것도 단어를 보지 못한 과제에서가 아니라 단어를 본 과제에서 두정엽과 전전두엽의 강한 활성화에 의해 커다란 P3파가 발견된 것을 설명하지 못했다.

하지만 군이 반론을 제기하자면, "단어를 봄으로써 바로 그 시점에 뇌에서 일련의 처리가 일어난 반면에, 보지 않은 것은 그런 확실한 활동 개시와 연관을 지을 수 없다"고 할 수 있을지도 모른다. 피험자가 자신이 무엇인가를 보지 못했다고 판단하기 위해서는 과제가 끝날 때까지 기다려야 하는 것이다. 그렇다면 그 같은 시간적 희석이 뇌 활성화의 차이를 설명해줄 수 있을까?

하콴 라우Hakwan Lau와 리처드 패싱엄Richard Passingham은 교묘한 계책을 사용해 이 가능성을 배제했다.[25] 그들은 맹시 blindsight라는 놀라운 현상에 의존했다. 제2장에서 살펴본 것처럼 짧은 시간 동안 비춰진 식역 이하의 상태의 이미지는, 비록 보이지는 않더라도 여전히 때로는 대뇌 피질의 운동 영역에까지 이르는 피질의 활성화를 유발할지도 모른다. 그 결과 피험자는 그들이 본 것을 부인하는 타깃에 대해서도 정확하게 반응한다. 그래서 '맹시'라 하는 것이다. 라우와 패싱엄은 이 효과를 교묘하게 이용해 의식적 과제와 무의식적 과제에서 객관적인 운동능력이 똑같이 나타나도록 했다. 그래서 피험자들은 두 경우에서 모두 정확하게 똑같은 것을 했다. 이 미묘한 제어에서조차도 의식적인 가시성이 클수록 다시 왼쪽 전전두엽의 활성화가 더 강해지는 것과 관련이 있었다. 이러한 결과는 건강한 피험자들에게서 얻어졌지만, 고전적인 맹시 환자인 G.Y.에게서도 얻을 수 있었다. 특히 의식적인 시도들에서 두정엽과 전전두엽으로 나뉜 활성화가 전면적인 양상을 나타냈다.[26]

다시 반박을 해보자. 반응을 똑같게 하는 데 성공했는가? 그렇다면 이번에는 의식적 자극과 무의식적 자극이 서로 다르다. 의식적 시각에 대한 주관적 느낌을 제외한 모든 것을 동일하게 유지하면서 그러한 두 자극은 물론 그들에 대한 반응을 똑같게 할 수 있을까? 그런 다음에야 비로소 의식의 기호가 확실히 마무리되었다고 진정으로 믿게 될 것이다.

그것이 불가능할까? 그렇지 않다. 이스라엘의 심리학자 모티 살티Moti Salti는 박사학위연구에서 스승인 도미니크 라미Dominique Lamy와 함께 이 과제를 달성했으며, 그에 의해 P3파가 의식화의 기호임을 확인했다.[27] 그들의 간단한 실험적 방법은 피험자들의 반응을 바탕으로 피험자들의 과제를 분류하는 것이었다. 살티는 일련의 직선을 4개의 위치 중 하나에 비추고 각 피험자에게 2가지 물음—(1) 어디에 비쳐졌는가? (2) 그것을 봤는가, 아니면 단지 짐작했을 뿐인가?—에 대한 답을 즉각 달라고 요청했다. 그는 이 정보에 따라 과제를 별개의 서로 다른 유형으로 쉽게 나눌 수 있었다. 다수의 피험자들이 타깃을 봤다고 보고했다. 물론 올바로 대답하는 "인식하는, 옳은" 과제였다. 하지만 맹시로 인해 피험자들이 뭔가를 본 것을 부인하면서도 옳게 대답하는 "인식하지 못하는, 옳은" 과제도 역시 적지 않았다.

그래서 자극과 반응이 같지만 인식이 다른 완벽한 제어가 이루어졌다. EEG기록에서는, 약 250밀리초에 이르기까지의 초기 뇌활성은 모두 엄격히 똑같다는 것이 드러났다. 그 두 종류의 과제에서는 단 하나의 특징, 그러니까 270밀리초 이후 무의식적 과제에서보다 의식되는 과제에서 엄청나게 큰 크기로 성장한 P3파만 달랐다. 증폭의 정도뿐 아니라 공간배치 또한 차이가 두드러졌다. 무의식적 자극은 올바른 반응에 이르는 무의식적 처리의 연쇄를 반영하는 것으로 보이는, 후방 두정엽posterior parietal cortex 위로 작은 양성 뇌파를 일으키는 데 반해, 의식적 지각만이 이 활성화를 왼쪽과 오른쪽 전두엽 안으로 확대했던 것이다.

살티는 자신이 얻은 결과에 대해 여러 가지 무의식적 과제가 혼합된 것이라고 설명할 수 있는지 스스로 반론을 제기하면서 검토해봤다. 그 과제들은 임의로 대답하는 과제와, 정상 규모의 P3파가 나타나는 과제들이었다. 그러나 이 모델은 그의 분석을 통해 단호히 배제되었다. 무의식적 과제에서도 작은 P3파가 뒤쪽에 생기지만, 의식적 과제에서 보이는 것에 필적하기에는 너무 작고 너무 짧으며 너무 뒤쪽에 위치하는 것이었다. 그것은 무의식적인 과제에서 뇌활동이 눈사태처럼 시작되지만 곧 사그라들고 광역적으로 P3파를 촉발하기 직전에 멈춰버린다는 것을 가리킬 뿐이었다. 오직 최대 크기의 P3파만이 전전두엽 위로 양방향에서 확장될 때 정말로 의식적 지각 특유의 신경 처리를 나타냈다.

의식 있는 뇌의 점화

예기치 않은 정보를 인식할 때는 언제나 뇌가 갑자기 대규모 활동 양상을 일으키는 것처럼 보인다. 동료들과 나는 캐나다의 신경생리학자 도널드 헤브Donald Hebb로부터 영감을 얻은 이 특징을 '광역적 점화global ignition'라 부르고 있다.[28] 그는 1949년의 베스트셀러 《행동의 구조The Organization of Behavior》에서 신경세포가 집합적으로 움직이는 것을 처음 분석했다.[29] 헤브는 서로를 흥분시키는 신경세포의 네트워크가 아주 광범위한 부분에 걸쳐 급속히 동기화된 활동 양상을 나타내는 것이, 마치 처음에 몇 사람에서 시작한 박수가 갑자기 청중의 요란한 박수갈채로 바뀌는 것과 같다며 매우 직관적인 형태로 설명했다. 음악회가 끝난 뒤 마치 전염되기라도 한 듯 박수갈채를 퍼뜨리는 열렬한 청중과 마찬가지로, 대뇌 피질의 상층부에 자리 잡은 커다란 피라미드 같은 신경세포는 자신의 흥분을 받아들이는 다른 신경세포를 청중으로 삼아 그 흥분을 전파시킨다. 나와 우리 동료들은 "광역적 점화는 이 전파된 흥분이 식역을 넘어서 스스로 강화될 때(신경세포가 다른 신경세포를 흥분시키면 흥분된 신경세포가 다시 자신의 흥분을 되돌림으로써 스스로 강화된다) 일어난다"는 것을 밝혔다.[30] 그 결과 폭발적인 활동이 일어난다. 서로 강력하게 연결된 신경세포들은 높은 수준의 활동이 스스로 유지되는 상태에 돌입한다. 헤브는 이것을 공명하는 '세포집합cell assembly'이라 불렀다.

이 집합적 현상은 물리학자들이 말하는 '상전이phase transition'나 수학자들이 말하는 '분기bifurcation(어떤 물리적 시스템의 상태에 생기는 갑작스럽고 거의 불연속적인 변화)'와 비슷하다. 얼어붙어 각얼음이 된 물은 액체가 고체로 바뀐 상전이의 전형적인 예다. 나와 동료들은 일찍부터 의식에 대해 생각하면서 상전이 개념이 의식적 지각의 여러 가지 특징을 포착하고 있음에 주목했다.[31] 의식에는 물이 어는 것과 마찬가지로 경계가 있다. 짧은 시간의 시각자극은 식역 이하의 상태에 머물지만, 점점 길어지는 시각 자극은 눈에 완전히 보인다. 스스로 증폭하는 대부분의 물리적 시스템에는 미미한 불순물이나 노이즈에 따라 광역적인 변화가 일어나거나 일어나지 못하게 되는 전환점이 있다. 뇌도 예외가 아닐지 모른다고 우리는 짐작했다.

의식적인 메시지가 대뇌 피질의 활동에서 뇌 전체에 걸친 상전이를 일으켜 뇌 영역들을 하나의 일관된 상태로 함께 얼어붙도록 만드는 것일까? 만약 그렇다면 우리는 어떻게 그것을 증명할 수 있을까? 그것을 알아보기 위해 앙투안 델 퀼Antoine Del Cul과 나는 단순한 실험을 하나 고안했다.[32] 우리는 물병의 온도를 천천히 떨어뜨리는 것과 비슷하게 디스플레이의 물리적 변수 하나를 지속적으로 변화시켰다. 그런 다음 뇌활동의 객관적 표지는 물론 주관적인 보고가 단속적으로 이루어지다가 마치 급격한 상전이를 하고 있기라도 하듯 갑자기 터져 나오는지를 살폈다.

우리는 이 실험에서 비디오 스크린의 단일 프레임 동안(16밀리초) 숫자 하나를 비췄고, 그런 다음 비어있는 것, 그리고 마지막으로 임의의 글자로 이루어지는 마스크를 비췄다. 우리는 비어있는 것을 비추는 16밀리초의 시간을 작게 나누어 다양하게 바꿨다. 피험자들은 무엇을 보고했을까? 그들의 지각이 지속적으로 바뀌었을까? 아니었다. 지각은 "전부 아니면 전무"라는 상전이의 양상을 나타냈다. 오래 끌면 피험자들은 숫자를 볼 수 있었던 것이다. 하지만 짧아지면 단지 글자만 봤다. 숫자는 마스킹되었던 것이다. 중요한 점이지만 이러한 두 상태는 분명한 식역에 의해 분리되어있었다. 지각은 선형적인 것이 아니었다. 비춰지는 것이 오래 끌리더라도 가시성이 매끄럽게 증가했던 것이 아니라(피험자들은 점점 더 많은 숫자를 본다는 보고를 하지 않았다), 갑작스러운 단계를 나타냈다(이제 보인다, 이제 보이지 않는

다……는 식이었음). 약 50밀리초까지 지연시키자 지각되는 것과 지각되지 않는 것으로 구분되었다.[33]

우리는 이러한 발견 뒤에 EEG기록으로 방향을 돌렸다. 마스킹된 숫자에 대한 계단식 반응 시 뇌에서는 어떤 일이 일어나는지를 조사한 것이다. 이번에도 다시 그 결과는 P3파의 파형을 가리켰다. 선행되는 모든 일은 그 자극에 따라 바뀌는 것이 아니거나, 또는 바뀌는 경우에도 피험자들의 주관적 보고와는 닮지 않았다는 식이었다.

예컨대 우리는 P1파와 N1파에 의해 보이는 시각 영역의 첫 반응이 숫자·글자의 지연에 의해 본질적인 영향을 받지 않는다는 것을 발견했다. 이것은 놀라운 일이 아니었다. 바로 모든 시도에서 똑같은 시간에 똑같은 숫자가 제시되었으므로, 우리는 그것이 뇌로 들어가는 첫 번째 단계를 목격하고 있었던 셈이었다. 그리고 최종적으로 그 숫자가 보였든 보이지 않았든 본질적으로 그러한 단계는 불변이었다.

그 다음 파는 시각 영역의 왼쪽과 오른쪽에서 여전히 지속적으로 움직였다. 이러한 시각적 활성의 크기는 마스킹에 의해 중단되기 전, 화면에 숫자가 나타나있는 시간에 정비례해 증대되었다. 비춰진 숫자에 대한 지각은 그 활동이 글자 마스킹에 의해 절단되기까지 뇌 속으로 들어갈 수 있었다. 그 결과 뇌파는 지속시간과 크기가 글자에서 숫자로 바뀌는 시간 간격에 엄격하게 비례해 증대되었다. 자극에 대한 이 비례는 피험자들이 보고하는 "전부 아니면 전무"라는 식의 비선형적 경험과 조응하지 않는 것이었다. 그것은 이러한 뇌파도 피험자의 의식과는 무관함을 의미했다. 이 단계에서는 피험자들이 숫자를 본 것을 강하게 부인하는 과제에서도 활동이 여전히 강하게 드러났다.

하지만 숫자가 보인 지 270밀리초 이후부터 갑자기 뇌파 기록은 광역적 점화의 양상을 나타냈다(248~249페이지의 〈그림 19〉 참조). 뇌파는 갑작스럽게 분기를 나타냈다. 피험자가 숫자를 봤다고 보고하는 과제에서 활성화가 신속하고 강하게 눈사태처럼 출현했다. 활성의 증가 규모는 마스킹을 위한 지연의 작은 증가와 상응되지 않았다. 이것은 의식화가 신경 네트워크의 역학에서 상전이와 유사한 직접적인 증거였다.

여기서도 다시 의식의 분기가 P3파(머리 위쪽에서의 대규모 양성 전위)와 비슷했다. 그것은 왼쪽과 오른쪽 후두엽, 측두엽, 전전두엽의 여러 영역에 결절node이 있는 커다란 회로가 동시에 활성화됨으로써 일어났다. 숫자가 처음에 단지 한쪽에만 제시된 것을 감안하면, 점화가 쌍방향으로 대칭을 이루면서 좌뇌와 우뇌 모두에 일어난 것은 특히 놀라운 일이었다. 의식적 지각에는 처음에 짧게 빛이 비춰지면서 일어나는 미미한 활동의 엄청난 증폭이 관여되어있음이 분명하다. 눈사태처럼 커지는 여러 처리 단계는, 많은 뇌 영역이 의식적 지각이 일어났다는 신호를 보내면서 동기화된 방식으로 발화할 때 절정에 이른다.

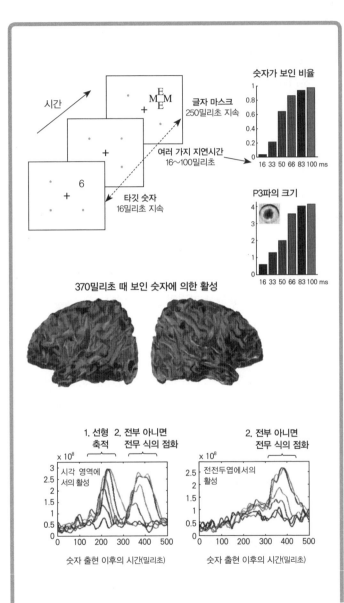

시간

E
M E M
E

글자 마스크
250밀리초 지속

여러 가지 지연시간
16~100밀리초

6

타깃 숫자
16밀리초 지속

숫자가 보인 비율

16 33 50 66 83 100 ms

P3파의 크기

16 33 50 66 83 100 ms

370밀리초 때 보인 숫자에 의한 활성

1. 선형 2. 전부 아니면
   축적   전무 식의 점화

× 10⁸

시각 영역에
서의 활성

0 100 200 300 400 500
숫자 출현 이후의 시간(밀리초)

2. 전부 아니면
   전무 식의 점화

× 10⁸

전전두엽에서의
활성

0 100 200 300 400 500
숫자 출현 이후의 시간(밀리초)

의식 있는 뇌의 내부 깊숙이

그러므로 우리가 생각해왔던 실험들은 신경에서 실제로 일어나는 일들과 동떨어진 상태에 머물러있다. fMRI와 두피 아래에 전극을 꽂아 뇌파를 기록하는 장치는 기본적인 뇌활동 일부를 힐끗 엿보는 것에 지나지 않는다. 하지만 최근 의식 점화의 탐구에서 새로운 국면이 전개되었다. 뇌전증 환자의 뇌 속으로 직접 전극을 삽입해 대뇌 피질의 활동 모습을 보게 된 것이다. 우리 팀에서는 그 방법이 가능해지자마자 곧 그것을 사용해 "보이는 단어"와 "보이지 않는 단어"가 피질에서 어떻게 처리되는지를 추적했다.[34] 우리가 알아낸 것은 다른 여러 실험들을 통해 알려진 것과 더불어, 눈사태 같은 것이 일어나 광역적 점화로 이어진다는 개념을 강력하게 뒷받침해준다.[35]

우리는 10명의 환자로부터 나온 데이터를 결합시켜 단어의 지각이 피질 속으로 단계별로 나아가는 그림을 그렸다.[36] 시각 정보가 지나가는 통로의 곳곳에 자리 잡은 전극을 통해 우리는 자극이 이어지는 여러 단계를 감시하고, 환자가 그 단어를 봤다거나 보지 못했다고 보고하는 기능에 따라 그들을 분류할 수 있었다. 최초의 활성은 매우 유사했지만 곧 2가지 활성의 자취는 "보이는 과제"와 "보이지 않은 과제"에 따라 갈라졌다. 약 300밀리초 뒤에는 그 차이가 매우 커졌다. 보이지 않은 과제의 경우 활동이 아주 빨리 사라졌기 때문에 앞쪽의 활성은 전혀 없을 정도였다. 하지만 보이는 과제의 경우에는 그것이 엄청나게 증폭되었다. 뇌는 3분의 1초 사이에 아주 작은 차이로부터 전부 아니면 전무라는 식의 커다란 점화로 바뀌었다.

우리는 초점전극focal electrode으로 의식의 메시지가 얼마나 멀리 퍼져나가는지를 평가할 수 있었다. 우리가 뇌전증 관찰을 위한 목적으로만 선정된 장소의 전극을 통해 뇌파를 기록하고 있었음을 기억하기 바란다. 그러므로 그들의 위치는 우리 연구의 목표와 특별한 관계가 없었다. 그런데도 불구하고 전극의 70% 가까이는 의식적으로 지각된 단어들의 강한 영향을 나타냈다. 그에 반해 불과 25%만 무의식적으로 지각된 단어들의 영향을 나타냈을 뿐이다. 단순하게 결론을 내린다면, 무의식적 정보는 좁은 뇌회로에 한정되어있는 반면에 의식적으로 지각된 정보는 늘어난 시간 동안 광범위한 대뇌 피질에 널리 분배되었다.

두개 안의 뇌파기록 역시 대뇌피질활동의 시간적 양상을 엿보게 해준다. 전기생리학자들은 EEG신호에 있는 서로 다른 여러 가지 리듬을 구분한다. 각성 때 뇌에서는 대략적으로 주파수 대역에 따라 전통적으로 그리스 문자로 나타내는 여러 가지 전기적 변동이 나타난다. 그러한 뇌 진동에는 알파 대역(8~13헤르츠), 베타 대역(13~30헤르츠), 감마 대역(30헤르츠 이상) 등이 있다. 자극 하나가 뇌에 들어오면 현재 진행 중인 변동을 감소시키거나 변환시킴으로써, 그리고 자극 자체의 새로운 주파수를 부여함으로써 그 변동에 교란을 일으킨다. 우리 데이터에 있는 이러한 리듬효과를 분석하자 의식적 점화의 기호들에 대한 새로운 견해를 얻게 되었다.

피험자에게 단어를 제시할 때는 항상, 그 단어가 보이든 보이지 않든, 우리는 활성이 강화된 감마 대역의 뇌파를 볼 수 있었다. 뇌에서는 강화된 전기적 변동이 이 고주파 대역에서 나타나며, 그것은 보통 그 단어가 나타난 뒤 최초의 200밀리초 이내에 이루어지는 신경세포의 방출을 반영한다. 하지만 감마 대역 리듬의 이 분출은 보이지 않는 단어의 경우에는 나중에 사라지는 반면, 보인 단어의 경우에는 그대로 유지되었다. 300밀리초에 이르자 전부 아니면 전무의 차이가 자리를 잡았다. 바로 이와 똑같은 패턴이 와이즈만 연구소의 라피 말라크Rafi Malach와 그의 동료들에 의해서도 관찰되었다(253페이지의 〈그림 20〉 참조).[37] 자극이 제시되고 약 300밀리초 이후에 시작되는 감마 대역의 엄청난 힘의 증가가 바로 의식적 지각의 세 번째 기호에 해당한다.

이러한 결과에 의해 의식적 지각에서 나타나는 40헤르츠(초당 25펄스)의 진동의 역할에 관한 이전의 가설이 새롭게 조명되었다. 노벨상 수상자인 프랜시스 크릭은 크리스토프 코크와 함께 1990년대에 이미 "의식이 대뇌 피질과 시상 사이에서 정보가 순환하는 것을 나타내는 약 40헤르츠의 뇌진동에 반영되는지도 모른다"고 생각했다. 이제는 이 가설이 지나치게 과장되었다고 알려져 있다. 의식되지 않는 자극조차 40헤르츠에서뿐 아니라 전 감마 대역 이상의 고주파활동을 유발할 수 있다.[38] 고주파활동이 의식적 처리나 무의식적 처리 모두에 수반되는 것도 정말이지 놀라운 일이 아니다. 그 같은 활동은 신경세포의 방전을 고주파의 율동적인 패턴으로 만들려는 억제요인이 존재할 때마다 대뇌 피질의 거의 모든 신경세포 무리에 나타난다.[39] 그러나 우리 실험에서는 그런 활동이 점화된 의식상태 동안 매우 강화되는 것이 보인다. 의식적 지각의 기호가 되는 것은 단지 감마 대역의 활동의 존재 때문이라기보다 그 활동이 나중에 증폭되는 것이다.

브레인 웹

뇌에서는 왜 동기화된 신경세포의 진동이 생길까? 아마도 동

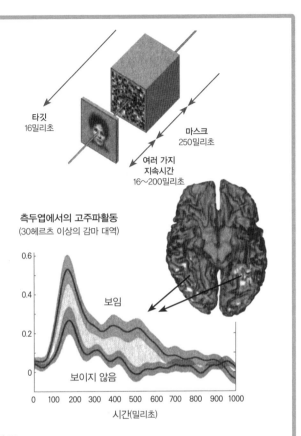

타깃
16밀리초

마스크
250밀리초

여러 가지
지속시간
16~200밀리초

측두엽에서의 고주파활동
(30헤르츠 이상의 감마 대역)

보임

보이지 않음

시간(밀리초)

그림 20.

고주파활동의 장기적인 분출은 비쳐진 그림을 의식적으로 지각할 때 수반되며, 의식의 세 번째 기호가 된다. 뇌전증의 희귀한 예에서 전극을 피질의 꼭대기에 놓을 수 있으면 그러한 전극은 비쳐진 그림에 의해 눈사태처럼 일어나는 활동을 포착한다. 피험자가 그림을 보지 못할 때는 단지 짤막한 고주파활동의 분출이 복측 시각 영역을 가로질렀다. 하지만 피험자들이 그림을 봤을 때는 스스로 증폭되는 사태가 일어나 전부 아니면 전무의 전면적인 점화를 일으켰다. 의식적 지각은 고주파 전기적 활동이 지속적으로 분출되는 것이 특징이며, 그것은 국지적인 신경세포회로의 강한 활성화를 가리킨다.

기화되면 정보 전달이 용이해지기 때문일 것이다.[40] 수백만 개의 세포가 임의로 방출되는 대뇌 피질의 거대한 숲에서 활동하는 신경세포의 작은 집합체를 놓치지 않고 추적하기란 쉽지 않을 것이다. 하지만 그들이 한꺼번에 소리치면 그들의 목소리는 훨씬 쉽게 들리고, 계속 이어질 것이다. 흥분성 신경세포는 가끔 중요한 메시지를 전파시키기 위해 조직적으로 방출되기도 한다. 본질적으로 동기화는 멀리 떨어진 신경세포 사이의 의사소통 채널을 만드는 것이다.[41] 함께 진동하는 신경세포들끼리는 서로 신호를 받아들일 준비가 갖추어진 기회의 창문을 공유한다. 우리 연구자들이 확대된 뇌파기록을 통해 관측하는 동기화는 어쩌면 수천 개의 신경세포가 정보를 교환하고 있음을 가리키는 것인지도 모른다. 의식경험을 위해 특히 중요할지도 모르는 것은, 그런 정보 교환이 두 국지적인 부위 사이에서뿐 아니라 대뇌 피질의 서로 멀리 떨어진 여러 부위에 걸쳐서도 일어남으로써 일관된 '뇌 규모의 집합체brain-scale assembly'를 형성하는 경우다.

몇몇 팀에서는, 이 아이디어와 일치하는 것이지만, 대뇌 피질을 가로지르는 전자기신호의 엄청난 동기화가 바로 의식적 지각의 네 번째 기호인 것으로 관측하고 있다.[42] 다시 한 번 그 효과는 1차적으로 시간상 나중에 일어난다. 이미지가 나타나고 약 300밀리초 뒤부터 멀리 떨어진 여러 전극이 동기화되기 시작하는 것이다. 하지만 물론 그 이미지가 의식적으로 지각되어야 한다(256페이지의 〈그림 21〉 참조). 보이지 않는 이미지로는 단지 일시적인 동기, 그러니까 공간적으로는 아무런 인식 없이 활동이 이루어지는 뇌 뒤쪽에만 국한되는 동기밖에 생기지 않는다. 그에 비해 의식적 지각은 장거리 소통, 그리고 '브레인 웹brain web'이라는 엄청난 양의 신호를 서로 교환하는 것과 관계가 있다.[43] 이 브레인 웹이 만들어지는 주파수는, 연구들마다 다르지만, 보통 베타 대역(13~30헤르츠)이나 세타 대역(3~8헤르츠) 등 낮은 편이다. 아마 이러한 느린 반송주파수carrier frequency는 몇 센티미터 거리를 가로질러 정보를 전달하면서 지연된 것을 이어주기에 가장 편리할 것이다.

정확히 어떻게 수백만의 신경세포가 방출되어 시간과 공간 속에서 의식적 표현을 부호화하는지는 아직 밝혀지지 않았다. 주파수 분석은 비록 유용한 수학적 기법이기는 하더라도 전반적인 답이 될 수 없다는 증거가 꾸준히 보고되고 있다. 뇌는 대부분의 시간 동안 정밀한 주파수에서 진동하지 않는다. 오히려 신경세포의 활동은 영고성쇠를 거듭하고 여러 주파수에 걸친 광대역패턴으로 변동하지만, 그럼에도 뇌의 광대한 거리에 걸친 동기화된 상태를 유지한다. 게다가 주파수는 서로의 내부에 '수속되려는nested' 경향이 있다. 그리고 고주파에서의 폭발적인 활동은 저주파에서의 변동에 비해 예측할 수 있는 순간에 쇠퇴한다.[44] 이러한 복잡한 패턴을 이해하려면 새로운 수학적 수단이 필요하다.

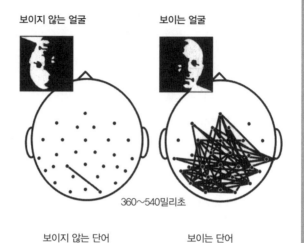

보이지 않는 얼굴 　　　　보이는 얼굴

360~540밀리초

보이지 않는 단어 　　　　보이는 단어

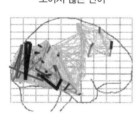 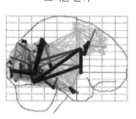

그림 21.
멀리 떨어진 여러 뇌 부위의 동기화, 즉 뇌 전체에 걸친 '브레인 웹'을 형성하는 것이 바로 의식의 네 번째 기호다. 얼굴을 보고 약 3분의 1초 지난 뒤 뇌의 전기신호들이 동기화된다(위쪽. 각각의 직선은 동기화가 강하게 이루어진 전극의 쌍을 나타낸다). 감마 대역(30헤르츠 이상)에서의 고주파 진동은 함께 변동함으로써 바탕이 되는 부위들이 여러 연결을 통해 높은 비율로 메시지를 교환한다는 것을 시사해준다. 이와 비슷하게 의식적인 단어지각(아래쪽) 동안에는 인과관계를 통해 대뇌 피질의 멀리 떨어진 부위 사이, 특히 전두엽과의 사이에서 엄청난 쌍방향의 증가를 볼 수 있다. 피험자가 얼굴이나 단어를 지각하지 못할 때는 대수롭지 않은 국부적인 동기화밖에 일어나지 않는다.

내가 우리 동료와 함께 뇌파기록에 적용해온 흥미로운 방법 가운데 하나는 '그레인저 인과성 분석Granger causality analysis' 이다. 1969년 영국 경제학자 클라이브 그레인저Clive Granger는 2가지 시간적 계열, 예컨대 2가지 경제지표와 같은 시간적 계열 사이에서 언제 하나가 다른 하나를 '일으킨다'고 하는 관계를 맺는지 판단하기 위해 이 방법을 개발했다. 최근 이 방법은 신경과학으로도 확대됐다. 뇌는 밀접하게 서로 연결되어있어 인과성을 판단하는 것이 필수지만, 이는 여간 어려운 문제가 아니다. 활성은 감각수용기sensory receptor에서 대뇌 피질에 있는 고차의 통합중추integrative center로 상향식으로 이루어질까? 아니면 중요한 하향식 요소도 존재하고 있어, 우리가 의식적으로 지각하는 것을 형성하는 하향식 예측신호를 더 높은 부위에서 보내는 것일까? 해부학적으로는 대뇌 피질 전역에 상향식 경로와 하향식 경로가 모두 존재한다. 대부분의 장거리 연결은 쌍방향이며, 가끔 하향식 투사projection가 상향식보다 수적으로 엄청나게 많기도 하다. 이런 배열이 이루어진 까닭이나 그것이 의식에서 어떤 역할을 하는지에 대해서는 아직 제대로 알려져있지 않다.

그레인저 인과성 분석에 의해 우리는 이 문제를 조금이나마 밝힐 수 있었다. 이 방법은 시간 간격을 두고 주어진 두 신호에 대해 어느 하나가 다른 것보다 선행하는지를 질문한 뒤, 그것이 앞으로 가지게 될 가치를 예측한다. 이 수학적 방법에 따라, 만약 신호 A의 과거상태가 신호 B의 과거상태로만 예측하는 것보다 더 훌륭하게 신호 B의 현재상태를 예측한다면 신호 A가 신호 B를 "일으킨다"고 한다. 이 정의에서는 쌍방향으로 인과관계가 성립할 수 있음을 주목해두자. 신호 B가 신호 A에 영향을 미치는 것과 똑같이 신호 A도 신호 B에 영향을 미칠지도 모른다.

내가 동료들과 함께 그레인저 인과성 분석을 뇌파기록에 적용했을 때, 우리는 그것이 의식 점화의 역학을 확연하게 해주는 것을 발견했다.[45] 구체적으로는 의식적 지각이 이루어진 과제 동안 뇌 전체를 통해 쌍방향의 인과성이 엄청나게 증대되는 것이 관찰됐다. 이 '인과성 폭발causal explosion'은 이 경우에도 또다시 약 300밀리초 때 갑작스럽게 일어났다. 그때쯤에 이르자 뇌파를 기록하는 부위의 대다수는 관계가 복잡하게 뒤얽힌 거미줄 같은 것에 통합되었다. 그 관계는 1차적으로는 시각 영역에서 전두엽을 향해 앞쪽으로 나아가지만 또한 정반대로 위에서 아래로 내려가는 것이기도 했다.

앞쪽으로 움직이는 뇌파는 분명한 직감과 일관성을 이룬다. 즉, 감각적인 정보가 1차 시각 영역에서 대뇌 피질의 영역들을 서열에 따라 점점 더 추상적으로 자극을 표현하는 곳으로 틀림없이 올라가는 것이다. 그러나 반대쪽인 아래쪽 방향으로 내려오는 뇌파는 어떻게 된 노릇일까? 그것은 들어오는 활동을 증폭하는 주의신호attention signal나, 입력정보가 더 높은 수준에서 현재의 해석과 일관성을 이루는 것을 간단히 점검하는 확인신호 confirmation signal라 해석할 수 있다. 포괄적으로 이야기하면, 뇌가 '분산된 인력체distributed attractor' 속으로 빠져든다는 것이다. 그리고 이러한 인력체는 점화된 뇌 부위들의 대규모 패턴으로, 그러니까 공명활동이 짧게 유지되는 상태를 만들어낸다.

의식되지 않는 과제들에서는 그런 일이 전혀 일어나지 않았다. 브레인 웹이 결코 점화되지 않은 것이다. 단지 복측 시각 영역에 짧은 기간의 상호인과관계가 있었을 뿐, 그것마저도 300밀리초가 지나자 곧 지속되지 않았다. 아주 흥미롭게도 이 기간 동안에는 위에서 아래로 내려오는 인과적 신호가 압도적이었다. 마치 앞쪽 부위들이 필사적으로 감각 영역을 심문하고 있는 것처럼 보였다. 그들이 일관된 신호로 반응하지 못한 결과로 의식적 지각이 없어진 것이다.

전환점과 그 전조

현재까지의 결론을 요약해보자. 의식적 지각은 피질이 점화의 경계를 넘게 하는 신경세포활동의 파로부터 생긴다. 의식되는 자극은 신경활동이 스스로 증폭되면서 사태를 일으키도록 촉발함으로써 궁극적으로 많은 부위를 점화시켜 뒤얽힌 상태로 만든다. 자극이 발생한 지 약 300밀리초가 지나면서 시작되는 그 의식상태 동안 뇌의 앞쪽 부위들에는 상향식으로 감각적인 입력정보가 전해지지만, 또 이러한 부위에서는 분산된 여러 영역으로 반대 방향에 맞춘 하향식으로 대규모 투사가 이루어지고 있다. 그 결과 동기화되는 영역들의 브레인 웹이 생기며, 그 영역들의 다양한 측면에 의해 여러 의식의 기호, 특히 전두엽과 두정엽에서 분산되는 활성, P3파, 감마 대역 증폭, 멀리 떨어진 부위 사이의 대규모 동기 등이 만들어진다.

눈사태의 비유는 그것이 일어나게 되는 전환점과 더불어 "의식적 지각이 뇌에서 정확히 언제 일어나느냐는 문제를 둘러싼 논란의 일부를 해결"하는 데 도움이 된다. 여러 동료들의 데이터는 물론 내 자신의 데이터에서는 시각적 자극이 시작된 뒤 3분의 1초에 가까운 늦은 발생이 지적되고 있으나, 다른 연구소들에서는 의식되는 과제와 의식되지 않는 과제 사이에 훨씬 더 빠른 차이, 때때로 100밀리초나 빠른 차이가 발견되고 있다.[46] 그들이 틀렸을까? 아니다. 충분한 감수성이 있으면 우리는 완전한 점화에 선행되는 뇌활동의 작은 변화를 종종 감지할 수 있다. 그러나 이러한 차이가 이미 뇌에 의식됨을 나타내는 것일까? 아니다. 우선 그들이 항상 감지되지는 않는다. 보이는 과제와 보이지 않는 과제에서 똑같은 자극을 사용하며, 의식적 지각의 유일한 연관성이라고는 늦게 생기는 점화뿐인 다수의 훌륭한 실험도 이루어지고 있다.[47] 두 번째로 초기 변화의 형태가 의식의 보고와 어울리지 않는다. 예컨대 마스킹 동안 일찍 일어나는 일이 자극의 지속에 따라 선형적으로 증대되는 반면에 주관적 지각은 비선형적이다. 마지막으로 초기에 일어나는 일은 보통 의식되는 과제에서의 식역 이하의 커다란 활성화에서 작은 증폭밖에 나타내지 않는다.[48] 그 같은 작은 변화로는 충분하지 않다. 그것은 피험자가 "전혀 인식되지 않는다"고 보고하는 과제에서도 커다란 활성화가 존재하는 것을 의미할 뿐이다.

그럼 왜 일부 실험들에서 초기의 시각적 활동이 의식을 예견하게 하는 것일까? 위로 향하는 활동의 임의적인 변동이 바로 나중에 폭발적으로 아주 넓은 범위에 걸쳐 점화되는 상태가 이루어질 기회를 증대시키기 때문일 가능성이 가장 농후하다. 평균적으로 양성적인 변동은 의식적 지각 쪽으로 크게 영향을 미친다. 작은 눈덩이 하나가 엄청난 눈사태를 일으키거나 나비 한 마리가 허리케인을 만드는 것과 같은 식이다. 눈사태가 확률적인 일이고 확실히 일어나는 것이 아닌 것과 마찬가지로, 결국 의식적 지각에 이르게 되는 연속적인 뇌활동은 완전히 결정론적인 것이 아니다. 똑같은 자극이 때로는 지각되고, 다른 때는 감지되지 않은 상태에 머무는 것이다. 그 차이는 무엇 때문일까? 신경세포의 발화에서 일어나는 예측할 수 없는 변동이 어떤 때에는 들어오는 자극과 어울리고, 또 그것에 저항하는 것이다. 수천 번의 과제에서 의식적 지각이 일어나는 경우와 일어나지 않는 경우를 평균적으로 살펴보면 이러한 작은 경향은 노이즈에서 통계적으로 의미 있는 효과로 나타난다. 다른 모든 것이 똑같더라도 최초의 시각적 활성은 보이지 않는 과제에서보다 보이는 과제에서 조금 더 크다. 그 단계에 뇌가 벌써 의식한다고 결론을 내리는 것은 최초의 눈덩이를 보고 벌써 "눈사태가 일어났어!"라고 말하는 것과 마찬가지로 잘못된 것이 아닐 수 없다.

일부 실험에서는 시각적 자극이 제시되기 전에 기록되는 뇌 신호들에서 의식적 지각의 관련성을 감지하기도 한다.[49] 이제 그것이 더 기이한 것처럼 보인다. 어떻게 뇌활동이 몇 초 뒤에 제시될 자극에 대한 의식적 지각의 표지를 미리 간직할 수 있을까? 이것은 예지일까? 분명히 아니다. 우리가 목격하고 있는 것은 단지 평균적으로 의식적 지각의 눈사태를 일으킬 가능성이 더 많은 전제조건에 지나지 않는다.

뇌활동은 끊임없이 변화한다는 것을 기억하자. 이러한 변동의 일부는 원하는 타깃자극을 지각하는 데 도움을 주는 반면에, 다른 변동은 과제에 집중하는 우리의 능력을 저해한다. 뇌영상법은 매우 민감하기에 자극에 앞서 대뇌 피질이 그것을 지각할 준비가 이미 되어있음을 나타내는 신호를 포착할 정도다. 그 결과 의식적 지각이 일어났음을 알고 난 후의 시간을 소급해 평균할 경우, 이렇듯 초기에 일어난 일들이 부분적으로 나중의 인식에 대한 예측인자predictor로 작용하는 것이 발견된다. 하지만 그들이 아직 의식적인 상태를 구성하는 것은 아니다. 의식적 지각은 나중에, 먼저 존재하고 있는 경향과 들어오는 증거가 결합되어 함께 점화될 때 일어나는 것 같다.

이러한 관찰은 매우 중요한 결론을 가리킨다. 바로 "의식과 단순히 상관관계에 있는 것을 진정한 의식의 기호와 구분하는 법을 배워야 한다"는 것이다. 의식적인 경험에 대한 뇌의 메커니즘에 대한 탐구가 가끔 의식의 신경적 상관성의 탐구로 기술되기도 하지만, 이 어구는 부적절하다. 상관관계는 인과관계가 아니며, 따라서 단지 그것만으로는 불충분하다. 뇌에서 일어나는 굉장히 많은 일이 의식적 지각과 상관이 있다. 거기에는 방금 살펴본 것처럼 자극 그 자체보다 앞서기 때문에 논리적으로는 그것을 부호화한다고 생각할 수 없는 변동까지도 포함된다. 우리가 지금 보고 있는 것은 단지 뇌활동과 의식적 지각 사이의 통계적 관계뿐 아니라 "계통적인 의식의 기호"이기도 하다. 그것은 의식적 지각이 일어날 때면 항상 나타나고, 그것이 없으면 나타나지 않으며, 피험자가 보고하는 주관적 경험을 완전히 부호화한다.

의식적 사고를 해독

다시 내 주장을 스스로 반박해보자. 넓은 범위의 점화는 단지 경보음, 그러니까 우리가 무엇인가를 인식할 때 항상 울리는 사이렌이 아닐까? 세부적인 의식적 사고와는 아무런 구체적인 관계가 없는 것은 아닐까? 주관적 경험의 실질적 내용과는 관계없는, 단지 갑작스러운 광역의 흥분에 불과한 것이 아닐까?

뇌간과 시상에 있는 수많은 다목적 신경핵은 정말 우리의 주의가 필요한 순간을 알려주는 것 같다. 예컨대 청반(평형반)locus coeruleus은 뇌간 아래쪽에 위치하는 신경세포 다발로서, 스트레스가 많고 주의를 요하는 일이 일어날 때마다 특정 신경 전달물질인 노르에피네프린norepinephrine을 대뇌 피질에 광범위하게 전달한다. 노르에피네프린의 폭발적인 분비는 또한 시각적 지각을 인식하는 '흥분되는 일'에 수반되기도 한다. 그래서 일부 연구자들은 이것이 바로 의식화 동안 두피 위에서 관찰되는 엄청난 P3파로 나타나는 것이라고 여겨왔다.[50] 그러나 노르에피네프린의 분비는 의식과 별다른 관계가 없다. 그것은 전반적인 각성에는 불가결하더라도 우리의 의식을 이룰 만큼 매우 섬세한 특징을 갖지 못한 채 구체적이지 못한 신호를 구성한다.[51] 뇌에서 일어나는 그 같은 일을 '의식의 매개체the medium of consciousness'라고 부르는 것은, 찌라시와 실질적인 뉴스를 혼동하는 것과 마찬가지일 것이다.

그럼 우리는 의식의 부호와 그것에 수반되는 무의식적 벨이나 휘파람을 어떻게 구분할 수 있을까? 원리상 그 대답은 쉽다. 우리의 주관적인 의식과 함께 내용을 100% 해독할 수 있는 신경활동을 찾으려면 뇌를 검색해야 한다.[52] 우리가 찾고 있는 의식 부호에는 피험자가 경험한 모든 기록이 그가 지각하는 동안의 것과 아주 똑같은 수준으로 상세하게 들어있어야 한다. 그리고 물리적인 입력정보에 들어있었다 하더라도 피험자가 알아차리지 못한 특징은 무시될 것이다. 반대로 환상이나 환각이라도 의식적 지각의 주관적 내용은 부호화되어야 한다. 또한 의식의 부호에서는 지각되는 유사성에 대한 우리의 주관적 감각도 유지되어야 한다. 마름모꼴과 정사각형을 회전 각도가 다른 똑같은 도형이 아니라 별개의 도형이라고 본다면, 뇌의 의식적 표현도 그래야 하는 것이다.

의식의 부호는 또한 매우 변함이 없어야 한다. 세상이 안정되어있다고 느낄 때는 항상 일정한 상태를 유지하지만, 움직이고 있음을 보자마자 바뀌어야 하는 것이다. 이 기준은 의식의 기호를 찾는 데 강한 제약조건이 된다. 초기의 감각 영역을 모두 배제하는 것이 거의 확실하기 때문이다. 우리가 복도를 걸을 때 끊임없이 바뀌는 이미지가 벽으로부터 우리 망막에 투영된다. 하지만 우리는 이 시각적인 움직임을 알아채지 못한 채 '안정되어 있는 방'으로 지각한다. 초기 시각 영역에는 움직임이 어디에나 존재하지만 인식되지 않는 것이다. 우리 눈은 초당 3~4회 두리번거린다. 그 결과 망막에서는 물론 대부분의 시각 영역에서도 세상의 전체 이미지가 움직인다. 우리는 다행스럽게도 구역질나게 할지도 모르는 이 움직임을 알아차리지 못한다. 우리의 지각은 안정되어있다. 심지어 움직이고 있는 타깃을 응시할 때도 그 배경이 반대 방향으로 미끄러지는 모습을 지각하지 못하는 것이다. 따라서 의식의 부호는 대뇌 피질에서 그와 비슷하게 안정되어있음이 틀림없다. 내이에 있는 운동센서 덕분으로, 그리고 운동명령에 의해 일어나는 예측 덕분으로 우리는 자신의 움직임을 차감하고 환경을 불변의 실체로 지각하는 것이다. 이러한 운동신호가 예측으로부터 우회될 때, 예컨대 손가락으로 살짝 눈알을 밀어 눈을 움직이게 할 때만 비로소 온 세상이 움직이고 있는 것처럼 보인다.

우리 자신의 움직임에 의해 유발되는 시각의 미끄러짐은 뇌가 의식의 내용을 편집하는 여러 가지 계기 중의 하나에 불과하다. 다른 여러 가지 특징들도 감각에 이르는 희미한 신호와 의식되는 세상을 구분해낸다. 예컨대 TV를 볼 때 이미지는 초당 50~60회 깜박거린다. 뇌파기록을 보면 숨겨진 이 리듬이 1차 시각 영역에 들어오고, 거기서 신경세포가 똑같은 주파수로 깜박거린다.[53] 다행히 우리는 그 율동적인 깜박거림을 지각하지 않으며, 시각 영역에 나타나는 일시적인 미세한 정보는 인식되기도 전에 여과되어버린다. 마찬가지로 가느다란 선으로 이루어진 그물눈도 눈에 보이지는 않더라도 1차 시각 영역에 의해 부호화된다.[54]

그러나 의식이 거의 맹목적인 것뿐만은 아니다. 그것은 입력되는 이미지를 극적으로 강화해 변형시키는 적극적인 관찰자이기도 하다. 망막과 대뇌 피질에서 처리가 이루어지는 가장 초기 단계에서 시각의 중심은 변두리에 비해 엄청나게 확대되어있다. 훨씬 더 많은 신경세포가 시야의 변두리보다 중심에 관여하고 있기 때문이다. 하지만 우리가 거대한 확대경을 통해서 보는 것처럼 세상을 지각하는 것은 아니다. 그리고 쳐다보기로 한 얼굴이나 단어가 갑자기 확대되는 것을 경험하지도 않는다. 의식이 끊임없이 우리의 지각을 안정시키는 것이다.

최초의 감각 데이터와 그들에 대한 의식적 지각 사이에서 보이는 커다란 차이의 마지막 예로서 '색깔'을 생각해보자. 망막에는 시야의 중심부를 제외하면 색깔에 민감한 추상체가 매우 적다. 그렇지만 시야의 변두리가 색맹인 것은 아니다. 또 우리는 무엇인가를 응시할 때 항상 색깔이 어떻게 나타나는지 놀라면서 흑백의 세상을 거닐지 않는다. 오히려 의식되는 세계는 원색으로 보인다. 하지만 우리의 망막 각각에는 시신경이 뇌로 향하는 곳에 '맹점'이라는 커다란 틈새가 있다. 다행스러운 것은 세상을 바라보면서 바로 그 검은 구멍을 지각하지 않는다는 점이다.

이러한 주장은 모두 "초기의 시각 반응에는 의식의 부호가 들어있을 수 없음"을 입증하고 있다. 즉, 뇌가 지각의 조각그림맞추기를 풀어 세상의 안정된 모습을 나타내기 전까지 많은 가공이 필요하다는 말이다. 아마도 의식의 기호가 시간상 아주 늦게 생기기 때문일 것이다. 그리고 3분의 1초는 대뇌 피질이 무계획적인 조각그림맞추기 조각을 모두 살펴보고 그것을 모아 세상의 안정적인 모습을 나타내는 데 필요한 최소한의 시간일지도 모른다.

이 견해가 옳다면 이처럼 느린 뇌활동에는 의식적인 경험의 모든 기록, 즉 우리 사고의 모든 부호가 포함되어야 한다. 그리고 이 부호를 해독할 수 있으면 주관이나 환각까지 포함시켜 한 사람의 내면세계에 완전히 다가갈 수 있을 것이다.

이 전망이 그저 공상과학소설 속 이야기일까? 그렇지 않다. 신경과학자 키안 키로가Quian Quiroga와 그의 동료 이츠하크 프리드Itzhak Fried 및 라피 말라크Rafi Malach는 사람의 신경세포 하나하나를 선택적으로 기록함으로써 의식적 지각의 문을 열었다.[55] 그들은 특정한 그림, 장소, 사람에만 반응하고 의식적 지각이 일어날 때만 점화하는 신경세포를 발견했다. 그들의 발견은 비특정적인 해석을 부정하는 결정적인 증거를 마련해준다. 광역적으로 점화되는 동안에라도 뇌는 광역적으로 흥분되지 않는다. 오히려 일련의 매우 정교한 신경세포가 활동하며, 그들의 윤곽에 의해 의식의 주관적인 내용이 뚜렷하게 묘사된다.

어떻게 신경세포가 인간의 뇌 깊은 곳으로부터 기록될 수 있을까? 신경외과 의사들이 두개골 내부에 일련의 전극을 심어 뇌전증의 발작을 지켜보는 것은 이미 설명한 바 있다. 보통 전극은 크며 수천 개의 세포들을 무차별적으로 기록한다. 하지만 신경외과 의사 이츠하크 프리드는 이전의 선구적인 작업[56]을 기반으로 해 개개의 신경세포의 활동을 매우 가느다란 전극을 통해 기록하도록 특정적으로 설계된 미세한 시스템을 개발했다.[57] 대부분의 다른 동물에서와 마찬가지로 대뇌 피질의 신경세포는 사람의 뇌에서 개별적인 전기신호를 교환한다. 그들은 오실로스코프 위에서 전위가 아주 날카롭게 벗어나는 것처럼 나타나기 때문에 '스파이크spike'라 부른다. 흥분된 신경세포는 보통 초당 수 개의 스파이크를 내며, 그들 각각은 재빨리 축삭돌기axon (신경돌기)를 따라 퍼지면서 해당 부위의 타깃이나 멀리 떨어진 타깃에 이른다. 프리드의 과감한 실험 덕분에 깨어있는 환자가 정상적인 생활을 하고 있는 동안 대상이 되는 신경세포가 내는 모든 스파이크를 여러 시간, 심지어는 며칠에 걸쳐 기록하는 것도 가능해졌다.

프리드와 그의 동료들은 전극을 전방측두엽에 놓았을 때 곧 놀라운 발견을 했다. 그들은 인간의 신경세포가 제각각 그림, 이름, 심지어 개념에 매우 선택적으로 반응할 수 있음을 발견했다. 그리고 환자에게 얼굴, 장소, 물체, 단어 등이 찍힌 수백 장의 사진을 보임으로써 단지 한두 장의 사진으로 특정 세포가 반응하는 것이 일반적임을 알아냈다. 예컨대 한 신경세포는 빌 클린턴 전 대통령의 사진에만 방전하고 다른 누구의 사진에도 방전하지 않았다.[58] 지난 몇 년 동안 인간의 신경세포가 환자의 가족, 시드니 오페라하우스나 백악관 같은 유명한 명소, 심지어 제니퍼 애니스턴이나 호머 심슨 같은 유명인 등의 사진들에 선택적으로 반응하는 것이 보고되어왔다. 가끔 단어로 적은 것도 그들을 충분히 활성화시켰다는 것은 주목할 만하다. '시드니 오페라하우스'라는 단어와 그 유명한 건축물의 모습에 똑같은 신경세포가 모두 반응했다.

전극을 아무렇게 삽입하고 임의의 신경세포에 귀를 기울임으로써 '빌 클린턴이라는 세포'를 발견할 수 있다는 것은 흥미롭기 그지없다. 이것은 어느 때라도 우리가 보는 광경에 반응해 수백만의 그런 세포가 방전되고 있음에 틀림없다는 것을 의미한다. 그리고 전방측두엽의 신경세포는 인물, 장소, 그 밖의 기억할 만한 개념 등을 나타내는 분산된 내적 부호를 형성하리라 생각된다. 클린턴의 얼굴 같은 각각의 특정 사진은 활성·비활성 신경세포의 특정한 패턴을 유도한다. 그 부호는 매우 정확하기 때문에, 어느 신경세포가 발화하고 어느 신경세포가 침묵하고 있는지를 지켜봄으로써 컴퓨터를 훈련시켜 피험자가 보고 있는 것이 어느 사진인지를 매우 정확하게 짐작하도록 할 수 있다.[59]

그렇다면 이러한 신경세포는 현재의 시각적 광경에 매우 특정적이면서도 아주 변하지 않는 것임이 분명하다. 그들의 방전이 나타내는 것은, 전체적인 각성의 신호나 무수한 세부적인 변화가 아니라, 현재 제시되어있는 사진의 요점, 바로 우리의 의식적인 사고를 부호화하리라 예상되는 올바른 종류의 안정된 표현이다. 그럼 이러한 신경세포는 각 개인의 의식적인 경험과 어떤 관계가 있는 것일까? 그렇다. 전방 측두 부위에서는 어떤 사진이 보여 의식될 때만 많은 신경세포가 발화한다. 어느 한 실험에서는 사진들이 아무런 의미가 없는 이미지에 가려지고 아주 짧게 비쳐졌기 때문에 그들 중 다수를 볼 수 없었다.[60] 각 시도마다 피험자는 자신이 그 사진을 인식했는지를 보고했다. 대다수의 세포는 피험자가 그림을 보고 있다고 보고할 때만 스파이크를 냈다. 표시 내용은 의식적 과제나 무의식적 과제 모두 정확히 똑같았지만, 세포의 발화에는 객관적 자극보다 오히려 피험자의 주관적 지각이 반영되었다.

272페이지의 〈그림 22〉는 세계무역센터World Trade Center의 사진에 의해 발화가 이루어지는 세포를 보여준다. 그 신경세포는 의식적 과제에서만 방전됐다. 사진이 인식하지 못하도록 가려져 피험자가 아무것도 보이지 않는다고 보고할 때마다 그 세포는 전혀 꼼짝하지 않았다. 똑같은 사진이 같은 시간에 표시되어 물리적 자극의 양이 객관적으로 고정되더라도 주관성이 문제가 되었다. 사진이 표시되는 시간을 정확하게 역치에 맞춰 설정하면, 피험자는 과제에 임하는 시간의 약 절반 동안 그 사진이 보인다고 보고했다. 그리고 그 세포의 스파이크는 의식적 지각이 있는 과제들에서만 기록됐다. 그 세포의 발화는 거듭 재현되었기 때문에 관찰된 스파이크의 수로부터 선을 그어 보이는 과제와 보이지 않는 과제를 구분할 수 있었다. 요컨대 주관적인 마음의 상태를 뇌의 객관적인 상태로부터 해독할 수 있었던 것이다.

전방 측두의 세포가 의식적 지각을 부호화한다면, 그들의 방전은 의식이 어떻게 조작되느냐는 방법과는 무관해야 한다. 그리고 실제로 프리드와 그의 동료들은 이러한 신경세포의 발화가 사진 마스킹이 아닌 다른 패러다임으로 두 눈 사이의 경쟁 같은 의식적 지각과 상관관계가 있음을 발견했다. '빌 클린

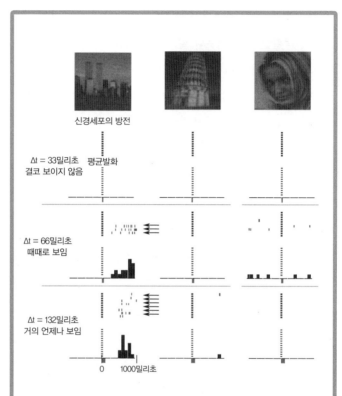

신경세포의 방전

Δt = 33밀리초   평균발화
결코 보이지 않음

Δt = 66밀리초
때때로 보임

Δt = 132밀리초
거의 언제나 보임

0   1000밀리초

그림 22.
개개의 신경세포는 의식적 지각을 나타낸다. 그들은 우리가 어느 특정 사진을 의식할 때만 발화한다. 이 예에서는 전방측두엽에 있는 신경세포 하나가 세계무역센터의 사진에 선택적으로 발화했지만, 이는 그 사진이 의식적으로 보일 때뿐이었다. 사진을 제시하는 시간이 길어지자 의식적 지각도 더욱 빈번해졌다. 신경세포의 방전은 피험자가 사진이 보인다고 보고할 때(화살표로 표시된 과제 때)만 일어났다. 그 신경세포는 선택적이라 사람이나 피사의 사탑 같은 다른 사진에는 그다지 방전하지 않았다. 느리고 지속적인 그 세포의 발화가 인식의 특정한 내용을 나타낸 것이다. 수백만의 그 같은 신경세포가 함께 발화함으로써 우리에게 보이는 것을 부호화한다.

턴 세포'는 클린턴의 얼굴이 한쪽 눈에 보일 때는 항상 방전됐지만, 다른 쪽 눈에 체스판 사진이 경쟁하듯 나타날 때는 곧 발화를 중단해 클린턴이 시야에서 사라지게 만들었다.[61] 클린턴의 사진이 여전히 망막 위에 있지만 경쟁적인 이미지에 의해 주관적으로 소멸되어버리고, 의식이 만들어지는 더 높은 대뇌 피질의 중심에까지 그 활성이 이르지 못하는 것이다.

키안 키로가와 그의 동료들은 의식적 과제와 무의식적 과제에서 각각 평균을 취함으로써 이제는 친숙해진 우리의 점화 패턴을 재확인했다. 약 3분의 1초 뒤 사진이 의식적으로 보일 때는 항상 전방 측두 부위의 세포들이 활발하게 일정 시간 동안 발화하기 시작했다. 서로 다른 이미지가 서로 다른 세포를 활성화하기 때문에 그러한 방전은 그저 뇌의 각성만 반영할 수 없다. 오히려 우리는 의식의 내용을 목격하고 있는 것이다. 활동하거나 활동하지 않는 세포의 패턴은 주관적 지각의 내용에 대한 내적 부호를 형성한다.

이 의식 부호는 분명히 안정적이며 재생 가능하다. 피험자가 빌 클린턴을 생각할 때는 언제나 바로 그 세포가 발화한다. 사실 전직 대통령의 사진을 단지 상상만 하더라도 그 세포는 일체의 객관적인 외부 자극 없이도 활성화된다. 대다수의 전방 측두 신경세포는 실제 사진이나 상상된 사진에 모두 똑같은 선택성을 나타내는 것이다.[62] 또한 기억의 상기도 그들을 활성화한다. 피험자가 애니메이션 〈심슨 가족The Simpsons〉을 보고 있을 때

발화했던 한 세포는 그 피험자가 깜깜한 어둠 속에서 그 영화의 클립을 본 것을 회상할 때마다 다시 방전됐다.

비록 개개의 신경세포가 우리의 상상과 지각을 추적하더라도 단일 세포가 의식적 사고를 유발하기에 충분하다고 결론적으로 말하는 것은 잘못이다. 의식정보는 아마도 수많은 세포들 사이에 분산되어있을 것이다. 수백만의 신경세포가 대뇌 피질의 연관된 영역에 골고루 퍼져 각각 시각적 장면의 단편을 부호화하고 있는 것을 상상해보자. 동기화된 그들의 방전에 의해 거대한 뇌의 전위가 만들어지며, 그 전위는 아주 강해 두개골 안이나 심지어 두개골 밖에 있는 전극에서도 감지된다. 단일 세포의 발화는 거리가 멀면 검출할 수 없지만, 의식적 지각에는 거대한 세포의 집합이 동원되기 때문에 시각 영역에 의해 방출된 커다란 전위의 지형으로부터 피험자가 얼굴을 보고 있는지 건물을 보고 있는지를 어느 정도 판단할 수 있다.[63] 마찬가지로 피험자가 단기기억에 가지고 있는 항목의 장소나 심지어 수까지도 두정엽의 느린 뇌파의 패턴으로 판단할 수 있다.[64]

의식 부호가 일정 시간 동안 안정적으로 나타나기 때문에 수백만의 신경세포를 평균적으로 다루는 다소 거친 방법인 fMRI조차도 해독할 수 있는 것이다. 최근의 어느 실험에서는 피험자가 얼굴이나 집을 본 뒤 복측 측두엽의 앞부분에 두드러진 활동의 패턴이 나타났으며, 그것은 피험자가 무엇을 봤는지 판단하기에 충분했다.[65] 그 패턴은 여러 과제 동안 안정된 상태였지만,

의식되지 않은 과제에서는 재현 가능한 그런 활동이 결코 일어나지 않았다.

그럼 우리 자신이 밀리미터 이하의 크기로 축소되어 대뇌 피질로 들어갔다고 상상해보자. 거기서 수천 개의 신경세포가 만들어내는 방전에 둘러싸인다. 이러한 스파이크 가운데 어느 것이 의식적 지각을 부호화하는지를 어떻게 알아차릴 수 있을까? 아마도 시간이 흐르면 안정되는 것, 다른 시도에서도 재현되는 것, 표면적인 변화에도 그 내용을 그대로 유지하는 불변적인 것 등 3가지 뚜렷한 특징을 지니는 일련의 스파이크를 찾아내야 할 것이다. 예컨대 이러한 기준은 두정엽의 정중앙선에 위치하는 고도의 통합 영역인 후방 대상 피질posterior cingulate cortex에서 충족된다. 거기서는 비록 두 눈이 움직일 때라도 물체 자체가 잠자코 있으면 시각적 자극에 의해 일어나는 신경활동이 안정된 상태를 유지한다.[66] 게다가 이 부위의 신경세포는 외부 세계에 있는 물체의 위치에 맞춰져있다. 그래서 우리가 주위를 둘러보는 동안에도 그러한 신경세포는 변함없는 발화수준을 유지한다. 이 점은 결코 사소한 일이 아니다. 눈이 움직이는 동안에는 시각 이미지 전체가 1차 시각 영역에서는 흔들리지만, 후방 대상회posterior cingulate gyrus에 이를 즈음에는 어떻게든 안정되기 때문이다.

불변의 위치를 추적하는 세포가 있는 이 후방 대상회를 해마방회parahippocampal gyrus라고 하며, '장소세포place cell'가 발견되는 곳(해마 옆)과 밀접하게 연결되어있다.[67] 이러한 신경세포는 동물이 낯익은 방과 같은 공간이나 북서쪽 모퉁이처럼 어떤 자리를 차지할 때 언제나 발화한다. 장소세포도 여러 가지 감각 입력의 영향을 받지 않고 높은 불변성을 지니며, 심지어 그 동물이 어둠 속을 거니는 동안에도 공간선택적인 발화를 유지한다. 흥미롭게도 이러한 세포는 그 동물 스스로가 자신이 위치하고 있다고 생각하는 곳을 부호화한다. 만약에 어느 방의 바닥, 벽, 천장 색깔을 갑자기 바꿈으로써 다른 방과 비슷하게 만들고 쥐 한 마리를 '공간이동teleport'시킨다면, 해마 속의 장소세포가 2가지 해석 사이에서 잠깐 요동한 뒤 그 쥐가 공간이동된 방에 적합한 발화패턴으로 정착한다.[68] 이 부위의 신경신호에 대한 해독은 고도로 진보되어있어 신경세포의 집단적인 발화 패턴을 통해 그 동물이 어디에 있는지(또는 어디에 있다고 생각하는지)를 분간한다. 심지어 공간적인 궤적이 단지 상상될 뿐인 수면 동안에도 그럴 수 있게 되었다. 앞으로 몇 년 안에 우리 사고의 골격을 암호화하는 비슷한 부호가 인간의 뇌에서 해독되리라 생각하는 것도 불가능한 일은 아니다.

요약하면 신경심리학에서는 이제 의식적인 경험의 신비를 해명하기 위한 돌파구를 활짝 열었다. 제시되는 사진이나 개념에 특정된 신경활동의 패턴은 의식적 지각 동안 뇌의 여러 장소에서 기록할 수 있다. 그런 세포는 실질적이든 상상하는 것이든 피험자가 그가 사진을 지각한다고 보고할 때만 강하게 발화된다. 의식된 각각의 시각적 장면은 본인이 그것을 보고 있는 한 0.5초 이상 안정되는 재생 가능한 신경세포활동의 패턴에 의해 부호화되는 것 같다.

환각을 유도하다

신경의 의식적 기호를 찾으려는 우리의 탐구는 이제 해피엔딩을 맞이한 것일까? 그렇지 않다. 또 하나의 기준이 충족되어야 한다. 진정한 의식의 기호로 간주되려면 대응되는 의식의 내용이 출현할 때 항상 뇌활동이 일어나야 할 뿐 아니라, 또한 이 내용이 우리에게 분명히 인식되어야 한다.

이는 간단히 예측할 수 있다. 만약 어떤 상태의 뇌활동이 가까스로 유도됐다면, 그것에 대응되는 정신상태가 일어났을 것이다. 영화 〈매트릭스〉에 나오는 것과 같은 시뮬레이터가 지난번에 일몰을 봤을 때 우리의 회로에 있던 정밀한 신경세포의 발화상태를 뇌 속에 재현할 수 있다면, 우리는 그것을 아주 뚜렷하게 시각화해야 할 것이다. 바로 원래의 경험과 구분할 수 없는 환각처럼 말이다.

그 같은 뇌상태의 재현이 먼 미래의 일처럼 여겨질지도 모르지만, 매일 밤 일어나고 있다. 우리는 꿈꾸는 동안 가만히 누워 있지만, 뇌가 조직적으로 구성되어 정밀한 정신적 내용을 환기시키는 일련의 스파이크를 발화하기 때문에 우리 마음은 날아다닌다. 쥐의 경우 수면 동안의 신경세포기록을 보면 낮 동안 경험한 것과 직접적 상관관계가 있는, 피질과 해마 속의 신경세포의 패턴이 재현되고 있었다.[69] 그리고 사람의 경우 잠을 깨기 몇 초 전에 활발해진 피질 영역에서는 보고된 꿈의 내용을 예측할 수 있었다.[70] 예컨대 그 활동이 얼굴에 특화된 것으로 알려진 부위에 집중될 때는, 그 사람은 예측대로 자신의 꿈에서 다른 사람들이 나타났음을 보고하는 것이다.

이러한 매력적인 발견은 신경상태와 정신상태 사이의 대응을 나타내지만, 그래도 여전히 인과관계는 성립되지 않는다. 어떤 뇌활동패턴이 어떤 정신상태를 일으키는지를 증명하는 것은 신경과학자들이 직면하고 있는 가장 어려운 문제 가운데 하나다. 거의 모든 비침습성 뇌영상기법은 인과적이라기보다 상관적이며, 뇌 활성과 정신상태 사이의 상관관계를 수동적으로 관찰한다. 하지만 무해하고 가역적인 기술을 사용하는 2가지 특수한 방법에 의해 인간의 뇌를 안전하게 시뮬레이션할 수 있다.

건강한 피험자의 경우에는 경두개 자기자극transcranial magnetic stimulation(TMS)이라는 기술로 외부에서 뇌를 활성화할 수 있다. 20세기 초에 개발되었다가[71] 나중에 최신기술로 되살아난[72] 이 기법은 이제 널리 사용되고 있다(〈그림 23〉 참조). 작용원리는 다음과 같다. 축전지로부터 머리 위에 놓인 코일에 갑자기 강한 전류를 흘려보낸다. 이 전류는 머리를 관통해 자기장을

그림 23.
경두개 자기자극은 인간의 뇌에 간섭해 의식경험에 변화를 유발하는 데 사용할 수 있다. S. P. 톰슨Thompson(1900년, 왼쪽)과, C. E. 망누손 Magnusson 및 H. C. 스티븐스Stevens(1911년, 가운데) 등에 의해 개척된 이 기법은 지금은 훨씬 단순하고 비용도 싸졌다(오른쪽). 순간적인 자기장의 적용에 의해 피질 내부에 전류의 펄스가 유도되며, 그것은 지각을 교란시키거나 섬광을 보는 등의 환각을 일으키기도 한다. 그 같은 경험은 뇌활동과 의식경험 사이에 인과관계가 존재함을 입증하는 것이다.

만들고, 그 밑에 있는 피질의 정확한 위치인 '스위트스폿sweet spot'에 방전을 일으킨다. 안전수칙만 지키면 이 기술은 무해하다. '찰칵' 하는 소리가 들리고 가끔 불쾌한 근육의 경련이 일어날 뿐이다. 정상적인 뇌는 이런 식으로 피질의 거의 모든 부위에 정확한 타이밍으로 자극을 가할 수 있다.

뇌 속에 넣는 전극으로 직접 신경세포를 자극해 더욱 정밀하게 장소를 특정하는 방법도 있다. 이 방법은 물론 뇌전증, 파킨슨병, 운동장애 등의 환자에게만 적용할 수 있다. 이처럼 두

개 속에 삽입된 전극으로 이러한 환자들을 검사하는 경우가 늘어나고 있다. 환자의 동의를 얻은 후 외부 자극과 동시에 전극에 약한 전류를 흐르게 할 수 있다. 방전은 외과수술 도중에도 적용할 수 있다. 뇌에는 통각수용체가 없으므로 그 같은 전기자극이 무해하며, 그래서 이 방법은 언어회로처럼 메스를 가해서는 안 되는 중요한 부위를 확인하는 데 매우 유용하다. 전 세계의 병원에서는 그런 기묘한 수술에 포함된 실험이 일상적으로 수행되고 있다. 환자는 수술대에 누워 두개골이 반쯤 열리고 의식은 깨어있는 상태로, 전극에서 미량의 전류가 뇌 속의 정확한 장소에 흐르는 동안 자신의 경험을 조심스럽게 이야기한다.

이런 조사들의 결과는 대단히 소중하다. 인간과 인간이 아닌 영장류의 자극에 대한 연구에서는 신경상태와 의식적 지각 사이에 직접적 인과관계의 대응이 있음이 드러나고 있기 때문이다. 객관적인 일이 전혀 없을 경우, 신경회로만 자극하더라도 자극되는 회로와 함께 내용이 달라지는 의식하고 있는 상태의 주관적인 느낌을 불러일으키기에 충분하다. 예컨대 시각 영역의 TMS는 캄캄한 어둠 속에서 섬광감각phosphene으로 알려진 빛의 감각을 만들어낸다. 전류가 흐른 직후 피질의 자극받는 부위에 따라 다양한 곳에서 빛이 희미한 점으로 나타나는 것이다. 그 자극 코일을 뇌 옆쪽에 있는, 운동에 반응하는 MT/V5라는 영역 위로 움직이면 그 지각이 갑자기 바뀐다. 그 사람은 이제 순간적인 움직임의 인상을 보고할 것이다. 그리고 다른 부위를 자극해도 색깔의 감각을 일으킬 수 있다.

　신경세포의 활동기록을 통해 시각적 장면의 각 변수가 시각 영역의 분명한 부위에 대응한다는 것이 오랫동안 알려져있었다. 신경세포의 집합은 후두엽의 여러 부분에서 모양, 움직임, 색깔 등에 따라 반응한다. 자극연구에서는 이제 이러한 신경세포의 발화와 대응하는 지각 사이의 관계가 인과적임이 드러나고 있다. 이미지가 없더라도 이러한 부위의 어느 하나에 초점을 맞춘 방전이 일어나면 적절한 수준의 빛이나 색깔로 대응되는 아주 작은 의식을 일으킬 수 있다.

　두개 안에 심은 전극으로는 자극의 효과가 더욱 구체적일 수도 있다.[73] 복측 시각 영역의 얼굴 부위 위쪽에 있는 전극을 방전하면 당장 얼굴의 주관적 지각을 유도할 수도 있다. 자극을 전방 측두엽 쪽으로 옮기면 피험자의 과거경험으로부터 끌어낸 복잡한 기억을 상기시킬 수도 있다. 한 피험자는 토스트가 타는 냄새를 맡았다. 다른 피험자는 오케스트라 단원들이 모든 악기를 연주하는 것을 보고 들었다. 또 다른 사람들은 심지어 생생한 꿈과 같은 상태를 더 복잡하고 극적으로 경험했다. 자신이 출산을 하는 모습을 보거나, 공포영화에서의 무시무시한 상황을 실제로 경험하거나, 마르셀 프루스트풍의 어린 시절 에피소드에 투영되기도 했다. 이러한 실험에서 선구적인 역할을 한 캐나다의 신경외과 의사 와일더 펜필드Wilder Penfield는 피질의 미세 회로에서는 우리 인생의 대소사에 대한 기록이 잠자고 있다가 뇌의 자극에 의해 깨어나려 하고 있다는 결론을 내렸다.

계통적인 조사에서는 대뇌 피질의 모든 부위가 각각 그 자체의 전문적인 지식을 가지고 있음이 시사된다. 전두엽과 측두엽 아래쪽에 파묻혀있는 두꺼운 칼집 모양의 조직인 섬엽insula을 생각해보자. 섬엽을 자극하면 숨이 막히거나 타거나 찌르거나 따끔거리거나 덥거나 메스껍거나 낙하하는 듯한 여러 가지 불쾌한 느낌을 자아낼 수 있다.[74] 전극을 피질 표면의 좀 더 아래에 있는 시상하핵subthalamic nucleus으로 움직이면, 똑같은 전기 펄스가 울고 흐느끼며 단조로운 목소리, 쭈그리고 있는 자세, 침울한 생각 등이 겸비된 우울한 상태를 당장 유발할지도 모른다. 두정엽의 여러 부분을 자극하면 현기증, 심지어는 천정으로 날아올라 자신의 몸을 내려다보는 듯한 야릇한 느낌까지도 일으킬지 모른다.[75]

정신생활이 전적으로 뇌활동으로부터 생긴다는 것에 조금이라도 의심이 남아있다면 이러한 사례가 그 의심을 걷어줄 것이다. 뇌자극은 오르가슴에서부터 기시감까지 거의 모든 경험을 불러올 수 있는 것 같다. 그러나 이 사실 자체가 의식의 인과적 메커니즘 문제를 직접적으로 실증하는 것은 아니다. 신경활동은 자극 부위에서 일어난 뒤 당장 다른 회로로 퍼져나가며, 이로 인해 인과관계가 애매해진다. 사실 최근 연구에서는 최초로 유도된 활동이 무의식적임이 시사되고 있다. 그 활성이 두정엽과 전전두엽의 멀리 떨어진 부위까지 퍼질 때에만 비로소 의식적 경험이 일어나는 것이다.

예컨대 최근에 프랑스의 신경과학자 미셸 데뮈르제Michel Desmurget가 보고한 '현저한 분리striking dissociation'에 대해 생각해보자.[76] 수술 도중 상당히 낮은 역치에서 전운동 피질premotor cortex을 자극하자 환자의 팔이 움직였지만, 피험자는 무엇인가가 일어난 것을 부인했다(피험자는 자신의 팔다리를 볼 수 없었음). 거꾸로 데뮈르제가 아래쪽 두정엽을 자극하자 환자는 움직이고자 하는 의식적 충동을 보고했으며, 전류를 더 높이자 자신이 손을 움직였다고 믿었다. 하지만 실제로 그녀의 몸은 전혀 꼼짝하지 않았다.

이러한 결과는 1가지 중요한 의미를 지닌다. 바로 모든 뇌회로가 의식적 경험에 똑같이 중요하지는 않다는 점이다. 말초적인 감각회로 및 운동회로는 반드시 의식적 경험을 만들지 않고서도 활성화될 수 있다. 반면에 측두엽, 두정엽, 전전두엽 등의 고차 영역은 의식적 경험과 훨씬 밀접한 관련이 있다. 그들을 자극하면 객관적인 현실과는 아무런 관계가 없는 주관적인 환각을 유도할 수 있기 때문이다.

다음 단계에 대한 논리적인 접근 방식은 최소한의 차이로 의식되는 뇌자극과 의식되지 않는 뇌자극을 만들어내 그 결과가 어떻게 다른지를 살펴보는 것이다. 영국 런던의 신경과학자 폴 테일러Paul Taylor, 빈센트 월시Vincent Walsh, 마틴 에이머Martin Eimer는 이전의 여러 과학자와 마찬가지로 1차 시각 영역에 대한 경두개 자기자극법을 사용해 시각적 섬광, 즉 대뇌 피질의 활동으로만 만들어지는 빛의 환각을 유도했다.[77] 그러나 그들은 환자가 빛이 점으로 보인다고 보고할 때까지 약 절반의 시간 동안 주입되는 전류의 세기를 매우 교묘하게 조정했다. 그리고 또한 자극이 시작된 뒤 여러 차례에 걸쳐 피험자의 EEG를 밀리초 단위로 기록함으로써 역치수준의 이 펄스에 의해 뇌 전체에 유도되는 활동을 추적했다.

그 결과는 분명했다. 펄스가 가해진 직후는 의식과 전혀 아무런 관계가 없었다. 160밀리초 동안 내내 보이는 과제나 보이지 않는 과제에서 뇌활동은 똑같았다. 이 오랜 시간 뒤에야 비로소 이제는 친숙한 P3파가 머리의 표면에 지각되지 않은 과제보다 지각된 과제 때 훨씬 강도가 높게 나타났다. 이 P3파의 발생은 일반적인 경우(약 200밀리초)보다 빨랐다. 즉, 자기펄스가 외부의 빛과 달리 초기의 시각 처리 과정을 우회함으로써 의식화가 10분의 1초 단축된 것이다.

따라서 뇌자극은 피질의 활동과 의식적 경험 사이의 인과관계를 나타낸다. 완전한 어둠 속에서도 시각 영역에 대한 펄스자극은 시각적 경험을 유도해낼 수 있다. 하지만 이 관계는 간접적이다. 국부적 활동은 의식적 지각을 만들어내기에 충분하지 않다. 그것이 의식에 다가가기 전에 먼저 유도된 활동이 멀리 떨어진 뇌 부위로 보내져야 한다. 이것을 통해서도 발화의 후반부(활동이 고차의 피질중추로 전파되어 브레인 웹을 형성할 때)가 의식적 지각을 일으키는 것으로 여겨진다. 이 의식적인 브레인 웹의 형성 과정 동안 신경활동은 피질 안을 폭넓게 순환하고 때로는 감각 영역으로 돌아가기도 하면서 신경세포에 의해 지각된 그림의 파편을 한데 묶는다. 이때 비로소 우리는 '보고 있음'을 경험하는 것이다.

의식을 파괴하다

우리가 의식을 만들어낼 수 있다면, 그것을 파괴할 수도 있을까? 광역의 브레인 웹에서 뒤늦게 생기는 활성화가 우리의 모든 의식적 경험을 일으킨다면, 그것을 방해함으로써 의식적 지각을 근절시키게 될 것이다. 이 경우에도 그 실험은 개념적으로 단순하다. 먼저 피험자에게 의식적 지각의 정상적인 역치보다 훨씬 높은 시각자극을 가하고, 그 뒤 전류의 펄스를 사용해 뒤늦게 의식을 유지시키는 장거리 네트워크를 살짝 타격한다. 그러면 피험자에게는 아무런 자극이 없다. 다시 말해 무엇인가를 보고 있는 것을 알아차리지 못한다고 보고할 것이다. 또는 그 펄스가 단지 광역적으로 이루어지는 신경세포활동의 상태를 파괴할 뿐 아니라, 그것을 다른 상태로 대체하는 것까지도 상상해보자. 그럼 피험자는 새로운 신경세포상태와 결부된 내용, 즉 세상의 참된 상태와는 전혀 관계가 없을지도 모르는 주관적인 경험을 의식하노라고 보고할 것이다.

이런 것이 공상과학소설의 얘기처럼 들릴지 모르지만, 몇 가지 변형된 형태의 실험이 이미 수행되어 상당한 성공을 거두었다. 그 가운데 하나는 이중 경두개 자기자극장치를 사용한 것이다. 이 실험에서는 임의의 두 순간에 서로 다른 두 군데 뇌 부위에 전류를 유도한다. 실험의 과정은 단순하다. 먼저 운동 영역인 MT/V5를 전기펄스로 자극시키고, 이 방전이 시각적인 움직임에 대한 의식적인 느낌을 스스로 불러일으키는지 확인한다. 그런 뒤 두 번째 전기펄스를 1차 시각 영역 같은 부위에 적용한다. 놀랍게도 두 번째 펄스는 첫 번째 펄스가 유도할 수 있었던, '본다'는 의식적인 느낌을 말소시킨다. 이 결과는 최초의 펄스만으로는 의식적인 경험을 일으키는 데 실패한다는 것을 입증하는 것이다. 유도된 활성화는 의식적으로 지각되기 전에 1차 시각 영역으로 돌아오지 않으면 안 된다.[78] 의식은 이 처리 과정에서 생긴다. 대뇌 피질의 연결을 순환시키는 신경세포활동이 반향을 만들어 우리의 의식적인 경험을 일으키는 것이다.

더욱 흥미로운 사실은 피질자극을 순수한 시각적 이미지와 결합시켜 새로운 환각을 만들어낼 수 있다는 것이다. 예컨대 사진을 잠깐 비춘 뒤 5분의 1초 후 시각 영역을 자극하면 의식에 그 사진이 다시 비치게 할 수 있다. 피험자는 두 번째로 그 사진이 보인다고 보고함으로써 그 사진의 자취가 처음 나타난 뒤 200밀리초가 지나도 시각 영역에 여전히 머물러있었음을 확인해준다.[79] 그 효과는 피험자에게 그 사진을 기억해두라고 말할 때 특히 강렬하다. 이러한 결과는 우리가 마음속에 하나의 이미지를 간직할 때 뇌에서는 그것이 역치 이하의 수준으로 시각 영역에서 신경세포들이 발화하는 가운데에서 생생하게 유지되며, 그래서 펄스의 자극에 의해 쉽게 재생된다는 것을 시사해주고 있다.[80]

우리의 의식세계를 만들어내는 브레인 웹은 얼마나 광역적일까? 네덜란드의 신경생리학자 빅토르 라머Viktor Lamme에 의하면, 영역 A가 영역 B에게 말한 뒤 영역 B가 영역 A에게 되돌아 말하는 것과 같은 국부적인 루프를 형성할 때 항상 어떤 형태의 의식을 일으키기가 충분하다고 한다.[81] 그 같은 루프는 활성화를 반향시킴으로써 정보를 원래 만들어낸 바로 그 회로에 재투입하는 '회귀 처리recurrent processing'를 일으킨다. "의식이 바로 회귀 처리라 정의할 수도 있을 것이다"라고 라머는 말한다.[82] 그는 어느 신경세포의 루프에도 조금의 의식이 들어있다고 생각했다. 하지만 나는 이 견해가 옳은지 의심스럽다. 우리 대뇌피질은 닫힌 루프로 가득 차있다. 신경세포끼리는 모든 스케일에서, 즉 밀리미터 크기의 국소적인 미세 회로에서부터 광역적인 센티미터단위의 고속도로에 이르기까지에서 정보를 교환한다. 이러한 각각의 루프가 아무리 작을망정 의식의 단편을 불러일으키기 충분하다면 정말 놀라울 것이다.[83] 그래서 나는 반향을 일으키는 활동이 의식적인 경험에 필요조건이지만 충분조건은 아니라는 것이 더욱 타당한 의견이라고 생각한다. 전전두엽과 두정엽을 동원하는 장거리 루프만이 의식적 부호를 만들어 낼 것이다.

단거리 국소적 루프의 역할은 무엇일까? 아마도 외부 장면의 여러 단편을 하나로 모으는 초기의 무의식적인 시각작용에 불가결할 것이다.[84] 시각의 신경세포는 수용야receptive field가 매우 작으므로 120페이지의 〈그림 10〉에서 보이는 커다란 그림자의 존재 같은 어느 이미지의 광역적인 성질을 당장 파악하지 못한다. 그 같은 성질을 파악하려면 많은 신경세포끼리의 상호작용이 필요하다.[85]

그럼 의식을 유발하는 것은 국소적인 루프일까, 아니면 광역적인 루프일까? 일부 과학자는 마취할 경우 국소적인 루프가 사라지는 경향이 있으므로 그것이 의식을 유발한다고 주장하지만,[86] 그러나 그 같은 증거는 미흡하다. 뇌가 마취의 영향을 받을 때 의식상실의 결과로 잃게 되는 최초의 특징 가운데 하나가 반향활동일지도 모르기 때문이다.

더욱 섬세한 뇌자극법을 사용해 뇌활동을 조작하면 그와는 다른 결과가 나온다. 시각적인 이미지를 비춘 뒤 약 60밀리초 후 1차 시각 영역 내부의 단거리 루프를 살짝 두드리면 의식적 지각에 영향을 미치지만, 바로 그 자극이 또한 무의식적인 처리를 방해하기도 한다는 점이 중요하다.[87] 식역 이하의 시각적 정보에 대해 우연 이상의 판단을 하는 능력인 맹시 역시 의식적인 시각과 함께 파괴되는 것이다. 이 사실은 국소적인 루프에서 순환하는 때에 해당하는, 즉 대뇌 피질에서 국소적으로 이루어지는 처리의 초기 단계들만 의식적 지각과 관련되지 않음을 의미한다. 그들은 무의식적 작용들과 대응해 단지 뇌를 적절한 과정으로 이끌 뿐이며, 그 결과 훨씬 뒤에 가서야 의식적 지각이 이루어질 것이다.

내 견해가 옳다면 의식적인 판단은 두정엽과 전전두엽 등 다수의 동기화된 영역이 나중에 활성화됨으로써 일어난다. 그래서 그러한 영역을 두드리는 것이 커다란 효과를 발휘하는 것이다. 실제로 뇌의 활동을 간섭하는 TMS를 사용해 이루어진 정상적인 피험자에 대한 다양한 연구를 통해 두정엽이나 전두엽의 자극에 의해 일시적인 불가시상태가 만들어지는 것이 드러나고 있다. 마스킹이나 부주의 맹시처럼 화상을 일시적으로 보이지 않게 하는 거의 모든 시각적 자극조건은 왼쪽 또는 오른쪽 두정엽 부위를 잠깐 교란시킴으로써 강화될 수 있다.[88] 예컨대 두정엽 부위를 두드리면, 희미하지만 보였던 반점이 시야에서 사라지는 것이다.[89]

당시 옥스퍼드 대학교에 소속됐던 하콴 라우劉克頑와 그의 팀에 의해 수행된 연구는 매우 주목할 만하다. 그 연구에서는 좌우의 전두엽 부위가 모두 일시적으로 기능하지 못하게 했다.[90] 그리고 20초의 짧은 연타를 한 그룹으로 묶어 각각의 배외측 전전두엽에 좌우로 번갈아 600회의 펄스자극을 가했다. 이를 '세타 버스트theta-burst'라 한다. 그것은 대뇌 피질이 장거리에 메시지를 전할 때 선호하는 주파수의 하나인 세타 리듬theta rhythm(초당 5사이클)을 특히 교란시키도록 전류펄스가 설정되어 있기 때문이다. 좌우 양쪽의 세타버스트자극은 뇌엽절리술 lobotomy에 필적하는 효과를 오래 지속한다. 약 20분 동안 전두엽이 억제됨으로써 실험자들은 지각에 대한 영향을 평가하는 데 필요한 시간을 많이 갖게 된다.

결과는 미묘했다. 객관적으로는 아무것도 바뀌지 않았다. 마비된 피험자는 어느 형상(의식적 지각의 식역에 가까이 제시되는 마름모꼴 또는 정사각형)인지를 계속 제대로 판단했다. 하지만 그들의 주관적 보고는 달랐다. 그들은 몇 분 동안 자신의 판단에 대한 자신감을 상실했다. 자신이 자극을 얼마나 제대로 지각하는지를 평가하지 못하게 되었으며, 자신의 시각이 믿을 수 없게 되었다는 주관적인 느낌을 받았다. 그들은 철학자의 꼭두각시처럼 제대로 지각하고 행동했지만, 자신이 얼마나 잘하고 있는지에 대한 정상적인 감각이 없었다.

피험자들의 뇌가 두드려지기 전에 그들이 했던 자극의 가시성에 대한 평가는 그들의 객관적인 성적과 많은 관련이 있었다. 어느 사람이든 자신이 자극을 볼 수 있다고 느낄 때는 항상 거의 완벽할 정도로 정확하게 그 형상을 확인할 수 있었다. 반대로 그러한 형상이 보이지 않는다고 느낄 때는 대체로 반응이 임의적이었다. 하지만 피험자가 일시적으로 뇌엽이 절리되는 상태에 있는 동안에는 이러한 관련성을 상실했다. 매우 놀랍게도 피험자의 주관적 보고가 그들의 실제 행동과는 무관해졌던 것이다. 이것은 바로 주관적 지각과 객관적 행동의 분리라는 맹시의 정의 그 자체다. 보통 뇌의 대규모 손상과 관련있는 이 조건은 이제 좌우 전두엽의 작용에 간섭함으로써 정상적인 뇌에도 일으킬 수 있다. 이러한 영역이 의식에 관여하는 대뇌 피질의 루프에서 인과적인 역할을 하는 것이 분명하다.

생각하는 물체

그러나 그럼 나는 무엇인가? 생각하는 물체다. 생각하는 물체란 무엇인가? 그것은 의심하고 이해하며 단언하고 바라며 의도하고 거절하는 것이며, 또한 상상하고 느끼는 것이다.

– 르네 데카르트, 《성찰 2*Meditation II* 》(1641)

모든 증거를 합치면 환원론적인 결론에 이르는 것이 불가피하다. 오케스트라의 음향에서부터 불에 탄 토스트의 냄새에 이르기까지 우리의 온갖 의식적인 경험은 비슷한 근원, 즉 재생 가능한 신경세포의 표지를 지니는 거대한 대뇌회로의 활동에서 유래한다. 의식적 지각이 이루어지는 동안 여러 무리의 신경세포는 처음에는 전문화된 국소적인 영역에서 점점 대뇌 피질의 넓은 범위에 걸쳐 서로 조정이 이루어지는 상태로 발화를 시작한다. 최종적으로 그러한 활동은 초기의 감각 영역과 긴밀하게 동기화된 상태를 유지하면서 전전두엽과 두정엽의 많은 부분에까지 침투한다. 의식이 이루어지는 것처럼 보이는 것은 바로 이 시점, 일관된 브레인 웹이 갑자기 점화되는 때다.

우리는 이 장에서 4가지 이상의 믿을 만한 의식의 기호, 즉 피험자가 의식적 지각을 경험하는지를 나타내는 생리학적 표지를 발견했다. 첫 번째로 의식적인 자극은 두정엽과 전전두엽의 회로를 갑자기 점화시키는 신경세포의 격렬한 활성을 일으킨다. 두 번째로 EEG에서 의식화에는 자극이 있고 3분의 1초가 지나야 나타나는 P3파라는 느린 파가 뒤따른다. 세 번째로 의식의 점화는 또 늦게 갑자기 나타나는 격렬한 고주파 진동을 촉발한다. 마지막으로 대뇌 피질의 여러 부위에서는 동기화된 쌍방향 메시지가 장거리에 걸쳐 교환됨으로써 광역적인 브레인 웹을 형성한다.

이 같은 일이 하나 이상 일어나더라도, 그것은 여전히 의식의 부수적 현상일 수 있다. 마치 증기기관의 기적 소리처럼 그들은 비록 계통적으로 의식에 수반되더라도 의식에 아무런 기여도 하지 않는다. 신경과학의 방법을 사용해 인과관계를 평가하기란 여전히 어렵다. 하지만 몇 가지 선구적인 실험들에 의해 높은 수준의 대뇌피질회로를 간섭시키면 무의식적 처리가 그대로 이루어지게 하면서도 주관적 지각을 혼란시킬 수 있음이 드러나기 시작했다. 다른 자극 실험들에서도 실재하지 않는 점광원(광점)이나 비정상적인 신체운동감각과 같은 환각이 유발됐다. 이러한 연구는 의식의 상태를 상세히 설명해주기에는 너무 초보적이지만, 신경세포의 전기적 활동이 쉽게 정신상태를 유발하거나 파괴해버릴 수 있음에는 아무런 의심을 남기지 않는다.

원리적으로 우리 신경과학자들은 영화 〈매트릭스〉에서 멋지게 묘사된 '배양접시 속의 뇌brain in a vat'라는 철학자의 공상을 믿는다. 적절한 신경세포를 자극하고 다른 신경세포는 침묵시킴으로써 어느 때라도 수많은 주관적 정신상태의 환각을 재현할 수 있다. 비유하자면, 신경의 눈사태는 마음의 교향곡을 만들어내는 것이다.

현재의 기술은 〈매트릭스〉를 감독한 워쇼스키 형제The Wachowskis의 환상보다 훨씬 뒤떨어져있다. 우리는 아직 번잡한 시카고의 거리나 바하마 제도의 일몰에 해당하는 상태를 대뇌 피질의 표면에 정확하게 그려내는 데 필요한 수십억 개의 신경세포를 제어하지 못한다. 하지만 그 같은 환상이 언제까지나 우리의 손길이 미치지 못하는 데 있을까? 그렇지 않을 것이다. 눈이 멀거나 마비되거나 파킨슨병을 앓고 있는 환자들의 기능을 회복시키고자 하는 현대 생체공학자들의 손에 의해 신경공학neurotechnologies이 급속히 발전하고 있다. 이제 수천 개의 전극으로 이루어진 실리콘 칩을 실험용 동물의 피질 속에 집어넣을 수 있게 됨으로써 뇌와 컴퓨터의 인터페이스의 대역을 대폭 확장시키고 있다.

광유전학optogenetics에서 이루어진 발전은 그러한 기대를 더욱 자극한다. 이러한 기술은 전류가 아니라 빛에 의해 신경세포를 자극한다. 그리고 그 핵심에는 해조류와 박테리아에서 발견된, 빛에 민감한 '옵신opsin'이라는 분자가 있다. 옵신은 광자를 신경세포 사이에 통용되는 기본 화폐인 전기신호로 변환시킨다. 옵신의 유전자도 알려져있으며, 그들의 성질은 유전자 조작으로 바꿀 수 있다. 어느 동물의 뇌 속에 이러한 유전자를 운반하는 바이러스를 주입하고 그 발현을 특정한 신경세포 무리로 제한하면 뇌의 도구상자에 새로운 광수용체를 추가할 수 있다. 정상적인 경우 빛에 민감하지 않은 대뇌 피질의 깊은 곳에서 레이저를 발사하면 갑자기 밀리초단위의 정확도로 신경세포 스파이크의 홍수를 일으킨다.

이러한 광유전학을 사용해 신경과학자들은 아무 뇌회로나 선택적으로 활성화하거나 억제할 수 있다.[91] 심지어 잠든 생쥐의 시상하부를 자극함으로써 그 동물을 깨어나게 할 수도 있다.[92] 우리는 곧 더욱 다양한 뇌의 활동상태를 유발할 수 있으며, 따라서 특정한 의식적 지각을 새롭게 재현할 수 있을 것이다. 앞으로 10년 이내에 우리의 마음을 지탱하는 신경세포의 부호에 대해 새롭고 중요한 성찰을 얻게 될 것이므로 모두가 예의주시해야 할 것이다.

5

의식의 이론화

의식적 처리의 기호를 발견했지만, 도대체 그것이 무엇을 의미할까? 그것이 왜 일어날까? 이제 우리는 주관적인 자기성찰이 객관적인 척도와 어떤 관계를 이루는지를 설명해줄 이론이 필요한 시점에 이르렀다. 이 장에서는 우리 연구소에서 의식을 이해하기 위해 15년 동안 노력한 결실인 '광역 신경세포 작업 공간global neuronal workspace'이라는 가설을 소개한다. 그 제안은 단순하다. 의식은 뇌 전역에서 이루어지는 정보 공유라는 것이다. 인간의 뇌는 적절한 정보를 선택하고, 그것을 뇌 전체로 전파하기 위해 효율적인 장거리 네트워크를 특히 전전두엽에서 발달시켜왔다. 의식은 우리가 하나의 정보에 주의를 기울였다가 이 전파 시스템 내부에서 그것을 계속 활성화하게끔 유지해주는 진보된 장치다. 일단 정보가 의식되면 그것은 현재의 목표에 맞춰 다른 영역으로 유연하게 전해질 수 있다. 따라서 그것에 이름을 붙이거나 그것을 평가하거나 기억하거나 그것을 이용해 미래 계획을 세울 수도 있다. 신경 네트워크에 대한 컴퓨터 시뮬레이션에서는 광역 신경세포 작업 공간가설이 우리가 뇌파 기록에서 본 기호를 똑같이 만들어내는 것을 보여준다. 그것은 또 막대한 양의 지식이 의식화되지 못하는 상태에 있는 이유도 설명할 수 있다.

나는 마치 직선, 평면, 입체를 다루듯 ……
인간의 행위와 욕망에 대해 생각할 것이다.

- 바뤼흐 스피노자, 《윤리학 *Ethics*》(1677)

의식의 기호를 발견한 것은 커다란 업적이지만, 이러한 뇌파와 신경세포 스파이크가 의식이란 무엇이며 왜 생기는지를 설명해주지는 않는다. 왜 신경세포의 늦은 발화, 대뇌 피질의 점화, 뇌 전체에 걸친 동기가 마음의 주관적인 상태를 만드는 것일까? 뇌에서 일어나는 이 사건들이 아무리 복잡하더라도 어떻게 정신적 경험을 만드는 것일까? 왜 V4 영역의 발화가 색깔의 지각을, V5 영역의 발화가 운동감각을 일으킬까? 비록 신경과학에 의해 뇌활동과 정신상태의 많은 대응관계가 확인됐지만, 뇌와 마음 사이의 개념적 틈은 조금도 메워지지 않은 것 같다.

명확한 이론이 없으면 신경활동과 의식의 상관성을 찾아내려는 노력은, 송과체가 영혼이 있는 곳이라는 데카르트의 제안과 마찬가지로 헛된 것처럼 보일지 모른다. 이 가설은 의식이론이 해결하려는 바로 그 분열, 다시 말해 신경과 의식이 전혀 다른 차원에 속한다는 직관적인 생각을 견지하기 때문에 결함이 있는 것처럼 보인다. 이러한 두 차원 사이의 체계적인 관계를 단지 관찰만 하는 것으로는 충분하지 않다. 포괄적인 이론적 골격, 즉 마음에서 일어나는 것이 뇌활동패턴과 어떤 관계가 있는지를 완벽하게 설명하는 일련의 가교적인 법칙들이 무엇보다 요구된다.

현대 신경과학자들을 당혹시키는 수수께끼는 19세기와 20세기에 물리학자들이 해결한 수수께끼와 그다지 다르지 않다. 우선 그들은 통상적인 물질의 거시적인 특징이 어떻게 단지 원자의 배열만으로 생기는 것인지에 대해 의아해했다. 거의 빈 공간에 미미한 수의 탄소, 산소, 수소의 원자가 자리 잡고 있는데도 탁자가 견고한 것은 무엇 때문일까? 액체란 무엇인가? 고체, 수정, 기체, 타오르는 화염은? 그들의 형상과 다른 분명한 특징들이 어떻게 원자의 느슨한 구성으로부터 생길까? 이러한 의문에 답하는 데는 물질의 구성요소에 대한 날카로운 분석이 요구되었다. 또한 이 상향식의 분석만으로는 충분하지 못해 통합적인 수학적 이론이 필요했다. 제임스 클러크 맥스웰James Clerk Maxwell과 루트비히 볼츠만Ludwig Boltzmann에 의해 처음 확립된 기체운동이론은 압력과 온도의 거시적인 변수가 어떻게 기체에서의 원자운동으로부터 생기는지를 설명한다. 이 이론은 그 후 속속 구축되는 물질의 수학적 모델의 효시였다. 두 사람에 의해 설명된 이 모델은 접착제와 비누거품, 커피포트에서 끓는 물과 태양의 플라스마 등 다양한 물질을 설명하는 일련의 환원론적 이론에 근거한다.

그와 비슷한 이론적 노력이 이제 뇌와 마음 사이의 간격을 좁히는 데 필요하다. 어떤 실험도 의식적 지각의 순간에 인간의 뇌 속에 있는 1000억 개의 신경세포세가 어떻게 발화하는지는 결코 보여주지 못할 것이다. 오직 수학적 이론만이 어떻게 마음이 신경활동으로 환원되는지를 설명할 수 있다. 신경과학에는 맥스웰·볼츠만의 기체이론과 마찬가지로 어느 한 차원을 다른 차원과 연결시키는, 일련의 가교 역할을 하는 법칙들이 필요하다. 이것은 결코 쉬운 일이 아니다. '응축된 물질condensed matter'인 뇌는 아마도 지상에서 가장 복잡한 물체일 것이다. 기체와 같은 단순한 구조와 달리 뇌모델에는 여러 번 켜켜이 겹쳐진 구조에 대한 설명이 필요할 것이다. 인지는 마음의 루틴이나 프로세서가 교묘하게 배치되어 생긴다. 이는 마치 눈을 어지럽히는 러시아 인형의 배열과도 같다. 이들은 각각 수십 가지의 세포 유형으로 이루어져 뇌 전체에 배분된 회로에 의해 수행된다. 수만 개의 시냅스로 이루어지는 단일한 신경세포조차 분자를 교환하는 하나의 우주로서, 그것을 모델로 만드는 데도 수세기가 걸릴 것이다.

이러한 어려움들에도 불구하고 나는 동료 장피에르 샹죄Jean-Pierre Changeux 및 리오넬 나카슈와 함께 15년 전부터 그 간격을 좁히기 시작했다. 우리는 지난 60년 동안의 심리학적 모델을 응축시켜 '광역 신경세포 작업 공간'이라는 구체적인 의식 이론을 만들었다. 이 장에서는 의식이 동기화된 뇌활동으로부터 어떻게 생기며, 우리가 실험을 통해 살펴본 기호를 왜 나타내는지 등 의식의 본질에 대해 몇 가지 실마리가 포착되고 있음을 확인할 수 있기를 희망한다.

의식은 광역적인 정보 공유

의식의 기반에는 어떤 종류의 정보 처리 구조가 있을까? 그것의 존재 이유, 정보를 기반으로 한 뇌의 경제에서 그것의 기능적 역할은 무엇일까? 내 제안은 간결하게 서술할 수 있다.[1] 우리가 어떤 정보를 인식한다는 것은 바로, 그 정보가 뇌의 다른 영역에서도 활용될 수 있게 해주는 특정한 저장영역에 들어왔다는 뜻이다. 무의식적인 상태로 뇌 속을 끊임없이 왔다 갔다 하는 수백만에 이르는 마음의 표상 가운데 현재의 목표에 적합한 것 하나가 선택된다. 의식은 모든 고차적인 의사결정 시스템이 그것을 광역적으로 활용할 수 있게 한다. 우리에게는 적절한 정보를 추출해 전송하기 위해 진화된 구조인 마음의 라우터가 있다. 심리학자 버나드 바스는 그것을 '광역 작업 공간 global workspace'이라 부른다. 그것은 우리의 개인적인 마음의 이미지를 자유롭게 환기시켜 무수히 많은 특화된 프로세서로 그것을 퍼뜨리게 할 수 있는, 외부로부터 격리된 내부 시스템이다 (300~301페이지의 〈그림 24〉 참조).

이 이론에 의하면 의식은 뇌 전체에 걸친 정보의 공유일 뿐이다. 우리는 의식하는 것이라면 무엇에든 대응하는 자극이 외부 세계에서 사라진 뒤에도 오랫동안 그것을 마음속에 간직할 수 있다. 왜냐하면 뇌가 그것을 작업 공간으로 불러내어 그것이 우리에게 처음 지각된 시간·장소와 무관하게 유지하기 때문이다.

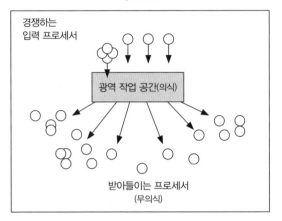

바스 1989

경쟁하는
입력 프로세서

광역 작업 공간(의식)

받아들이는 프로세서
(무의식)

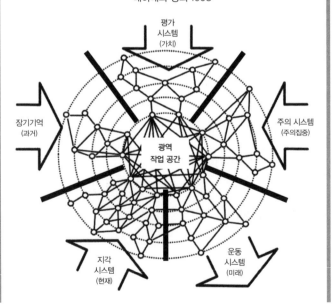

데하네와 샹죄 1998

평가
시스템
(가치)

장기기억
(과거)

주의 시스템
(주의집중)

광역
작업 공간

지각
시스템
(현재)

운동
시스템
(미래)

> **그림 24.**
> 광역 신경세포 작업공간이론에 의하면 우리가 의식으로 경험하는 것은 광역적인 정보 공유라 한다. 뇌에는 각각 하나의 작용에 특화된 수십 개의 국소적인 프로세서(동그라미로 나타냄)가 있다. 통신 시스템인 '광역 작업 공간'에 의해 그들은 정보를 유연하게 공유할 수 있다. 어느 순간에도 그 작업 공간은 일련의 하위 프로세서들을 선택해 그들이 부호화하는 정보를 일관성 있게 표현하고 임의의 기간 동안 보존하다가 다른 모든 프로세서에 퍼뜨리는 것이다. 정보가 작업 공간에 접근할 때는 항상 그것이 의식된다.

그 결과 우리는 그것을 마음대로 이용할 수 있다. 특히 그것을 언어 프로세서로 보내 그것에 이름을 붙일 수도 있다. 보고하는 능력이 의식상태의 주된 특징인 것도 바로 이 때문이다. 그리고 장기기억에 저장하거나 미래의 계획에 이용할 수도 있다. 정보의 유연한 전파야말로 의식상태의 중요한 특징인 것이다.

작업 공간의 아이디어는 주의와 의식을 다루는 심리학에서 그 전부터 많이 나온 여러 가지 제안을 통합한 것이다. 1870년에 벌써 프랑스의 철학자 이폴리트 텐Hippolyte Taine은 '의식의 극장theater of consciousness'이라는 비유를 사용했다.[2] 텐은 "의식이란 단지 한 사람의 배우 목소리만 들리는 좁은 무대와 같다"고 설명했다.

사람의 마음을 극장의 무대에 비유할 수 있을지 모른다. 다시 말해 각광을 받는 곳은 매우 좁지만 뒤로 물러날수록 끊임없이 넓어지는 것이다. 각광이 비춰지는 곳에는 한 사람 이상의 배우가 들어설 공간이 없다. (……) 각광으로부터 점점 멀어진다는 것은 빛에서 멀어지는 것이기 때문에 다른 배우들은 점점 분명하게 보이지 않는다. 그리고 이러한 무리의 뒤쪽, 무대 옆과 뒤쪽에도 수많은 모호한 형상이 자리 잡고 있다가 호출되면 갑자기 앞으로 나오거나 각광을 직접 받는 곳까지 등장하기도 한다. 모호한 일들이 끊임없이 이러한 여러 종류의 배우들에 의해 일어나며, 합창단의 가수들도 번갈아 우리 눈앞에 주마등처럼 지나간다.

프로이트보다 수십 년 앞선 텐의 비유는, 단 하나의 항목만 우리에게 인식되는 동안 우리 마음속에는 틀림없이 엄청나게 다양한 무의식의 프로세서가 존재하고 있음을 이야기하고 있다. 원맨쇼를 위해 얼마나 많은 보조자가 필요한 것인지! 어느 순간에도 의식의 내용은 수많은 은밀한 활동, 시야에 보이지 않는 무대 뒤의 발레로부터 생긴다.

한편 철학자 대니얼 데닛은 극장의 비유에서 주의해야 할 것을 상기시킨다. '난쟁이 오류homunculus fallacy'라는 커다란 잘못을 범할 수 있기 때문이다.[3] 의식이 무대라면 관객은 누구일까? '그들'도 아주 작은 무대 따위들을 갖춘 작은 뇌를 가지고 있을까? 그리고 그것을 바라보는 것은 누구일까? 우리는 난쟁이 하나가 우리 뇌 속에 선 채 스크린을 바라보면서 우리의 행동을 지시하는 애니메이션 같은 환상에 끊임없이 저항하지 않으면 안 된다. 우리들 내부에 '나'가 존재하면서 바라보고 있는 것이 아니다. 무대 자체가 바로 '나'다. 관객의 지성을 제거하고 그것을 알고리즘에 근거한 확실한 작용으로 대체한다면 무대의 비유는 틀린 것이 아니다. 데닛도 이렇게 말했다. "멍청이집단을 조직해 일하게 함으로써 환상적인 난쟁이들을 쫓아낸다."[4]

버나드 바스의 작업공간모델은 그 난쟁이를 없애버린다. 뇌 전체 작업 공간의 관객은 머릿속의 작은 사람이 아니라 전파되는 메시지를 받아 그것을 기반으로 각각 자체의 능력에 따라 행동하는 무수한 무의식적 프로세서다. 집합적인 지성은 적합성에 맞춰 선택된 메시지의 광범위한 교환으로부터 생긴다. 이 생각은 새로운 것이 아니다. 그 기원은 인공지능의 초창기로 거슬러 올라간다. 당시 연구자들은 하위 프로그램들이 개인용 컴퓨터의 '클립보드'와 비슷한 공통의 데이터 구조, 즉 일종의 공유되는 '칠판'을 통해 데이터를 교환할 것이라고 생각했다. 의식의 작업 공간이 바로 마음의 클립보드다.

"한 번에 배우 한 사람 이상이 공연하기에는 너무 작고 좁은 무대"라는 텐의 아이디어는 오랜 역사를 지니는 또 하나의 아이디어에 대한 생생한 본보기인 셈이다. 그러니까 "의식은 능력의 한계가 있어 한 번에 단 하나의 생각밖에 다루지 못하는 시스템으로부터 생긴다"는 아이디어다. 제2차 세계대전 중 영국의 심리학자 도널드 브로드벤트Donald Broadbent는 정보와 전산의 새로운 이론으로부터 이를 차용해 더 나은 비유로 개발했다.[5] 그는 비행기 조종사들을 연구하면서 그들이 아무리 훈련하더라도 한쪽 귀에 동시에 전해지는 2가지 말에 쉽게 주의를 기울이지 못한다는 것을 알아차렸다. 그래서 의식적 지각에는 "능력이 제한된 채널", 다시 말해 한 번에 단지 하나의 사항만 처리하는 느린 속도의 병목이 관여하는 것이 틀림없다고 추측했다. 제2장에서 살펴본 주의의 깜박거림이나 심리적 불응기 등 그 뒤에 이루어진 발견이 이 생각을 강력하게 뒷받침해준다. 주의가 최초의 사항에 끌려있는 동안에는 다른 사항에 대해 아무것도 보지 못하는 것이다. 현대의 인지심리학자들은 의식화를 '중심적인 병목Central bottleneck'[6]이라거나 행운을 얻은 소수만 입장하는 VIP 라운지 같은 '제2의 처리 단계Second processing stage'[7]라고 묘사하면서 본질적으로 그와 대등한 수많은 비유를 만들어냈다.

1960년대와 1970년대에는 세 번째 비유가 등장했다. 그것은 의식을 고차의 '감독계통supervision system', 즉 나머지 신경계통에서 정보의 흐름을 관장하는 막강한 권력을 가진 중앙집권적 관리자로 보는 것이었다.[8] 윌리엄 제임스가 《심리학원리》에서 주목했다시피 의식은 "너무 복잡해서 스스로를 규제하지 못하게 된 신경계를 움직이기 위해 추가된 하나의 기관"[9]처럼 보인다. 문자 그대로 받아들이면 이 언명에는 이원론적인 면이 있다. 의식은 신경계에 덧붙여진 외부 존재가 아니라 완전한 내부 참가자인 것이다. 이런 의미에서 신경계는 계층적인 방식으로 "스스로를 통제하는" 놀랄 만한 일을 한다. 진화상 늦게 발달된 전전두엽이 뒤쪽의 피질영역과 피질 하부 신경핵에 있는 저차 시

스템을 선도하며, 때로는 억제하기도 한다.[10]

신경심리학자 마이클 포스너Michael Posner와 팀 샐리스Tim Shallice는 "정보는 이 고차의 통제 시스템 내부에서 표현될 때마다 의식된다"고 했다. 우리는 이제 이 견해가 옳을 수 없음을 알고 있다. 제2장에서 본 것처럼 보이지 않는 식역 이하의 자극조차 감독·실행 시스템의 억제와 통제기능의 일부를 부분적으로 촉발할지 모르기 때문이다.[11] 하지만 역으로 의식의 작업 공간에 이르는 정보는 어느 것이라도 매우 깊고 광범위하게 우리의 모든 생각을 통제할 수 있게 된다. 실행기능으로서의 주의는 광역 작업 공간으로부터 입력정보를 받는 많은 시스템의 하나에 불과하다. 따라서 우리가 인식하는 것은 무엇이든 우리의 결정과 의도적인 행동을 하는 데 이용할 수 있게 됨으로써 그들이 '통제되고 있다'는 느낌을 자아낸다. 언어, 장기기억, 주의, 의도 등에 관한 모든 시스템은 의식된 정보를 교환하는 이 내부 소통장치의 일부다. 이 작업 공간의 구조 덕분에 우리가 인식하는 것은 무엇이든 임의의 경로를 거쳐 문장의 주어, 기억의 핵심, 주의의 초점, 다음에 하려는 행위의 핵심 등이 될 수 있다.

모듈의 성격을 넘어

나는 심리학자 버나드 바스와 마찬가지로 의식이 작업 공간의 기능으로 환원되리라고 믿는다. 그것은 타당한 정보에 광역적으로 접근할 수 있게 하고, 다양한 뇌 시스템에 그것을 유연하게 전파되도록 한다. 원리적으로는 실리콘으로 만들어지는 컴퓨터 같은 비생물적 하드웨어에서 이러한 기능이 재현되는 것을 막는 것은 아무것도 없다. 하지만 올바른 작용이 결코 쉽사리 이루어지는 것은 아니다. 뇌가 정확히 어떻게 그러한 일을 실행하거나 컴퓨터에 어떻게 그러한 기능을 부여할 수 있는지는 아직 알려져있지 않다. 컴퓨터 소프트웨어는 대체로 엄격한 모듈 형식으로 조직된다. 각각의 루틴은 특정한 입력정보를 받아 엄밀한 규칙에 따라 그들을 변형함으로써 명확하게 정의된 출력정보를 만들어낸다. 워드프로세서 프로그램이 하나의 정보, 예컨대 하나의 텍스트를 한동안 가지고 있을지 모르지만, 컴퓨터 자체로서는 그 정보가 타당한 것인지 판단하거나, 다른 프로그램으로도 열 수 있게 할 수단이 전혀 없다. 그 결과 컴퓨터는 끔찍할 정도로 편협한 상태에 머물러있다. 컴퓨터는 자신에게 맡겨진 과제를 완벽하게 수행하지만, 하나의 모듈은 아무리 지능이 높더라도 그 내부에 알려져있는 것을 다른 모듈과 공유할 수 없는 것이다. 단지 초보적인 메커니즘인 클립보드만이 컴퓨터 프로그램들에게 각각의 지식을 공유할 수 있게 해준다. 하지만 그것도 지능을 갖춘 사용자(인간)의 감독 아래에서만 가능하다.

인간의 대뇌 피질은 컴퓨터와 달리 일련의 모듈화된 프로세서와 유연한 경로선택 시스템을 동시에 포용함으로써 이 문제를 해결해왔다고 볼 수 있다. 피질의 여러 부위는 특정한 처리에 특화되어있다. 예컨대 망막에 얼굴이 나타날 때만 반응하는 것처럼 오직 얼굴에 특화된 신경세포만으로 이루어지는 부위도 있다.[12] 두정엽이나 운동 피질 등의 부위는 특정 운동행위나 그것을 수행하는 특정 신체 부위에 특화되어있다. 더욱 추상적인 기능을 수행하는 부위에서는 숫자, 동물, 물체, 동사 등에 관한 지식을 부호화한다. 작업공간이론이 옳다면 의식은 이런 모듈적인 성격의 문제를 완화하기 위해 진화되어왔을 것이다. 광역 신경세포 작업 공간 덕택에 정보는 인간의 뇌에 있는 모듈화된 여러 프로세서를 가로질러 자유롭게 공유될 수 있다. 이처럼 정보를 광역적으로 이용할 수 있는 것이 바로 우리가 주관적 의식 상태로 경험하는 것이다.[13]

이런 구조의 진화상 이점은 명백하다. 모듈적인 성격이 유용한 것은 지식의 영역에 따라 서로 다른 피질의 조율이 요구되기 때문이다. 공간인식을 위한 회로에는 풍경을 인식하거나 과거사를 저장하는 회로들과는 다른 작용을 한다. 그러나 결정은 복수의 지적 원천을 바탕으로 해야 하는 경우가 가끔 있다. 초원에서 홀로 갈증을 느끼는 코끼리를 상상해보자. 코끼리가 멀리 떨어진 보이지 않는 곳으로 걸어가려고 결심하려면 마음속의 지도, 랜드마크와 나무와 길 등에 대한 시각적 인식, 과거에 물을 발견했거나 하지 못한 사례 등을 비롯한 이용 가능한 모든 정보를 가장 효율적으로 사용해야 한다. 그 코끼리가 아프리카의 뜨거운 태양 아래에서 보이지도 않는 먼 곳으로 이동하기 위해서는 기존의 모든 데이터를 총동원하고, 그것을 활용한 장기적인 의사결정으로 뒷받침해야 하는 것이다. 아마도 의식은 현재의 요구에 부합하는 모든 정보의 원천을 유연하게 활용하기 위해 벌써 오래전부터 진화해왔을지도 모른다.[14]

진화된 커뮤니케이션 네트워크

이 진화론적 주장에 의하면 의식은 접속성을 의미한다. 유연한 정보 공유에는 멀리 떨어진 여러 전문화된 피질 영역이 하나의 일관된 역할을 하게끔 연결하는 특정한 신경세포 구조가 요구된다. 뇌 속에서 그 같은 구조를 확인할 수 있을까? 이미 19세기 후반에 에스파냐의 신경해부학자 산티아고 라몬 이 카할 Santiago Ramón y Cajal은 뇌조직의 특이성에 주목했다. 피부세포가 빽빽하게 모자이크를 이루는 것과는 달리, 뇌에 있는 신경세포는 엄청나게 길쭉한 형태다. 신경세포는 기다란 축삭돌기 때문에 다른 세포들과는 달리 길이가 수 미터에 이른다는 특징을 가지고 있다. 운동 영역의 신경세포 하나는 척수의 아주 먼 부위에까지 축삭돌기를 보내 특정 근육에 명령을 내려야 하기 때문이다. 카할은 아주 흥미롭게도 아주 먼 거리에 투사되는 세포들이 피질에 아주 밀집해 좌뇌·우뇌의 얇은 표면을 이루는 것을 발견했다(311페이지의 〈그림 25〉 참조). 피라미드처럼 생긴 신경세포는 피질 속의 위치로부터 뇌의 뒷부분이나 다른 반구에까지도 축삭돌기를 뻗는 경우가 있다. 이러한 축삭돌기는 밀집해 다발을 이루어 지름 몇 밀리미터, 길이 몇 센티미터에 이르는 케이블 같은 것을 형성한다. MRI를 이용하면 살아있는 사람의 뇌에서 이러한 섬유다발이 가로지르고 있는 것을 아주 쉽게 발견할 수 있다.

여기서 중요한 것은 "모든 뇌 영역이 똑같이 잘 연결되어있지 않다"는 사실이다. 1차 시각 영역인 V1과 같은 감각 부위는 까다로워서 1차적으로 이웃과 아주 작은 규모의 연결을 만들어내는 경향이 있다. 초기의 시각 부위 V1은 1차적으로 V2, V2는 V3 및 V4 등등으로 느슨한 계층을 이룬다. 그 결과 초기의 시각 작용은 기능적으로 압축되어있다. 시각에 관여하는 신경세포는 망막에 입력되는 정보의 아주 작은 일부만 받아들여서 전체적인 모습은 인식하지 못한 상태에서 상대적으로 격리된 채 그것을 처리한다.

하지만 더 고차적인 대뇌 피질의 연합 영역에서는 가장 가까이에 있는 것과 연결되거나 점 대 점으로 대응되는 연결이 사라짐으로써 인지작용의 모듈적인 성격이 파괴된다. 축삭돌기를 멀리까지 뻗는 신경세포는 뇌의 앞부분에 해당하는 전전두엽에 가장 많다. 이 부위는 두정엽의 아래쪽, 측두엽의 앞부분과 가운뎃부분, 나아가 뇌의 중앙선에 위치하는 전방 대상회와 후방 대상회 같은 영역으로 이어진다. 이러한 부위는 뇌에서 상호연결이 이루어지는 주된 중추로 알려져있다.[15] 이들은 모두 상호투사에 의해 긴밀하게 접속된다. 즉, 영역 A가 영역 B에 투사할 경우 거의 틀림없이 영역 B도 영역 A로 투사한다(〈그림 25〉 참조). 나아가 장거리 연결은 삼각형을 이루는 경향이 있다. 영역 A가 영역 B와 영역 C로 함께 투사하면, 그들은 각각 상호연결되기 마련이다.[16]

이러한 대뇌 피질 영역은 시상의 바깥쪽 중심핵과 수판내핵 intralaminar nucleus(주의, 각성, 동기화에 관여), 기저핵(의사결정과 행동에 관여), 해마(일상생활의 기억과 회상에 필요불가결) 등 그 밖에도 많은 부위와 긴밀하게 연결되어있다. 피질과 해마를 연결하는 통로는 특히 중요하다. 해마는 신경핵의 집합으로, 신경핵 하나하나는 한 번에 대뇌 피질의 한 부위, 때로는 여러 부위와 긴밀한 루프를 구성한다. 직접적인 상호연결이 이루어진 거의 모든 피질 부위는 또 깊은 곳의 해마를 거치는 병행경로를 통해 정보를 공유하기도 한다.[17] 해마로부터 피질로 전해지는 입력정보 역시 피질이 지속적으로 활동하도록 "흥분시킨다"는 중요한 역할을 맡는다.[18] 앞으로 보게 되겠지만, 시상과 그것이 서로 연결된 것의 활동 저하는 뇌에서 정신이 사라지는 혼수상태와 식물인간상태에서 중요한 역할을 한다.

이처럼 작업 공간은 마치 회의실이 하나도 없는 분산된 조직처럼 상호연결된 뇌 부위의 긴밀한 네트워크에 의존한다. 그리

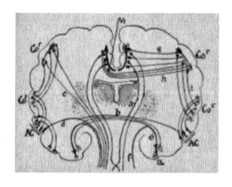

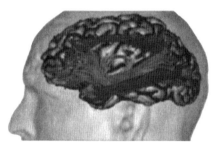

그림 25.
장거리에 미치는 신경세포의 연결이 광역 신경세포 작업 공간을 지탱하고 있을지 모른다. 19세기에 인간의 뇌를 해부한 신경해부학자 산티아고 라몬 이 카할은 그때 벌써 피라미드처럼 생긴 커다란 대뇌 피질의 신경세포가 어떻게 아주 멀리 떨어진 부위에까지 축삭돌기를 뻗는지에 주목했다(위쪽). 오늘날에는 멀리까지 투사되는 이러한 축삭돌기가 두정엽, 측두엽, 전전두엽 등의 부위로 밀접하게 연결된 네트워크에 감각정보를 전달한다는 것이 알려져 있다(아래쪽). 이러한 장거리 투사기능이 손상되면 공간의 어느 한쪽에 대한 시각적 인식을 선택적으로 상실하는 편측 공간무시unilateral spatial neglect가 일어날 수도 있다.

고 피질이라는 조직의 상층부에서는 서로 멀리 떨어진 영역에 있는 지부를 담당하는 임원들이 동기화되면서 대량의 메시지를 교환한다. 놀랍게도 상호연결된 고차 영역들로 이루어지는 이 해부학적 네트워크는 제4장에서 보았듯이 그 돌연한 활성화가 의식을 처리하는 최초의 기호가 되었던 네트워크와 일치한다. 이제 우리는 정보가 인식될 때마다 이러한 연합 영역이 왜 정연하게 점화하는지를 이해할 수 있다. 그러한 부위에서는 뇌의 멀리 떨어진 곳까지 메시지를 퍼뜨리는 데 필요한 장거리 연결이 정밀하게 이루어지고 있는 것이다.

이 장거리 네트워크에 참가하는, 피라미드 모양의 피질 신경세포는 이 과제에 훌륭하게 적응되어있다(314페이지의 〈그림 26〉참조). 기다란 축삭돌기를 유지하는 데 필요한 복잡한 분자 메커니즘이 있기 때문에 신경세포는 거대한 세포체가 되어야 한다. 그 세포핵에는 DNA로 부호화된 유전정보가 들어있음을 기억하자. 하지만 거기에 전사되는 수용체 분자는 몇 센티미터나 떨어져있는 시냅스까지 어떻게 해서든 이르지 않으면 안 된다. 이 대단한 일을 수행할 수 있는 커다란 신경세포는 피질의 특정한 층, 특히 좌뇌와 우뇌를 가로질러 정보를 전하는 뇌량의 연결을 담당하는 층 II 및 층 III에 집중되는 경향이 있다.

1920년대에 이미 오스트리아의 신경해부학자 콘스탄틴 폰 에코노모Constantin von Economo는 이러한 층들이 균등하게 분포되어있지 않음을 발견했다. 그 층들은 전전두엽과 대상 피질, 그리고 두정엽 및 측두엽과 관련된 영역, 정확히 말해 의식적 지각과 처리 과정 동안 활성화되는 긴밀하게 서로 연결된 부위에서 훨씬 두꺼웠다.

근래에 이르러 호주 퀸즐랜드의 가이 엘스턴Guy Elston과 스페인의 하비에르 데펠리페Javier DeFelipe는, 거대한 작업 공간 신경세포에는 또 거대한 가지돌기dendritic tree(신경세포의 수신용 안테나)가 있어서 멀리 떨어진 여러 부위에서 생기는 메시지를 수집하는 데 특히 적합하다는 것을 알아냈다.[19] 피라미드 모양의 신경세포는 들어오는 신호를 수집하는 빽빽한 나뭇가지 모양의 가지돌기를 통해 다른 신경세포로부터 정보를 수집한다. 즉, 보내는 쪽 신경세포가 시냅스를 형성하는 곳을 향해서 받는 쪽 신경세포는 가시돌기spine라는 버섯 모양의 미세한 해부학적 구조가 자라게 한다. 엄청난 수의 가시돌기가 빽빽하게 가지돌기를 뒤덮고 있다. 작업공간가설에 중요한 사실이지만, 엘스턴과 데펠리페는 뇌의 뒤쪽 부위보다 전전두엽에서 가지돌기가 훨씬 크고, 가시돌기의 수가 훨씬 많다는 것을 밝혔다(314페이지의 〈그림 26〉 참조).

게다가 장거리 커뮤니케이션에 대한 이러한 적응은 사람의 뇌에서 특히 명백하다.[20] 다른 영장류들과 비교해 사람의 전전두엽에 있는 신경세포는 가지를 더 많이 뻗고 가시돌기도 더 많다. 울창한 숲과 같은 가지돌기는 인간의 경우에만 독특하게 변이된 일군의 유전자에 의해 제어된다.[21] 그러한 유전자 가운데

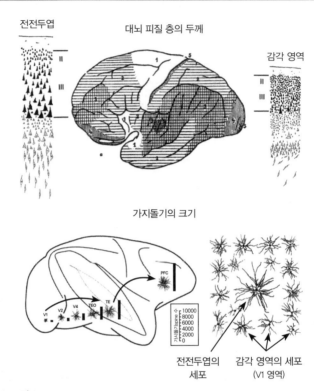

전전두엽　　대뇌 피질 층의 두께

감각 영역

가지돌기의 크기

전전두엽의
세포

감각 영역의 세포
(V1 영역)

그림 26.
피라미드 모양의 커다란 신경세포는 의식된 정보를 광역적으로, 특히 전전
두엽에서 전하는 데 적응되어있다. 피질은 층으로 구성되었으며, 층 Ⅱ와 층
Ⅲ에는 멀리 떨어진 부위에까지 긴 축삭돌기를 뻗는 피라미드 모양의 커다란
신경세포가 들어있다. 이러한 층은 감각 영역보다 전전두엽에서 훨씬 더 두
껍다(위). 층 Ⅱ와 층 Ⅲ의 두께는 대략 의식지각 동안 최대한 활성화되는 부위
를 나타낸다. 이러한 신경세포는 또한 광역적으로 퍼지는 메시지의 수신에
도 적응되어있다. 다른 부위로부터 뻗어나온 것을 받는 신경세포의 가지돌
기(아래)는 다른 부위보다 전두엽에서 훨씬 크다. 장거리 커뮤니케이션에 대
한 이러한 적응들은 다른 영장류의 뇌에서보다 인간의 뇌에서 훨씬 두드러
진다.

는 유명한 FoxP2와 호모속에만 특유한 그들의 두 변이체가 있다.[22] 이러한 유전자는 우리의 언어 네트워크를 조정하며,[23] 만약 손상되면 발음articulation과 발화speech에 큰 장애를 일으킨다.[24] FoxP2 무리에는 신경세포, 가지돌기, 축삭돌기, 시냅스 등을 만드는 데 관여하는 몇 가지 유전자가 포함되어있다. 과학자들은 놀라운 유전공학기법을 사용해 인간에게 있는 FoxP2의 두 변이체를 가진 생쥐들을 만들었다. 그러자 그들은 인간의 것과 비슷한 매우 큰 가지돌기를 지닌 피라미드 모양의 신경세포와 훨씬 뛰어난 학습능력을 발달시켰다(그 쥐들은 여전히 사람의 말을 못한다).[25]

인간의 전전두엽 신경세포 각각에는 FoxP2와 관련 유전자무리 때문에 1만 5,000개 이상의 가시돌기가 들어있다. 이것은 그 신경세포가 대부분 피질이나 시상에서 멀리 떨어진 부위에 위치하는 많은 수의 다른 신경세포들과 이야기를 주고받고 있음을 의미한다. 이 해부학적 배치는 뇌의 어디에서나 정보를 수집하고, 일단 그 정보가 광역적 작업 공간에 들어갈 만큼 타당하면 그것을 수천 개소에 퍼뜨리는 어려운 과제에 부응하려는 완벽한 적응처럼 보인다.

FBI가 일련의 전기통신중계장치를 통해 전화통화 내용을 추적하는 것과 꼭 마찬가지로, 우리가 의식에 의해 어느 얼굴을 알아차릴 동안 활성화되는 연결을 모두 추적할 수 있다고 가정해보자. 과연 어떤 종류의 네트워크를 보게 될까? 처음에는 우리 망막 내부에 위치하는 아주 짧은 연결들이 눈에 들어오는 이미지를 처리한다. 그 이미지는 압축되어 시신경의 거대한 케이블을 통해 먼저 시각계 시상visual thalamus으로, 이어 후두엽에 있는 1차 시각 영역으로 보내진다. 그것은 이어 국소적인 U자 모양 신경섬유를 통해 오른쪽 방추상회 속에 있는 여러 다발의 신경세포로 전해진다. 거기에서는 얼굴에 맞춰진 신경세포 다발인 '얼굴 클러스터face cluster'가 발견된다. 이러한 활동은 모두 무의식상태에서 이루어진다. 그다음에는 무엇이 일어날까? 그러한 섬유는 어디로 갈까? 스위스의 해부학자 스테파니 클라르크Stéphanie Clarke가 놀라운 답을 찾아냈다.[26] 시각정보는 장거리 축삭돌기에 의해 순식간에 뇌의 구석구석까지 전해질 수 있다는 것이다. 오른쪽의 아래 측두엽으로부터 단 한 단계의 시냅스에 의해 대규모 연결이 연합 영역(반대쪽 반구의 연합 영역을 포함)의 멀리 떨어진 영역에까지 직접 뻗어나간다. 이 투사는 아래쪽 전두엽(브로카 영역)과 측두연합 영역(베르니케 영역)에 집중된다. 두 부위는 언어 네트워크의 주된 결절이므로, 이 단계에서 입력된 입력정보에 말이 결부되기 시작한다.

이러한 부위 자체가 더 광범위한 작업 공간 네트워크에 참여하기 때문에 이제 그 정보는 고차의 실행 시스템 내부의 모든 곳에 전파될 수 있다. 활성화된 신경세포들이 모여 서로 메아리치는 곳의 한가운데를 순환하는 것이다. 내 이론에 따르면, 밀집된 이 네트워크에 대한 접근이야말로 입력정보가 의식되는 필요조건의 전부다.

의식적 사고를 새기다

의식적 사고의 수가 얼마나 많은지를 생각해보자. 우리가 알아차리는 모든 얼굴, 물체, 풍경, 격렬한 분노에서부터 남의 불행을 기뻐하는 미묘한 심정에 이르기까지 우리가 경험하는 온갖 감정, 온갖 종류의 지리적·역사적 정보, 수학적 지식, 사실 여부와 관계없이 항상 보고 듣는 소문, 전 세계의 여러 언어 가운데 우리가 알고 있는 말들의 발음이나 의미 등…… 열거하자면 끝이 없다. 하지만 그들 가운데 어느 것이든 다음 순간에 바로 의식적 사고의 대상이 될 수 있다. 어떻게 그처럼 많은 상태가 신경세포 작업 공간 속에서 부호화될 수 있을까? 의식에 대한 신경의 부호는 어떤 것이며, 그것이 어떻게 무한에 가까운 사고의 레퍼토리를 유지하고 있을까?

신경과학자 줄리오 토노니Giulio Tononi는 사고 레퍼토리의 크기가 바로 의식적 사고에 대한 신경의 부호를 확고하게 억제한다고 지적한다.[27] 그 첫 번째 특징은 엄청난 정도의 차별화임에 틀림없다. 광역 작업 공간에 있는 활동적인 신경세포와 비활동적인 신경세포의 조합은 수십억 가지의 서로 다른 활동패턴을 만들 수 있어야 한다. 우리의 의식적인 마음상태는 각각 다른 것과 명확하게 구분되는 신경세포의 활동상태에 배당되어야 할 것이다. 그 결과 우리의 의식상태는 분명한 경계를 나타내야 한다. 그러니까 새, 비행기 또는 슈퍼맨은 같은 것으로 보일 수도 있지만 전혀 다르게 보일 수도 있다. 그만큼 우리의 정신에는 잠재적인 수많은 사고를 하게 될 수많은 잠재적인 상태의 뇌가 필요하다.

도널드 헤브는 저서 《행동의 조직 The Organization of Behavior》 (1949)에서 뇌가 어떻게 사고를 부호화하는지에 대해 선견지명이 있는 이론을 제안했다. 아울러 흥분성 시냅스와 상호연결되고 따라서 외부 자극이 사라진 뒤에도 오랫동안 활성화된 상태로 머무는 경향이 있는 일련의 신경세포를 가리키는 '세포집합 cell assembly'이라는 개념을 도입했다. "자주 반복되는 특정 자극이 무엇이든 피질과 간뇌 속(그리고 아마도 대뇌의 기저핵 속)의 세포들로 이루어지고 단기간 폐쇄 시스템으로 작용할 수 있는 확산 구조인 '세포집합'의 느린 발달로 이어진다"고 추측했다.[28]

세포집합 속의 모든 신경세포는 자극 펄스를 내보냄으로써 서로 지원한다. 그 결과 그들은 신경회로 안에 활동 범위가 정해지는 '언덕'을 형성한다. 그리고 다수의 그런 국소적인 집합이 뇌의 다른 곳에서 독자적으로 활성화될 수 있기 때문에 그 결과 수십억 개의 상태를 나타낼 수 있는 조합적 코드가 생긴다. 예컨대 어떤 시각적 대상도 색채, 크기, 형태의 단편을 조합시킴으로써 나타낼 수 있다. 시각 영역의 뇌파기록은 이 생각을 뒷받침해준다. 예컨대 소화기는 각각 수백 개의 활동적인 신경세포로 이루어지고 각각 특정 부분(손잡이, 본체, 호스 등)을 나타내는 활동적인 신경세포 '덩어리'의 조합으로 부호화되는 것 같다.[29]

1959년 인공지능의 선구자인 존 셀프리지John Selfridge가 또 다른 비유로 '복마전pandemonium'을 사용했다.[30] 그는 뇌가 각각 입력된 이미지의 잠정적인 해석을 제시하는 특화된 여러 '다이 몬daemon'의 계층적인 구조라고 파악했다. 직선, 색상, 눈, 얼굴, 심지어는 미국 대통령이나 할리우드 배우들에까지 맞춰진 시각 세포가 있다는 놀라운 발견을 비롯해 30년에 걸친 신경생리학 적 연구결과들이 그 생각을 강력하게 뒷받침하고 있다. 셀프리 지의 모델에 의하면 다이몬은 서로에 대해 자신이 선호하는 해 석을 외치는데, 입력되는 이미지가 그들의 해석에 얼마나 잘 부 합하는지에 따라 그 비율이 달라진다. 함성의 파동은 점점 더 추상적인 단위의 계층을 통해 전파되며, 신경세포는 이미지의 추상적인 특징에 점점 더 반응할 수 있다. 예컨대 눈, 코, 머리카 락 등의 존재를 외치는 3개의 다이몬들이 공모해 얼굴의 존재 를 부호화하는 네 번째 다이몬을 자극하는 것이다. 의사결정 시 스템에서는 가장 소리가 큰 다이몬에 귀를 기울임으로써 입력 되는 이미지에 대한 의견, 즉 의식적인 지각을 형성할 수 있다.

셀프리지의 복마전모델을 통해 하나의 중요한 개선이 이루어 졌다. 원래 그 모델은 엄밀하게 앞쪽 방향의 계층에 따라 체계 화되었다. 즉 다이몬은 계층별 상급자를 향해서만 소리를 지르 며, 상급자 다이몬은 절대로 하급자나 다른 동등한 다이몬에게 소리를 지르지 않는다는 것이었다. 하지만 실제로 신경계는, 단지 상급자에게만 보고하는 것이 아니라, 그들 자신 사이에서도 이야기를 나눈다. 피질은 루프와 쌍방향 투사로 가득 차있다.[31] 심지어 개개의 신경세포끼리도 서로 대화한다. 신경세포 알파가 신경세포 베타에게 투사하면 신경세포 베타도 어쩌면 신경세포 알파에게 투사할지도 모른다.[32] 서로 연결된 신경세포들은 서로를 지원하며, 계층의 꼭대기에 있는 신경세포도 하급자에게 대답할 수 있기 때문에 메시지는 적어도 위쪽으로도 아래쪽으로도 전파되는 것이다.

그 같은 수많은 루프를 고려하는 현실적인 '커넥셔니즘모델connectionist model'의 시뮬레이션과 수학모델에서는 그들이 매우 유용한 특징을 가지고 있는 것으로 그려진다. 구성요소인 일련의 신경세포가 흥분하면 그룹 전체는 '어트랙터attractor상태'로 스스로 조직화된다. 즉 여러 무리의 신경세포가 오랫동안 안정된 상태를 유지하는, 재현 가능한 활동패턴을 형성하는 것이다.[33] 헤브가 예상한 것처럼 서로 연결된 신경세포는 안정적인 세포집합을 이루는 경향이 있다.

반복적으로 재현되는 이러한 네트워크는 코드화 조직으로서의 또 하나의 이점, 즉 종종 통일된 견해에 이른다는 이점을 가지고 있다. 반복 재현되는 연결이 갖춰진 신경세포 네트워크에서 신경세포는 셀프리지의 다이몬과 달리 단순히 서로에게 소리만 지르지 않는다. 점진적으로는 지각된 광경에 대한 통일된 해석인 지적 합의에 이르는 것이다. 가장 크게 활성화된 신경세 포들은 서로를 지원하면서, 대안으로 나오는 다른 해석들을 점차 억제한다. 그 결과 그 이미지에서 놓친 부분이 복원되고 잡음은 배제된다. 이 과정이 여러 차례 반복된 뒤 신경세포는 지각된 이미지에 대해 명확하게 해석된 것을 부호화한다. 그것은 또한 더욱 안정적이며 잡음에 저항하고, 내부적으로 일관성을 지니며 다른 어트랙터상태와 구분된다. 프랜시스 크릭과 크리스토프 코크는 이것이야말로 '신경연합neural coalition'을 이루는 것이라면서 의식적 표현의 완벽한 매체라고 했다.[34]

'연합'이라는 말은 의식되는 신경세포 코드의 또 다른 중요한 측면을 가리킨다. 즉 그것이 긴밀하게 통합되어있지 않으면 안 된다는 것이다.[35] 우리가 의식하는 순간의 하나하나는 일체로서 존재한다. 레오나르도 다빈치의 〈모나리자〉를 생각할 때 우리는 몸통과 분리된 손,《이상한 나라의 앨리스》에 나오는 체셔 고양이와 같은 미소, 공중에 떠다니는 눈 등을 그린 피카소의 그림처럼 보지 않는다. 우리는 모든 감각적인 요소들뿐 아니라 이름, 의미, 우리가 기억하는 레오나르도의 천재성과의 연관성 등 다른 요소들도 불러낸다. 이들은 하나로 결합되어있다. 하지만 각각은 먼저 복측 시각 영역의 표면 위에 몇 센티미터 떨어져있는 서로 다른 무리의 신경세포에 의해 처리된다. 이들은 어떻게 서로 결부되어있을까?

이에 대한 대답 중 하나는 피질의 고차 부위에 의해 제공되는 중추 덕분에 이루어지는 광역적인 집합의 형성에서 찾을 수 있다. 신경학자 안토니오 다마지오가 '수렴역convergence zone'[36]이라 부르는 이러한 중추는 전전두엽에 특히 뚜렷하게 존재하지만, 앞쪽 측두엽, 아래쪽 두정엽, 중앙선상의 설전부precuneus라는 부위 등 다른 부분들에도 존재한다. 이들은 모두 멀리 떨어진 뇌의 여러 부위와 광범위하게 투사를 주고받으면서 그들 부위에 있는 신경세포들이 시간과 공간을 뛰어넘어 정보를 통합할 수 있게 한다. 따라서 다수의 감각모듈이 단일한 해석('매력적인 이탈리아 여인' 같은)으로 수렴될 수 있게 되는 것이다. 그리고 뇌 전체에 걸친 이 해석은 다시 애당초 그 감각신호가 일어났던 영역으로도 전해져 하나로 통합된다. 전전두엽 및 그와 관련된 여러 영역으로 이루어지는 고차 네트워크로부터 저차감각영역으로 다시 투사하는 하향식 장거리 축삭돌기를 가진 신경세포 덕분에, 뇌 전체에는 순식간에 차별화되거나 통합되는 단일한 의식상태가 나타날 상황이 만들어진다.

이 지속적인 쌍방향 정보 교환을 노벨상 수상자 제럴드 에델먼Gerald Edelman은 '재입reentry'이라 부른다.[37] "전형적인 신경세포 네트워크들에서는 재입에 의해 시각적 장면을 통계적으로 해석하는 고도의 계산이 가능하다"고 알려져있다.[38] 각각의 신경세포 무리는 통계 전문가의 역할을 하며, 여러 무리는 서로 협동해 입력정보의 특징을 설명한다.[39] 예컨대 어느 '그림자' 전문가는 빛이 왼쪽 위에서 오는 경우에만 이미지의 어두운 부분을 설명해줄 수 있다고 판단한다. 어느 '조명' 전문가는 이 가설에 동의하고 물체들의 윗부분이 비쳐지는 이유를 설명한다. 그러면 세 번째 전문가는 일단 두 효과가 설명된 뒤 남아있는 이미지가 얼굴과 닮았다고 판단한다. 이러한 정보 교환은 그 이미지의 온갖 부분에서 잠정적인 해석이 이루어질 때까지 계속된다.

아이디어의 형상

세포집합, 복마전, 경쟁적인 신경연합, 어트랙터, 재입을 가진 수렴역…… 이러한 각각의 가설에도 일말의 진실이 있는 것처럼 보이며, 광역 신경세포 작업 공간이라는 내 이론도 그들로부터 힘입은 바 크다.[40] 그 이론에서는 일련의 활동적인 작업 공간 신경세포들이 10분의 3~4초 동안 안정적인 활성을 나타냄으로써 의식상태가 부호화된다고 설명한다. 또한 신경세포는 뇌의 여러 영역에 분포되어있으며 모두 똑같은 정신적인 표상의 각각 다른 측면을 부호화한다. 〈모나리자〉를 인식하는 데는 물체, 의미의 단편, 기억 등에 관여하는 수백만 신경세포가 다 같이 활성화되는 것이 필요하다.

이러한 신경세포는 모두 의식화 동안에 작업 공간 신경세포의 기다란 축삭돌기 덕분에 서로 정보를 교환하면서 일관적이고 동기화된 해석을 얻으려고 엄청난 병행 처리를 실행한다. 그리고 그들이 수렴될 때 의식적 지각이 완성된다. 의식의 이 내용을 부호화하는 세포집합은 뇌 전역에 퍼져있다. 서로 다른 뇌 부위에서 추출되는 정보의 단편들은 일관성을 유지한다. 모든 신경세포들이 장거리 축삭돌기를 가진 신경세포에 의해 하향식 동기화가 이루어지기 때문이다.

신경세포의 동기가 중요한 요소일지도 모른다. 멀리 떨어져 있는 신경세포가 배경에서 계속되는 전기진동에 맞춰 각자의 스파이크를 동기화함으로써 거대한 집합을 형성한다는 증거는 늘어나고 있다.[41] 이것이 옳다면 우리의 사고 각각을 부호화하는 브레인 웹은 집단의 패턴이 만들어내는 리듬에 맞춰 빛의 명멸을 조화시키는 반딧불이 떼와 흡사하다. 예컨대 왼쪽 측두엽의 언어 네트워크에서 단어의 의미가 무의식적으로 부호화될 때처럼 의식이 없더라도 여전히 중간 크기의 세포집합들은 국소적으로 동기화되어있을지도 모른다. 하지만 전전두엽에서 그것에 대응되는 메시지를 얻지 못하기 때문에 뇌에서 광범위하게 공유되지 못함으로써 무의식상태에 머무르는 것이다.

의식에 관한 이 신경세포의 부호가 어떤 것인지를 나타내는 이미지를 하나 더 생각해보자. 피질에는 160억 개의 신경세포가 있다. 각각의 신경세포는 자그마한 범위의 자극에 관여한다. 그들의 다양성은 실로 놀랍다. 시각 영역에서만 하더라도 얼굴, 손, 물체, 원근, 형상, 직선, 곡선, 색상, 입체적인 깊이⋯⋯ 등에 대응하는 신경세포가 있다. 각각의 세포는 지각된 광경에 대한 미미한 정보밖에 전달하지 않는다. 하지만 그들이 모이면 엄청난 사고의 레퍼토리를 나타낼 수 있다. 광역작업공간모델에서는 이 거대한 가능성 가운데로부터 어느 순간에라도 단 하나의 사고대상이 의식의 초점으로 선택된다고 주장한다. 바로 이 순간, 이와 관련된 모든 신경세포는 전전두엽 신경세포들의 지원을 받아 부분적으로 동기화되면서 활성화한다.

이런 종류의 부호화 양식에서는 발화하지 않는 신경세포도 역시 정보를 코드화한다는 것을 이해해야 한다. 침묵에 의해 자신이 선호하는 특징이 존재하지 않거나 현재의 정신상태에서 부적절하다고 다른 신경세포들에게 묵시적으로 신호를 보내 알리는 것이다. 의식의 내용은 활성화된 신경세포뿐 아니라 침묵하는 신경세포에 의해서도 정의된다.

의식적 지각은 조각에도 비유할 수 있다. 조각가는 대리석 덩어리의 대부분을 깎아냄으로써 자신이 생각했던 것을 차츰 드러낸다. 그와 마찬가지로 뇌는 처음에는 아무런 의도 없이 기본적인 비율로 발화하고 있는 수억 개의 작업 공간 신경세포들 중에서 대부분을 침묵시키고 일부만 활성화시킴으로써 우리로 하여금 세상을 지각하게 한다. 활성화된 일련의 세포는 문자 그대로 의식적 사고의 윤곽을 묘사한다.

활성·비활성 신경세포가 만들어내는 풍경은 의식의 두 번째 기호, 즉 머리 꼭대기에서 절정에 이르는 양성의 커다란 전위인 P3파(제4장 참조)를 설명할 수 있다. 의식적 지각 동안에는 일련의 소규모 작업 공간 신경세포가 활성화되어 현재의 사고 내용이 정의되고, 반면에 나머지는 억제된다. 활성 신경세포는 기다란 축삭돌기를 통해 스파이크를 보냄으로써 피질 전역에 걸쳐 메시지를 전파시킨다. 하지만 대부분의 경우 이러한 신호가 억제성 신경세포에 이른다. 그들은 총에 달린 소음기처럼 작용해 여러 무리의 신경세포를 침묵시킨다. "조용히 있어. 지금은 너희들의 소리가 필요 없으니까"라고 말하는 식이다. 이처럼 의식적 사고는 활성 및 동기화된 소규모 신경세포 무리와 억제된 대규모 신경세포 무리가 함께 부호화하는 것이다.

이제 이러한 세포는 활성화될 경우 시냅스의 전류가 표층의 가지돌기로부터 세포체로 전해지도록 기하학적 레이아웃을 이루고 있다. 신경세포는 모두 서로 병행되어있기 때문에 머리 표면에서는 그들의 전류가 누적되어 의식된 자극을 부호화하는 부위들에 느린 음성 뇌파를 만들어낸다.[42] 하지만 억제되는 신경세포들이 그 상황을 지배하며, 그들의 활동이 누적됨에 따라 양성 전위가 형성된다. 활성화되는 것보다 훨씬 많은 신경세포가 억제되기 때문에 이러한 양성 전위는 머리에서 커다란 뇌파를 형성하게 된다. 이것이 바로 의식화가 일어날 때 항상 쉽게 검출되는 P3파다.[43] 여기까지가 의식의 두 번째 기호에 대한 설명이다.

광역 신경세포 작업공간이론은 이 P3파가 아주 강하고 포괄적이며 재현 가능한 이유를 쉽게 설명한다. 즉, 주로 현재의 사고가 관여하지 않는 것을 가리킨다. 의식의 내용을 정의하는 것은 확산되는 양성 전위가 아니라 초점이 모인 음성 전위다. 이와 같은 생각을 바탕으로 오리건 대학교의 에드워드 보겔Edward Vogel 등은 공간패턴에 대해 현재 작동기억에 들어있는 내용을 추적하는 두정엽 음성 전위에 관한 멋진 실험을 보고했다.[44] 우리가 일련의 대상을 기억할 때마다 얼마나 많은 대상을 우리가 보고 있었으며 그들이 어디에 있었는지도 느린 음성 전위가 항상 정확하게 가리킨다는 것이다. 이 전위들은 우리가 그 대상을 마음속에 간직하는 동안 지속된다. 기억 속에 대상을 추가할 때는 증대되고, 더 이상 생각하지 않으면 포화되며, 잊어버리면 감퇴된다. 그래서 우리가 기억하는 대상의 수를 충실하게 추적하는 것이다. 에드워드 보겔의 작업에서는 음성 전위가 직접적으로 의식적 표상을 묘사한다. 바로 우리 이론이 예측한 것과 정확히 일치하고 있는 것이다.

의식의 점화를 시뮬레이션하다

사실성의 과학은 이제 더 이상 현상학적 분석에 만족하지 않는다. 그것이 추구하는 것은 수학적 분석이다.

– 가스통 바슐라르,
《과학적 정신의 형성The Formation of the Scientific Mind》(1938)

의식화는 광역 작업 공간 네트워크 속에 활성 및 비활성 신경 세포의 패턴을 새김으로써 사고를 만들어낸다. 이 비유가 의식이 무엇인지에 대한 우리의 직관을 높이기에 충분할지 모르지만, 궁극적으로는 신경 네트워크가 어떻게 작용하며, 뇌파기록을 통해 관찰할 수 있는 신경생리학적 기호를 만들어내는 이유를 밝히는 고도의 수학적 이론이 등장할 것이다. 장피에르 샹죄와 나는 이런 방향으로 노력하는 가운데 의식화의 기본 성질 가운데 일부를 포착하는 신경 네트워크의 컴퓨터 시뮬레이션 방법을 개발하기 시작했다.[45]

우리의 목표는 신경세포가 일단 광역작업공간이론의 정의에 따라 연결되면 어떻게 행동하는지를 탐구하는 것이었다 (330~331페이지의 〈그림 27〉 참조). 우리는 컴퓨터에서 소규모 신경세포연합의 역학을 재현하기 위해 신경세포의 스파이크 송출을 모방하는 단순화된 방정식으로 '통합과 발화integrate and fire'의 신경세포를 시뮬레이션하기 시작했다. 각각의 신경세포에는 생체의 뇌 속에 있는 몇 가지 중요한 종류의 신경 전달물질 수용체를 포착하는 변수를 지니는 실재적인 시냅스가 있었다.

그 후 우리는 이러한 가상 신경세포를 국소적인 대뇌 피질 기둥으로 연결했다. 그럼으로써 대뇌 피질이 서로 연결된 세포 층으로 이루어져있는 것을 시뮬레이션했다. 신경세포의 '기둥 column'이라는 개념은 "대뇌 피질의 표면에 수직 방향으로 다른 신경세포 위에 겹쳐진 신경세포가 긴밀하게 서로 연결되고, 비슷한 반응을 공유하며, 발달 과정 동안 똑같은 세포로부터 분할 되어 나오는 경향이 있다"는 사실에서 유래한다. 우리 모델은 이 생물학적 구성을 존중했다. 즉, 시뮬레이션된 기둥 속의 신경 세포는 서로를 지원해 비슷한 입력정보에 반응하는 경향이 있 었던 것이다.

우리는 또한 작은 시상까지 포함시켰다. 그 구조는 각각 피질 의 일부 또는 여러 군데와 강하게 연결된 다수의 핵으로 이루어 져있었다. 우리는 스파이크가 축삭돌기를 따라 나아가는 거리 를 고려하면서 실제의 결합 강도와 시간 지연으로 그것을 연결 했다. 그 결과, 영장류의 뇌 같은 기본적인 계산단위, 즉 시상 및 피질계 기둥을 대략적으로 흉내내는 모델이 만들어졌다. 우리 는 이 모델이 실제로 작용하도록 했다. 즉, 입력정보가 없더라도 가상의 신경세포가 자발적으로 발화해 사람의 피질에 의해 만 들어지는 것과 비슷한 뇌파를 만들게 했던 것이다.

일단 괜찮은 시상 피질계 기둥의 모델을 서로 연결해 뇌의 장 거리 네트워크처럼 만들었다. 그리고 계층을 이루는 4개의 영역 을 시뮬레이션했으며, 목표로 하는 2가지 대상, 예컨대 어떤 소 리와 어떤 빛을 부호화하는 기둥이 그들 각각에 들어있다고 상 정했다. 이 네트워크는 자극을 추적하기 위해 매우 단순화시켰 기 때문에 단지 2가지 지각만 구별할 수 있었다. 우리는 만약 훨 씬 더 광범위한 상태가 포함되면 생리적 특징은 크게 바뀌지 않 을 것이라고 단순하게 상정했다.[46]

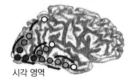

상향식 전파
(식역 이하의 처리)

시각 영역

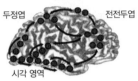

광역 신경세포 작업 공간의 점화
(의식화)

두정엽   전전두엽

시각 영역

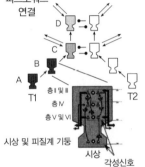

피드포워드
연결

D

C

B

A

T1

T2

층 I 및 III

층 IV

층 V 및 VI

시상 및 피질계 기둥

시상

각성신호

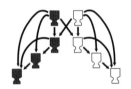

피드백 연결

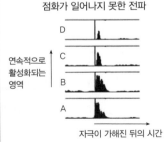

점화가 일어나지 못한 전파

D

C

B

A

연속적으로
활성화되는
영역

자극이 가해진 뒤의 시간

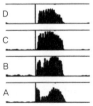

광역 작업 공간의 점화

D

C

B

A

주변부에서는 지각이 병행 처리된다. 소리를 부호화하는 신경세포와 빛을 부호화하는 신경세포는 서로 간섭하지 않고 동시에 활성화될 수 있다. 하지만 고차의 피질 계층에서는 적극적으로 서로 억제하기 때문에 이러한 부위에서는 신경발화가 단하나로 통합되는 상태, 즉 하나의 '사고thought'를 가질 수 있다.

실제 뇌에서와 마찬가지로 피질 영역에서는 피드포워드 형태로 서로 직렬적인 투사를 이루었다. 1차 영역에서 감각정보를 받아들인 뒤 그 스파이크를 2차 영역으로 보내며, 거기서 다시 세 번째, 네 번째 부위로 투사됐다. 중요한 것은 장거리 피드백 투사에 의해 네트워크가 갖추어진 점이며, 고차 영역에서는 그곳을 처음 자극시킨 바로 그 감각 영역에 지원하는 자극을 보낼 수 있게 되었다. 그 결과 단순화된 광역 작업 공간이 만들어졌다. 바로 신경세포, 기둥, 영역, 그리고 그들 사이의 장거리 연결 등 다수의 계층 구조를 지니는 복잡한 피드포워드 및 피드백 연결이었다.

수많은 프로그래밍 작업을 거친 뒤 마침내 시뮬레이션을 시작해 가상 신경세포가 어떻게 활동하는지 보게 되자 여간 즐겁지 않았다. 우리는 지각을 모방하기 위해 시상 신경세포 속으로 미세한 전류를 주입했다. 그것은 망막의 빛 수용체가 활성화되고 그에 의해 사전 처리가 된 뒤 그것이 외측 슬상체lateral geniculate body라는 시상 일부에 있는 중계 신경세포를 자극할 때 일어나는 일을 대략적으로 흉내내는 것이었다. 그 후 소정의 방정식에 따라 시뮬레이션이 이루어졌다. 비록 매우 단순화되기는 했을망정 이 가짜 뇌는 우리가 바랐던 대로 실제의 실험에서 확인된 여러 가지 생리적 특성을 나타냈으므로, 이제 그것이 어디에서 기원하는지를 살펴볼 수 있게 됐다.

이러한 특성 가운데 최초의 것은 광역 점화였다. 자극펄스를 가했을 때 그것은 1차 영역에서 2차 영역으로, 이어 3차 영역과 4차 영역으로, 즉 고정된 차례에 따라 피질의 계층을 천천히 나아갔다. 이 피드포워드파feed-forward wave는 시각 영역을 가로지르는 잘 알려진 신경활동의 전달을 답습했다. 얼마 뒤 지각된 대상을 부호화하는 기둥 전체가 점화되기 시작했다. 대규모 피드백 연결을 통해 똑같은 지각에 대한 입력정보를 부호화하는 신경세포는 서로를 강화하는 자극신호를 교환함으로써 갑자기 활동이 점화된 것이다. 한편 다른 지각은 적극적으로 억제됐다.

이 활성화는 수백 밀리초 동안 지속됐다. 그 지속시간은 처음 가해진 자극의 시간과는 기본적으로 관계가 없었다. 짧은 외부 펄스에 의해서도 지속적인 반향상태가 일어날 수 있는 것이다. 이러한 실험에 의해 뇌가 어떻게 번쩍거린 그림의 표상을 오래 지속시키는지의 진수가 포착됐다.

이 모델은 뇌파기록을 통해 관측해왔던 특성들을 재현했다. 시뮬레이션된 대부분의 신경세포는 그들이 받은 모든 시냅스 전류에 대해 느리고 갑작스러운 증가를 나타냈다. 자극은 앞쪽으로 나아갔지만, 또한 그것이 시작된 원래의 감각 영역으로도 돌아옴으로써 의식화 동안 감각 영역에서 보였던 후기 활동의 증폭을 그대로 답습했다. 시뮬레이션에서는 점화된 상태가 또한 차곡차곡 쌓인 여러 루프를 가로질러, 즉 피질기둥 안에서, 또는 피질로부터 시상으로 갔다가 다시 돌아오거나, 피질의 멀리 떨어진 영역 사이로 신경세포를 반향시키는 것으로 이어졌다. 그 결과 넓은 주파수 대역에서, 특히 감마 대역(30헤르츠 이상)에서 진동의 변화가 현저하게 증대됐다. 뇌 전체에 걸친 점화 때 스파이크는 의식의 표상을 부호화하는 신경세포들 사이에서 강하게 결합되고 동기화됐다. 요컨대 컴퓨터 시뮬레이션은 우리가 실험으로 확인한 의식화의 4가지 기호를 그대로 답습한 것이다.

우리는 이 과정을 시뮬레이션함으로써 새로운 수학적 성찰을 얻었다. 의식화는 이론물리학자가 '상전이phase transition'라 하는 것, 즉 어느 물리적인 시스템이 한 상태에서 다른 상태로 갑자기 이행하는 것과 비슷하다. 예컨대 제4장에서 설명한 바와 같이 상전이는 물이 얼음으로 바뀔 때 일어난다. 즉 물 분자(H_2O)가 갑자기 새로운 특징을 지니는 견고한 구조 속으로 모이는 것이다. 그 시스템의 물리적 특징은 상전이 동안 갑자기 비연속적으로 바뀌기도 한다. 그와 마찬가지로 우리의 컴퓨터 시뮬레이션에서도 스파이크를 내는 활동은 자발적 활동이 낮은 항상적인 상태로부터, 스파이크를 내는 활동이 높아지고 동기화된 교환이 이루어지는 일시적인 상태로 비약했다.

이 이행이 거의 비연속적으로 이루어진 까닭은 쉽게 이해할 수 있다. 고차의 신경세포는 처음에 자신을 활성화시킨 바로 그 신경세포들에게 그 자극을 보냈기 때문에 그 시스템은 불안정한 봉우리에 의해 갈라지는 2가지 안정상태를 지녔다. 시뮬레이션은 낮은 수준의 활동에 머물든가, 또는 입력정보가 증대되어 일정한 값을 넘자마자 자기 증폭의 사태에 이르기까지 눈 더미처럼 불어나더니 갑자기 일련의 신경세포에게 광란적인 발화를 일으켰다. 따라서 강도가 중간쯤에 해당되는 자극의 운명은 예측할 수 없었다. 활동은 재빨리 사라지거나 갑자기 높은 수준으로 비약했던 것이다.

시뮬레이션으로 얻어진 이 양상은 심리학 분야에서 150년이 된 개념, 즉 의식에는 무의식적(식역 아래의) 사고와 의식적(식역 위의) 사고를 가르는 역치가 있다는 생각과 잘 들어맞았다. 무의식적 처리는 광역 점화를 일으키지 않고 어느 한 영역에서 다른 영역으로 신경세포의 활성이 전해지는 것과 대응된다. 반면에 의식화는 동기화된 뇌활동이라는 고차적인 상태로 갑작스럽게 이행하는 것과 대응된다.

하지만 뇌는 눈 덩이보다 훨씬 복잡하다. 실제의 신경 네트워크에서 실제로 일어나는 상전이를 이론적으로 적절하게 설명할 수 있게 되려면 여러 해가 더 걸릴 것이다.[47] 사실 우리의 시뮬레이션에는 이미 2가지 상전이가 덩어리 형태로 들어있었다. 그 가운데 하나가 방금 설명된 것으로, 광역 점화에 관여했다. 하지만 이 점화의 역치 자체는 또 하나의 상전이, 즉 전체 네트워크의 '각성'에 대응하는 상전이의 제어를 받았다. 시뮬레이션으로 만들어진 가상 피질에 있는 피라미드 모양의 각 신경세포는 각성신호를 받았다. 이 신호는 뇌간, 기저전뇌basal forebrain, 시상하부 등에 있는 여러 가지 핵으로부터 올라와 피질의 스위치를 '켜는' 역할을 하는 아세틸콜린, 노르아드레날린, 세로토닌 등의 잘 알려진 활성화효과를 매우 단순화된 형태로 요약하는 미량의 전류였다. 따라서 우리 모델은 의식상태의 변화, 즉 무의식적 뇌에서 의식적 뇌로 바뀌는 것을 포착했던 것이다.

각성신호가 낮을 때는 자발적 활동이 대폭 감소하고 점화 특성이 사라졌다. 심지어 강한 감각 입력조차도 1차 및 2차 영역들에서 시상 및 피질의 신경세포를 활성화하지만, 광역 점화의 역치를 넘어서지 못하고 곧 흐지부지되어버렸다. 따라서 우리 네트워크는 이 상태에서 잠자고 있거나 마취된 뇌처럼 움직였다.[48] 그것은 주변부의 감각 영역에서만 자극에 반응했고, 활성화는 작업 공간 영역에까지 올라와 충분히 발달한 세포집합을 점화하지 못하는 것이 예사였다. 하지만 각성의 변수를 차츰 증대시키자 구조화된 뇌파가 출현했고, 외부 자극에 의한 점화가 갑자기 회복됐다. 그리고 이 점화의 역치가 모델의 졸음상태에 따라 바뀜으로써, 각성이 높아지면 어떻게 희미한 감각 입력조차 감지할 가능성이 증대되는지를 가리켜주었다.

쉬지 못하는 뇌

분명히 말하지만 춤추는 별을 탄생시키기 위해서는 우리 안에 혼돈을 가지지 않으면 안 된다. 분명히 말하지만 그대의 내부에는 혼돈이 있다.

　　　　　　　　　- 프리드리히 니체, 《차라투스트라는 이렇게 말했다》(1883~1885)

우리의 시뮬레이션에서는 또 하나의 흥미로운 현상이 출현했다. 바로 자발적인 신경세포의 활동이다. 우리가 끊임없이 네트워크를 자극할 필요는 없었다. 신경세포는 입력이 없더라도 시냅스에서 임의로 발생하는 일에 의해 자발적으로 발화됐다. 그리고 이 무질서한 활동은 알아차릴 수 있는 패턴으로 자기조직화됐다.

각성 변수가 높은 수준에서는 복잡한 발화패턴이 지속적으로 컴퓨터 화면에서 성장했다 감퇴했다 하는 것을 되풀이했다. 때로는 그들 가운데서 광역 점화를 확인할 수 있었다. 아무 자극이 없는데도 일어난 것이었다. 동일한 자극을 부호화하는 피질 기둥 전체가 단기간 활성화된 뒤 그 활동이 감퇴했고, 그 후 곧 다른 광역적인 세포집합이 그것을 대체했다. 네트워크는 계기가 되는 자극이 없더라도 일련의 임의적인 점화로 자기조직화됐다. 그것은 외부 자극의 지각 동안 일어나는 것과 비슷한 것이었다. 유일한 차이라고는 자발적인 활동이 작업 공간 영역의 고차 피질에서 시작되어 감각 영역의 아래를 향해 전파되는 경향이 있는 것뿐이었는데, 이것은 지각 동안 일어나는 것과는 정반대였다.

이런 내인성 활동의 돌발이 실제의 뇌에서도 존재할까? 그렇다. 사실 조직화된 자발적 활동은 신경계 어디에나 있다. 뇌파 기록을 본 적이 있는 사람이라면 본인이 깨어있든 잠자고 있든 두 대뇌 반구가 끊임없이 고주파 뇌파를 생성한다는 사실을 알고 있다. 이 자발적인 흥분은 뇌활동을 지배할 정도로 매우 격렬하다. 그에 비해 외부 자극에 의해 이루어지는 활성화는 거의 검출할 수 없으며, 관찰을 하더라도 그 전에 많은 평균화 처리가 필요하다. 자극이 일으키는 활동은 뇌가 소비하는 전체 에너지의 아주 적은 양, 아마도 5% 미만을 차지할 뿐이다. 신경계는

1차적으로 그 자체의 사고패턴을 만들어내는 자율적인 장치로서 기능을 발휘한다. 어둠 속에서 휴식을 취하면서 아무 생각도 하지 않을 동안에도 뇌에서는 복잡하고 끊임없이 바뀌는 일련의 신경세포활동을 계속 만들어내는 것이다.

자발적인 대뇌 피질활동의 조직화된 패턴은 맨 처음에는 동물에서 관찰됐다. 와이즈만 연구소의 아미람 그린발드Amiram Grinvald와 그의 동료들은 전위를 가시적인 빛의 반사율 변화로 변형시키는 색소를 사용해 상당히 오랫동안 피질의 상당히 넓은 부분에서 이루어지는 전기적 활동을 기록했다.[49] 흥미롭게도 그 동물이 마취가 되어있었는데도 불구하고 복잡한 패턴이 나타났다. 시각 신경세포는 어둠 속에서 아무런 자극이 없어도 갑자기 상당히 높은 비율로 발화하기 시작했다. 뿐만 아니라 바로 그 순간에 신경세포의 집합체 전부가 자발적으로 활성화되는 것도 밝혀졌다.

비슷한 현상이 인간의 뇌에도 존재한다.[50] 조용히 휴식을 취하는 동안 뇌가 활성화되는 이미지를 보면, 인간의 뇌는 가만히 머무르기는커녕 대뇌 피질활동이 끊임없이 바뀌는 패턴을 나타낸다. 두 대뇌반구를 가로질러 분포하는 광역 네트워크는 대부분 비슷하게 활성화된다. 개중에는 외부 자극에 의해 환기된 패턴에 긴밀하게 대응하기도 한다. 예컨대 일련의 언어회로는 대부분 스토리에 귀를 기울일 때 활성화되지만, 어둠속에서 쉬고 있을 때도 자발적으로 발화함으로써 '내언어(내어)internal speech'

라는 개념을 뒷받침한다.

이 휴식상태활동의 의미에 대해서는 신경과학자들 사이에서 논의가 분분하다. 그 가운데 일부는 단지 뇌의 임의적인 방전이 기존의 해부학적 연결 네트워크를 따른다는 것을 의미할 뿐인지도 모른다. 그 밖에 달리 어디로 갈 수 있을까? 사실상 서로 관련되는 활성의 일부는 수면 중, 마취 도중, 또는 의식이 없는 상태의 환자 등에게서도 보인다.[51] 하지만 각성하고서 주의를 집중하고 있는 피험자의 경우 그와는 다른 부분이 바로 그 순간에 작용하는 피험자의 사고를 직접 드러내는 것처럼 생각된다. 예컨대 디폴트모드 네트워크default-mode network라는 휴식 때의 네트워크 가운데 하나는, 우리가 자신의 상황에 대해 생각할 때나 자전적인 회고를 하거나 다른 사람들의 사고와 자신의 사고를 비교할 때 항상 스위치가 켜진다.[52] 스캐너 속에 피험자들이 누워있고, 그들의 뇌가 이 디폴트상태에 이를 때까지 기다렸다가 그들에게 무엇을 생각하고 있었느냐고 물으면, 그들은 자유롭게 생각하거나 기억을 떠올렸다고 대답한다. 이렇게 대답하는 것은 다른 경우에 질문했을 때보다 훨씬 비율이 높다.[53] 따라서 자발적으로 활성화되는 특정 네트워크는 적어도 부분적으로 그 사람의 정신상태를 예견하는 것이다.

요컨대 신경세포의 부단한 방전이 심사숙고를 만들어낸다. 게다가 이 내적인 사고의 흐름은 외계와 경쟁한다. 높은 수준의 디폴트모드활동이 계속되는 동안에는 이미지 같은 예상치 못한 자극이 나타나더라도, 주의를 기울이는 경우에서와 같은 대규모 P3파를 더 이상 만들어내지 않는다.[54] 내인성 의식상태가 외계의 일을 인식하는 능력에 간섭하는 것이다. 자발적인 뇌활동이 뇌 전체의 작업 공간을 침범해, 만약 깊은 생각에 잠겨있으면 상당 시간 동안 다른 자극에 대한 접근을 차단한다. 제1장에서 다룬 '부주의 맹시'도 이 현상의 변형 가운데 하나다.

우리의 컴퓨터 시뮬레이션이 바로 그와 똑같은 내인성 활동을 나타냈을 때 나는 동료들과 함께 기쁨을 감추지 못했다.[55] 갑작스러운 자발적 점화가 우리 눈앞에서 일어났으며, 시뮬레이션의 각성 변수가 높을 때 더욱 넓은 범위에 걸쳐 일관된 경향을 보였다. 이 시간에 외부 입력으로 네트워크를 정상적인 점화 역치보다 훨씬 높게 자극하더라도 그 진행이 차단되거나 뇌 전체로의 점화가 일어나지 않았다. 내적 활동이 외적 자극과 경쟁했던 것이다. 우리 시뮬레이션에서는 뇌가 2가지 사물에 동시에 주의를 기울이지 못하는 것을 나타내는 2가지 현상인 부주의 맹시와 주의의 깜박거림을 재현할 수 있었다.

자발적 활동은 또한 똑같이 들어오는 자극이 왜 때로는 폭발적인 점화를 일으키고 때로는 미미한 활동밖에 일으키지 못하는지까지도 설명해준다. 그것은 모두 자극에 앞선 노이즈수준의 활성화패턴이 입력되는 일련의 스파이크와 어울리느냐 어울리지 않느냐에 달려있다. 살아있는 인간의 뇌에서와 마찬가지로 우리 시뮬레이션에서도 활동의 임의적인 변동은 미미한 외

부 자극의 지각을 왜곡시킨다.[56]

뇌 속의 다윈

자발적 활동은 광역작업공간모델에서 가장 빈번하게 간과되는 특징 가운데 하나지만, 나는 개인적으로 그것이 가장 독창적이며 중요한 특질 가운데 하나라 생각한다. 아직도 많은 신경과학자가 인간 뇌의 기본적인 모델로 반사궁(반사활)reflex arc이라는 낡은 개념에 집착한다.[57] 르네 데카르트, 찰스 셰링턴, 이반 파블로프에게까지 거슬러 올라가는 이 개념에서는 눈이 팔에 지령을 내리는 것에 대한 데카르트의 유명한 도식(24페이지의 〈그림 2〉 참조)처럼 뇌를 단지 감각에서 근육으로 데이터를 전송하는 입출력장치로 묘사한다. 이제는 이 견해가 잘못됐다는 것이 알려져있다. 자율성은 신경계의 으뜸이 되는 특징이다. 그리고 신경세포의 내인성 활동은 외부 자극을 지배한다. 그 결과, 뇌는 결코 수동적으로 환경을 따르는 것이 아니라, 그 자체의 확률적인 활동패턴을 만들어낸다. 뇌가 발달하는 동안 타당한 패턴은 유지되고 그렇지 않은 것은 제거되는 것이다.[58] 특히 어린이들에게 분명히 드러나는 이 창조적인 알고리즘에서는 다윈이 말하는 자연선택 과정이 우리의 사고에도 적용된다.

이 생각은 유기체에 관한 윌리엄 제임스의 견해이기도 하다.

그는 "척수가 몇 가지 반사작용을 갖춘 기계인 것과 마찬가지로, 대뇌반구도 그런 걸 많이 갖춘 기계이며, 차이는 그뿐이라고 하면 어떨까?" 하고 자문했다. 그러고는 진화한 뇌회로가 "불안정한 균형상태 가운데 하나에 놓이는 것이 자연스러운 기관"으로 작용함으로써 "그 소유자가 환경의 아주 미미한 변화에 자신의 행위를 적응시킬 수 있게 되었기 때문"이라고 대답했다.

이 능력의 핵심은 신경세포의 흥분 가능성에 있다. 신경세포는 진화 초기에 자기활성화와 자발적으로 스파이크를 방출하는 능력을 획득했다. 신경세포의 흥분 가능성은 뇌회로에 의해 여과되거나 증폭되어 목적을 지니는 탐색행동으로 바뀐다. 어떤 동물이라도 계층적으로 조직화된 '중추적 패턴 발생장치Central Pattern Generator', 다시 말해 자발적 활동에 의해 걷기나 수영 같은 동작을 만들어내는 신경 네트워크 덕분에 임의적인 방식으로 환경을 탐색하는 것이다.

나는 영장류나 그 밖의 여러 동물들의 경우에 아마도 뇌에서 그와 비슷한 탐색활동이 순수하게 인지적인 수준으로 이루어질 것이라 생각한다. 광역 작업 공간이 외부 자극 없이도 자발적으로 변동하는 패턴의 활동을 만들어냄으로써, 우리는 자유롭게 계획을 세우고 실행하며, 우리의 기대를 충족시키지 못할 때는 변경하기도 한다.

다윈이 제기한 것처럼 자연선택에 뒤따라 변이가 생기는 과정은 광역 작업 공간에서도 일어난다.[59] 자발적 행동이 '다양성 발생장치]Generator of Diversity'로 기능하는 것이다. 그 장치의 패턴은 미래의 보상에 대한 뇌의 평가에 의해 끊임없이 다듬어진다. 이렇게 이루어진 신경세포 네트워크는 매우 강력하다. 장피에르 샹죄와 나는 컴퓨터 시뮬레이션을 통해 고전적인 런던 탑 검사(Tower of London test, 크기나 색이 다른 다양한 블록들을 가급적 조금만 이동시켜 탑처럼 배치하는 데 걸리는 횟수와 시간 등을 측정하는 검사 _ 옮긴이 주)와 같은 복잡한 문제나 퀴즈를 푸는 과정을 보여주었다.[60] 선택에 의한 학습의 논리가 고전적인 시냅스의 학습 규칙과 결합되면, 오류로부터 학습해 문제의 배경에 있는 추상적인 규칙까지 추출해낼 수 있는 견고한 구조를 만든다.[61]

비록 '다양성 발생장치'를 GOD(하느님)이라 약칭하기는 하지만, 자발적 활동이라는 개념의 밑바탕에 마법과 같은 것은 없으며, 물질에 대한 마음의 이원론적 작용도 없다. 흥분 가능성은 신경세포의 자연스러운 물리적 특성이다. 모든 신경세포에서 막전위membrane potential는 끊임없이 변동한다. 이는 대체로 신경세포의 일부 시냅스에서 신경 전달물질 소포vesicle of neurotransmitter가 임의로 방출되기 때문이다. 이 임의성은 분자를 끊임없이 요동시키는 열잡음thermal noise으로부터 생긴다. 디지털 칩을 제조할 때 기술자들이 0과 1에 대해 명확하게 구별되는 전위를 부여하기 위해 열잡음의 영향을 억제하는 것과 마찬가지로, 진화가 이 잡음의 영향을 최소화했다고 여겨질 것이다. 하지만 뇌에서는 그렇지 않다. 신경세포는 잡음을 이겨낼 뿐 아니라 심지어 그것을 증폭시킨다. 아마도 어느 정도의 임의성이 복잡한 문제에 대한 최선의 해결책을 찾으려 하는 여러 가지 상황에서 도움이 되기 때문일 것이다('몬테카를로 마르코프 연쇄 MonteCarlo Markov chain'나 '담금질기법simulated annealing' 등과 같은 여러 알고리즘에는 노이즈의 효율적인 원천이 필요하다).

신경세포의 막전위 변동이 어느 역치의 수준을 초과할 때는 항상 스파이크가 방출된다. 우리의 시뮬레이션에서는 이러한 임의의 스파이크가, 광역의 활동패턴이 나올 때까지 신경세포를 피질기둥, 세포집합체, 신경회로 등으로 이어주는 광범위한 일련의 연결에 의해 형성될 수 있음을 보여준다. 처음에는 국소적인 소음이었던 것이 결국 암묵적인 사고나 목표에 대응하는 자발적 활동의 구조화된 사태가 되어버리는 것이다. 우리의 마음속에 끊임없이 떠오르며 정신생활의 바탕을 이루는 말이나 이미지, 바로 '의식의 흐름'이라는 것은 우리가 평생 동안 성장하고 교육을 받는 과정에서 구축된 수조 개의 시냅스가 만드는 임의의 스파이크들로부터 비롯된다.

무의식의 카탈로그

최근에 이르러 광역작업공간이론은 실험의 관찰결과를 재확인하는 중요한 해석도구이자 프리즘이 되었다. 그 성공의 하나는 인간의 뇌에서 이루어지는 무의식 과정의 여러 가지 종류를 명확하게 설명했다는 것이다. 18세기의 스웨덴 학자 카를 린네 Carl Linnaeus가 살아있는 모든 생물종의 '분류학taxonomy'(동식물 을 종과 아종으로 계통적으로 분류함)을 구상했던 것과 거의 마찬 가지로 우리는 이제 무의식의 분류학을 제안할 수 있다.

뇌의 작용은 대부분 무의식적이라는 제2장의 주된 메시지를 기억하기 바란다. 우리는 호흡에서부터 자세제어까지, 낮은 수 준의 시각에서부터 섬세한 손의 움직임까지, 글자인식에서부터 문법에 이르기까지 우리가 무엇을 하고 있으며 무엇을 알고 있 는지를 알아차리지 못한다. 그리고 부주의 맹시 동안에는 고릴 라로 변장한 젊은이가 가슴을 두드리는 모습까지 놓칠 수도 있 다. 우리가 누구이며 어떻게 행동하느냐 하는 것은 무수한 무의 식적 처리장치가 만들어내는 것이다.

광역작업공간이론은 이 혼란스러운 정글에 약간의 질서를 부여하는 데 도움이 된다.[62] 그것은 다른 메커니즘의 여러 영역 에서 급격하게 이루어지는 무의식의 작용을 살펴보게 해준다 (347페이지의 〈그림 28〉 참조). 먼저 부주의 맹시 동안 무엇이 일 어나는지를 생각해보자. 어떤 시각적인 자극이 의식적인 지각 의 정상적인 역치보다 훨씬 높게 가해지는데도 우리는 다른 과 제에 몰두해있으면 그것을 알아차리지 못한다. 나는 이 책의 원 고를 내 아내가 태어난 집, 아름다운 거실에 커다란 괘종시계가 자리 잡은 17세기의 농가에서 쓰고 있다. 바로 내 앞에서 시계

추가 흔들리고 있으므로 나는 쉽게 그 똑딱거리는 소리를 들을 수 있다. 하지만 글 쓰는 데 집중하면 늘 그 소음이 내 의식세계에서 사라진다. 부주의가 인식을 방해하는 것이다.

나는 이런 무의식정보에 '전의식preconscious'이라는 형용사를 붙여 무의식을 분류하자고 제안하고 있다.[63] 그것은 '대기 중인 의식consciousness-in-waiting'이다. 정보는 이미 발화하는 신경세포의 집합에 의해 부호화되어있다. 단지 주의를 기울이기만 하면 어느 때라도 의식될 수 있지만, 아직 그렇지 못한 상태에 있다. 실제로 이 말은 지그문트 프로이트로부터 차용한 것이다. 그는 《정신분석개설Outline of psychoanalysis》에서 "일부 과정들은 …… 의식되는 것을 멈추지만 별다른 어려움 없이 다시 한 번 의식될 수도 있다. …… 이런 식으로 무의식적인 상태에서 의식적인 상태로 쉽게 바뀔 수 있는 모든 무의식적인 것은 따라서 '의식될 수 있다'거나 '전의식적'이라고 하는 것이 더 낫다"고 언명했다.

광역 작업 공간의 시뮬레이션에서도 전의식상태로 추정되는 신경세포 메커니즘이 나타난다.[64] 자극이 시뮬레이션에 들어오면 그 활성이 퍼져 결국 광역 작업 공간을 점화시키는 것이다. 그러면 이 의식의 표상은 동시에 두 번째 자극이 들어오지 않도록 주위를 차단한다. 중추에서 벌어지는 이 경쟁은 피할 수 없다. 의식의 표상은 그것이 무엇인가와 마찬가지로 무엇이 아닌가에 의해서도 정의된다는 점에 앞서 주목한 바 있다. 우리

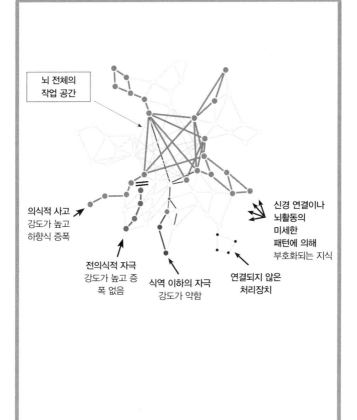

**뇌 전체의
작업 공간**

의식적 사고
강도가 높고
하향식 증폭

전의식적 자극
강도가 높고 증
폭 없음

식역 이하의 자극
강도가 약함

**연결되지 않은
처리장치**

**신경 연결이나
뇌활동의
미세한
패턴에 의해**
부호화되는 지식

그림 28.
지식은 몇 가지 서로 다른 이유로 무의식상태에 머무를 수 있다. 어느 순간
이나 단 하나의 사고가 작업 공간을 점화시킨다. 다른 대상은 의식에 다가가
지 못한다. 주의가 기울여지지 않아 작업 공간에 들어가지 못하기(전의식) 때
문이거나, 또는 작업 공간수준에까지 전면적인 활성화의 눈사태를 일으키기
에는 너무 약하기(식역 이하) 때문이다. 그리고 또한 작업 공간으로부터 연결
이 끊어진 처리장치에서 부화된 정보도 인식하지 못한다. 마지막으로 엄청
난 양의 무의식정보가 신경 연결이나 뇌활동의 미세한 패턴 속에 남아있다.

가설에 의하면, 일부 작업 공간 신경세포는 현재의 의식 내용을 한정시키고 무엇이 아닌지를 알리기 위해 반드시 침묵시켜야 한다. 이처럼 억제가 확산되면 대뇌 피질의 고차 중추 내부에 병목이 생긴다. 어느 의식상태에서도 빼놓을 수 없는 부분을 이루는 신경세포의 침묵 때문에 우리는 한꺼번에 2가지를 보지 못하고 동시에 2가지 힘든 과제를 수행하지 못한다. 그러나 이것은 저차감각 영역의 활성화를 배제하는 것은 아니다. 저차감각 영역은 비록 작업 공간이 이미 최초의 자극에 의해 차지되어 있더라도 여느 때와 아주 똑같은 수준으로 기능한다. 전의식의 정보는 광역 작업 공간 외부에 존재하는, 일시적 기억저장 영역에 잠깐 저장된다. 그리고 우리의 주의가 기울여지지 않으면 서서히 사라질 것이다. 사라져가는 전의식정보는 단기간이라면 되살려 의식으로 복원할 수 있으며, 이 경우 우리는 그 사실을 체험하게 된다.[65]

전의식상태는 '식역 이하의' 상태라는 두 번째 종류의 무의식과는 완연한 대조를 이룬다. 우리가 볼 수 없을 정도로 아주 짧고 약하게 번쩍이는 이미지를 생각해보자. 이 경우 상황은 아주 다르다. 우리는 아무리 주의를 기울이더라도 숨겨진 자극을 지각할 수 없다. 기하학적 도형 사이에 비쳐 가려진 어휘를 알아차리지 못하는 것이다. 그런 식역 이하의 자극은 뇌에서 시각, 의미, 운동을 담당하는 영역에서 검출되기는 하지만, 너무 짧게 일어나기 때문에 광역적 점화를 일으키지 못한다. 우리 연구소의 시뮬레이션에서도 이 상태가 확인된다. 컴퓨터에서도 짧은 펄스의 활동이 광역적 점화를 일으키지 못하는 것은 고차 영역으로부터 저차감각 영역으로 돌아가 들어오는 활동을 증폭할 기회를 얻을 무렵이 되면 이미 원래의 활동이 사라지고 마스크로 대체되기 때문이다.[66] 심리학자들은 교묘하게 뇌에 조작을 가함으로써 광역적 점화가 체계적으로 저해될 만큼 아주 약하고 짧으며 어수선한 자극을 쉽게 만들어낸다. '식역 이하subliminal'라는 용어는 들어오는 감각의 파가 광역 신경세포 네트워크의 해안에 지진해일을 일으키기 이전에 사라지는 이런 범주의 상황에 적용된다. 식역 이하의 자극은 우리가 지각하기 위해 아무리 노력을 기울이더라도 결코 의식되지 못하는 반면에, 전의식자극은 그것에 주의를 기울이기만 하면 의식될 것이다. 이것이 중요한 차이이며, 뇌수준에 여러 가지 결과를 초래한다.

'전의식'과 '식역 이하'를 구분하는 것이 우리 뇌에 있는 무의식에 대한 지식의 전부는 아니다. 호흡을 생각해보자. 뇌간 깊은 곳에서 만들어져 심장근육으로 보내지는 조화로운 신경의 발화 패턴에 의해 생명을 유지하는 호흡의 리듬이 형성된다. 그리고 교묘한 피드백 루프에 의해 그 리듬이 혈중 산소 및 이산화탄소의 수준에 맞춰진다. 이 같은 고도의 신경세포장치는 무의식상태로 유지된다. 왜 그럴까? 그 신경의 발화는 강하고 시간적으로 길기 때문에 식역 이하는 아니다. 하지만 아무리 주의를 기울이더라도 그것을 의식할 수 없기 때문에 전의식도 아니다. 이 경우는 무의식작용의 세 번째 범주인 '연결이 끊어진 패턴'에 대응된다. 호흡을 제어하는 발화패턴은 뇌간 안에 한정됨으로써 전전두엽이나 두정엽에서 뇌 전체에 영향을 미치는 작업 공간 시스템과 단절되어있는 것이다.

호흡을 제어하는 패턴이 의식되기 위해서는 신경집합 속의 정보가 전전두엽 및 관련된 부위에 있는 작업 공간 신경세포와 의사소통을 이루어야 한다. 하지만 호흡 데이터는 뇌간 신경세포 속에 영원히 갇혀있다. 혈중 이산화탄소수준의 신호를 보내는 발화패턴이 대뇌 피질의 다른 부분으로 전해지지 않는 것이다. 그 결과 우리는 그들을 알아차리지 못한다. 이처럼 특화된 신경세포회로의 다수는 아주 깊이 묻혀있기 때문에 우리의 인식에 이르는 데 필요한 연결이 이루어지지 못한다. 흥미롭게도 그것을 알아차리는 유일한 방법은 다른 감각 양식을 통해 그들을 기록하는 것이다. 우리는 단지 자신이 어떻게 호흡하는지를 가슴의 움직임에 주의를 기울일 동안에 간접적으로만 알아차린다.

비록 우리가 자신의 몸을 제어하고 있다고 느끼더라도, 수백 가지의 신경세포신호는 고차의 대뇌 피질 영역과 단절되어 있기 때문에 우리도 모르는 사이에 끊임없이 뇌모듈을 통해 왕래한다. 일부 뇌졸중 환자의 경우 그 상황은 더욱 나빠진다. 백질로 된 경로의 손상으로 인해 특정 감각이나 인지 시스템의 연결이 끊어져 갑자기 의식에 이르지 못하는 수가 있다. 대표적인 것이 두 대뇌반구를 잇는 신경섬유의 거대한 다발인 뇌량corpus callosum이 뇌졸중에 의해 손상을 받을 때 일어나는 단절증후군이다. 그 같은 증상을 가진 환자는 자신의 운동제어에 대해 전혀 인식하지 못할지도 모른다. 심지어 왼손이 제멋대로 움직인다면서 그 움직임을 내버려두기도 할 것이다. 이 현상은 왼손을 움직이는 지령이 대뇌 우반구에서 나오는 데 반해, 말에 의한 제어는 좌반구에서 형성되기 때문에 일어난다. 일단 이들 두 시스템이 끊어지면 환자는 손상된 두 작업 공간을 가지는 셈이 되며, 각각 다른 것이 무슨 정보를 지니는지 부분적으로 의식하지 못한다.

작업공간이론에 따르면, 단절 이외에 신경정보가 의식되지 않은 상태에 머무르는 네 번째 방법은 복잡한 발화패턴으로 희석되는 것이다. 구체적인 예로, 아주 조밀하고 아주 빨리 깜박거려(50헤르츠 이상) 보이지 않는 격자무늬를 생각해보자. 우리는 그것이 단일한 회색이라고 지각하지만, 실험에 의하면 실제로 그 격자무늬는 뇌 속에서 서로 다른 방향에 따라 서로 다른 시각신경세포 무리가 발화해 부호화되는 것이 밝혀졌다.[67] 왜 이 패턴의 신경세포활동이 의식될 수 없을까? 아마도 그것이 1차 시각 영역에서 극단적으로 뒤얽힌 시공간적 발화패턴, 즉 고차의 피질 영역에 있는 광역 작업 공간 신경세포에 의해 확실하게 식별할 수 없을 정도로 너무 복잡한 부호화를 사용하기 때문일 것이다. 비록 아직은 신경의 부호화를 제대로 이해하지 못하지만, 하나의 정보가 의식되기 위해서는 그것이 먼저 신경세포의 집합에 의해 명확한 형태로 다시 부호화되어야 하리라 생각된다. 시각 영역의 앞쪽 부위에서는 그들 자체의 활동이 증폭되어 정보를 인식시키는 광역 작업 공간의 점화를 일으키기 전에, 특정 신경세포를 의미 있는 시각 입력에 배정해둬야 한다. 만약 정보가 아무 관계가 없는 수많은 신경세포의 발화에 희석된 채 머무른다면 결코 의식되지 못한다.

우리가 바라보는 어떤 얼굴이나 우리가 듣는 어떤 말도, 무수한 신경세포들이 전체적인 장면의 극히 일부만 감지하면서 시공간적으로 복잡하게 얽힌 일련의 스파이크를 내는 무의식적인 방식에서부터 시작된다. 각각의 입력패턴에는 말하는 사람, 메시지, 감정, 방의 크기 등등 거의 무한한 양의 정보가 들어있다. 그것을 해독할 수 있어야 하지만, 그럴 도리가 없다. 이 잠재적인 정보를 뇌의 고차 영역에서 의미 있는 것으로 분류해줘야만 비로소 인식하게 된다. 메시지를 명확하게 해주는 것은 점점 추상화하는 우리 감흥의 특징을 순차적으로 추출하는, 피라미드처럼 계층화된 감각신경세포의 중요한 역할이다. 감각을 훈련시키면 어렴풋한 광경이나 소리도 인식할 수 있다. 그 이유는 신경세포가 모든 수준에서 이러한 감각적인 메시지를 증폭해 자신의 특징을 조절하기 때문이다.[68] 신경세포의 메시지는 학습 이전에 이미 우리의 감각 영역에 존재했지만, 우리가 인식할 수 없는 희석된 발화패턴의 형태로 암묵적으로 존재할 따름이다.

이 사실에서 매력적인 결과가 하나 생긴다. 예컨대 뇌에는 깜박거린 격자무늬나 희미한 의도 등 본인도 알지 못하는 신호가 들어있다.[69] 그리고 뇌영상기술에 의해 이러한 암호들이 점점 해독되고 있다. 미국 군대에서 개발한 어느 프로그램은 훈련된 관측자에게 초당 10매라는 속도로 위성사진을 비추고 그의 뇌 전위를 모니터링해 적의 항공기 존재에 대한 무의식적인 직관을 검출하려고도 한다. 우리의 무의식에는 상상할 수 없을 정도로 풍부한 것이 감춰져있다. 미래에는 뇌의 해독능력이 컴퓨터의 도움을 받아 우리의 감각에서는 검출되지만 의식에서는 간과되는 희미하고 미세한 그 패턴들을 증폭함으로써 엄밀한 형태의 초감각적 지각을 갖추게 될지도 모른다. 이는 우리 환경에 대한 지각도 높일 것이다.

마지막으로 무의식에 대한 지식의 다섯째 범주는 잠재적 연결의 형태로 우리 신경계에서 잠자고 있다. 작업공간이론에 의하면, 신경세포의 발화패턴은 뇌 전체에 걸쳐 활성화된 세포집합을 이뤄야 비로소 인식된다. 하지만 훨씬 더 막대한 양의 정보가 정적인 시냅스 연결에 저장되어있다. 심지어 출생하기 전부터 신경세포는 외계를 통계적으로 검출해 그에 따라 연결을 적응시킨다. 인간 뇌에서 수백 조에 이르는 대뇌 피질의 시냅스에서는 각 개인이 평생 동안 만든 기억이 잠자고 있다. 날마다 수백만의 시냅스가 형성되거나 파괴되며, 특히 우리 뇌가 그 환경에 가장 많이 적응되는 출생 후 몇 년 동안 그 활동이 두드러진다. 앞 시냅스의 신경세포가 뒤에 있는 시냅스의 신경세포 직전에 발화할 가능성이 얼마나 있는지에 대한 통계적 지혜가 각각의 시냅스에 조금씩 간직되어있다.

그 같은 연결의 힘이 뇌의 모든 곳에서 학습된 무의식적 직관의 근간을 이룬다. 시각의 앞 단계에서는 대뇌 피질의 연결이 대상의 윤곽을 파악하기 위해 인접한 직선들이 어떻게 이어지는지에 대한 통계를 편집한다.[70] 청각·운동 영역에서는 소리의 패턴에 대한 암묵적인 지식이 저장된다. 여러 해 동안 피아노를 연습하면 회백질 밀도에 검출 가능한 변화가 생긴다. 아마도 그것은 시냅스 밀도, 가지돌기의 크기, 백질의 구조, 신경세포를 지지하는 신경교세포glial cell 등의 변화 때문일 것이다.[71] 그리고 측두엽 바로 아래의 곱슬곱슬한 구조인 해마에서는 시냅스가 하나의 사건이 언제 어디서 누구와 함께 일어났는지에 대한 일화적인 기억을 모은다.

우리의 기억은 그 내용이 시냅스의 돌기에 압축·분배된 채 여러 해 동안 잠자고 있을지도 모른다. 하지만 우리는 시냅스에 들어있는 이 지혜를 직접 꺼낼 수 없다. 그 형태가 의식적 사고를 지탱하는 신경세포발화의 패턴과 아주 다르기 때문이다. 기억을 불러내기 위해서는 그들을 잠든 상태에서 활성화된 상태로 변환시켜야 한다. 기억을 불러낼 동안 시냅스는 신경세포발화의 정확한 재현을 촉구한다. 그래야 우리는 비로소 기억을 되살릴 수 있다. 의식된 기억은 단지 과거에 의식된 순간, 과거에 존재했던 정확한 활성화패턴의 대략적인 재구축에 지나지 않는다. 뇌영상기법에서는 기억이 명시적인 신경세포활동패턴으로 변형되어야 함을 보여준다. 그 패턴은 일생의 특정한 일화에 대해 의식하기 전에 전전두엽 및 그와 서로 연결된 대상회cingulate region에 침투한다.[72] 의식이 기억을 되살리는 동안 멀리 떨어진 대뇌 피질 영역들이 그처럼 재활성화되는 것은 우리의 작업공간이론과 완벽하게 맞아떨어진다.

잠재적인 연결과 능동적인 발화의 차이에 의해, 문법을 전혀 인식하지 못한 채 말할 수 있는 이유를 설명할 수 있다. "John believes that he is clever(존은 그가 똑똑하다고 믿는다)"라는 문장에서 대명사 he가 존 자신을 가리킬까? 그렇다. "He believes John is clever(그는 존이 똑똑하다고 믿는다)"의 경우는 어떨까? 그렇지 않다. "The speed with which he solved the problem pleased John?(그가 그 문제를 푸는 속도가 존을 기쁘게 했나요?)"에서는? 그렇다. 우리는 그 답을 알고 있지만, 그것을 알게 해준 문법에 대해서는 생각하지 않는다. 우리의 언어 네트워크는 어휘나 어구의 처리를 위해 배선되어 있으나 우리는 영원히 이 배선도에 접근하지 못한다. 광역작업공간이론이 그 이유를 설명해줄 수 있다. 바로 그 지식이 의식화에 맞지 않는 형태로 되어있는 것이다.

문법은 산술과 극적인 대조를 이룬다. 24를 31과 곱할 때 우리는 매우 의식적이다. 도중에 각 과정에서 이루어지는 계산의 성질과 순서, 나아가 때때로 저지르는 실수까지 내성에 의해 접근할 수 있다. 이와 대조적으로 말을 할 때는 역설적으로 그 내적인 처리에 대해 아무 말도 하지 못한다. 구문을 처리하는 장치에 의해 해결되는 문제도 산술 문제의 과정처럼 어렵기는 마찬가지지만, 우리가 어떻게 그것을 푸는지는 알 길이 없는 것이다. 왜 이런 차이가 존재할까? 복잡한 산술 계산은 작업 공간 네트워크의 주요 결절(전전두엽, 대상회, 두정엽 등)의 직접적인 제어하에서 단계별로 수행된다. 그 같은 복잡한 서열은 전전두엽 신경세포의 발화에서 명시적으로 부호화된다. 개개의 세포가 우리의 의도, 계획, 개별적인 단계, 심지어 우리의 실수와 그 수정까지도 부호화하는 것이다.[73] 따라서 산술의 경우에는 계획과 그 전개방법이 모두 의식을 지원하는 신경세포 네트워크 내부에서의 발화로 명시적으로 부호화된다. 이와 대조적으로 문법은 왼쪽 위 측두엽left superior temporal lobe과 아래쪽 전두회inferior frontal gyrus를 잇는 연결의 다발에 의해 실행되며, 따라서 배외측 전전두엽에서 이루어지는 의식적인 처리를 위한 네트워크를 동원하지 않는다.[74] 마취된 동안에도 언어를 담당하는 측두엽의 대부분은 "알아차리지 못한 채 자율적으로" 언어 처리를 계속한다.[75] 우리는 신경세포가 어떻게 문법을 부호화하는지 모르지만, 알게 되더라도 그들의 부호화방법이 암산의 부호화방법과는 전혀 다를 것이라 예측하고 있다.

문제의 주관적인 상태

요약하면 광역 신경세포 작업공간이론은 의식과 뇌에서의 그 메커니즘에 관한 수많은 관찰결과를 제대로 이야기해준다. 그리고 우리가 뇌 속에 저장된 지식의 극히 일부밖에 인식하지 못하는 이유도 설명해준다. 의식에 접근하려면 정보는 고차의 피질 영역에서 신경세포활동의 조직적인 패턴으로 부호화되어야 하며, 이 패턴은 또 그것대로 뇌 전체에 걸쳐 작업 공간을 이루면서 긴밀하게 서로 연결된 일련의 내부 영역을 점화시키지 않으면 안 된다. 이 장거리 점화의 특징들이 뇌영상기법을 사용한 실험에서 특정된 의식의 기호를 설명해준다.

비록 우리 연구소의 컴퓨터 시뮬레이션에 의해 의식화의 몇 가지 특징이 재현되었더라도, 그들이 실제의 뇌를 모방하기란 아직 요원하다. 시뮬레이션은 의식과 거리가 먼 것이다. 하지만 원리적으로는 컴퓨터 프로그램이 의식상태의 세부적인 것까지 포착할 수 있으리라는 점을 의심하지 않는다. 더욱 적절한 시뮬레이션이 이루어지면 수십억 가지의 서로 다른 신경세포상태를 얻게 될 것이다. 그렇게 되면 시뮬레이션에서는 단지 활성화가 주위로 전해지기만 하는 것뿐만 아니라, 입력정보를 바탕으로 유용한 통계적인 추론까지 수행할 것이다. 이는 예컨대 특정한 얼굴이 존재할 가능성이나 움직이는 손길이 제대로 목표물에 이를지의 확률 등을 계산함으로써 가능해질 것이다.

우리는 신경세포 네트워크를 어떻게 배선하면 그 같은 통계적 계산을 할 수 있을지 검토를 시작하고 있다.[76] 초보적인 지각 판정은 특화된 신경세포가 제공하는, 노이즈로 가득 찬 증거의 축적을 통해 생긴다.[77] 의식의 점화 동안 일련의 신경세포는 통일된 해석에 이르며, 다음에 무엇을 해야 할지를 결정한다. 셀프리지가 말하는 복마전의 다이몬처럼 복수의 뇌 영역들이 일관성을 위해 싸우는 거대한 경기장을 생각해보기 바란다. 그들은 정해진 규칙에 따라 자신들이 받아들이는 다양한 메시지들에 대한 일관성 있는 하나의 해석을 끊임없이 찾는다. 그리고 장거리 연결을 통해 단편적인 지식을 찾고 증거를 수집하되, 이번에는 당면한 목표를 만족시키는 일관성 있는 답을 얻기까지 광역적 수준으로 이루어진다.

이 장치는 외부의 입력에 부분적인 영향을 받을 뿐이다. 무엇보다 자율성이 그것의 모토다. 자발적 활동 덕분에 자체의 목표를 만들며, 그것에 따라 뇌의 다른 활동도 하향식으로 패턴이 형성된다. 다른 영역들을 유도해 장기기억을 끌어내고, 마음의 이미지를 만들며, 언어 또는 논리적인 규칙에 따라 변형시킨다. 신경세포활동의 항상인 흐름은 수백만의 병렬적인 처리장치를 통해 세심하게 선별되면서 내부 작업 공간 속을 순환한다. 각각의 일관된 결과가 얻어질 때마다 우리는 결코 멈추지 않는 마음의 알고리즘, 즉 의식적 사고의 흐름 가운데에서 한 걸음 더 앞으로 나아가게 되는 것이다.

사실적인 신경세포의 원리를 바탕으로 그 같은 대규모의 병렬적 통계장치를 시뮬레이션하는 것은 매력적인 일이다. 유럽의 연구진들은 인간 뇌 계획Human Brain Project, 즉 대뇌 피질 네트워크를 이해해 시뮬레이션하려는 엄청난 시도를 위해 결집하고 있다. 수백만의 신경세포와 수십억의 시냅스로 이루어지는 네트워크 시뮬레이션은 신경세포 모양의 전용 실리콘 칩을 사용해 이미 실현 가능한 범위에 놓여있다.[78] 2020년대에 이르면 이러한 도구에 의해 뇌상태가 의식적 경험을 어떻게 일으키는지가 훨씬 더 상세하게 밝혀질 것이다.

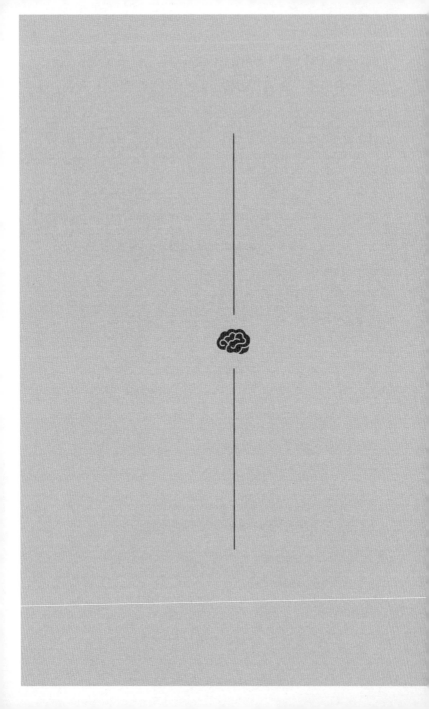

6
궁극적인 테스트

의식에 관한 어떤 이론이라도 임상 실험이라는 궁극적인 테스트를 거치지 않으면 안 된다. 해마다 수천 명의 환자가 혼수상태에 빠진다. 많은 환자들이 '식물인간상태'라는 끔찍한 상태에 빠진 채 아무런 반응을 나타내지 못하다가 생애를 마칠 것이다. 싹을 틔우고 있는 의식의 과학이 그들을 도울 수 있을까? 그 대답은 유보적 긍정이다. '의식 측정기'의 꿈은 실현 가능한 범위에 있다. 뇌신호에 대한 고도의 수학적 분석에 의해 이제 어느 환자가 의식이 있고 어느 환자가 의식이 없는지 상당한 수준에서 확실하게 분간하기 시작했다. 임상적인 개입도 가시화되고 있다. 뇌 깊숙이 자리 잡고 있는 핵을 자극하면 의식의 회복 속도를 앞당길 수 있을지도 모른다. 그리고 뇌·컴퓨터 인터페이스에 의해 의식은 있지만 온몸이 마비된 록트인locked-in 환자와 어느 정도의 의사소통을 할 수 있을 것이다. 미래의 신경 관련 기술은 의식의 병에 대처하는 임상적인 개입방법을 영원히 바꾸게 될 것이다.

내가 그때 얼마나 얼어붙고 정신이 희미해졌는지를
독자여, 묻지 말라. 여기에 적지 않을 테니.
말은 내 상태를 그대에게 이야기하지 못할지니.
나는 죽지도 살아있지도 않았노라.
- 단테 알리기에리, 《신곡》(1307~1321)

해마다 엄청난 수의 자동차사고, 뇌졸중, 자살 미수, 일산화탄소 중독, 익사사고 등으로 어른이나 어린이를 막론하고 심각한 장애를 입는다. 움직이거나 말을 하지 못하는 혼수상태 환자나 사지마비 환자는 정신생활의 광채를 잃은 것처럼 보인다. 하지만 의식이 아직 남아 있을 수 있다. 알렉상드르 뒤마는 《몽테크리스토 백작》(1844)에서 마비된 신체가 묻힌 무덤 안에서 의식에 아무런 손상을 입지 않은 채 살아있는 모습을 극적으로 묘사했다.

누아르티에 씨는 거의 시체가 된 것처럼 몸을 꼼짝할 수 없었지만 지적인 표정을 띠면서 새로 들어온 사람들을 쳐다보았다. (……) 시각과 청각이 남아있는 유일한 감각이었으며, 이러한 감각은 마치 두 불꽃처럼 무덤 이외에는 어디에서도 쓸모없을 처참한 신체에 가까스로 생기를 부여해주었다. 그는 그러한 감각 중의 하나를 통해서 아직 자신의 몸속에 자리 잡고 있는 생각이나 느낌을 드러낼 수 있었다. 그리고 자신의 내적 생명을 표현하는 그의 시선은 밤에 사막을 지나가던 나그네의 눈에 띠면서 사람

하나가 침묵과 어둠 속에 있음을 알려주는 먼 곳의 촛불 같았다.

누아르티에 씨는 허구의 등장인물이다. 아마도 그에 대한 설명은 록트인증후군에 대한 최초의 문학적 묘사일 것이다. 하지만 누아르티에 씨가 겪은 상황은 실제로 일어날 수 있다. 프랑스 패션잡지 〈엘Elle〉의 편집장 장도미니크 보비Jean-Dominique Bauby는 불과 43세 때 인생이 급변했다. "그때까지 뇌간이라는 말을 결코 들은 적이 없었다. 그 후에야 그것이 우리 몸속에 있는 컴퓨터의 필수 부품이며, 뇌와 척수 사이에서 떼놓을 수 없는 연결고리라는 것을 알았다. 뇌혈관성 장애를 입는 사고로 인해 내 뇌간이 기능 부전이 되었을 때 비로소 이 필수적인 인체 조직을 알게 된 것이다"라고 그는 기술했다.

1995년 12월 8일 보비는 뇌졸중 때문에 20일 동안 혼수상태에 빠졌다. 그는 병동에서 정신을 차렸을 때 한쪽 눈과 머리 일부를 제외하고는 온몸이 마비되어 있음을 알아차렸다. 그는 죽기 전 15개월 동안 책을 구상하고 기억을 더듬으면서 조수에게 받아쓰게 한 뒤 출판했다. 록트인증후군 환자의 내면생활에 대한 감동적인 증언인 《잠수종과 나비The Diving Bell and the Butterfly》(1997)는 순식간에 베스트셀러가 됐다. 현대의 누아르티에 씨처럼 꼼짝하지 못하는 몸속에 갇힌 장도미니크 보비는 조수가 E, S, A, R, I, N, T, U, L, O, M …… 등을 읊조릴 때마다 왼쪽 눈꺼풀을 깜박거림으로써 한 번에 한 글자씩 받아쓰게 했다. 이리하여 20만 번 눈을 깜박거림으로써 뇌졸중으로 깨뜨려진 아름다운 정신에 관한 이야기가 완성됐다. 그는 이 책이 출판되고 나서 불과 사흘 뒤 폐렴으로 세상을 떠났다.

〈엘〉의 전 편집장은 가끔 유머를 섞으면서 엄숙한 필치로 좌절, 고독, 의사소통 불능, 때때로 느끼는 절망 등에 사로잡혔던 매일의 시련을 묘사했다. 잠수종으로 비유된 그의 몸은 비록 꼼짝할 수 없는 처지였지만, 마음의 자유로운 비상에 대한 그의 비유에서 드러나듯 간결하고 우아한 그의 산문을 통해 나비처럼 가볍게 약동했다. 의식의 자율성에 대한 증거로 장도미니크 보비의 생생한 상상력과 기민한 글보다 더 나은 것은 없다. 시각으로부터 촉각에 이르기까지, 향긋한 냄새로부터 깊은 감정에 이르기까지 정신상태의 모든 레퍼토리가 감옥처럼 영원히 갇힌 신체로부터도 여느 때와 마찬가지로 자유롭게 날아다닐 수 있음이 분명하다.

하지만 보비와 비슷한 많은 환자의 경우 풍요로운 정신생활의 존재는 발견되지 않고 간과된다.[1] 프랑스의 록트인증후군 협회(보비가 창립했으며, 최신 컴퓨터 인터페이스를 사용해 환자들 스스로 운영하고 있다)의 최근 조사에 의하면, 환자의 의식을 처음 감지하는 사람은 보통 의사가 아니다. 절반 이상의 경우가 환자의 가족이다.[2] 더욱 나쁜 소식은 뇌수술을 받은 뒤 평균적으로 2.5개월이 지나야 비로소 정확한 진단이 내려진다는 것이다. 일부 환자의 경우에는 4년이 지나도 진단이 내려지지 않는다. 환자의 마비된 몸이 이따금 본의 아닌 경련과 정형화된 반사작용을 나타내기 때문에 그들의 자발적인 눈의 움직임이나 깜박거림을 설사 알아차리더라도 그것을 반사작용이라며 무시하기 십상이다. 심지어 최상의 병원에서도 애당초 전혀 아무런 반응을 못하고 '식물인간상태'로 분류된 환자들의 약 40%가 더욱 세심한 검사를 통해 최소한의 의식이 있는 징후를 나타낼 것이다.[3]

자신의 의식을 표현할 수 없는 환자들은 신경과학에 긴급한 과제를 제기한다. 훌륭한 의식이론이라면 "일부 환자는 그 능력을 잃는 데 반해 일부 환자는 그러지 않는 까닭"을 설명해야 할 것이다. 무엇보다도 구체적인 도움을 제공해줘야 한다. 만약 의식의 기호를 검출할 수 있다면 그것을 가장 많이 필요로 하는 사람들, 즉 의식의 기호에 대한 검출에 의해 문자 그대로 삶이냐 죽음이냐가 결정될 환자들에게 반드시 적용되어야 한다. 세계 각지의 중환자실에서 생기는 사망의 절반은 생명유지장치를 제거하는 임상적인 판단으로 일어난다.[4] 누아르티에와 보비 같은 사람들에게 남아있는 의식을 검출하거나, 그들이 이윽고 혼수상태에서 깨어나 가치 있는 정신생활을 되찾을 것임을 예지할 수단이 의사들에게 없었기 때문에 얼마나 많은 환자들이 죽음을 맞이했을지를 생각해보지 않을 수 없다.

하지만 오늘날에는 미래가 훨씬 밝아 보인다. 신경학자들과 뇌영상기법의 연구자들이 의식상태를 특정하는 분야에서 커다란 진보를 이루고 있다. 이 분야는 이제 의식을 검출해 그것을 가지고 있는 환자들과 의사소통을 하는 더욱 단순하고 값싼 방법을 모색하는 쪽으로 움직이고 있다. 제6장에서는 이 흥미진진한 과학·의학·기술의 새로운 최전선을 살펴보려 한다.

마음은 어떻게 잃게 되는가

먼저 의식이나 외계와의 의사소통에 대한 여러 가지 신경학적 장애를 정리하기로 하자(〈그림 29〉 참조).[5] 어쩌면 혼수상태(coma라는 영어는 '깊은 잠'을 뜻하는 고대 그리스어 κῶμα에서 유래한다)라는 익숙한 용어로부터 시작할 수 있다. 대부분의 환자가 이 상태에서 시작하기 때문이다. 혼수상태는 보통 뇌 손상 이후 몇 분 내지 몇 시간 이내에 발생한다. 원인은 다양하며 두부 외상(전형적인 것이 자동차사고로 인한 것), 뇌졸중(뇌동맥의 파열 또는 폐색), 산소결핍증(심장 정지, 일산화탄소 중독, 익사 직전 등 뇌에 대한 산소 공급의 상실), 중독(때로는 과도한 음주에 의해 일어날 수 있다) 등이 포함된다. 혼수상태는 깨어나는 능력을 장기적으로 상실한 것으로 정의된다. 환자는 두 눈을 감은 채 아무런 반응 없이 누워있다. 아무런 자극도 그를 깨울 수 없으며, 그는 자신이나 환경에 대한 아무런 인식의 징후를 나타내지 않는다. 혼수상태라는 용어를 임상에서 사용하려면 이 상태가 1시간 이상 지속되어야 한다(따라서 일시적인 실신, 뇌진탕, 인사불성과는 구분된다).

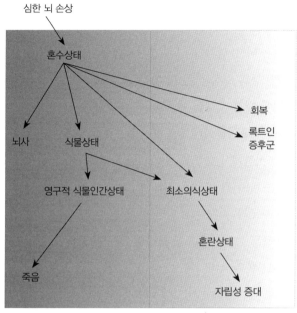

심한 뇌 손상

혼수상태

회복

록트인
증후군

뇌사 식물상태

영구적 식물인간상태 최소의식상태

혼란상태

죽음

자립성 증대

무의식상태 완전히 의식이 있는 상태

그림 29.

뇌 손상으로 인해 의식과 의사소통의 여러 가지 장애가 일어날 수 있다. 이 그림에서는 환자의 범주가 대략적인 의식의 존재와 하루 동안의 안정성에 따라 왼쪽에서 오른쪽으로 분류되어있다. 화살표는 환자의 상태가 시간의 경과에 따라 어떻게 바뀔지를 나타낸다. 임상적인 의식의 징후를 전혀 나타내지 않는 식물인간상태 환자들은 아직도 약간의 자발적인 행동을 수행할지도 모르는 최소한의 의식을 가진 환자들과는 최소한의 대조적인 측면을 보인다.

하지만 혼수상태의 환자가 뇌사brain death에 해당되는 것은 아니다. 뇌사는 혼수상태와 전혀 다른 상태를 가리키며, 뇌간 반사의 완전한 결여에 덧붙여 평탄한 뇌파, 호흡능력의 상실 등이 특징이다. 뇌사 환자의 경우 양전자단층촬영(PET)이나 초음파 도플러법 등과 같은 다른 방법으로 확인해보면 대뇌 피질의 대사나 뇌에 대한 혈액의 관류가 소멸되어있음이 드러난다. 일단 저체온증이나 약물이나 독물의 효과가 배제되면 뇌사의 확정적 진단은 6시간에서 하루 이내에 내릴 수 있다. 피질과 시상의 신경세포는 바로 변질되어 소실되며, 개인을 정의하는 전 생애의 기억이 모조리 지워진다. 따라서 뇌사상태는 불가역적이다. 어떤 기술로도 분해된 세포나 분자를 되살릴 수 없다. 교황청을 비롯해[6] 대부분의 국가들에서는 뇌사를 사망으로 규정하고 있다.

그러면 혼수상태는 어떻게 다를까? 신경학자는 어떻게 그것을 뇌사와 구분할 수 있을까? 무엇보다 우선 혼수상태에서는 신체가 지속적으로 동조된 반응을 나타낸다. 고차의 반사 반응도 대부분 남아있다. 예컨대 혼수상태에 있는 환자 대부분은 목이 자극을 받으면 캑캑거리고, 밝은 빛에 반응해 동공이 수축된다. 그러한 반응은 뇌간 깊은 곳에 자리 잡은 뇌의 무의식회로 중 일부가 아직 기능하고 있음을 나타낸다.

혼수상태 환자의 뇌파 또한 평탄한 직선과는 거리가 멀다. 느릿하게 지속적으로 변동하면서 수면이나 마취 동안 보이는 것과 비슷한 저주파를 만들어낸다. 다수의 피질과 시상세포도 여전히 살아있고 활동적이지만 네트워크는 부적절한 상태에 놓여 있다. 일부 드문 경우에는 심지어 고주파 세타파와 알파파 리듬이 보이지만("알파 코마alpha coma"라고 한다), 마치 뇌의 상당 부분이 건전한 시상·피질 네트워크의 특징을 나타내는 탈동기화된 리듬이 아니라 지나치게 동기화된 뇌파에 의해 침투된 것 같은 특이한 규칙성을 가지고 있다.[7] 내 동료 신경학자인 안드레아스 클라인슈미트Andreas Klein-schmidt는 이 알파파 리듬을 '뇌의 와이퍼brain's windshield wiper'라고 한다. 정상적인 의식이 있는 뇌에서도 알파파는 우리가 소리에 집중할 때의 시각 영역처럼 특정 영역을 억제하는 데 사용된다.[8] 일부 혼수상태 동안에는 프로포폴propofol(마이클 잭슨의 사망 원인이 된 진정제)에 의한 마취와 마찬가지로[9] 거대한 알파파 리듬이 피질에 침투해 의식이 생길 가능성을 배제하는 것 같다. 하지만 세포가 여전히 활동적이기 때문에 그들의 정상적인 부호화 리듬이 언젠가 되돌아올지도 모른다.

따라서 혼수상태 환자는 분명히 활동적인 뇌를 가지고 있다. 뇌의 피질에는 변동하는 뇌파가 생기지만, '깊은 잠'에서 빠져나와 의식상태를 회복할 능력은 없다. 다행히 혼수상태가 오래 지속되는 경우는 드물다. 감염증 등의 합병증을 막는다면 며칠 또는 몇 주 이내에 대다수의 환자는 차츰 회복된다. 최초의 징후는 보통 수면·각성 사이클의 회복이다. 그 후 대부분의 혼수상태 환자에게는 의식, 의사소통, 의도적인 행동이 되돌아온다.

하지만 불행한 경우에는 아무런 인식 없이 눈을 뜨는 매우 기묘한 상태에서 회복이 멈춘다.[10] 날마다 눈을 뜨지만, 눈을 뜨고 있는 동안 아무런 반응도 보이지 않고 연옥에 있는 단테처럼 '죽지도 살아있지도 않은 상태'로 주위에 대해 아무것도 알아차리지 못하는 것 같은 상태에 머문다. 아무런 의식의 징후 없이 수면·각성의 사이클만 반복하는 것은 식물인간상태의 가장 큰 특징이며, '무반응 각성'이라고도 알려져있다. 이 상태가 여러 해 동안 지속될지도 모른다. 환자는 자발적으로 호흡을 하고, 인위적으로 영양 공급이 이루어지면 죽지 않는다. 미국의 독자들이라면 가족, 플로리다 주정부, 그리고 심지어 조지 W. 부시 대통령까지 법정투쟁을 벌이고 있는 동안 15년이나 식물인간상태로 있었던 테리 시아보Terri Schiavo를 기억할 것이다. 그녀는 2005년 3월 영양공급관의 제거가 명령된 뒤 사망했다.

식물인간상태란 정확히 무슨 뜻일까? 이 말은 무력한 '식물'을 연상시켜 부적당하지만, 슬프게도 환자가 제대로 보살펴지지 않는 병동에서는 이 명칭이 정착되어있다. 신경학자 브라이언 제닛Bryan Jennett과 프레드 플럼Fred Plum은《옥스퍼드 영어사전》에서 "지적 활동이나 사회적 교류 없이 그냥 연명하는 것"을 뜻하는 동사 'vegetate'로부터 식물인간상태를 가리키는 형용사 'vegetative'를 만들었다.[11] 심박수, 혈관 긴장, 체온의 조절과 같은 자율신경계에 의존하는 기능이 대체로 손상되지 않은 환자는, 움직이지 못하는 것이 아니라, 가끔 신체나 두 눈을 느리지만 분명하게 움직인다. 분명한 이유도 없이 갑자기 미소를 짓거나 울거나 얼굴을 찌푸리기도 한다. 그 같은 행동은 가족들에게 상당한 혼란을 자아낼 수 있다(그래서 테리 시아보의 경우 그녀의 부모는 아직 그녀에게 도움이 필요하다고 생각했다). 그러나 신경학자들은 그 같은 신체 반응이 반사적으로 일어날 수 있다는 것을 알고 있다. 척수와 뇌간에서는 가끔 특정한 목적이 없는 순수하게 불수의적인 동작이 만들어지기도 한다. 중요한 것은 환자가 절대로 구두지시에 반응하지 않으며, 무의미한 신음소리를 내더라도 말은 한 마디도 하지 않는다는 점이다.

의사는 최초의 손상 뒤 1개월이 지나면 '지속적 식물인간상태'라 판단하고, 3개월 내지 12개월이 지나면 뇌 손상이 산소 결핍증에 의한 것인지 두부 외상에 의한 것인지에 따라 '영구적 식물인간상태'라는 진단을 내린다. 하지만 이러한 용어는 회복이 불가능하다는 의미를 함축하고, 무의식상태가 고정되는 것을 시사하며, 그래서 생명유지장치의 조기 제거로 이어질지도 모른다는 등 논의가 분분하다. 일부 임상 의사와 연구자들은 '무반응 각성'이라는 중립적인 표현을 선호한다. 이는 환자의 현재와 미래의 상태에 대한 정확한 성격을 판단하지 않고 사실만 이야기하는 말이다. 곧 알게 되겠지만 문제의 진실은 식물인간상태가 제대로 이해되지 않은 여러 가지 상태를 총칭하는 말이며, 거기에는 의식은 있더 라도 의사소통을 하지 못하는 환자 등 드문 사례까지 포함된다.

심한 뇌 손상을 입은 일부 환자의 경우 의식은 심지어 몇 시간의 간격으로 커다란 변동을 나타낼지도 모른다. 때로는 어느 정도 자신의 행동에 대한 자발적인 제어를 되찾기도 하며, 그래서 그들을 '최소의식상태'라는 뚜렷이 구분되는 범주에 포함시키는 것이 정당하다. 이 용어는 2005년에 일군의 신경학자들이 드물고 일관적이지 못하지만 제한된 반응을 보임으로써 이해와 의지가 남아있음을 나타내는 환자를 가리키기 위해 도입한 것이었다.[12] 최소의식상태 환자는 구두지시에 대해 눈을 깜박거리거나 거울을 눈으로 쫓는다. 어떤 형태로든 의사소통이 이루어질 수 있다. 많은 환자들이 큰 소리로 외치거나 단지 고개를 끄덕거림으로써 '예', '아니오'라고 대답할 수 있는 것이다. 임의로 미소를 짓거나 울음을 터뜨리는 식물인간상태 환자와 달리 최소의식상태 환자는 현재의 상황에 어울리는 감정을 표현할지도 모른다.

확실한 진단을 하기에는 하나의 징후만으로는 충분하지 않다. 의식의 징후는 어느 정도 일관성을 가지고 관찰되어야 한다. 그렇지만 역설적으로 최소의식상태 환자는 일관적으로 자신의 생각을 표현하는 것을 방해할지 모르는 상태에 처해있다. 그들의 행동은 바뀌기가 아주 쉽다. 일관된 의식의 징후가 전혀 관찰되지 않는 날도 있는가 하면, 그 징후가 아침에는 보이지만 오후에는 보이지 않기도 한다. 게다가 환자가 올바른 시점에 웃거나 울거나 하는지에 대한 관찰자의 평가가 매우 주관적일 수도 있다. 진단의 신뢰성을 개선하기 위해 신경심리학자 조지프 자키노Joseph Giacino는 엄밀한 제어로 적용되는 일련의 객관적 임상 테스트인 '혼수상태 회복척도Coma Recovery Scale'를 만들었다.[13] 이 척도를 통해 물체를 인식해 조작하고, 자발적으로 또는 구두지시에 반응해 응시하며, 예기치 못한 자극에 반응하는 등의 간단한 기능을 평가한다. 의료진은 환자에게 일관성 있게 질문하며, 느리고 적절하지 못한 것이더라도 환자의 행동 반응을 주의 깊게 살피도록 훈련을 받는다. 이 테스트는 보통 하루에도 여러 번으로 나뉘어 반복적으로 이루어진다.

의료진은 이 척도를 사용함으로써 식물인간상태와 최소의식상태를 훨씬 더 정확하게 구분할 수 있다.[14] 물론 이 정보는 생명유지장치 제거에 관한 결정을 내리는 데뿐만 아니라 회복 가능성을 예측하는 데도 중요하다. 통계적으로 말해 최소의식상태로 진단되는 환자들은 여러 해 동안 식물인간상태에 있는 환자들보다 안정적인 의식을 되찾을 기회가 훨씬 많다(그러나 한 개인의 운명은 여전히 예측하기가 매우 어렵다). 회복은 가끔 고통스러울 정도로 더디기도 하지만, 시일이 지날수록 환자의 반응은 점점 더 일관성을 되찾고 안정되어간다. 소수의 드문 사례에서는 단지 며칠 만에 갑자기 각성이 일어나기도 한다. 한편 환자가 일단 다른 사람들과 의사소통할 능력을 안정적으로 되찾으면 더 이상 최소의식상태로 간주되지 않는다.

최소의식상태는 어떤 상태일까? 이러한 환자는 과거의 기억,

미래의 희망, 그리고 현재에 대한 풍부한 의식(아마도 고뇌와 절망으로 가득 차있을 것이다)을 비롯한 아주 정상적인 내면생활을 할까? 아니면 애매모호하게 지내면서 검출될 만한 반응을 할 에너지를 내놓을 수는 없을까? 알 수 없는 노릇이지만 반응의 커다란 변동으로 미루어 후자가 더욱 진실에 가까울지도 모른다. 아마도 맞아서 쓰러지거나 마취되거나 술에 취했을 때 우리 모두가 경험하는 혼란스러운 정신상태가 가장 적절한 비유일 것이다.

이 점에서 최소의식상태는 장도미니크 보비가 경험했던 '록트인증후군'과 크게 다르다. 록트인상태는 보통 명확하게 한정된 손상, 즉 일반적으로 뇌간의 손상에 기인한다. 그 같은 손상은 아주 정확하게 척수의 출력경로로부터 피질을 단절시킨다. 하지만 피질과 시상은 그런 상태를 내버려두기 때문에 의식은 그대로 남아있는 경우가 적지 않다. 환자는 혼수상태에서 깨어나면 몸이 마비된 채 아무 말도 할 수 없는 것을 깨닫는다. 두 눈도 꼼짝하지 않는다. 단지 멀리 떨어진 신경세포경로에 의해 생기는, 수직 방향으로 미미하게 움직이는 눈길과 깜박거림만 남아있기에 그것을 외계와의 의사소통경로로 삼는다.

프랑스의 자연주의 소설가 에밀 졸라는 《테레즈 라캥*Thérèse Raquin*》(1867)에서 록트인상태로 사지가 마비된 라캥 부인의 정신생활을 생생하게 포착했다. 졸라는 그 가련한 부인의 마음을 엿볼 수 있는 유일한 창문으로 두 눈이 남아있는 것에 주목했다.

이 얼굴은 죽은 사람의 얼굴처럼 보였으며, 살아있는 두 눈이 그 한가운데 고정되어있었다. 두 눈만이 눈구멍 속에서 급속히 움직였다. 뺨과 입은 마치 돌이라도 된 것처럼 꼼짝하지 않았다. (……) 두 눈의 모양이나 밝기가 나날이 또렷해졌다. 그녀는 이제 두 눈을 손이나 입처럼 이용해 자신에게 필요한 것을 요구하고 고마움까지 표현했다. 이런 식으로 그녀는 아주 특이하고 멋지게 자신이 결여하고 있는 기관을 대체시켰다. 근육이 축 늘어지고 찡그린 표정의 얼굴이었지만, 한가운데 자리 잡고 있는 눈은 무척 아름다웠다.

록트인 환자들은 의사소통을 제대로 하지 못하는데도 불구하고 자신의 결함뿐 아니라 자신의 정신능력과 자신이 받고 있는 보살핌까지도 생생하게 인식하는 맑은 정신을 유지하고 있다. 일단 그들의 상태가 감지되고 그들의 고통이 완화되면 만족스러운 생활을 보낼 수 있다. 피질과 시상이 손상되지 않으면 록트인 상태의 뇌는 자율적인 정신상태를 만들어내기에 충분하다는 증거로서 일상생활의 여러 가지 경험을 계속한다. 졸라의 소설 속 인물인 라캉 부인은 자신의 아들을 살해한 조카딸과 그 애인이 눈앞에서 동반자살을 하는 것을 지켜보면서 복수의 쾌감을 만끽한다. 그리고 뒤마의 《몽테크리스토 백작》에서는 몸이 마비된 누아르티에 씨가 손녀에게 "자신이 여러 해 전에 살해했던 자의 아들이 그녀와 결혼하려 한다"는 것을 가까스로 알린다.

아마도 현실의 록트인 환자들의 생활은 그보다 극적이지는 않을 것이지만, 심상치 않다는 사실은 변함이 없다. 록트인 환자 가운데는 눈의 움직임을 추적하는 컴퓨터장치의 도움을 받아 이메일의 답장을 쓰거나, 비영리단체의 우두머리가 되기도 하며, 프랑스의 경영자 필리프 비강Philippe Vigand처럼 두 권의 책을 쓰고 한 아이의 아버지가 되기도 한다. 혼수상태, 식물상태, 최소의식상태 등의 환자들과 달리 그들은 의식장애로 고통을 받고 있다고 생각할 수 없다. 심지어 주관적으로 생각하는 삶의 질에 대한 최근 연구에서는 그들 중 대다수가 처음 몇 달 동안의 잔혹한 시기를 지나면 아무런 손상이 없는 정상인의 평균에 미칠 정도의 행복지표를 나타내는 것이 드러나고 있다.[15]

피질, 고로 존재한다

2006년, 권위 있는 전문지 〈사이언스Science〉에 게재된 충격적인 보고 하나가 혼수상태, 식물인간상태, 최소의식상태, 록트인상태 등으로 세분하는 임상적인 합의를 깨뜨렸다. 영국의 신경과학자 에이드리언 오언Adrian Owen이 임상적으로는 식물인간상태의 모든 징후를 나타내지만 뇌활동은 상당한 정도의 의식을 보이는 환자에 대해 기술했던 것이다.[16] 놀랍게도 그 보고는 보통의 록트인증후군보다 나쁜 상태, 즉 의식은 있지만 그것을 외계에 표현할 아무 수단이—심지어 눈꺼풀을 움직이는 것까지도—없는 환자의 존재를 의미했다. 이 연구는 정립된 임상의 규칙을 파괴한 한편으로 또한 희망의 메시지, 즉 아주 세밀해진 뇌영상기법을 활용해 의식의 존재까지 감지할 뿐 아니라 외계와 다시 연결할 수 있는 의식의 존재를 밝혀냈음을 전하는 것이었다.

에이드리언 오언과 동료들의 〈사이언스〉 논문에서 연구대상이 된 환자는 교통사고를 당해 전두엽 양쪽이 손상된 23세 여성이었다. 5개월 뒤 그녀는 수면·각성을 되풀이하는 데도 불구하고 아무런 반응이 없는 상태, 즉 식물인간상태에 머물러있었다. 아무리 숙련된 임상의라 하더라도 인식, 의사소통, 자발적 제어 등의 징후를 전혀 알아낼 수는 없었다.

놀라운 일은 그녀의 뇌활동을 시각화한 결과였다. 식물인간상태 환자의 피질상태를 감시하려는 연구절차의 일환으로 그녀는 일련의 fMRI 검사를 받았다. 그녀에게 문장을 들려주었을 때 연구자들은 그녀의 피질에 있는 언어 네트워크가 전면적으로 활성화하는 것을 관찰하고 깜짝 놀랐다. 청각과 음성이해의 신경회로가 들어있는 위쪽과 가운데 측두회temporal gyrus가 아주 강하게 발화했던 것이다. 그리고 애매한 단어들이 포함되어 문장이 더욱 어려워지자 왼쪽 아래의 전두엽(브로카 영역)에서도 강한 활성화가 있었다.

그 같은 피질활동의 증가는 그녀의 언어 처리에 단어 분석과 문장 통합의 단계가 포함되어있음을 시사했다. 그러나 그녀가 자신이 듣고 있는 것을 정말 이해했을까? 언어 네트워크 활성화 그 자체로는 인식에 대한 결론적인 증거를 마련해주지 못한다. 앞서 나온 몇몇 연구에서는 그 네트워크가 수면 또는 마취 동안에도 대체로 유지될 수 있음을 파악할 수 있었다.[17] 오언은 그 환자가 무엇인가를 이해하는지 알아보기 위해 두 번째로 일련의 스캔을 했으며, 그녀에게 복잡한 지시를 내리는 문장을 사용했다. 그녀에게는 "테니스를 하는 것을 상상하시오", "집에 돌아가 방들을 일일이 살피는 것을 상상하시오", "휴식하시오" 등의 지시가 내려졌다. 또한, 이 활동을 정확한 시간에 시작하고 멈추도록 지시했다. '테니스' 또는 '방들을 일일이 살피는' 등의 말을 듣고 30초 동안 상상한 뒤 '휴식'이라는 말을 듣고 30초 동안 쉬는 것을 번갈아 하는 것이었다.

스캐너 밖에 있는 오언으로서는 말이나 동작이 없는 환자가, 그 지시대로 하는지는 물론, 이러한 지시를 이해하는지를 알 도리가 없었다. 하지만 fMRI에 의해 그 대답을 간단히 알 수 있었다. 그녀의 뇌활동이 지시를 밀접하게 따랐던 것이다. 그녀가 테니스를 하는 것을 상상하라는 지시를 받으면 정확하게 지시된 대로 보조운동 영역이 30초마다 켜졌다 꺼졌다 했다. 그리고 자신의 아파트를 찾아가는 것을 상상했을 때는 해마방회, 뒤쪽 두정엽, 전운동 피질 등 공간 표현에 관여하는 영역을 포함하는 뇌 네트워크가 활성화됐다. 놀랍게도 그녀는 똑같은 상상과제를 수행하는 건강한 제어집단과 똑같은 뇌 부위를 활성화한 것이다.

그럼 그녀는 의식이 있었을까? 그것에 의문을 표하는 과학자들도 있다.[18] 그들은 어쩌면 환자가 의식을 가지고 지시를 하는 것이 아니라 전혀 의식이 없는데도 이러한 영역이 활성화될 수 있었는지도 모른다고 주장했다. 단지 '테니스'라는 명사를 듣기만 하더라도 그 말의 의미가 행동과 불가분의 관계를 이루기 때문에 운동 영역을 활성화시키기에 충분할 수도 있을 것이다. 마찬가지로 어쩌면 '방들을 일일이 살피는'이라는 말을 듣는 것도 공간감각을 불러일으키기에 충분할 것이다. 그렇다면 뇌 활성화는 의식이 없더라도 자동으로 일어날지 모른다고 생각할 수 있다. 좀 더 철학적으로 생각하자면 뇌 이미지가 마음이 존재하거나 존재하지 않는 것을 증명할 수 있을까? 미국의 신경학자 앨런 로퍼Allan Ropper는 이 문제에 대해 부정적으로 언급하면서 다음과 같이 위트 넘치게 자신의 비관적인 결론을 내리고 있다. "의사들과 사회는 아직 '뇌가 활성화된다. 고로 나는 존재한다'고 생각할 준비가 되어있지 않다. 그것은 데카르트의 말을 크게 훼손시키는 셈이 될 것이다."[19]

로퍼의 위트는 인정하지만 그의 결론은 틀렸다. 뇌영상기법의 진전 덕분에 순수하게 객관적인 뇌영상으로부터 의식이 남아있는 것을 확인하는 복잡한 문제까지도 해결될 단계에 이르렀다. 오언의 멋진 대조 실험을 통해 논리적으로 명쾌한 비판까지도 분쇄된 것이다. 그는 정상적인 피험자들이 '테니스'와 '방들을 일일이 살피는'이라는 말에만 귀를 기울이는 동안 그들의 뇌를 촬영했다. 그 말을 들을 때 어떻게 하라는 지시는 전혀 없었다.[20] 이러한 두 단어로 일어나는 활성화에 의해 서로 다른 것이 검출되지는 않았다. 수동적으로 듣기만 하는 피험자의 뇌활성화는 오언의 환자나 제어집단이 "상상하라"는 지시를 받았을 때 활성화된 네트워크와는 달랐던 것이다. 이 발견은 분명히 과학자들이 제기하는 의문을 부정하는 것이었다. 오언의 환자는 과제에 부합하는 방법으로 전운동 영역, 두정엽, 해마 등의 부위를 활성화함으로써 하나의 단어에 무의식적으로 반응하는 것 이상의 반응을 보였다. 마치 그녀는 그 과제에 대해 생각을 하고 있는 것 같았다.

오언 팀이 지적하다시피 단어 하나만 듣는 것으로는 뇌를 30초 동안 활성화시키지 못하는 것 같았다. 그 환자가 요구받는 정신적 과제를 수행하는 신호를 사용할 필요가 있었다. 광역 신경세포 작업공간모델의 이론적 측면에서 볼 때 단어가 무의식적 활성밖에 일으키지 않는다면 그것은 기껏해야 몇 초 계속된 뒤 급속히 소실되어 원래의 수준으로 돌아오리라 예상될 것이다. 그와 반대로 전전두엽과 두정엽의 특정 부위에서 30초 동안 활성화가 지속되는 것이 관찰되면 그것은 거의 분명히 작용기억 속에 의식적인 생각이 존재함을 반영한다. 비록 오언 팀의 자의적인 과제선택을 비판할 수 있을지라도, 그 선택은 현명하고 실제적인 것이었다. 환자에게 상상의 과제는 수행하기 쉬운 것이지만, 그것에 의해 일어나는 뇌활동이 의식 없이 일어날 수 있다고는 생각하기 어려웠기 때문이다.

가둬진 나비의 해방

식물인간상태 환자들이 의식할 수 있다는 것에 대한 의심은 〈뉴잉글랜드 저널 오브 메디슨〉에 게재된 두 번째 논문에 의해 완전히 해소됐다.[21] 그 논문은 뇌영상기법에 의해 식물인간상태 환자와 의사소통경로를 확립할 수 있는 근거를 마련해주었다. 그 실험은 놀라울 정도로 간단했다. 연구자들은 먼저 오언의 상상과제에 대한 연구를 재현했다. 의식장애가 있는 54명의 환자 가운데 5명이 테니스 시합이나 자신의 집을 방문하는 것을 상상하게 하자 뇌활동에서 뚜렷한 차이를 나타냈다. 그들 가운데 4명이 식물인간상태였다. 그들 가운데 1명에게 두 번째 MRI 촬영을 실시했다. 그에게는 각각의 촬영에 앞서 "형제가 있느냐?"는 개인적인 질문을 했다. 그는 움직이지도 말을 하지도 못했지만 연구자 마틴 몬티Martin Monti 등은 다음과 같이 마음속으로 대답하도록 유도했다. "'예'라고 대답하고 싶으면 머릿속으로 테니스를 하고 있다고 상상하기 바랍니다. '아니오'라고 대답하고 싶으면 선생님의 아파트로 돌아가는 것을 상상하십시오. '대답하시오'라는 말을 들으면 생각을 시작하고, '휴식'이라는 말을 들으면 멈추세요."

이 교묘한 전략은 멋진 효과를 발휘했다(〈그림 30〉 참조). 6개 질문 가운데 5개 질문에 대해 이미 특정되어있던 2개의 뇌 네트워크 가운데 하나가 상당한 활성화를 나타냈다(여섯째 질문에 대해서는 2개 네트워크 모두 활성화되지 않았으므로 반응이 기록되지 않았다). 연구자들은 올바른 대답을 알지 못했지만, 검출된 뇌활동과 환자의 가족이 제공한 정보를 비교했을 때 5개 대답이 모두 옳은 것을 알고 기뻐했다.

이 놀라운 발견의 의미를 잠시 생각해보자. 환자의 뇌 속에서는 일련의 심적 처리가 그대로 이루어지고 있었음에 틀림없다. 우선 환자는 질문을 이해하고 올바른 대답을 끌어내 스캔에 앞서 몇 분 동안 그것을 마음속에 간직했다. 이것은 언어 이해, 장기기억, 작동기억 등이 그대로 기능하고 있음을 의미하는 것이었다. 두 번째로 환자는 '예'라는 대답을 테니스 시합에, '아니오'라는 대답을 아파트로 돌아가는 것에 자의적으로 관련시킨 연구자들의 지시에 의도적으로 순응했다. 따라서 그는 일련의 임의적인 뇌모듈을 통해 정보를 유연하게 전달할 수 있었으며, 이 사실은 그의 광역 신경세포 작업 공간이 손상되지 않았음을 시사하는 것이다. 마지막으로 환자는 적절한 시간에 지시에 따랐고, 계속되는 5회의 스캔에 걸쳐 유연하게 대답을 바꿨다. 이 같은 실행상의 주의와 과제를 바꾸는 능력은 중앙 실행 시스템이 유지되고 있음을 나타낸다. 증거는 아직도 적고, 까다로운 통계가

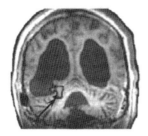
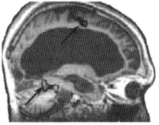

식물인간상태임이 분명한 환자

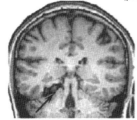
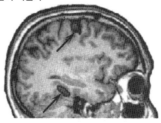

대조군의 피험자

그림 30.
식물인간상태임이 분명한 일부 환자도 정신적으로 생각해야 하는 복잡한 과제 동안 아주 정상적인 뇌활동을 나타냄으로써 그들이 실제로 의식이 있음을 시사해준다. 위쪽 사진의 환자는 더 이상 움직이거나 말을 할 수 없었지만, 구두질문에 대해서는 자신의 뇌를 활성화시켜 올바른 대답을 내놓았다. 환자는 '아니오'라는 답을 하려면 자신의 아파트로 돌아가는 것을 상상하고, '예'라고 대답하려면 테니스를 하는 것을 상상하라는 요청을 받았다. 아버지의 이름이 토머스냐는 질문을 받았을 때는 공간이동에 관여하는 그의 뇌 부위들이 정상적인 피험자의 것과 똑같이 활성화되어 '아니오'라는 올바른 대답을 했다. 환자는 의사소통이나 의식의 징후를 전혀 나타내지 않았기 때문에 식물인간상태라 생각되었다. 사진을 통해 그의 커다란 손상 부분을 분명히 볼 수 있다.

라면 환자가 5개의 질문이 아니라 20개의 질문에 답했기를 바라 겠지만, 환자가 아직도 의식과 의지를 지니고 있다는 결론은 피 하기 어렵다.

이 결론은 기존의 임상에서 얻어진 범주들을 깨뜨리는 것이 며, 일부 환자는 "외견상으로만 식물인간상태"라는 어려운 현실 을 우리에게 제기한다. 의식이라는 나비가 아직도 날갯짓을 하 고 있음에도 불구하고 아무리 완벽한 임상검사라도 그것을 놓 칠 수 있는 것이다.

오언의 연구가 발표되자마자 그 소식은 대중매체를 통해 급 속히 전파됐다. 안타깝게도 발견된 사실들이 종종 오해를 불러 일으켰다. 가장 어리석은 것 가운데 하나는 일부 기자들이 "혼 수상태 환자에게 의식이 있다"는 결론을 끌어낸 것이다. 전혀 그렇지 않다! 그 연구에는 식물인간상태와 최소의식상태 같은 사례만 포함되었으며, 혼수상태 환자는 1명도 없었다. 게다가 그 테스트에 반응한 경우는 극소수인 10~20%로서, 이 '슈퍼록 트인증후군'이 상당히 드문 경우라는 사실을 기억해야 한다.

사실을 말하자면 그 정확한 수는 아무도 모른다. 뇌영상기법 을 사용한 테스트가 비대칭적이기 때문이다. 즉, 긍정적인 결과 가 나오면 의식이 있음은 거의 확실한 것이다. 반대로 환자가 의 식이 있는 데도 불구하고 청각장애, 언어장애, 각성도 저하, 주 의력 유지능력 결여 등 온갖 이유로 그 테스트를 통과하지 못하 는 경우가 있을지도 모른다. 놀랍게도 반응한 환자들은 모두 뇌가 손상된 사람들이었다. 심한 뇌졸중이나 산소결핍으로 의식을 잃은 다른 환자들은, 아마도 그들의 뇌가 테리 시아보의 뇌처럼 피질 신경세포에 광범위하고 근본적으로 돌이킬 수 없는 손상을 입었기 때문인지, 그 과제를 수행하는 능력을 나타내지 않았다. 식물상태 환자의 내면에 의식이 남아있는 것을 발견하는 '기적'은 단지 소수의 사례일 뿐이며, 그것을 모든 혼수상태 환자에게 무제한 의료지원을 해야 한다는 주장에 이용하는 것은 전혀 합리적이지 않다.

어쩌면 더욱 놀라운 일은 최소의식상태 환자 31명 가운데 30명이 이 테스트를 통과하지 못한 것인지도 모른다. 이러한 환자들은 모두 임상 테스트에서 때때로 의지나 인식이 존재하는 징후를 나타냈다. 그러나 매우 역설적으로 1명을 제외한 모든 환자가 뇌를 촬영하는 테스트에서 그것을 분명히 입증할 기회를 놓친 것이다. 누가 그 까닭을 알겠는가? 어쩌면 그 테스트가 그들의 각성도가 낮을 때 이루어졌는지도 모른다. 어쩌면 MRI 기기의 낯설고 소란스러운 환경 탓에 정신을 집중할 수 없었는지도 모른다. 또는 어쩌면 그들의 인지기능이 너무 미약해 이런 복잡한 과제를 수행할 수 없었을지도 모른다. 여하튼 다음과 같은 2가지 결론을 내릴 수 있다. 먼저 '최소의식minimal consciousness'이라는 임상 진단이 이러한 환자가 아주 정상적인 의식상태를 가지고 있음을 의미하지는 않는다는 것이다. 그리고 두 번째로는 오언의 상상 테스트가 어쩌면 의식을 지나치게 과소평가하는지도 모른다는 것이다.

이러한 문제 때문에 하나의 의식 테스트만으로는 결코 의식이 있는지의 여부를 확실하게 입증할 수 없을 것이다. 윤리적인 접근 방식은 그 같은 테스트를 다수 개발해 그 가운데 어느 것이 환자의 내면에 있는 나비와 의사소통을 하는지를 알아내는 것이다. 이상적으로는 테니스 시합을 상상하도록 하는 것보다 테스트가 훨씬 단순해야 할 것이다. 게다가 여러 날 동안 반복됨으로써 시간에 따라 의식상태가 바뀌는 록트인 환자들을 놓치지 않도록 해야 할 것이다. 불행하게도 fMRI는 이런 목적에는 맞지 않는 도구다. 매우 복잡하고 비용이 많이 들기 때문에 환자는 보통 한두 번밖에 촬영을 받지 못한다. 오언 자신도 이렇게 말한 바 있다. "환자와의 의사소통경로를 열어놓으면서도 그후 즉각적으로 환자와 그 가족이 이것을 일상적으로 할 수 있도록 후속 작업을 하지 못하는 것이 괴롭다."[22] 의지를 나타내는 분명한 징후를 보였던 오언의 두 번째 환자조차도 단지 한 번만 테스트를 받은 뒤 록트인상태의 감옥으로 되돌아갔다.

이 같은 절망적인 상태를 극복하는 것이 얼마나 급박한지를 알고 있는 몇몇 연구팀에서는 이제 훨씬 단순한 뇌전도(EEG) 기술을 바탕으로 한 뇌·컴퓨터 인터페이스를 개발하고 있다. EEG는 임상에서 일상적으로 사용할 수 있는 값싼 기술이며, 뇌 표면에서 나오는 전기신호를 증폭시키기만 하면 된다.[23]

안타깝게도 테니스를 하거나 자신의 아파트를 돌아보는 것은 EEG로 추적하기가 다소 어렵다. 따라서 어느 연구에서 연구자들은 환자들에게 훨씬 단순한 지시를 내렸다. "'삐' 소리를 들을 때마다 오른손으로 주먹을 움켜쥐었다가 놓는 것을 상상해 주십시오. 자신이 그 같은 움직임을 정말로 하고 있는지에 대한 근육의 느낌에 집중하십시오."[24] 그 연구의 다른 시도에서는 환자들에게 발가락을 조금 움직이게 했다. 환자들이 마음속으로 이 같은 행동을 하는 동안 연구자들은 대뇌 피질의 운동 영역에서 뇌파의 움직임에 뚜렷한 특징이 나타나는지를 살폈다. 각각의 환자마다 컴퓨터를 이용한 기계학습 알고리즘을 적용해 주먹을 쥐는 시도와 발가락을 움직이는 시도에 대한 신호를 분류했다. 그러자 16명의 식물인간상태 환자 가운데 3명의 환자를 분류할 수 있었다. 그러나 이 기술은 신뢰도가 낮으므로 우연의 가능성을 완전히 배제할 수 없는 상태다[25](심지어 건강하고 의식이 있는 피험자의 경우라도 12개 사례 가운데 9개 사례밖에 성공하지 못했을 정도다). 미국 뉴욕의 니컬러스 시프Nicholas Schiff가 이끄는 또 다른 연구팀에서는 5명의 건강한 피험자와 3명의 환자가 수영을 하거나 자신의 아파트를 돌아보는 상상을 하는 테스트를 실시했다.[26] 비록 이 테스트로부터 신뢰도 높은 결과를 얻었지만, 그래도 그 수가 너무 작기 때문에 결정적이라 할 수는 없었다.

현재의 단점에도 불구하고 EEG를 기반으로 한 그 같은 의사소통은 미래의 연구에 대한 가장 실제적인 길을 대변한다.[27] 많은 기술자들이 컴퓨터를 뇌에 연결하는 어려운 작업에 강한 매력을 느끼고 있으며, 점점 더 고도의 시스템이 개발되고 있다. 아직 대부분의 시스템에서 많은 환자에게 당혹스러운 응시와 시각적 주의를 요구하고 있지만, 청각적 주의나 운동 이미지를 해독하는 기술에도 또한 진전이 이루어지고 있다. 게임산업에서도 더 가벼운 무선기록장치를 가지고 이 분야에 가담하고 있다. 신체가 마비된 환자들의 대뇌 피질에 외과수술로 전극을 직접 삽입하기도 한다. 사지가 마비된 환자는 그런 장치를 사용해 생각만으로 로봇팔을 제어했다.[28] 언젠가 그 장치가 언어 영역 위에 놓인다면 언어합성장치로 환자가 의도하는 말을 실제의 어휘로 바꿔놓을 수 있을 것이다.[29]

이러한 다양한 연구는 록트인 환자를 위한 의사소통장치의 개량은 물론, 의식이 남아있는지의 여부를 감지하는 새로운 수단도 제공할 것이다. 벨기에의 리에주에서 스테방 로레Steven Laureys가 이끄는 '혼수상태를 연구하는 그룹Coma Science Group'과 같은 선진적인 연구센터에서는 뇌·컴퓨터 인터페이스가 이미 검사 과정에 포함되어있으며, 식물인간상태 환자가 새로 들어올 때마다 체계적으로 적용되고 있다. 앞으로 20년 뒤에는 자신의 의지에 따라 휠체어를 조작하는 사지마비 환자와 록트인 환자의 모습이 완전히 일상화될 것이라 기대한다.

의식에 의한 신기함의 검출

에이드리언 오언의 선구적인 연구에는 경탄하더라도 이론적인 측면으로 볼 때는 여전히 좌절감을 느낀다. 그의 테스트를 통과하려면 의식이 있어야 한다는 데는 의심의 여지가 없지만, 그 분석은 특정한 의식이론과 쉽게 결부되지 않는다. 그 테스트가 언어, 기억, 상상력 등과 관련되었으므로 환자가 테스트를 통과하지 못했더라도 의식이 있었을 소지는 많다. 과연 의식 여부를 판별할 수 있는 더 간단한 테스트를 만들 수 없을까? 뇌영상기법의 진보에 힘입어 이제 많은 의식의 기호를 특정할 수 있다. 환자가 의식이 있는지의 여부를 판단하기 위해 그것을 모니터링하면 되지 않을까? 이론에 기반을 둔 그 같은 최소한의 테스트는 어린이, 조숙아, 심지어 쥐나 원숭이 등이 어떤 형태로든 의식이 있는지를 판단하는 데 도움이 되기도 할 것이다.

2008년 프랑스 파리 남쪽의 오르세에서 기억에 남는 점심식사를 하는 동안 나는 트리스탄 베킨슈타인Tristan Bekinschtein, 리오넬 나카슈, 마리아노 시그만과 더불어 이런 순진한 의문을 제기했다. 우리가 가장 단순한 의식검출장치를 만든다면, 그 작업을 어떻게 진행할 것인가? 곧 그것은 가장 단순하고 비용이 저렴한 뇌영상기법인 EEG를 기반으로 해야 할 것이라 판단했다. 또한 환자들 중 대부분이 시각은 가끔 손상되더라도 청각은 보존되기 때문에 청각자극을 바탕으로 해야 할 것이라고도 판단했다. 청각을 사용하기로 한 우리의 판단은 약간의 문제가 있었다. 우리가 발견해왔던 의식의 기호들은 1차적으로 시각적 실험들을 바탕으로 했기 때문이다. 그래도 우리는 그때까지 밝혀진 광범위한 의식화의 원리가 청각에도 적용될 수 있으리라고 확신했다.

우리는 실험을 통해 거듭 기록된 가장 분명한 기호, 즉 피질의 여러 영역으로 이루어지는 브레인 웹의 동기화된 점화를 나타내는 대규모 P3파에 초점을 맞추기로 했다. 청각적으로 P3파를 일으키기는 매우 간단하다. 조용한 교향곡 연주회에서 갑자기 누군가의 스마트폰 벨소리가 울리는 것을 상상해보기 바란다. 예기치 못한 음향은 우리의 주의를 돌려 갑작스러운 사건을 인식시키기 때문에 대규모 P3파를 촉발한다.[30]

우리는 '삐삐삐삐' 하고 규칙적으로 반복되는 일련의 음향을 내다가 예기치 않은 순간에 '붕' 하는 엉뚱한 소리를 내기로 했다. 피험자가 깨어있다가 주의를 기울이면 이 엉뚱한 소리에 의해 P3파처럼 의식의 존재를 나타내는 것이 계통적으로 생긴다. 이 뇌의 반응이 단지 소리의 세기나 그 밖의 낮은 수준의 요인에 의해 일어나는 것이 아님을 확인하기 위해 다른 일련의 시도에서는 패턴을 역전시켜 '붕붕붕붕'을 표준음으로 하고 '삐'를 엉뚱한 소리로 설정해 테스트했다. 이 방법을 사용해 음향의 의외성 때문만으로 P3파가 생긴다는 것을 입증할 수 있었다.

그러나 이 시나리오에는 복잡한 문제가 하나 있었다. 엉뚱한 소리에 의해 P3파뿐 아니라 무의식 처리를 반영한다고 알려진 일련의 초기 단계 뇌 반응까지도 촉발하는 것이다. 엉뚱한 소리가 나오고 나서 100밀리초도 경과하지 않았을 때부터 대뇌 피질의 청각 영역에서는 그 소리에 커다란 반응을 나타낸다. 이것을 '부조화 반응mismatch response' 또는 머리 위쪽에 음전위로 나타나기 때문에 '부조화 음전위mismatch negativity'(약칭 MMN)라 한다.[31] 문제는 이 MMN이 의식의 기호가 아니라는 것이다. 그것은 본인이 주의를 기울이고 있거나, 잡생각을 하고 있거나, 책을 읽거나, 영화를 보거나, 심지어 잠이 들거나 혼수상태에 빠져 누워있을 때와 상관없이 신기한 소리에 대한 자동적인 반응이다. 인간의 신경계에는 무의식적으로 신기한 것을 검출하는 장치가 효과적으로 갖춰져있다. 그 장치는 재빨리 엉뚱한 소리를 검출하기 위해 무의식적으로 현재의 자극을 과거에 들었던 음향을 근거로 한 예측과 비교한다. 이런 예측은 뇌 곳곳에서 이루어지고 있다. 아마도 대뇌 피질의 곳곳에는 예측과 비교에 필요한 간단한 신경세포 네트워크가 갖춰져있을 것이다.[32] 이 작용은 자동으로 이루어지며, 단지 그 결과만 우리의 주의를 끌고 인식될 뿐이다.

이것은 신기함의 패러다임이 의식의 기호가 되지 못한다는 것을 보여준다. 심지어 혼수상태에 있는 뇌도 신기한 음향에 반응할지도 모른다. MMN 반응은 단지 대뇌 피질의 청각 영역이 신기한 소리를 검출하기에 적당하다는 것일 뿐, 그 환자가 의식이 있음을 나타내는 것이 아니다.[33] 그것은 인식의 바깥에서 기능하는 초기 단계의 감각작용에 속한다. 우리 팀에 필요한 것은 뇌에서 후속적으로 일어나는 일에 대한 분석이었다. 환자의 뇌에서는 과연 의식의 지표가 될 신경세포활동이 눈사태처럼 뒤늦게 일어날 것인가?

우리는 신기한 것에 대한 뒤늦은 의식적 반응을 특정적으로 나타낼 테스트를 만들기 위해 하나의 새로운 계책, 즉 국소적으로 신기한 것과 광역적으로 신기한 것을 서로 대치시키는 방법을 생각해냈다. '삐삐삐삐붕'과 같이 맨 마지막 소리만 달라지는 일련의 5개 음을 듣는 것을 상상해보자. 우리 뇌는 마지막의 엉뚱한 소리에 반응해 처음에는 초기의 MMN과 나중의 P3파를 모두 만들어낸다. 이제 이 과정을 여러 번 반복해보자. 우리 뇌는 재빨리 4개의 '삐' 소리와 1개의 '붕' 소리를 듣는 것에 익숙해진다. 의식수준에서 놀람이 사라지는 것이다. 주목할 만한 것은 마지막의 엉뚱한 소리는 계속 초기의 MMN 반응을 계속 만들어낸다는 점이다. 대뇌 피질 청각 영역에는 신기함에 대한 다소 멍청한 검출장치가 있음이 분명하다. 그것은 전체적인 패턴을 알아차리는 대신에 '삐' 다음에 '삐'가 온다는 근시안적인 예측에 집착하는 것이다. 그리고 그 예측은 마지막 '붕' 소리에 의해 틀어져버린다.

흥미롭게도 P3파는 훨씬 더 똑똑하다. 그것은 다시 인식을 밀접하게 추적한다. 피험자가 5개 음의 전체적인 패턴을 알아차리고 마지막 음이 바뀌더라도 더 이상 놀라지 않게 되자마자 P3파는 사라진다. 일단 이 의식적인 기대가 이루어지면 이제는 드물게 5개의 똑같은 음인 '삐삐삐삐삐'를 제시함으로써 그것을 깨뜨릴 수 있다. 이런 엉뚱한 상황에서도 뒤늦게 P3파가 나타난다. 이 결과는 매우 흥미롭다. 뇌가 아주 단조로운 5개의 음을 신기한 것으로 분류하기 때문이다. 그렇게 하는 까닭은 앞서 작동기억에 등록된 것으로부터 벗어났다고 검출하기 때문임에 틀림없다.

우리의 목표는 달성됐다. 초기의 무의식 반응이 없더라도 P3파를 일으킬 수 있다. 피험자에게 어긋나는 배열을 헤아리도록 요구함으로써 그것을 증폭시키는 것조차 가능하다. 분명하게 헤아리면 관찰된 P3파를 크게 강화해 쉽게 검출할 수 있는 표지로 바꾼다(394페이지의 〈그림 31〉 참조). 우리가 그것을 보면 환자가 인식해 우리의 지시에 따르는 것이 가능함을 확신할 수 있다.

경험상으로도 국소적·광역적 테스트는 효과를 훌륭하게 발휘한다. 우리 팀에서는 아주 짧은 동안의 녹음 뒤에도 정상인에게서는 모두 대국적인 P3파 반응을 쉽게 검출했다. 게다가 그 반응은 피험자가 주의를 기울여 포괄적인 규칙을 인식할 때만 나타났다.[34] 우리가 까다로운 시각적 과제로 피험자들의 주의를 산만하게 만들자 청각에 의한 P3파는 사라졌다. 그리고 아무 생각이나 하게 했을 때는 실험의 마지막에 이르러 P3파가 청각적

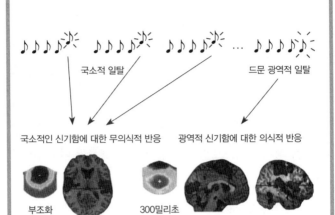

국소적 일탈

드문 광역적 일탈

국소적인 신기함에 대한 무의식적 반응   광역적 신기함에 대한 의식적 반응

부조화
130밀리초

300밀리초
이후의 P3파

그림 31.
국소적·광역적 테스트에 의해 부상을 입은 환자에게 의식이 남아있는지를
검출할 수 있다. 테스트는 5개 음의 똑같은 배열을 여러 차례 반복하는 것
으로 이루어진다. 마지막 음이 앞의 4개 음과 다를 때 청각 영역이 '부조화
반응'을 나타낸다. 그것은 국소적인 신기함에 대해 완전히 무의식적이고, 깊
은 잠이나 혼수상태에서도 지속되는 자동적인 반응이다. 하지만 뇌는 의식
상태에서 재빨리 반복되는 멜로디에 적응한다. 적응된 뒤 이제 신기함에 대
한 반응을 일으킨다는 것은 마지막 음에 신기함이 없다는 의미이다. 이런
고차적인 반응은 의식이 있는 환자에게만 존재하는 같다. 그것은 P3파, 그
리고 두정엽과 전전두엽에 분포하는 여러 영역에서의 동기화된 활성화 등
의식의 모든 기호를 나타낸다.

규칙성과 그 어긋남을 보고할 수 있는 피험자들에게만 나타났다. 규칙을 알아차리지 못한 피험자에게는 P3파가 없었다.

광역적 일탈에 의해 활성화되는 영역들의 네트워크는 의식 점화를 시사한다. 우리는 뇌전증 환자들의 EEG, fMRI, 두개 내 기록 등을 사용해 대국적 작업 공간 네트워크가 대국적으로 일탈되는 배열이 나타날 때 항상 활성화되는 것을 확인했다. 어긋남이 있는 배열의 소리를 들으면 뇌활동은 청각 영역에만 머무르는 것이 아니라, 양쪽 전전두엽, 전방 대상회, 두정엽, 심지어 후두엽 일부 등 광범위한 작업 공간의 회로에까지 침범했다. 이것은 소리의 신기함에 관한 정보가 광역적으로 전파되고 있음을 의미하며, 이 정보가 의식되고 있다는 신호다.

이 테스트가 임상에서도 효과를 발휘할까? 의식이 있는 환자가 광역적인 소리의 신기함에 반응할 것인가? 최초로 8명의 환자를 대상으로 한 시도는 매우 성공적이었다.[35] 4명의 식물인간 상태 환자의 경우에는 모두 광역적인 일탈에 대한 반응이 없었지만, 4명의 최소의식상태 환자 가운데 3명에게는 반응이 있었다(그리고 그 3명의 환자는 나중에 의식을 되찾았다).

내 동료 리오넬 나카슈는 그 후 이 테스트를 프랑스 파리의 살페트리에르 병원에서 일상적으로 실시하기 시작했고, 매우 긍정적인 결과를 얻었다.[36] 광역적인 반응을 보인 환자는 항상 의식이 있는 것 같았다. 22명의 식물인간상태 환자 가운데 단지 2명의 예외적인 환자만 광범위한 P3파를 나타냈으며, 그 후 며칠 이내에 어느 정도의 최소의식을 회복함으로써 오언의 연구에서 반응을 나타낸 환자와 마찬가지로 테스트 동안 이미 의식이 있었을지도 모른다는 사실을 시사했다.

우리가 개발한 국소적·광역적 테스트는 중환자실에서 가끔 중요한 역할을 한다. 예컨대 심각한 교통사고를 당한 어느 젊은 남자가 3주 동안 혼수상태인 채 전혀 아무런 반응을 보이지 않는 복잡한 문제를 일으켰고, 의료진으로 하여금 치료를 중단할지 여부를 논의하게 만들었다. 하지만 그의 뇌는 아직도 광역적 일탈에 강한 반응을 나타냈다. 어쩌면 그는 일시적인 록트인상태에 있으면서 의식이 남아있는 것을 나타내지 못하는 것은 아니었을까? 리오넬 나카슈는 며칠 이내에 상태가 호전될 가능성이 있으리라고 의사들을 설득했는데 …… 과연 그 환자는 나중에 의식을 완전히 회복했다. 사실은 그의 상태는 극적으로 개선되어 거의 정상적인 생활을 할 수 있게 됐다.

광역작업공간이론은 그 테스트가 어떻게 효과를 발휘하는지 설명하는 데 도움이 된다. 피험자는 반복되는 음의 배열을 감지하기 위해 5개 음의 배열을 기억했다가 그것을 1초 이상 지난 뒤 제시되는 다음 배열의 음과 비교하지 않으면 안 된다. 제3장에서 이야기했다시피 몇 초 동안 정보를 마음속에 간직할 수 있는 능력은 의식이 있다는 증거다. 우리 테스트에서 이 기능은 2가지 방법, 즉 마음이 개개의 음을 포괄적인 패턴으로 통합해야 하는 것과, 그 같은 몇 가지 패턴을 비교해야 하는 것을 통해 발휘된다.

우리 테스트는 또한 두 번째 수준의 정보 처리도 동원한다. '삐' 소리로 이루어지는 아주 단조로운 음의 배열이 실제로 신기하다고 판단하는 데 필요한 과정을 생각해보자. 뇌는 '삐삐삐삐붕' 하는 표준 배열의 음을 들으면 마지막 어긋나는 음에 익숙해진다. 비록 그 어긋난 음이 청각 영역에는 여전히 첫 번째 수준의 신기함에 대한 신호를 만들더라도, 두 번째 수준의 시스템에서는 그것을 어떻게든 예측한다.[37] 이러한 적응을 마친 후 5개의 '삐' 하는 음이 연속적으로 들리는 드문 경우에는 이 두 번째 수준의 시스템이 놀란다. 이 경우 바로 마지막 음에 신기함이 없다는 것은 매우 놀라운 일이다. 우리 테스트가 효과를 발휘하는 것은 첫 번째 수준의 신기함 검출장치를 우회해, 전전두엽의 광역적 점화 및 그에 따른 의식과 밀접하게 관련된 두 번째 수준 시스템의 능력을 선택적으로 동원하기 때문이다.

피질의 상태를 테스트하다

이제 우리 연구그룹에서는 국소적·광역적 테스트가 의식의 지표가 된다고 믿을 수 있을 만큼 충분한 성공사례를 가지고 있다. 하지만 그 테스트는 아직 완벽한 것과는 거리가 멀다. 잘못된 부정적인 결과, 즉 혼수상태로부터 회복되어 이제 분명히 의식이 있는데도 우리 테스트를 통과하지 못한 환자가 너무 많기 때문이다. 그러나 우리 데이터에 고도의 기계·학습 알고리즘을 적용함으로써 점차 개선을 기대할 수 있다.[38] 구글과 비슷한 이 도구를 사용함으로써 비록 그것이 특이하고 특정 환자에게 독특한 것일지라도 우리는 광역적인 신기함에 대한 뇌의 어떤 반응도 검색할 수 있다. 그렇지만 여전히 최소의식상태이거나 의사소통능력이 회복된 환자의 약 절반가량에서는 드물게 배열의 일탈에 대한 아무런 반응을 아직 얻지 못하고 있다.

통계학자들은 이것을 "특이성은 높지만 감도는 낮은 사례"로 간주한다. 간단히 말해 우리 테스트는 오언의 실험과 마찬가지로 비대칭적이다. 긍정적인 결과가 얻어진 경우에는 환자에게 의식이 있음이 거의 확실하지만, 부정적인 결과가 얻어진 경우에는 환자에게 의식이 없다는 결론을 내리는 데 그것을 사용할 수 없는 것이다. 이처럼 감도가 낮은 데는 여러 가지 이유가 있다. 우리의 EEG기록에는 잡음이 너무 많았다. 전자장비에 둘러싸인 채 가만히 누워있거나 시선을 고정하지 못하는 경우가 많은 환자의 병상으로부터 명확한 신호를 검출하기란 매우 어렵기 마련이다. 그보다 일부 환자가 의식이 있지만 테스트를 이해하지 못하는 경우가 더 많다. 장애가 너무 심해 어긋난 소리를 헤아리거나 어쩌면 그것을 감지할 수도 없고, 심지어는 몇 초 이상 그 소리에 주의를 집중하는 것조차 불가능할 수도 있다.

그래도 이러한 환자는 정신생활을 유지하고 있다. 우리 이론이 옳다면, 이것은 그들의 뇌가 여전히 대뇌 피질의 멀리까지 광역적인 정보를 전할 수 있는 상태임을 의미한다. 그러면 연구자들이 어떻게 그것을 검출할 수 있을까? 2000년대 후반, 밀라노 대학교의 마르첼로 마시미니Marcello Massimini는 교묘한 아이디어를 생각해냈다.[39] 우리 연구소의 의식 테스트는 모두 감각신호가 뇌로 나아가는 것을 감시하는 것임에 반해, 마시미니는 내부 자극을 사용하자고 제안했던 것이다. 전기적 활동을 직접 피질에 일으키자는 것이 그의 생각이었다. 음파탐지기의 펄스처럼 이 강렬한 자극이 피질과 시상으로 전해지면, 그 반향의 강도와 지속시간을 통해 그것이 가로지는 영역들이 서로 얼마나 통합되어있는지를 알려줄 것이다. 만약 그 활동이 멀리 떨어진 부위까지 전해지고, 그리고 그것이 오랫동안 반향하는 것을 확인할 수 있다면, 그 환자는 아마 의식이 있을 것이다. 주목할 것은 환자가 그 자극에 주의를 기울이거나 그것을 이해할 필요조차 없다는 점이다. 비록 환자가 그 자극을 알아차리지 못할지라도 펄스를 통해 피질의 장거리경로상태를 검사할 수 있을 것이다.

마시미니는 자신의 아이디어를 실행에 옮기기 위해 TMS와 EEG를 교묘하게 조합시켰다. 제4장에서 설명한 것처럼 TMS는 피질을 자극하기 위해 머리 가까이에 놓은 코일 안으로 전류를 통하게 함으로써 자기 유도를 일으키며, EEG는 잘 알다시피 오래전부터 사용된 뇌파기록방법이다. 마시미니의 계책은 TMS를 사용해 "피질에 펄스를 일으키고", 그런 다음 EEG를 사용해 이 자기 펄스가 만들어내는 뇌활동이 전파되는 것을 기록하려는 것이었다. 여기에는 TMS에 의한 강한 전류의 영향으로부터 재빨리 회복되어 불과 몇 밀리초 뒤에 생기는 뇌활동을 정확하게 나타낼 특수한 증폭기가 필요했다.

마시미니가 지금까지 얻은 결과는 흥미롭다. 그는 먼저 정상적인 피험자가 각성·수면·마취상태에 있을 동안 그 기법을 적용했다. 의식이 없는 동안 TMS 펄스는 짧고 국소적인 활동만 일으켰으며, 그것이 최초의 200밀리초 정도에 한정됐다. 그와 대조적으로 그와 똑같은 펄스라도 피험자가 의식할 때, 또는 심지어 꿈을 꾸고 있는 때는 항상 복잡하고 오래 지속되는 일련의 뇌활동을 일으켰다. 자극이 가해지는 정확한 위치는 문제가 되지 않는 것 같았다. 처음에 펄스가 피질로 들어가는 곳 어디서나 후속적인 반응의 복잡함과 지속기간에 의해 훌륭한 의식의 지표가 얻어졌던 것이다.[40] 이 결과는 우리 팀에서 감각자극을 통해 발견한 것, 즉 300밀리초 이상 뇌 전체 네트워크 안으로 신호가 전파되는 것이 의식상태를 나타내는 지표라는 사실과 아주 합치되는 것 같았다.

마시미니는 계속해서 5명의 식물인간상태 환자, 5명의 최소의식상태 환자, 2명의 록트인증후군 환자에게 자신의 자극장치에 대한 테스트를 실시했다.[41] 비록 이러한 환자의 수는 적지만 그 테스트는 100% 옳았다. 의식이 있는 환자는 모두 피질에 가해지는 임펄스에 대해 복잡하고 지속적인 반응을 나타냈던 것이다. 그 후 추가로 5명의 식물인간상태 환자를 대상으로 몇 개월 동안 테스트했다. 이 기간 동안 그들 가운데 3명이 차츰 어느 정도 의사소통능력을 회복하면서 최소의식상태로 옮겨졌다. 그들은 바로 뇌의 신호가 복잡성을 나타낸 환자들이었다. 게다가 광역 작업공간모델에서와 같이 전전두엽과 두정엽 등으로 신호가 전파되는 것은 환자의 의식수준을 나타내는 좋은 지표였다.

자발적인 사고를 검출

마시미니의 펄스 테스트가 얼마나 좋은지, 그리고 개별 환자들의 의식을 감지할 표준 임상 도구가 될지의 여부는 앞으로 두고 봐야 할 것이다. 흥미로운 것은 그 테스트가 모든 사례에 효과가 있을 것처럼 보인다는 점이다. 하지만 이 기술은 여전히 복잡하다. 모든 병원이 두개골 내 자기자극장치에서 생기는 커다란 충격을 흡수할 수 있는 고밀도 EEG 시스템을 갖추고 있는 것은 아니다. 이론적으로 훨씬 더 쉬운 해결책이 있어야 할 것이다. 만약 광역 작업 공간가설이 옳다면, 심지어 어둠 속에서 아무런 외부 자극이 없더라도 의식이 있는 사람은 대뇌에서의 장거리 의사소통을 감지할 수 있는 기호를 나타내야 한다. 그리고 뇌활동의 흐름이 전전두엽과 두정엽 사이에서 끊임없이 계속되면서 멀리 떨어진 뇌 부위들과 동기가 변동하는 기간이 만들어질 것이다. 이 활동은 특히 중간(베타) 및 높은(감마) 주파수에서 전기적 활동이 높아진 상태와 관련되어야 할 것이다. 그 같은 장거리 전파에는 많은 에너지가 소비될 것이다. 그것을 간단히 감지할 수 없을까?

양전자단층촬영(PET)에 의해 측정된 것처럼 의식이 없는 동안 광역 대사활동이 저하되는 것은 이미 여러 해 전부터 알려져 있었다. PET 스캐너는 높은 에너지의 감마선을 검출하는 고도의 장치로, 신체의 어디에서 얼마나 많은 글루코오스가 소비되는지를 측정하는 데 사용할 수 있다. 그 방법의 핵심은 방사성 화합물의 흔적으로 표지를 붙인 글루코오스 전구물질을 환자에게 주사하고 PET 스캐너를 사용해 방사성 붕괴 정점을 검출하는 것이다. 방사성 붕괴 정점의 위치는 뇌 속에서 글루코오스가 소비되고 있는 곳을 가리킨다. 그 결과 놀랍게도 정상인의 경우 마취 및 깊은 수면상태 때는 피질 전역을 통해 글루코오스의 소비가 50% 감소했다. 그리고 비슷한 에너지 소비의 저하는 혼수상태와 식물인간상태 동안에도 일어난다. 1990년대 초에 이미 벨기에 리에주의 스테방 로레Steven Laureys 팀에서는 식물인간상태에서의 뇌의 대사활동에 이상이 있음을 보여주는 놀라운 사진을 촬영했다(〈그림 32〉 참조).[42]

글루코오스의 소비와 산소 대사의 저하는 뇌의 여러 영역마다 다르다. 의식상실은 양쪽 전전두엽과 두정엽 부위, 대상회와

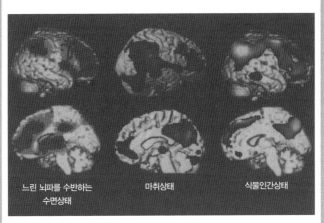

느린 뇌파를 수반하는 수면상태 　 마취상태 　 식물인간상태

그림 32.
전두엽 및 두정엽에서의 대사활동 저하는 느린 뇌파를 수반하는 수면상태,
마취상태, 식물인간상태 환자의 의식이 상실되기 때문이다. 다른 부위들도
역시 활동의 저하를 보이는데, 이는 광역 신경세포 작업 공간을 형성하는
부위들에서 의식이 상실될 때의 에너지 소비의 저하를 나타내는 것이다.

설전부를 중앙선을 따라 자리 잡은 여러 영역의 활동 저하와도
구체적으로 관계가 있는 것 같다. 대뇌 피질의 장거리 투사가
많이 이루어지는 이러한 부위는 광역 작업 공간 네트워크와 거
의 정확하게 겹침으로써, 이 작업 공간 시스템이 의식경험에 중
요하다는 것을 다시 한 번 확인해준다. 감각·운동 피질에서 고
립되어있는 다른 부위들은 아무런 의식적인 반응이 없는 경우
에도 해부학적으로 손상되지 않고 활발한 대사활동을 보인다.[43]

예컨대 가끔 얼굴을 움직이는 식물인간상태 환자는 국소적인 운동 영역에 활동이 있음을 나타낸다. 지난 20년 동안 어느 환자는 명백히 주위 상황과 전혀 어울리지 않는 말 하나를 무의식적으로 계속 내뱉었다. 그의 신경세포활동과 대사는 좌뇌의 언어 영역에 몇몇 섬처럼 남아있는 피질에 한정되어있었다. 그 같은 불명료한 활동이 의식상태를 유지하기에 충분하지 않은 것은 분명했다. 더 광범위한 신경세포의 의사소통이 이루어질 필요가 있었던 것이다.

안타깝게도 뇌의 대사활동 자체는 의식 유무를 추정하기에 충분하지 않다. 일부 식물인간상태 환자는 아주 정상적인 피질의 대사활동을 보인다. 아마도 뇌 손상이 피질 자체가 아니라 중간뇌의 상행 구조에만 영향을 미치기 때문일 것이다. 반대로, 그리고 더 중요한 것이지만, 부분적으로 회복해 '최소의식상태'로 옮겨지는 식물인간상태 환자의 다수에서는 정상적인 대사활동이 나타나지 않는다. 회복 전과 회복 후의 영상들을 비교해보면 작업 공간 부위들에서 에너지 소비 증가를 확인할 수 있기는 하지만, 그리 크지는 않다. 대사활동은 보통 정상으로 되돌아가지 못하는데, 아마도 그것은 피질이 고치지 못할 정도로 손상되었기 때문일 것이다. 최상의 MRI를 사용해 촬영된 고정밀도 사진들도 단지 시사적이기만 할 뿐[44] 의식에 대한 확실한 예측인자를 제공해주지 못한다. 대사활동이나 해부학적인 영상만 사용해서는 아직 의식상태의 근간이 되는 신경세포들 사이의 정보 순환을 정확하게 측정할 수 없는 것이다.

나는 장레미 킹Jean-Rémi King, 자코보 지트Jacobo Sitt, 리오넬 나카슈 등과 함께 남아있는 의식을 검출하는 더 나은 장치를 만들기 위해 피질의 의사소통을 나타내는 표지로 EEG를 사용하는 아이디어로 되돌아갔다.[45] 나카슈 팀에서는 256개의 전극을 사용해 식물인간상태, 최소의식상태, 의식이 있는 상태 등의 환자들을 대상으로 뇌활동을 감시함으로써 200명에 달하는 고밀도의 기록을 얻었다. 이러한 측정을 사용해 피질에서 정보가 교환되는 양을 수량화할 수 있을까? 천재적인 물리학자이자 컴퓨터공학자, 그리고 정신분석 의사이기도 한 지트는 문헌들 가운데서 멋진 생각을 하나 내놓았다. 그는 뇌의 두 부위들 사이에서 공유되는 정보의 양을 측장하기 위해 '중량화된 상징적 상호정보weighted symbolic mutual information'라는 수학적 양을 신속하게 계산하는 프로그램을 고안했다.[46]

이 방법을 환자 데이터에 적용했을 때 식물인간상태 환자가 다른 모든 환자와는 확연히 구분되었다(406페이지의 〈그림 33〉 참조). 의식이 있는 피험자에 비해 식물인간상태 환자들은 공유하는 정보의 양이 현저히 줄어들어있었다. 이것은 우리가 전극의 쌍을 적어도 7~8cm 떼어놓고 분석할 때 특히 그랬다. 여기서도 다시 장거리 정보 전달이 의식 있는 뇌의 특권임이 확인된 것이다. 우리는 다른 방향의 측정을 사용함으로써 뇌의 대화가 쌍방향적임을 알게 되었다. 뇌 뒤쪽의 특화된 영역이 두정엽과

식물인간상태 환자 　　　　　　　　　　최소의식상태 환자

의식이 있는 환자 　　　　　　　　　　의식이 있는 제어집단 피험자

그림 33.
피질에서 멀리 떨어진 부위까지 정보가 교환되는 것은, 뇌가 손상된 환자에게 의식이 있다는 훌륭한 지표다. 위의 그림을 만들기 위해 의식이 있거나 없는 200명 가까운 환자들을 대상으로 256개 전극을 통해 뇌파신호를 기록했다. 하나의 호로 나타낸 전극 각각의 쌍에 대응하는 영역들 사이에 공유되는 정보의 양의 수학적 지표를 계산했다. 식물인간상태 환자들은 의식 있는 환자나 제어집단 피험자보다 훨씬 적은 공유정보의 양을 나타냈다. 이 발견은 정보 교환이 의식의 본질적인 기능이라는 광역작업공간이론의 중심적인 주장과 일치한다. 후속 연구에서는 높은 정보 공유를 나타낸 몇몇 식물인간상태 환자가 며칠 또는 몇 달 이내에 의식을 되찾을 확률이 훨씬 높다는 것이 밝혀졌다.

전전두엽의 일반적인 영역과 신호를 주고받으면서 대화했던 것이다.

환자의 의식은 또한 EEG의 다른 여러 특징들에도 반영되었다.[47] 다른 주파수 대역의 에너지의 양을 수학적으로 측정하자, 의식을 잃으면 신경의 부호화와 처리의 특징이 되는 높은 주파수가 사라지고 보통 수면이나 마취상태에서 보게 되는 매우 낮은 주파수가 남는 것이 밝혀졌다.[48] 그리고 이러한 뇌파 진동의 동기를 측정하자, 의식상태 동안 피질 부위에서는 정보 교환이 조화를 이루는 경향이 있음이 확인되었다.

이러한 각각의 수학적 양은 의식을 약간 다른 식으로 조명함으로써 의식상태에 대해 보완적인 관점을 제공해주었다. 장레미 킹은 그들을 결합하기 위해 환자의 임상상태에 대한 최적의 예측을 마련해줄 측정방법의 조합을 자동적으로 알아내는 프로그램을 설계했다. 20분 정도의 EEG기록이 훌륭한 진단을 제공해주었다. 우리는 식물인간상태 환자를 의식이 있는 사람이라 오인한 적이 거의 없었다. 프로그램의 오류는 대부분 최소의식상태 환자를 식물인간상태로 간주한 것이었다. 그렇다고 부정확한 것이었다고는 할 수는 없다. 20분이 경과하는 동안 최소의식상태 환자가 의식을 잃을 수도 있기 때문이다. 다른 날에 측정을 반복했더라면 아마 더 나은 진단이 나왔을지도 모른다.

정반대의 오류도 역시 있었다. 우리 프로그램이 임상에서는 식물인간상태라는 진단이 내려진 환자에 대해 최소의식상태라고 가끔 진단했던 것이다. 그것이 순수한 오류였을까? 아니면 이러한 환자가 식물인간상태처럼 보이지만 실은 의식이 있고 완전히 록트인상태에 처한 역설적인 환자였을까? EEG기록 뒤 몇 달 동안 식물인간상태라고 진단받은 환자들의 임상적인 진단을 살펴보자 매우 흥미 깊은 결과가 나왔다. 그들 가운데 3분의 2는 식물인간상태라는 우리 프로그램의 임상 진단과 일치했고, 그 가운데 불과 20%만 최소의식상태로 회복되었던 것이다. 나머지 3분의 1에서 우리 프로그램은 임상 의사가 전혀 발견하지 못했던 의식의 징후를 검출했으며, 그리고 그 가운데 50%가 그 후 몇 달 이내에 임상에서 명백한 의식상태를 회복했다.

이 같은 예측능력의 차이는 커다란 의미를 지닌다. 이제 자동적인 뇌 진단 프로그램을 사용하면 행동이 겉으로 드러나기 훨씬 이전에 의식의 징후를 알아낼 수 있음을 의미하는 것이다. 이론에 근거한 의식의 기호를 통해 내리는 진단이 숙련된 임상 의사보다 훨씬 민감해졌다. 새로운 의식의 과학이 드디어 최초의 열매를 맺은 것이다.

임상 개입을 향해

마음의 병은 어쩔 수 없는 것일까?

기억으로부터 뿌리 깊은 슬픔을 끌어내

뇌에 적힌 문제들을 없애려는 것일까……?

– 윌리엄 셰익스피어, 〈맥베스〉(1606)

의식의 징후를 검출하는 것은 시작에 지나지 않는다. 환자와 가족이 갈구하는 것은 "마음의 병은 어쩔 수 없는 것일까?" 하는 셰익스피어의 극중의 물음에 대한 답이기도 하다. 혼수상태와 식물인간상태 환자들이 의식을 회복하는 것을 도울 수 있을까? 그들의 정신적 능력은 때때로 사고가 일어난 지 여러 해가 지나고서 갑자기 되돌아오기도 한다. 이 같은 회복 과정을 가속화시킬 수 있을까?

참담한 지경에 빠진 가족들이 이런 질문을 던질 때 의료진은 보통 비관적인 대답을 하게 마련이다. 일단 1년이 지나도 환자가 여전히 의식이 없는 상태일 경우 그 환자는 '영구적 식물인간상태'인 것으로 간주된다. 이 같은 임상적인 표현에는 "어떤 자극을 가하더라도 별다른 변화가 일어나지 않을 것"이라는 분명한 뜻이 담겨있다. 그리고 안타깝지만 많은 환자의 경우 이것이 사실이다.

하지만 2007년 니컬러스 시프와 조지프 자키노가 이 문제를 재고해야 한다는 견해를 제기하는 놀라운 논문을 〈네이처 Nature〉지에 발표했다.[49] 그들은 최소의식상태 환자를 훨씬 안정된 의식상태로 서서히 이행시키는 치료법을 최초로 제시했다. 그들의 개입방법은 기다란 전극을 뇌 속에 삽입해 아주 중요한 부위, 즉 시상 중심부와 그 주위의 수판내핵을 자극하는 것으로 이루어진다.

1940년대에 이루어진 주제페 모루치Giuseppe Moruzzi와 호러스 마군Horace Magoun의 선구적인 연구 덕분에 피질의 전반적인 각성수준을 조절하는 상행성 시스템의 기본적인 교점이 해당 부위들임이 이미 알려져있었다.[50] 시상중심핵central thalamic nucleus의 특징은 그 특유의 단백질(칼슘 결합 단백질)이며 피질, 특히 전두엽을 향해 광범위하게 투사하는 것으로 알려진 고밀도 투사 신경세포가 들어있다. 흥미롭게도 그들의 축삭은 피질 상층의 피라미드 모양 신경세포, 정확히 말해 광역 신경세포 작업 공간의 기반이 되는 장거리 투사를 하는 신경세포를 목표로 한다. 동물들의 경우 시상 중심부를 활성화하면 피질의 전반적인 활동을 조절하고 운동활동을 높이며 학습을 향상시킬 수 있다.[51]

정상적인 뇌에서는 시상 중심부의 활동이 전전두엽이나 대상피질에 의해 차례로 조절된다. 이 피드백 루프에 의해 아마도 과제가 요구하는 데 따라 피질의 흥분을 역동적으로 조절할 수 있을 것이다. 주의를 요하는 과제의 경우 그것이 활성화되어 뇌의 처리능력을 강화한다.[52] 하지만 심한 손상을 입은 뇌의 경우에는 순환하는 신경세포활동의 전반적인 수준이 감퇴함으로써 우리의 각성수준을 끊임없이 조절하는 기본적인 피드백 루프를 단절시킬지도 모른다. 그래서 시프와 자키노는 시상 중심부를 자극하면 피질을 '재각성'시킬 수 있으리라고 예측했던 것이다.

그것은 환자의 뇌가 내부로부터 제어할 수 없게 된 각성의 수준을 외부로부터 복원하려는 것이었다.

이미 살펴본 것처럼 각성상태는 의식화와 같지 않다. 식물상태 환자도 가끔 부분적으로 유지되는 각성 시스템을 지니고 있다. 그들은 아침에 일어나 눈을 뜨지만, 이것이 피질을 의식모드로 돌리기에는 충분하지 않다. 지속적인 식물인간상태에 있는 대부분의 환자들은 시상자극장치로부터 거의 이점을 얻지 못한다. 테리 시아보도 그것을 하나 가지고 있었지만, 아마도 피질, 특히 백질이 심하게 손상됐기 때문인지 결코 장기적으로 개선되지 않았다. 효과가 있는 것처럼 보인 소수의 사례에서는 자발적인 회복의 가능성을 배제할 수 없었다.

시프와 자키노는 이 기본적인 사실을 잘 알고 있었지만, 자신들의 성공 확률을 높이기 위한 계획을 세웠다. 먼저 그들은 구체적으로 전전두엽과 직접적인 루프를 형성하는 시상 뒤쪽의 중심핵을 목표로 했다. 두 번째로 그들은 이미 의식을 회복하는 과정에 있기 때문에 성공적으로 개입할 가능성이 많은 환자를 골랐다. 의식적인 처리와 의도적인 의사소통의 미약한 징후를 계통적인 방법으로 되풀이해 나타내는 환자들을 규정하는 범주로서 최소의식상태를 정의하는 데 조지프 자키노 자신이 실질적인 역할을 했다는 사실을 기억하자. 시프의 연구팀에서는 뇌영상기법을 사용해 피질이 놀라울 정도로 손상되지 않은 환자를 발견했다. 그 환자는 비록 여러 해 동안 안정적인 최소의식상태에 있었지만, 말을 걸면 좌뇌·우뇌가 모두 여전히 반응했다. 하지만 광범위한 피질의 대사활동은 매우 축소되어 각성이 제대로 조절되지 않음을 시사했다. 시상을 자극하는 것이 그를 안정적인 의식상태로 되돌리는 계기가 될 수 있었을까?

시프와 자키노는 몇 단계로 나누어 주의 깊게 연구를 진행했다. 환자에게 전극을 심기 전에 몇 달 동안 그의 상태를 살폈다. 그리고 동일한 척도(혼수상태에서의 회복 척도)를 사용해 환자의 능력과 그 변화가 안정되기를 기다렸다. 몇 차례의 테스트를 통해 중간적인 결과가 얻어졌다. 그 환자가 의도적으로 행동하는 몇 가지 징후를 나타냈으며, 심지어 가끔 단어까지 내뱉었지만, 이 행농에는 일관성이 없었다. 이것은 그가 최소의식상태에 있으며, 그에게 개선의 여지가 많음을 의미했다.

시프와 자키노는 이러한 결과를 염두에 두고 전극을 심었다. 수술 동안 그들은 두 가닥의 도선을 좌우의 피질을 통해 시상 중심부까지 넣었다. 그리고 48시간 뒤 전극의 스위치를 켜자 당장 놀라운 결과가 나타났다. 6년 동안 최소의식상태였던 환자가 눈을 떴고 심박수가 상승했으며 목소리에 반응해 자발적으로 자세를 바꾸었던 것이다. 하지만 그의 반응은 제한적이었다. 물체의 이름을 말해보라는 지시를 받은 그의 말은 "알아들을 수 없고 이해할 수도 없는 말을 중얼거릴 뿐이었다."[53] 그리고 자극장치의 스위치를 끄자마자 이러한 행동은 사라졌다.

그들은 개입 후의 기준치를 확립하기 위해 환자에게 더 이상

자극을 가하지 않고 2개월을 기다렸다. 이 기간 동안에는 상태가 전혀 호전되지 않았다. 그런 뒤 이중맹검법을 도입한 연구로 자극장치를 격월로 번갈아 켰다가 껐다가 했다. 환자의 상태는 놀랄 정도로 호전됐다. 각성, 의사소통, 운동제어, 물체 명명 등의 모든 척도에서 자극장치가 켜져있는 동안 테스트 점수가 현저히 상승했던 것이다. 게다가 자극장치의 스위치를 껐을 때 그러한 척도가 조금밖에 하강하지 않았다. 즉, 환자의 상태가 기준치까지는 되돌아가지 않았다. 효과는 느렸지만 누진적이었으며, 6개월 뒤에는 컵을 입으로 가져가 음료를 마시기도 했다. 가족들은 그가 의사소통과 관련하여 상당히 호전된 것에 주목했다. 여전히 심한 장애가 있었지만, 이제 자신의 생활에 적극적으로 참여했으며, 자신의 치료에 대해 논의까지 할 수 있었다.

이 성공사례는 큰 희망을 제시했다. 뇌 심부의 자극이 피질의 각성 정도를 높여 신경세포의 활동을 정상적인 수준 가까이까지 올림으로써 뇌가 그 자율성을 회복하는 것을 도울지도 모르기 때문이다.

심지어 오랫동안 식물인간상태나 최소의식상태에 있는 환자의 경우에도 뇌는 유연성을 유지하며, 자발적인 회복 가능성을 결코 배제할 수 없다. 사실, 상태가 갑자기 호전되었다는 기묘한 보고가 의료기록에서는 많이 발견된다. 어떤 사람은 무려 19년 동안 최소의식상태에 머물러있다가 갑자기 언어·기억능력을 회복했다. 확산텐서영상법diffusion tensor imaging이라는 기술을 사용해 촬영된 그의 뇌영상에서는 뇌 속의 장거리 연결이 다시 서서히 성장하고 있었다.[54] 다른 환자의 경우에는 전두엽과 시상 사이의 정보 교환이 식물인간상태 때는 저하되어있었지만, 자발적으로 회복한 뒤에는 정상으로 돌아왔다.[55]

우리는 모든 환자가 그 같이 회복되기를 기대하지는 않는다. 하지만 다른 환자는 회복되지 않는데 왜 일부 환자만 회복하는지 그 이유를 이해할 수 있을까? 너무 많은 전전두엽 신경세포가 죽어있다면 아무리 많은 자극을 가해도 그들을 되살리지 못하리라는 것은 분명한 일이다. 하지만 신경세포는 아무렇지 않은데 그들의 연결이 다소 상실되어있는 경우가 일부 있다. 어떤 경우에는 신경회로의 움직임을 유지하는 것이 문제인 것 같다. 연결은 되어있는데 정보를 퍼뜨리는 것이 지속적인 활동상태를 유지하기에 충분하지 못해 뇌의 스위치 자체가 꺼져있는 것이다. 만약 회로가 충분히 복구되어 스위치가 다시 켜진다면 그 같은 환자는 놀라울 정도로 빨리 회복될지도 모른다.

하지만 피질의 스위치를 어떻게 켤 수 있을까? 뇌의 도파민 회로에 작용할 약물이 첫 번째 후보다. 도파민은 뇌의 보상회로에 주로 관여하는 신경 전달물질이다. 도파민을 사용하는 신경세포는 전전두엽과, 자발적 행동을 제어하는 대뇌기저핵의 심부 회백질을 향해 조절을 위한 대규모 투사를 내보낸다. 따라서 도파민회로를 자극하면 그러한 회로가 정상적인 수준의 각성을 회복하는 데 도움이 될지도 모른다. 사실 지속적인 식물인간상태에 있던 3명의 환자가 레보도파levodopa라는 약을 투여하자 갑자기 의식을 되찾기도 했다.[56] 이 레보도파라는 약은 보통 파킨슨병 환자에게 투여되는 도파민의 화학적 전구물질이다. 아만타딘amantadine도 도파민회로를 자극하는 약물로서, 제어군의 임상 실험에서 식물인간상태와 최소의식상태 환자의 회복 속도를 약간 높이는 것이 발견되고 있다.[57]

다른 사례들은 더욱 기이하다. 아주 역설적인 것은 앰비엔 Ambien의 효과다. 그 약은 수면제인데, 엉뚱하게 의식을 되살리기도 한다. 어느 환자는 '무동무언증akinetic mutism'이라는 신경증후군으로 여러 달 동안 전혀 말도 못하고 움직이지도 못했다. 그러다가 수면제인 앰비엔을 투여하자 갑자기 깨어나 움직이고 말을 하기 시작했다.[58] 또 다른 경우에는 좌뇌 뇌졸중으로 실어증에 걸려 가끔 말도 되지 않는 소리만 내던 여성에게도 불면을 해소하기 위해 앰비엔을 처방했다. 그녀는 그것을 처음 복용했을 때 당장 몇 시간 동안 말을 했다. 그리고 질문에 답하고, 수를 헤아리기도 했으며, 심지어 물체의 이름을 말할 수도 있었다. 그러더니 잠이 들었는데, 다음 날 아침에는 실어증상태로 되돌아갔다. 이 현상은 환자에게 수면제를 줄 때마다 항상 반복되었다.[59] 앰비엔은 그녀를 잠들게 하지 못했을 뿐 아니라, 잠들어있던 피질의 언어회로까지 다시 깨우는 역설적인 효과를 자아냈던 것이다.

이러한 현상에 대한 설명은 이제야 가까스로 시작됐다. 그들은 피질 작업 공간 네트워크, 시상, 대뇌기저핵의 2개 구조(선조체striatum와 담창구pallidum) 등을 연결하는 여러 가지 루프에서 일어나는 것 같다. 피질은 전두엽에서 선조체, 담창구, 시상을 거쳐 다시 피질에 이르기까지 원형의 경로를 통해 활성화되기 때문에 이러한 루프를 통해 간접적으로 흥분될 수 있다. 하지만 이러한 연결 가운데 2가지는 흥분이 아니라 억제에 의존한다. 선조체는 담창구를, 그리고 담창구는 시상을 억제하는 것이다. 뇌에서 산소 공급이 상실되면 처음 손상되는 조직 가운데 하나가 선조체의 억제성 세포인 것 같다. 그 결과 담창구가 제대로 억제되지 못한다. 담창구의 활동이 마음대로 증대해 시상과 피질을 억제하면서 의식적인 활동을 못하도록 방해하는 것이다.

하지만 이러한 경로는 대체로 손상되지 않고 남아있다. 단지 크게 억제되고 있을 뿐이다. 그 악순환에 차단기를 삽입하면 다시 스위치를 켤 수 있다. 이로써 많은 해결책이 가능한 것 같다. 시상 깊숙이 넣은 전극은 시상 신경세포에 대한 과잉 억제를 해소시켜 다시 스위치를 켤 수 있을 것이다. 또는 도파민이나 아만타딘을 사용함으로써 직접적으로나 선조체에 남아있는 신경세포를 통해 피질을 흥분시킬 수도 있을 것이다. 마지막으로 앰비엔 같은 약제는 억제작용 자체를 억제할지도 모른다. 그들은 담창구에 존재하는 다수의 억제성 수용기와 결합함으로써 과잉 흥분된 억제성 세포를 강제로 비활성화시켜 피질과 시상을 유해한 억제작용으로부터 해방시킨다. 이러한 메커니즘은 아직 가설에 불과하지만, 결국 왜 이러한 약물이 모두 피질의 활동을 정상수준에 더 가깝도록 만드는 효과를 가지는지 설명해줄는지 모른다.[60]

위에서 언급된 계책들은 피질 자체가 지나치게 손상되지 않아야만 효과를 발휘할 것이다. 바람직한 징후는 "전전두엽이 해부학적 영상에서 아무런 손상이 없는 것처럼 보이지만 대사활동이 저하된 것을 나타내는 경우"이다. 이 경우는 피질의 스위치가 단지 꺼졌을 뿐 다시 각성될지도 모른다. 일단 스위치가 켜지기만 하면 서서히 자기제어상태로 돌아갈 것이다. 뇌의 시냅스 가운데 다수는 정상적인 작용 범위에서 유연해지고 무게를 늘려 활동적인 신경세포집합을 안정시키는 데 도움을 줄 수 있다. 뇌의 유연성 덕분에 환자의 작업 공간 연결 강도가 점차 높아져 의식적 활동상태를 지속시킬 수 있을 것이다.

피질회로가 손상된 환자들의 경우에도 장래에는 개선을 바라볼 수 있을지 모른다. 만약 작업공간가설이 옳다면 의식은 단지 피질의 신경세포가 밀집한 회로 안에서 정보가 유연하게 순환하는 것에 지나지 않는다. 그 회로의 교점이나 연결 일부가 외부 루프로 대체될지도 모른다고 상상하는 것은 현실과 너무 동떨어진 것일까? 뇌·컴퓨터 인터페이스, 특히 뇌 속에 내장된 장치에는 뇌 안에서 일어나는 장거리 정보 교환을 복구할 잠재력이 있다. 머잖은 장래에 전전두엽이나 전운동 피질에서의 자발적인 발화를 수집해 직접적인 방전의 형태에 의해서든 시각·청각신호로 변환한 뒤 재생하는 형태에 의해서든 다른 원격 영역으로 전할 수 있게 될 것이다. 이미 그 같은 감각 대용물은 비디오카메라를 사용해 촬영한 이미지를 부호화한 청각신호를 시각장애인이 인식할 수 있도록 훈련시킴으로써 '볼' 수 있도록 하고 있다.[61] 그리고 같은 원리에 따라 감각 대용물은 더욱 조밀한 내부 정보 교환을 복구함으로써 뇌와 그것 자체를 연결시키는 것을 도울 수 있을 것이다. 더불어 더욱 조밀한 루프를 통해 뇌는 활동적인 상태를 유지하면서 의식을 할 수 있는 데 필요한 충분한 흥분을 마련하게 될 것이다.

이런 생각이 현실과 동떨어진 것인지 아닌지는 시간이 말해줄 것이다. 확실한 것은 신경세포회로가 어떻게 의식을 형성하는지에 대한 차츰 확고해지는 이론을 바탕으로 생기는 혼수상태나 식물인간상태에 대한 새로운 관심이 앞으로 수십 년 이내에 의료의 엄청난 개선으로 이어지리라는 점이다. 우리는 의식장애를 치료하는 측면에서 혁명을 맞이하고 있다.

7
의식의 미래

새로 등장한 '의식의 과학The emerging science of consciousness'은 아직 여러 가지 도전에 직면해있다. 어린이에게 처음 의식이 생기는 순간을 정확하게 판별할 수 있을까? 원숭이나 개 또는 돌고래가 그들의 주위 환경에 대해 의식하는지를 분명히 알 수 있을까? 그리고 우리 자신의 생각에 대해 생각하는 우리의 놀라운 능력인 자의식의 수수께끼를 풀 수 있을까? 인간의 뇌가 독특할까? 인간의 뇌에 독자적인 회로가 있을까? 그렇다면 그 기능 부전이 조현병schizophrenia과 같은 인간 특유의 질병이 생기는 원인을 설명해줄 수 있을까? 만약 그러한 회로를 분석하게 되면 컴퓨터로 그것을 복제함으로써 인공적인 의식을 만들어낼 수도 있을까?

내 일이기도 한 이 일에 과학이 코를 들이미는 것이 싫다.
과학은 이미 충분히 진실을 독점하지 않았는가?
그런데도 접촉할 수도 없고 보지도 못하는 본질적인 자아에까지
침범하려는 것인가?

– 데이비드 로지, 《생각하다……*Thinks*……》(2001)

과학이 위대해질수록 신비감은 더욱 깊어진다.

– 블라디미르 나보코프, 《강한 의견*Strong Opinions*》(1973)

의식의 블랙박스는 이제 활짝 열린 상태이다. 여러 가지 실험 덕분에 영상을 보이게 또는 보이지 않게 할 수도 있고, 의식화가 일어날 때만 생기는 신경세포활동의 패턴을 추적할 수도 있게 되었다. 뇌가 보이거나 보이지 않는 이미지를 어떻게 다루는지 이해하는 일은 우리가 처음 두려워했던 것만큼 미묘하지 않음이 드러났다. 또한 많은 전기생리학적 기호를 통해 의식의 점화가 존재하는 것이 밝혀졌다. 이러한 의식의 기호는 확고한 것임이 입증되어 이제는 임상에서 뇌가 크게 손상된 환자에게 의식이 남아있는지를 검사하는 데 이용되고 있다.

이것이 단지 시작에 지나지 않음은 의심의 여지가 없다. 여러 의문에 대한 답은 아직도 분명하지 않다. 이 책의 마지막 장에서는 신경과학자들이 앞으로 여러 해 동안 연구를 계속해야 할 중요한 문제를 대략적으로 이야기하고자 한다. 그리고 나 자신이 '의식의 미래'라고 생각하는 것을 밝히고자 한다.

이러한 의문 가운데 일부는 실험을 통해서야 완전히 답할 수 있는 것이며, 이미 그 윤곽도 드러나고 있다. 예컨대 의식이 진화나 발달 중 어느 단계에서 출현하는가? 신생아에게 의식이 있는가? 미숙아나 태아의 경우는 또 어떤가? 원숭이, 생쥐, 새 등도 우리와 비슷한 작업 공간을 공유할까 하는 것 등이다.

다른 문제들은 철학적인 것에 가깝다. 하지만 그 방법을 발견하기만 하면 궁극적으로는 실험에 의해 답을 얻을 것이라고 확신한다. 예컨대 "자의식이란 무엇인가?" 하는 것이다. 인간의 정신에 뭔가 특별한 것이 있어 그 자체에 대해 의식을 비추고, 그 자체의 생각에 대해 생각할 수 있게 하는 것은 분명하다. 이 점에서 우리는 특별한 것일까? 인간의 생각을 그처럼 강력하게 만드는 것은 무엇이며, 또한 조현병 같은 정신질환에 약점을 보이는 것은 무엇 때문일까? 이 지식을 통해 인공적인 의식을 만들수 있을까? 감각능력을 갖춘 로봇이 등장할까? 그 로봇에게 감정, 경험, 심지어 자유의지의 감각 등이 있을까?

이러한 의문에 대한 답은 누구도 안다고 주장할 수 없다. 그리고 나 자신도 그것을 해결할 수 있다고 생각하지 않는다. 그렇지만 그렇게 하려면 어떻게 시작해야 할지를 이야기하고 싶다.

의식이 있는 유아?

어린 시절에 의식이 시작된 것을 생각해보자. 갓난아이는 의식이 있을까? 신생아는 어떨까? 미숙아는? 자궁 속에 있는 태아는? 의식이 탄생하기 전에 어느 정도의 뇌 구조가 필요한 것은 분명하다. 하지만 정확히 어느 정도일까?

이 문제를 둘러싸고 인간 생명의 존엄성을 옹호하는 사람들과 합리주의자들 사이에 수십 년 동안 격렬한 논쟁이 계속됐다. 양 진영 사이에는 도발적인 주장도 나왔다. 예컨대 콜로라도 대학교의 철학교수 마이클 툴리Michael Tooley는 "신생아는 인간도 준인간도 아니며, 본질적으로 그들을 해치는 것이 결코 잘못은 아니다"라고 직설적으로 말했다.[1] 툴리에 의하면 적어도 생후 3개월까지는 영아 살해가 정당화되며, 그 이유를 "영아에게는 새로 태어난 고양이 새끼 이상의 지속적인 자아 개념이 없고, 따라서 생명에 대한 권리가 없기" 때문이라고 했다.[2] 프린스턴 대학교의 윤리학교수 피터 싱어Peter Singer는 툴리의 무자비한 발언에 이어 "생명은 도덕적인 의미에서 시간을 두고 자신의 존재를 인식할 때 비로소 시작된다"고 주장하면서 이렇게 말했다.

호모사피엔스의 일원이라는 의미에서 어느 존재가 인간이라는 사실은 그 존재를 살해하는 과오와 관련이 없다. 차이를 만드는 것은 오히려 합리성, 자립성, 자의식 같은 특징이다. 유아에게는 그러한 특징이 없다. 따라서 그들을 죽이는 것이 정상적인 인간이나 자의식을 가진 다른 존재를 살해하는 것과 같을 수 없다.[3]

이런 주장들은 여러 가지 이유에서 터무니없다. 그들은 노벨상 수상자들에서부터 장애아에 이르기까지 모든 인간이 훌륭한 생활에 대한 동등한 권리를 가지고 있다는 도덕적 직관과 충돌한다. 그들은 또한 의식에 대한 우리의 직관과도 대립한다. 그것은 신생아와 눈을 마주치면서 말을 중얼거린 적이 있는 어느 엄마에게나 물어보면 알 수 있다. 아주 놀랍게도 툴리와 싱어는 뒷받침을 해줄 만한 아무런 증거 없이 자신들의 주장을 폈다. 그들은 유아에게 아무 경험이 없는 것을 어떻게 알까? 그들의 견해는 확실한 과학적 근거를 바탕으로 한 것일까? 천만에! 그들의 견해는 실험을 기반으로 하지 않은 순전히 선험적인 것이며, 실제로 가끔 명백한 오류도 보여준다. 예컨대 싱어는 이렇게 적고 있다. "대부분의 경우 혼수상태와 식물인간상태 환자들은 장애가 있는 유아와 크게 다르지 않다. 자의식도 없고 합리적이거나 자립적이지도 않다. …… 그들의 생명에는 본질적인 가치가 없다. 그들의 삶은 종말에 이른 것이다." 하지만 제6장에서 이 견해가 완전히 틀렸다는 것을 살펴본 바 있다. 뇌영상기법에 의해 식물인간상태의 성인 환자 가운데 극소수이기는 해도 의식이 남아있는 경우가 있음이 드러난 것이다. 생명과 의식의 복잡함을 부인하는 그 같은 오만한 견해는 놀랍기 그지없다. 뇌에는 더 나은 철학의 가치가 있다.

여기서 나는 간단한 경로를 제안하고자 한다. 무엇보다 올바른 실험방법을 배워야 한다는 것이다. 비록 유아의 마음이 아무도 진입해본적 없는 광야일지라도 행동, 해부, 뇌영상기법 등을 통해 의식상태에 대해 많은 정보를 제공해준다. 의식의 기호도 일단 성인에게서 검증된 것은 다양한 연령층의 유아들에게서도 검색할 수 있을 것이며, 또 그렇게 되어야 한다.

이 전략은 분명히 유추를 기반으로 하기 때문에 불완전하다. 우리는 성인의 경우 주관적 경험을 가리킨다고 알려져있는 것과 똑같은 객관적 표지를 초기의 아동 발달 과정의 어느 시점에서 발선하게 되기를 바란다. 그 표지들을 발견한다면 그 연령 때 어린이는 외계에 대한 주관적 견해를 가진다고 결론을 내릴 것이다. 물론 자연은 더 복잡할 수 있으며, 의식의 표지도 나이에 따라 바뀔 수 있다. 또한 언제나 분명한 답을 얻을 수 있는 것도 아니다. 서로 다른 표지들이 일치하지 않을지도 모르며, 성인이 되면 통합 시스템으로 작동할 작업 공간이 유아기에는 각각의 속도로 발달하는 단편들로 구성될지도 모른다. 그래도 실험적인 방법을 통해 논의의 객관적인 측면을 찾아낼 수 있다. 어떤 과학적 지식이라도 철학계나 종교계 지도자들의 선험적 주장보다는 나을 것이다.

그럼 유아에게는 의식을 만들어내는 작업 공간이 있을까? 뇌해부학에서는 뭐라고 설명할까? 지난 세기 동안 소아과 의사들은 유아들의 미숙한 피질에 앙상한 신경세포, 작은 가지돌기, 절연성 말이집이 없는 가느다란 축삭이 가득 차있기 때문에 출생한 직후에는 마음이 작동하지 않는다고 믿었다. 기본적인 감각과 반사능력을 주기에 충분한 정도로만 일부의 시각, 청각, 운동 역영이 피질 가운데 섬처럼 성숙되어있다고 생각한 것이다. 다시 말해, 감각 입력이 융합해 "꽃이 피고 벌레가 윙윙거리는 하나의 커다란 혼돈"을 만들어낸다는 것이었다. 이것은 윌리엄 제임스의 유명한 표현이기도 하다. 적어도 생후 1년이 지나 성숙을 시작하기 전까지 유아의 전전두엽 속에 존재하는 더 높은 수준의 사고중추는 침묵한 상태로 있다고 알려져있었다. 이 같은 전두엽 때문에 유아는 장피아제Jean Piaget의 유명한 "A 아니면 B 테스트"와 같은 운동 계획이나 실행제어를 검사하는 행동 테스트를 통과하지 못한다고들 했다.[4] 그러므로 많은 소아과 의사들이 신생아가 고통을 경험하지 못한다고 말하는 이유는 아주 명백했다. 그러니 그들에게 마취를 할 이유도 없을 뿐더러, 유아에게 의식이 있을 가능성을 아예 배제한 채 주사는 물론 심지어 수술까지도 다반사로 이루어졌다.

하지만 최근에 이르러 행동 테스트와 뇌영상기법이 진보하면서 이 비관적인 견해에 대한 반박이 제기되고 있다. 사실상 미숙과 기능 부전을 혼동한 것은 커다란 오류였다. 심지어 자궁에서도 임신 후 6.5개월 무렵부터 태아의 피질이 형성되어 접히기 시작한다. 신생아의 경우 피질의 원격 부위들이 이미 장거리 신경섬유에 의해 연결된다.[5] 이러한 연결은 비록 수초myelin에 덮여있지 않고 성인의 것보다 훨씬 느리지만 정보를 처리한다. 그러한 연결로 인해 출생 때부터 이미 자발적인 신경세포활동을 기능적인 네트워크로 자기조직화하는 것이 촉진되는 것이다.[6]

말하는 것의 처리를 생각해보자. 유아는 언어에 강하게 끌린다. 그들은 어쩌면 자궁 속에 있을 때부터 말을 배우기 시작할지도 모른다. 신생아조차도 모국어와 외국어로 된 문장을 구분할 수 있다.[7] 언어습득이 얼마나 빨리 이루어지는지, 찰스 다윈으로부터 노암 촘스키Noam Chomsky나 스티븐 핑커Steven Pinker에 이르는 많은 과학자들이 언어학습에 특화되고 인간의 뇌에만 있는 '언어습득장치language acquisition device'의 존재를 가정하기도 했다. 나는 아내 기슬렌 데하네람베르츠Ghislaine Dehaene-Lambertz와 함께 그 생각을 직접 테스트하기 위해 fMRI를 사용해 갓난아이들이 엄마의 말을 듣고 있는 동안 그들의 뇌 속을 들여다보았다.[8] 2개월 된 유아들을 편안한 매트리스에 눕힌 채 커다란 헤드셋으로 기계의 소음을 막고서 어떤 말을 들려주었고, 유아들이 귀를 기울이는 동안 3초마다 그들의 뇌활동을 촬영했다.

놀랍게도 활성화는 컸고 1차 청각 영역에만 한정되지도 않았다. 그 반대로 피질 부위의 네트워크가 모두 활성화됐다(〈그림 34〉 참조). 그 활동은 고전적인 언어 영역, 즉 성인의 뇌 속과 똑같은 장소를 따라 자취를 남겼다. 언어 입력은 이미 좌뇌의 측두엽과 두정엽에 위치하는 언어 영역으로, 그리고 모차르트의

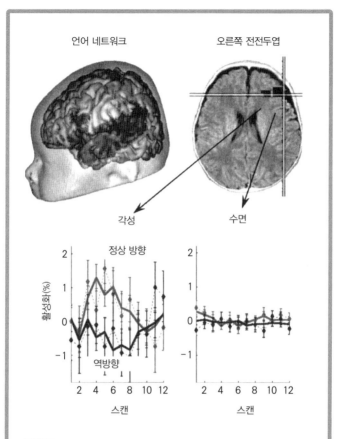

언어 네트워크　　　　　오른쪽 전전두엽

각성　　　　　수면

그림 34.

깨어있는 유아의 경우 전전두엽이 이미 활동한다. 2개월 된 유아들이 어머니가 말하는 것을 듣고 있는 동안 fMRI를 이용해 그들의 뇌를 촬영했다. 브로카 영역이라고 알려진 왼쪽 아래 앞쪽 부위를 비롯한 광범위한 언어 영역이 활성화됐다. 같은 테이프를 거꾸로 재생해 말인 것을 모르게 했더니 활성화가 훨씬 줄었다. 깨어있는 유아는 또 오른쪽 전전두엽도 활성화됐다. 이 활성화는 의식과 관계있는 것이었다. 유아가 잠들면 그것이 사라졌기 때문이다.

음악처럼 복잡한 자극은 우뇌의 다른 영역으로 보내졌다.[9] 왼쪽 아래의 전전두엽에 위치하는 브로카 영역까지 이미 언어 입력에 의해 활성화됐다. 이 부위는 2개월 된 유아에게서도 활성화하기에 충분할 정도로 성숙되어있었다. 그것은 나중에 유아의 전전두엽에서 가장 일찍 성숙되고 가장 연결이 잘 된 부위 가운데 하나임을 밝혀졌다.[10]

우리는 MRI로 활성화의 속도를 측정함으로써 유아의 언어 네트워크가 작동하고 있음을 확인했다. 하지만 성인보다, 특히 전전두엽에서 훨씬 느렸다.[11] 이 느린 속도 때문에 의식이 출현하지 못하는 것일까? 신기한 소리에 무의식적으로 반응하는 혼수상태의 뇌처럼 유아는 '좀비모드'에서 말을 처리하는 것일까? 안타깝게도 2개월 된 유아가 주의를 기울여 언어를 처리하는 동안 성인과 똑같은 피질 네트워크를 활성화시킨다는 간단한 사실이 확정적인 것은 아니다. 예컨대 이 네트워크의 많은 부분(그러나 브로카 영역은 아닐 것이다)이 마취 동안에도 무의식적으로 활성화되는 것이 알려져있기 때문이다.[12] 하지만 중요한 사실은 우리 실험에서도 유아가 초기 형태의 언어 작동기억verbal working memory마저 가지고 있음이 밝혀진 것이다. 우리가 14초 간격을 두고 같은 문장을 되풀이하자 2개월 된 유아들이 그것을 기억하고 있다는 증거를 나타냈다.[13] 그들의 브로카 영역이 처음보다 두 번째 경우에 더욱 강하게 활성화됐던 것이다. 2개월밖에 되지 않았는데도 벌써 그들의 뇌는 의식의 특징 가운데 하나인 "수 초 동안 작동기억 속에 정보를 유지하는 능력"을 갖추고 있었다.

마찬가지로 말에 대한 유아들의 반응은 깨어있을 때와 잠들어있을 때가 서로 달랐다. 이것은 매우 중요한 사실이다. 그들의 청각 영역이 항상 활성화됐지만, 배외측 전전두엽으로 활동이 전파되는 것은 깨어있는 유아들에게만 보였을 뿐 잠들어있는 유아의 경우에는 이 영역에서 평탄한 곡선이 나타났다(427페이지의 〈그림 34〉 참조). 그러니까 성인의 작업 공간에서 중요한 부분을 이루는 전전두엽은 깨어있는 유아의 의식에 관한 처리에도 이미 기여하고 있는 것 같다.

태어난 지 몇 달밖에 되지 않은 유아에게 의식이 있다는 더욱 확실한 증거는 제6장에서 기술했듯이 식물인간상태의 성인 환자들에게 의식이 남아있는 것을 조사하는 국소적·광역적 테스트를 적용해 얻을 수 있다. 이 간단한 테스트에서는 환자가 '삐삐삐삐붕' 같은 소리를 듣는 동안 EEG를 사용해 그들의 뇌파를 기록한다. 때때로 다섯째 음도 '삐'로 끝내는 등 규칙을 깨뜨리는 배열의 소리를 듣게 한다. 그러면 이 신기함 때문에 광역적 P3파가 생겨 전전두엽 및 관련된 작업 공간 부위로 퍼지면 그 환자는 의식이 있을 가능성이 매우 높다.

이 테스트를 실시하는 데는 아무 교육도, 아무 언어도, 아무 지시도 필요하지 않으며, 따라서 유아(또는 어떤 동물종)에게도 실시할 수 있을 정도로 간단하다. 일련의 소리를 듣고 뇌가 제대로 작동하면 어떤 유아도 그 규칙성을 파악할 수 있기 때문이다. 사건과 관계있는 전위는 생후 최초의 몇 개월부터 기록할 수 있다. 유일한 문제는 그 테스트가 너무 반복적이면 유아가 곧 싫증을 낸다는 것이다. 유아에게 있는 의식의 기호를 찾기 위해 신경소아과 의사이자 인지 전문가이기도 한 내 아내 기슬렌은 국소적·광역적 테스트를 개조했다. 그녀는 매력적인 얼굴의 인물들이 일련의 모음 '아아아이'를 발음하는 멀티미디어 쇼로 바꿨다. 지속적으로 바뀌는 얼굴에서 입이 움직이자 유아들은 매혹되었다. 그리고 일단 그들의 주의를 끌자 불과 2개월밖에 되지 않은 유아의 뇌도 신기함에 대해 광역적인 의식의 반응, 바로 의식의 기호를 내놓는 것을 보고 우리는 여간 기쁘지 않았다.[14]

대부분의 부모는 2개월 된 갓난아이가 의식 테스트에서 벌써 고득점을 올리는 것을 알고도 놀라지 않을 것이다. 하지만 우리는 테스트를 통해 1가지 중요한 측면에서 유아의 의식이 성인의 의식과 다르다는 것을 알아차렸다. 즉, 유아의 경우 뇌의 반응 속도가 성인에 비해 현저히 느렸다. 모든 처리 단계마다 각각 다르기는 하지만 더 오랜 시간이 걸리는 것 같다. 유아의 뇌는 모음의 변화를 파악해 무의식적으로 잘못된 것이라고 반응하는 데 3분의 1초가 필요하다. 그리고 전전두엽이 광역적인 신기함에 반응하기까지는 1초가 걸리는데, 이것은 성인의 경우보다 3~4배 느린 것이다. 따라서 유아의 뇌 구조에는 출생 후 몇

주 만에, 비록 아주 느리기는 하지만, 기능을 제대로 발휘하는 광역 작업 공간이 포함된다.

내 동료 시드 쿠이더Sid Kouider는 시각을 사용해 이 발견을 재현·확장했다. 그는 신생아들도 능력을 타고나는 영역인 얼굴 처리에 초점을 맞췄다.[15] 유아는 얼굴을 좋아하며, 태어날 때부터 자석처럼 얼굴에 끌린다. 쿠이더는 유아가 시각 마스킹에 민감하며, 성인과 마찬가지로 의식화의 역치를 가지고 있는지를 살피기 위해 이 천성적인 경향을 이용했다. 그는 우리가 성인의 의식적 시각을 연구했을 때 사용한 마스킹 수법을 생후 5개월의 유아에게 적용시켰다.[16] 마스크 역할을 하는 보기 흉한 사진 바로 뒤에 지속적으로 짤막하게 다양한 매력적인 얼굴을 내비쳤다. 문제는 유아가 그 얼굴을 봤을까, 그리고 그들이 그것을 의식했을까 하는 것이었다.

제1장에서 살펴본 것처럼 성인은 마스킹 동안 대상이 되는 그림이 약 20분의 1초 이상 지속되지 않으면 아무것도 보지 못했다고 보고하는 것을 기억할지 모른다. 말을 하지 못하는 유아가 자신이 보는 것을 보고할 수는 없지만, 록트인 환자의 경우처럼 그들의 눈이 그 보고를 대신한다. 쿠이더는 얼굴이 최소한의 지속시간 이하로 비쳐졌을 때 유아가 그 얼굴을 응시하지 않는 것을 발견했다. 그것은 그 얼굴을 보지 못했음을 나타내는 것이었다. 하지만 그 얼굴이 역치에 해당하는 시간 동안 비쳐지면 유아의 시선이 그쪽을 향한다. 성인과 마찬가지로 유아도 마

스킹에 방해를 받으며, '역치 이상supraliminal'으로 얼굴이 보일 때만 그것을 인식한다. 중요한 것은 지속시간의 역치는 유아의 경우 성인보다 2~3배 길다는 것이다. 5개월 된 유아는 100밀리초 이상 비쳤을 때 비로소 얼굴을 감지하는 데 반해, 성인의 경우 보통 마스킹 역치가 40~50밀리초 사이에 지나지 않는다. 흥미롭게도 그 역치는 유아가 생후 10~12개월이 되면 성인의 수치까지 떨어진다. 바로 그때가 전전두엽에 따른 행동이 출현하기 시작할 무렵이다.[17]

시드 쿠이더, 기슬렌 데하네람베르츠와 나는 유아의 의식화에 역치가 존재하는 것을 밝힌 뒤 얼굴을 번쩍이는 데 대한 유아의 뇌 반응을 계속 기록했다. 우리는 성인에게서 발견했던 것과 아주 똑같은 일련의 처리 단계가 피질에서 이루어지고 있는 것을 확인했다. 즉 역치 이하에서 일어나는 선형 처리에 이어 갑작스러운 비선형 점화가 일어난 것이다(〈그림 35〉 참조). 제1기에는 얼굴이 계속 보이는 동안, 그 이미지가 역치 이하든 이상이든, 뇌 뒷부분의 활동이 꾸준히 증가한다. 유아의 뇌는 비쳐지는 얼굴에 관해 이용 가능한 증거를 집적하는 것이 분명하다. 제2기에는 역치 이상의 얼굴만이 느린 음성 뇌파를 전전두엽에 일으킨다. 기능적으로나 형상적으로 이처럼 느린 활성화는 성인의 P3파와 많이 비슷하다. 만약 충분한 감각정보를 얻을 수 있다면 유아의 뇌도 비록 훨씬 느릴망정 그것을 전전두엽까지 전할 수 있는 것이 분명하다. 이 2단계 구조는 자신이 보고 있는

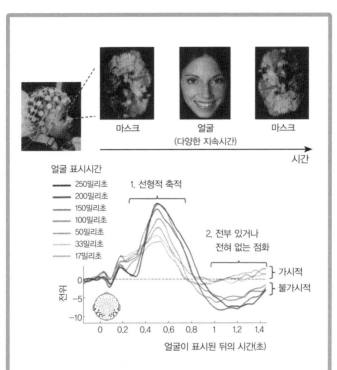

마스크   얼굴   마스크

(다양한 지속시간)

시간

얼굴 표시시간

— 250밀리초
— 200밀리초
— 150밀리초
— 100밀리초
— 50밀리초
— 33밀리초
— 17밀리초

1. 선형적 축적

2. 전부 있거나
전혀 없는 점화

} 가시적
} 불가시적

전위

0
−5
−10

0   0.2   0.4   0.6   0.8   1   1.2   1.4

얼굴이 표시된 뒤의 시간(초)

그림 35.
유아도 성인과 똑같은 의식적 지각의 기호를 나타내지만, 훨씬 느린 속도로 정보를 처리한다. 이 실험에서는 12~15개월 된 유아들에게 볼 수 있거나 볼 수 없게 마스킹된 매력적인 얼굴을 비쳐 보여줬다. 유아의 뇌는 2단계 처리를 나타낸다. 첫 단계는 감각정보의 선형적인 집적이고, 그 다음은 비선형적인 점화다. 늦어진 점화는 의식적인 인식을 반영하는 것인지도 모른다. 바로 유아가 응시하는 데 걸리는 시간인 100밀리초 이상 동안 얼굴이 제시되었을 때 그것이 일어나기 때문이다. 의식의 점화가 얼굴이 나타나고 1초 뒤 시작된다는 것에 주목하자. 그 시간은 성인의 경우보다 약 3배 오래 걸리는 것이다.

것을 그대로 보고할 수 있는, 의식을 지닌 성인의 경우와 본질적으로 똑같기 때문에 우리는 유아도 비록 크게 보고하지는 못하더라도 벌써부터 시각을 의식한다고 가정할 수 있다.

사실 뇌 앞쪽의 매우 느린 음성전위는 청각이든 시각이든 신기한 자극을 향해 주의를 돌리는 것에 관해 유아를 대상으로 이루어지는 모든 실험에서 나타난다.[18] 다른 연구자들은 그것이 성인의 P3파와 유사하다는 것을 알아차렸다.[19] P3파는 감각의 종류와 무관하게 의식화가 일어날 때는 항상 나타난다. 예컨대 뇌 앞쪽의 음성전위는 유아가 일탈음에 주의를 기울일 때 일어나지만,[20] 깨어나있을 때만 일어날 뿐 잠들어있을 때는 일어나지 않는다.[21] 거듭된 실험에서 뇌 앞쪽의 느린 반응은 의식적인 처리에 대한 표지로 작용한다.

이제 우리는 "유아의 경우 성인과 마찬가지로 의식화가 존재하지만, 아마도 4배 가까운 매우 느린 형태"라고 결론을 내릴 수 있다. 왜 이처럼 느릴까? 무엇보다 유아의 뇌가 미숙하다는 사실을 기억해두자. 성인의 광역 작업 공간을 형성하는 주된 장거리 신경섬유가 출생 때 이미 갖추어져있지만,[22] 거기에 전기적인 절연은 이루어져있지 않다. 축삭을 둘러싸고 있는 지방질 막인 수초는 소년기, 심지어 사춘기까지 계속 자라난다. 그들의 주된 역할은 전기적 절연을 마련하고, 그 결과 신경세포의 방전이 원격 부위에까지 퍼지는 속도와 충실도를 증대시키는 것이다. 유아의 브레인 웹은 배선이 되어있지만 아직 절연이 되어있지 않아 정보 통합이 훨씬 느리게 이루어진다. 유아의 느린 속도는 어쩌면 환자가 혼수상태에서 정상으로 돌아오는 것과 비교될 수 있을지 모른다. 두 경우 모두에서 적응 반응이 일어날 수 있지만, 미소를 짓거나 얼굴을 찌푸리거나 말을 더듬거리며 하기 전까지 1~2초가 걸린다. 그것은 애매모호하고 완만하지만 틀림없는 의식이라 생각된다.

가장 어린 피험자의 나이가 2개월밖에 되지 않았기 때문에 우리는 아직도 의식이 출현하는 정확한 순간을 알지 못한다. 신생아에게 이미 의식이 있을까? 아니면 그들의 피질 구조가 제대로 기능을 시작하기 전까지 몇 주가 걸리는 것일까? 모든 증거가 갖춰지기 전까지는 단언하지 못하지만, 의식이 출생 때 존재한다는 것이 밝혀지더라도 나는 놀라지 않을 것이다. 신생아의 뇌에는 해부학적으로 장거리 연결이 이미 갖춰져있으므로 그들의 처리능력을 과소평가해서는 안 된다. 출생 후 몇 시간 뒤 유아는 이미 대략적인 수를 바탕으로 일련의 물체를 분간하는 능력 등 고도의 행동을 나타내기 때문이다.[23]

스웨덴의 소아과 의사 후고 라게르크란츠Hugo Lagercrantz와 프랑스의 신경학자 장피에르 샹죄는 최초의 의식화와 출생이 일치할 것이라는 매우 흥미로운 가설을 제기했다.[24] 자궁 속의 태아는 "신경 스테로이드 마취제 프레그나놀론pregnanolone과, 태반에 의해 공급되어 수면을 유도하는 프로스타글란딘prostaglandin D2가 포함된 약물의 흐름 속에 잠긴 채 본질적으로 진정되어있는 상태"라고 그들은 주장한다. 출생은 엄청난 양의 스트레스 호르몬과 카테콜라민catecholamine과 같은 자극적인 신경 전달물질이 분출되는 것과 동시에 일어나며, 몇 시간 뒤 신생아는 깨어나 눈을 뜬 채 활발히 움직인다. 이들의 약리학적 추론이 옳다면, 출산은 생각하는 것보다 훨씬 더 중요한 사건이다. 의식의 탄생이기도 하기 때문이다.

의식이 있는 동물?

개코원숭이를 이해하는 사람은 존 로크보다 더 형이상학에 기여할 것이다.

— 찰스 다윈, 《노트북Notebooks》(1838)

말을 하지는 못하는 우리의 사촌인 동물에 대해서도 유아에 관해 제기하는 것과 똑같은 의문을 제기해보자. 동물은 자신이 의식하고 있는 생각을 묘사하지 못하지만, 그렇다고 해서 그들에게 의식이 없는 것일까? 인내심 있는 포식동물(치타, 독수리, 곰치)에서부터 이동경로를 조심스럽게 계획하는 동물(코끼리, 거위), 장난을 좋아하는 동물(고양이, 수달), 문제를 해결하는 영리한 동물(까치, 문어), 발성의 천재(잉꼬), 사회생활을 하는 동물(박쥐, 이리)에 이르기까지 매우 다양한 동물이 지상에서 진화해왔다. 이들 중 어느 동물도 우리의 의식경험을 일부나마 공유하지 않는다면 놀라지 않을 수 없는 일이다. 내 이론은 의식적 작업 공간의 구조가 뇌 영역 사이에서 정보 교환을 촉진시키는 중요한 역할을 한다는 것이다. 따라서 의식은 진화상 오래전에, 그리고 어쩌면 한 번 이상 출현했을 가능성이 많은 유용한 장치다.

왜 그러한 작업 공간 시스템이 인간에게만 특유하다고 가정해야 할까? 결코 인간에게만 특유한 것이 아니다. 전전두엽과 그 밖의 연관된 피질을 연결하는 장거리 결합의 조밀한 네트워크는 짧은꼬리원숭이에게도 분명히 존재하며, 아마도 이 작업 공간 시스템이 모든 포유류에 존재할 것이다. 심지어 생쥐에게도 1초 동안 마음속에 시각정보를 유지할 때 활성화되는 자그마한 전전두엽과 대상 피질이 있다.[25] 흥미로운 의문점은 일부 조류, 특히 음성에 의한 의사소통과 모방능력이 있는 조류에게도 비슷한 기능을 지니는 유사한 회로가 갖춰져 있느냐 하는 것이다.[26]

동물에게 의식이 있느냐 하는 것은 단지 그들의 해부학적 조건에만 근거해서는 안 된다. 원숭이는 언어가 없더라도 컴퓨터 키보드를 눌러 자신이 본 것을 보고하게끔 훈련시킬 수 있다. 이 방법은 그들도 우리와 아주 비슷하게 주관적인 경험을 하고 있다는 증거를 많이 제공해준다. 예컨대 그들에게 빛을 보면 어느 한 키, 보지 못하면 다른 키를 누르게 할 수 있다. 그러면 이 운동행위는 최소한의 '보고'를 대신하는 데 사용할 수 있다. 그 동물이 "빛을 봤다고 생각한다"거나 "아무것도 보지 못했다"고 하는 말을 몸짓으로 대신하는 것이다. 원숭이에게 또 얼굴을 보면 어느 한 키, 얼굴을 보지 못하면 다른 키를 누르게 함으로써 인식하는 이미지를 분류하게끔 훈련시킬 수도 있다. 일단 훈련이 끝나면 사람의 경우에 의식과 무의식 처리를 탐구할 때 이용했던 것과 똑같은 여러 가지 시각 현상을 사용해 원숭이를 테스트할 수 있다.

이러한 연구결과에 따라 원숭이도 사람과 마찬가지로 착시를 경험하는 것이 입증되고 있다. 만약 그들에게 2가지 서로 다른 이미지를 한 눈에 하나씩 보여주면, 그들도 두 눈 사이의 경생을 보고한다. 수어진 시간에는 두 키를 번갈아 누름으로써 두 이미지 가운데 어느 하나밖에 보지 못함을 나타내는 것이다. 그 이미지들은 사람의 경우와 똑같은 리듬으로 그들의 의식 속에서 끊임없이 나타났다 사라졌다 한다.[27] 마스킹 역시 원숭이에게도 작용한다. 영상을 하나 비춘 뒤 임의의 마스크를 비추면, 짧은꼬리원숭이는 그들의 시각 영역에서는 여전히 짧은 시간의 선택적인 신경세포 방전이 보이는 데도 불구하고 감춰진 영상을 보지 못했다고 보고한다.[28] 따라서 우리와 마찬가지로 그들에게도 이미지가 보이는 역치가 있음은 물론, 어떤 형태로든 식역 이하의 지각이 있는 것이다.

마지막으로 원숭이에게도 1차 시각 영역이 손상되면 일종의 맹시가 나타난다. 그들은 손상에도 불구하고 손상된 시야 속에 있는 광원을 정확하게 가리킬 수 있다. 하지만 빛의 유무를 보고하도록 훈련을 받은 경우 그들은 손상된 시야에 존재하는 자극에 대해 "빛이 보이지 않는다"는 뜻의 키를 사용함으로써, 맹시인 환자와 마찬가지로 그들의 지각적 인식이 사라졌음을 나타낸다.[29]

짧은꼬리원숭이가 초보적인 작업 공간을 사용해 과거에 대해 생각할 수 있음에는 의심의 여지가 없다. 그들은 응답을 미루는 과제를 쉽게 처리한다. 그렇게 하려면 자극이 사라진 뒤까지 오랫동안 정보를 유지하는 능력이 필요하다. 그들도 우리와 마찬가지로 전전두엽과 두정엽 신경세포의 방전을 유지함으로써 정보를 유지한다.[30] 오히려 수동적으로 영화를 보고 있을 때는 인간들보다 더 많이 전전두엽을 활성화시키는 경향이 있다.[31] 우리는 주의가 산만해지는 것을 억제하는 능력이 원숭이보다 뛰어나고, 그래서 영화를 보고 있을 때는 전전두엽이 외부에서 들어오는 정보의 흐름을 끊음으로써 우리의 마음을 자유롭게 할 수 있다.[32] 그러나 짧은꼬리원숭이도 역시 안정 때 활성화되는 부위[33]로 이루어지는 자발적인 '디폴트모드default mode' 네트워크를 가지고 있다. 이러한 부위는 우리가 자기관찰을 하거나 무엇인가를 떠올리거나 마음이 방황할 때 활성화되는 부위[34]와 비슷하다.

의식적인 청각의 리트머스 테스트, 즉 혼수상태로부터 회복하는 환자들에게 의식이 남아있는지를 알아내는 데 사용되는 국소적·광역적 테스트에 대해서는 어떨까? 내 동료인 베키르 자라야Bechir Jarraya와 린 유리그Lynn Uhrig는 원숭이들이 '삐삐삐붕' 하는 소리가 빈번하게 반복되는 가운데 '삐삐삐삐' 소리가 날 때 그것이 예외적인 것임을 알아차리는지를 테스트했다. 원숭이들은 분명히 알아차린다. fMRI에서는 원숭이의 전전두엽이 광역적 일탈음에만 반응해 활성화하는 것을 확인할 수 있다.[35] 이 전전두엽의 반응은 사람의 경우와 마찬가지로 원숭이가 마취될 때는 사라진다. 따라서 의식의 기호가 원숭이에게도 존재하는 것 같다.

카림 방슈난Karim Benchenane에 의해 이루어진 선행연구에서는 심지어 생쥐조차 이 기본적인 테스트를 통과하는 것으로 밝혀졌다. 앞으로 여러 해에 걸쳐 여러 가지 종을 대상으로 테스트함으로써 모든 포유류, 그리고 아마도 많은 종의 조류와 어류에서까지도 똑같은 종류의 의식 작업 공간으로 수렴진화한 증거가 발견되더라도 나는 결코 놀라지 않을 것이다.

자의식하는 원숭이?

짧은꼬리원숭이가 우리와 대체로 비슷한 광역 작업 공간을 가지고 있음에는 의심의 여지가 없다. 그러나 그것이 똑같은 것일까? 나는 이 책에서 의식의 가장 기본적인 측면, 즉 의식화나 선택적인 감각자극을 알아차리는 능력에 대해 초점을 맞춰왔다. 이 능력은 아주 기본적이기 때문에 원숭이는 물론 다른 많은 동물종과도 그것을 공유할 것이다. 그러나 고차적인 인지기능에 이르면 인간은 분명히 매우 다르다. 우리는 인간을 다른 동물과 완전히 구분하는 부가적인 특징이 인간의 의식적인 작업 공간에 있는지 의문을 가지지 않을 수 없다.

자의식은 인간 특유성의 첫 번째 후보라고 볼 수 있다. 우리 호모 사피엔스는 자신이 알고 있다는 것을 알고 있는 유일한 종이 아닐까? 우리 자신의 존재에 대해 반성하는 능력은 인간에게만 갖춰져있는 것이 아닐까? 뛰어난 소설가이자 정열적인 곤충학자이기도 했던 블라디미르 나보코프는 《강한 의견Strong Opinions》(1973)에서 바로 그 점을 지적했다.

존재를 알아차리는 것을 알아차린다 …… 만약 내가 존재하고 있음을 알 뿐 아니라 그것을 알고 있다는 것까지 알고 있다면 그럼 나는 인류에 속한다. 그리고 나머지 모두, 즉 사고의 영광, 시, 우주관 등이 뒤따른다. 이 점에서 원숭이와 인류의 차이는 아메바와 원숭이의 차이보다 엄청 크다.

하지만 나보코프가 틀렸다. 그리스 델포이의 아폴론 신전의 프로나오스pronaos(현관)에 새겨진 "너 자신을 알라"는 문구는 인류의 특권이 아니다. 최근 들어 연구를 통해 동물들이 놀라울 정도로 고도의 자기성찰을 한다는 것이 밝혀지고 있다. 우리가 자신의 오류를 감지하거나 자신의 성공 또는 실패에 대해 생각할 때처럼 동물들은 2차적인 판단이 요구되는 과제에서조차 우리가 생각하는 것만큼 무능하지는 않다.

자신의 사고에 대해 사고하는 이 능력을 '메타인지metacognition'라 한다. 조지 W. 부시 행정부의 국방부 장관이었던 도널드 럼즈펠드Donald Rumsfeld는 국방부 청사의 브리핑에서 "알고 있는 것으로 알려진 것the known knowns(우리가 알고 있다는 것을 알고 있는 것)"과, "모르는 것으로 알려진 것the known unknowns(우리가 모르는 것이 있다는 것을 알고 있는 것)"을 구분해 회자되기도 했다. 메타인지는 우리 자신의 지식에 대한 한계를 아는 것, 즉 우리 자신의 사고에 대한 믿음이나 신뢰에 점수를 매기는 것이다. 그리고 원숭이, 돌고래, 심지어 쥐나 비둘기 등도 그것의 초보적인 형태를 지니는 듯한 증거가 있다.

동물들이 자신이 알고 있는 것을 알고 있음을 우리는 어떻게 알 수 있을까? 미국 플로리다 주의 매러슨 소재 돌고래연구소의 수조에서 산호초 사이를 마음껏 헤엄치고 있는 나투아Natua라는 이름의 돌고래를 생각해보자.[36] 나투아는 수중의 음향을 음정에 따라 구분하는 훈련을 받고 있다. 이 수컷 돌고래는 낮은 음정에 대해서는 왼쪽 벽에 있는 주걱을 누르고, 높은 음정에 대해서는 오른쪽 벽에 있는 주걱을 누르면서 훈련을 훌륭히 수행한다.

실험자는 높은 음정과 낮은 음정 사이의 경계를 주파수 2,100헤르츠로 설정했다. 이 주파수에서 멀리 떨어져있는 음향일 경우 나투아는 재빨리 오른쪽이나 왼쪽을 골라 헤엄친다. 그러나 음향이 2,100헤르츠에 아주 가까운 경우 나투아의 반응은 매우 느려진다. 나투아는 고개를 젓고 멈칫거리다가 어느 한쪽으로 헤엄치는데 가끔 틀리기도 한다.

머뭇거리는 이 행동이 나투아가 판단하기 어렵다는 것을 "알고 있음"을 나타내기에 충분한 것일까? 그렇지 않다. "경계에 가까울수록 어려움이 증가한다"는 주장은 진부한 편에 속한다. 다른 많은 동물들과 마찬가지로 사람의 경우에도 구분되어야 할 차이가 줄어들 때는 항상 판단시간과 오류의 확률이 증가하게 마련이다. 그러나 사람의 경우 지각해야 할 대상의 차이가 줄어들면 자신감 결여라는 2차적인 감각도 역시 일어난다. 음향이 경계에 너무 가까워지면 우리는 자신이 어려움에 봉착해있음을 알아차린다. 불확실하다고 느끼면서 자신의 판단이 틀릴지도 모른다는 것을 아는 것이다. 가능하다면 포기하고서 "올바른 답을 모르겠다"고 밝혀버린다. 이것은 전형적인 메타인지, 즉 "나는 내가 모르는 것을 알고 있다"는 것이다.

나투아에게 자신의 불확실에 대한 지식이 있을까? 자신이 올바른 답을 알고 있는지, 또는 자신의 판단이 불확실한지를 분간할 수 있을까? 그리고 자신의 판단에 자신감을 가지고 있을까? 이러한 의문에 답하기 위해 뉴욕 주립대학교의 J. 데이비드 스미

스Davidは Smith는 '탈출escape' 대답이라는 교묘한 방법을 생각해 냈다. 그는 최초의 지각 훈련을 한 뒤 나투아에게 세 번째 대답을 할 수 있는 주걱을 소개했다. 나투아는 여러 차례의 시행착오를 거치면서 "그 주걱을 누르면 항상 식별하기 애매한 음향이 식별하기 쉬운 낮은 음정(1,200헤르츠)으로 바뀌는 것을" 배우면서 약간의 보상을 받았다. 나투아에게는 세 번째 주걱을 누름으로써 항상 주된 과제로부터 벗어날 선택권이 있다. 하지만 나투아에게는 모든 시도마다 포기하는 것이 허용되지 않는다. 따라서 탈출 주걱을 신중하게 사용하지 않으면 보상이 오랫동안 미루어진다.

이 실험을 통해 멋진 결과가 나왔다. 음정을 판단하는 과제 동안 나투아는 어려운 시도에만 포기하는 반응을 자발적으로 사용하기로 결정한 것이다. 나투아는 자극적인 음정을 가하는 주파수가 2,100헤르츠에 가까울 때, 다시 말해 자신이 실수를 저지를 가능성이 정확하게 높은 시도에서만 세 번째 주걱을 누른다. 마치 자신의 1차적인 행동에 대한 2차적인 '논평'처럼 세 번째 주걱을 누르는 것이다. 나투아는 그 주걱을 누름으로써 1차적인 과제에 반응하기가 너무 어렵다는 것을 알았으며 더 쉬운 시도를 원한다는 것을 '보고'하는 것이다. 이처럼 돌고래는 똑똑하기 때문에 자신의 자신감 결여를 분간할 수 있다. 럼스펠드와 마찬가지로 나투아도 자신이 모르는 것을 알고 있는 것이다.

일부 연구자는 이 같은 심리주의적 해석을 반박하기도 한다.

그들은 그 과제를 훨씬 단순한 행동주의적 표현으로 기술할 수 있다고 지적한다. 즉, 나투아가 단지 보상을 최대화하는 훈련된 운동행동을 나타낼 뿐이라는 것이다. 그리고 그 과제에서 유일하게 특이한 것은 2가지 반응 대신 3가지 반응을 허용하는 것뿐이라고 주장한다. 강화학습과제reinforcement learning task에서 흔히 그런 것처럼 나투아는 "어떤 자극이 세 번째 주걱을 누르는 것을 유리하게 하는가"를 발견한 것이며, 이것은 기계적인 행동에 지나지 않는다는 것이다.

과거의 여러 실험이 이 같은 해석에서 제대로 벗어나지 못하지만, 원숭이, 쥐, 비둘기 등에 대한 새로운 연구는 이 비판을 처리하면서 순수한 메타인지능력을 강력하게 시사해준다. 이따금 동물들은 보상을 받을 것이라 예측하는 것보다 훨씬 지적으로 포기 반응을 구사한다.[37] 예컨대 어떤 선택을 하고서 그것이 옳은지 아닌지에 대한 말을 듣기 전에 포기를 선택할 수 있다면, 동물들은 어떤 시도가 자신에게 주관적으로 어려운지를 자세하게 모니터한다. 이것은 동물들이 최초의 반응을 유지하는 시도들보다 포기하는 시도들에서 더 나쁜 결과를 나타내는 것으로 알 수 있다. 심지어 두 경우 모두에 똑같은 자극이 가해질 때조차도 더 나쁜 결과를 나타낸다. 그들은 내부적으로 자신의 정신상태를 모니터해 어떤 이유에서든 자신의 마음이 산란해져서 보통 때와 달리 명확하게 처리하지 못했던 판단을 정확하게 걸러내는 것 같다. 마치 그들이 모든 판단에서 정말로 자신의 자

신감을 평가하고, 자신감이 없을 때만 포기하는 것 같다.[38]

동물이 가지고 있는 자신에 대한 지식은 얼마나 추상적일까? 최근의 어느 실험에 의하면 적어도 원숭이의 경우 그것이 과도한 훈련이 이루어진 1가지 맥락에만 국한되지 않는다. 짧은꼬리원숭이는 일반적으로 처음 훈련받은 것의 제한을 무시하고 포기해버리는 선택을 한다. 그들은 감각적인 과제와 당면해 일단 그 같은 선택이 무엇을 의미하는지 파악하면 즉각적으로 기억 과제의 새로운 맥락에서 그것을 적절하게 사용해버린다. "나는 그것을 제대로 지각하지 못했"고 보고하는 것을 배우면, "나는 그것을 제대로 기억하지 못한다"는 것으로 일반화해버리는 것이다.[39]

동물들은 분명히 자신에 대한 지식을 어느 정도 가지고 있지만, 그것이 모두 무의식적인 것은 아닐까? 여기서 주의할 필요가 있다. 제2장에서 살펴본 것처럼 우리 행동의 많은 부분이 무의식적 메커니즘에서 유래하기 때문이다. 심지어 자신을 모니터하는 메커니즘조차 무의식적으로 이루어지는지도 모른다. 내가 키보드에서 글자를 잘못 입력할 때나 내 눈이 엉뚱한 대상에 끌릴 때 뇌에서는 자동적으로 오류를 검지하고 그들을 수정하는데, 우리는 이들에 대해 전혀 알아차리지 못할 수도 있다.[40] 하지만 몇몇 주장에 의하면 원숭이 자신에 대한 지식은 그 같은 식역 이하의 자동적인 메커니즘에만 근거하고 있는 것이 아니라고 한다. 그들의 포기하려는 판단은 유연하기 때문에 훈련되지 않은 과제에까지 일반화되는 것이다. 그들은 몇 초 동안 과거의 결정에 대해 생각하는데, 이것은 무의식적 처리의 범위에 머물기 어려운 장기적인 반성행위다. 거기에는 포기하겠다는 뜻을 전하는 주걱 같은 임의적인 반응신호의 사용이 필요하다. 신경생리학적 수준에서 증거의 완만한 축적과, 두정엽과 전전두엽 같은 고차 영역의 기능이 개재되는 것이다.[41] 인간의 뇌에 대해 우리가 알고 있는 것으로부터 유추하면 그처럼 완만하고 복잡한 2차적 판단이 의식 없이 이루어질 수는 없을 것 같다.

이 추론이 옳다면(물론 더 많은 연구에 의해 검증될 필요가 있다), 동물의 행동에는 의식과 반성을 하는 마음의 징후가 있다. 어쩌면 자신이 알고 있다는 것을 아는 동물이 우리 인간만이 아닐지도 모르며, 사피엔스 사피엔스sapiens sapiens라는 형용사를 더 이상 호모속에만 붙여서는 안 될 것이다. 몇몇 동물종도 자신의 마음상태를 돌이켜볼 수 있기 때문이다.

인간 특유의 의식?

비록 원숭이가 분명히 의식 있는 신경세포 작업 공간을 가지고 있고, 그것을 사용해 자신과 외계에 대해 생각할지 모른다고 할지라도, 인간이 뛰어난 내성능력을 나타내고 있음에는 의심의 여지가 없다. 그러나 인간의 뇌는 정확히 무엇이 다를까? 뇌의 크기? 언어능력? 사회적 협력? 오래 지속되는 가소성? 교육?

이러한 의문에 대답하는 것이 인지신경과학의 미래에 관한 연구에서 가장 흥분되는 과제 가운데 하나다. 여기서는 단지 잠정적인 답 하나만 제시하려고 한다. 즉, 비록 우리가 다른 동물 종과 핵심적인 뇌 시스템의 대부분을 공유할지라도, 인간의 뇌는 고도의 '사고 언어language of thought'를 사용해 그러한 시스템을 결합시키는 능력이 독특할지도 모른다는 것이다. 르네 데카르트는 1가지 사실에 대해서는 분명히 옳았다. "오직 호모 사피엔스만이 다른 사람들에게 자신의 생각을 전할 때 말이나 그 밖의 기호를 조합해 사용한다"는 것이다. 생각을 만들어내는 이 능력이야말로 내적 성찰을 증대시키는 중요한 요인일지도 모른다. 인간의 독자성은 상징의 중첩되고 재귀적인 구조를 사용해 우리의 생각을 명시적으로 형성하는 특유한 방식에 있는 것이다.

이 주장에 의하면, 그리고 노암 촘스키의 의견에 동의하면, 언어는 의사소통 시스템이라기보다 오히려 표현장치로 진화해 왔다고 볼 수 있다. 그 중요한 이점은 "새로운 아이디어를 다른 사람과 공유하는 능력"에 덧붙여 "새로운 아이디어를 생각해내는 능력"을 부여해주는 것이다. 우리 뇌는 어떤 정신적 표상에 대해 기호를 부여하고 이러한 기호를 전혀 새로운 조합으로 연결시키는 데 특별한 재주가 있는 것 같다. 인간의 광역 신경세포 작업 공간은 "톰보다 키가 크다"거나 "붉은색 문의 왼쪽"이나 "존에게 주지 않는다"는 등 의식적인 사고를 형성하는 능력이 특출할지 모른다. 이러한 각각의 예는 전혀 다른 능력에 속하는 몇 가지 기본적인 개념, 즉 크기(키가 크다), 사람(톰, 존), 공간(왼쪽), 색깔(붉은색), 물체(문), 논리(않는다), 행동(주다) 등을 결합한다. 비록 이들 각각이 처음에는 서로 다른 뇌 신경회로에 의해 부호화되더라도 인간의 정신은 그들을 임의대로 조립한다. 의심의 여지없이 동물들도 하는 것처럼 그들을 결부시킬 뿐아니라, 예컨대 "아내의 오빠"와 "내 동생의 아내"를 구분하거나 "개가 사람을 문다"와 "사람이 개를 문다"를 구분하는 등 고도의 구문을 사용함으로써 그렇게 하는 것이다.

이 같은 사고를 구성하는 언어는 복잡한 도구를 제작하는 것에서부터 고등수학을 발명하기까지 인간 특유의 여러 가지 능력에서 그 근간을 이루고 있다고 생각된다. 그리고 의식의 경우이 능력이 자의식을 위해 우리가 가지고 있는 고도의 능력의 기원을 설명해줄지도 모른다. 인간은 마음에 대해 믿을 수 없을 정도로 세련된 감각을 지니고 있다. 이는 심리학자들이 '마음이론theory of mind'이라 부르는 것으로서 다른 사람들의 사고를 재현해 추론할 수 있게 해주는 광범위한 일련의 직관적인 규칙들이다. 정말로 모든 인간의 언어에는 정신상태에 대한 정교한 어휘가 있다. 영어에서 가장 빈번하게 사용되는 동사 10개 가운데 6개는 지식, 감각, 목표에 관한 것이다(find[발견하다], tell[말하다], ask[묻다], seem[보이다], feel[느끼다], try[시도하다]). 우리는 대명사를 가지고 똑같은 구문을 사용해 다른 사람들에게뿐 아니라 자신에게도 적용한다(영어에서 I[나]는 가장 빈번하게 사용되는 어휘 가운데 10위, you[너]는 18위다). 따라서 우리는 다른 사람들이 알고 있는 것과 똑같은 형식으로 우리가 알고 있는 것을 나타낼 수 있다("나는 X라고 믿지만, 너는 Y라고 믿는다"). 이 심리주의적 관점은 출생 때부터 갖춰져있다. 심지어 태어난 지 7개월 된 유아도 이미 자신이 알고 있는 것으로 다른 사람이 알고 있는 것을 일반화한다.[42] 그리고 그것은 인간 특유의 것이리라 짐작된다. 2년 반 된 어린이는 사회적인 일을 이해하는 데 있어 침팬지나 그 밖의 영장류의 성체를 능가한다.[43]

인간 언어의 재귀적인 기능은 다른 종에게는 불가능한 복잡하고 중첩된 사고를 하는 수단이 된다. 언어의 구문이 없으면 "그는 자신이 거짓말하는 것을 내가 알지 못하리라 생각한다"와 같은 중첩된 사고를 할 수 없을 것이다. 그 같은 사고는 다른 영장류의 능력을 훨씬 넘어서는 것 같다.[44] 그들의 메타인지는 재귀적인 언어에 의해 이루어지는 개념의 무한한 가능성이 아니라 단지 두 단계(사고와 그에 대한 어느 정도의 믿음)에 그치는 것 같다.

영장류계통에서 유일하게 인간의 신경세포 작업 공간 시스템만이 사고와 신념의 내부 조작에 대한 독특한 적응력을 가지고 있을지도 모른다. 희박하기는 하지만 신경생물학적 증거도 이 가정과 들어맞는다. 제5장에서 논의된 것처럼 의식적 작업 공간의 중추가 되는 전전두엽은 영장류의 뇌에서 상당한 부분을 차지한다. 하지만 인류의 경우에는 그것이 대폭 확대되어있다.[45] 그리고 모든 영장류 가운데 인간의 전전두엽 신경세포는 가장 큰 가지돌기를 가지고 있다.[46] 그래서 아마 우리 전두엽은 뇌의 다른 곳에 있는 처리장치들로부터 오는 정보를 수집·통합하는 일을 빠르게 하는 것이리라. 바로 이것이 우리가 외부와 별개인 내성이나 자신에 대한 사고를 할 수 있는 놀라운 능력에 대해 설명해주는지도 모른다.

뇌의 중앙선 부위나 앞쪽 전두엽은 우리가 사회나 자신에 대해 사고할 때 항상 활성화된다.[47] 전두엽전두극 피질frontopolar cortex 또는 브로드만 제10 영역Brodmann's area 10이라는 이러한 부위 가운데 하나는 어느 유인원보다 호모 사피엔스에게서 더 크게 나타난다(전문가들은 짧은꼬리원숭이에게도 그것이 존재하는지 아닌지 논의하고 있다). 그리고 뇌에서 이루어지는 장거리 연결의 기반이 되는 백질도, 뇌의 전체 크기에 나타나는 엄청난 차이를 보정하더라도 다른 어느 영장류보다 인간의 것이 훨씬 크다.[48] 이러한 발견은 모두 앞쪽 전전두엽이 인간 특유의 내성 능력이 생기는 장소의 주요 후보임을 나타내고 있다.

또 하나의 중요한 부위는 인간 언어에서 중요한 역할을 하며 전두엽의 왼쪽 아래에 위치하는 브로카 영역이다. 장거리 투사를 내보내는 브로카 영역의 제3층 신경세포는 유인원에 비해 인간의 경우 훨씬 광범위하게 배치되어 더욱 강한 상호연결을 가능케 해준다.[49] 콘스탄틴 폰 에코노모Constantin von Economo는 이 영역과 더불어 자기제어에 중요한 또 하나의 부위인 중앙선을 따라 자리 잡은 전방 대상회에서 인간과 침팬지·보노보 등 대형 유인원의 뇌에만 있으리라 여겨지는 거대한 신경세포를 발견했다.[50] 거대한 세포체와 기다란 축삭으로 이루어진 이 세포들은 짧은꼬리원숭이 등과 같은 다른 영장류에는 없는 것처럼 보이며, 아마도 인간 뇌에서 의식적인 메시지를 전파시키는 데 매우 중요한 기여를 할 것이다.

이러한 적응은 모두 똑같은 진화 경향을 가리킨다. 인간의 전전두엽 네트워크는 인간화가 진행되는 동안 뇌의 크기만으로는 예측되지 않을 정도로 점점 더 조밀해졌다. 우리가 가지고 있는 작업 공간 신경회로는 불균형해질 정도로 확대됐지만, 이러한 증대는 아마 빙산의 일각에 지나지 않을 것이다. 우리는 더 큰 뇌를 가진 영장류 이상의 존재다. 앞으로 수년 이내에 인지신경학자들이 인간 뇌에서 언어 같은 새로운 수준의 재귀적 작용에 다가가게 해주는 독특한 미세 신경회로를 발견할지도 모른다. 다른 영장류에게도 물론 내적 정신생활과 의식적으로 자신의 주위 환경을 이해하는 능력이 있지만, 우리 내부 세계는 엄청 더 풍요롭다. 아마도 그것은 중첩적인 사고를 할 수 있는 특유의 능력 때문일 것이다.

요컨대 인간의 의식은 2가지 중첩된 진화에 의한 독특한 결과다. 모든 영장류에서 의식은 맨 처음 의사소통장치로 진화됐으며, 전전두엽 및 그와 관련된 장거리 신경회로가 국소적인 신경세포회로의 모듈성을 깨뜨리고 뇌 전체에 걸쳐 정보를 전파한다. 인간의 경우에만 이 의사소통장치의 능력이 두 번째 진화에 의해 더욱 높아졌다. 즉, 고도의 신념을 형성해 다른 사람들과 공유할 수 있는 '사고 언어language of thought'가 출현한 것이다.

의식의 병?

인류의 작업 공간에서 이루어지는 연속적인 두 진화는 특정한 유전자를 기반으로 하는 생물학적 메커니즘에 의존하지 않으면 안 된다. 따라서 다음과 같은 의문이 자연스럽게 생긴다. 인간의 의식 메커니즘도 병이 날 것인가? 유전적 변이나 뇌장애가 진화 방향을 역전시키고 광역 신경세포 작업 공간의 기능 부전을 일으킬 수 있을까?

의식을 지탱해주는 피질의 장거리 연결은 연약하다. 몸속에 있는 다른 세포들에 비해 괴물처럼 큰 세포인 그들의 축삭은 수십 센티미터까지 뻗을 수 있다. 세포의 본체보다 1,000배 이상 크고 기다란 부속물을 지탱하는 데 있어서 유전자 발현과 분자 운반 등의 특별한 문제가 제기된다. DNA 전사는 항상 세포핵 안에서 이루어지지만, 그 최종 생산품은 몇 센티미터 떨어진 장소에 있는 시냅스까지 보내지 않으면 안 된다. 이 수송 문제를 해결하려면 복잡한 생물학적 메커니즘이 필요하다. 따라서 장거리 작업 공간의 연결이라는 진화된 시스템에 특정한 장애가 일어날 것이라 예상할 수 있다.

장피에르 샹죄와 나는 수수께끼로 가득 찬 조현병이라는 일련의 정신병 증상이 이 수준에서 설명될 수 있을지 모른다고 생각한다.[51] 조현병은 성인의 0.7%가 걸리는 흔한 질병이다. 사춘기 청소년이나 젊은 청년이 현실감을 잃고 망상이나 환각(소위 '양성 증상')을 발달시키며 그와 동시에 발화의 난조와 반복행동(음성 증상) 등 지적·정서적 능력의 종합적인 저하를 경험하는 파괴적인 마음의 병이다.

지금까지 이 다양한 증상의 기반이 되는 단일한 요인을 특정하기가 어렵다는 것이 입증됐다. 하지만 놀랍게도 이러한 결함들은 항상 인간이 지니는 의식의 광역 작업 공간과 관련되어있으리라 생각되는 기능, 즉 사회적 신념, 자기관찰, 메타인지적 판단, 심지어 지각정보에 대한 기본적인 접근에 영향을 미치는 것 같다.[52]

임상적으로 조현병 환자들은 자신의 기묘한 신념에 대해 엄청나게 과신한다. 그들은 메타인지와 마음의 이론이 손상되어 자신의 사고, 지식, 행위, 기억을 다른 사람들의 그것과 구분하지 못할 정도다. 조현병에서는 의식에 의한 지식의 통합이 일관된 신념 네트워크로 바뀜으로써 망상과 혼란에 이른다. 예컨대 환자가 의식하는 기억은 엄청나게 틀릴 수 있다. 일련의 사진이나 글자를 보고 몇 분 지나지 않았는데도 그들이 본 것 가운데 일부를 기억하지 못하기도 하며, 무엇인가를 언제 어디서 보거나 배웠는지에 대한 그들의 메타인지 역시 엉망인 경우가 적지 않다. 하지만 놀랍게도 그들의 무의식적 기억은 암묵적으로 그대로 남아있을지도 모른다.[53]

나는 동료들과 함께 이 같은 배경을 감안하면서 "조현병의 경우 의식적 지각에 근본적인 결함이 있을지도 모른다"고 생각했다. 그래서 조현병 환자들의 마스킹경험을 조사했다. 우리가 알아낸 결과는 명확했다. 마스킹된 글자를 보도록 제시되는 최소한의 지속시간이 조현병 환자의 것은 정상적인 사람의 것과 크게 달랐던 것이다.[54] 의식화를 위한 역치는 높아졌다. 그래서 조현병 환자들은 식역 이하의 범위에 훨씬 더 오래 머물렀으며, 봤다는 경험을 보고하기 전에 훨씬 더 많은 감각정보가 필요했다. 주목할 만한 것은 그들의 무의식적 처리가 그대로 유지된다는 사실이었다. 29밀리초밖에 비치지 않은 식역 이하의 숫자도 정상적인 피험자의 경우에서처럼 무의식적인 프라임효과가 검출됐다. 그런 미묘한 수단이 유지되는 것은 시각적 인식에서부터 의미부여에 이르는 일련의 무의식적인 피드포워드 처리가 그 병에 의한 영향을 별로 받지 않음을 가리킨다. 조현병 환자의 주된 문제는 입력정보를 일관된 전체로 통합하는 과정에 있는 것 같다.

동료들과 나는 뇌의 백질 연결에 영향을 미치는 병인 다발성경화증 환자들에게서, 아무런 손상이 없는 식역 이하의 처리와 손상된 의식화 사이의 그와 비슷한 분리를 찾아냈다.[55] 환자는 처음 발병할 때 다른 주된 증상이 나타나기 전에 먼저 비쳐지는 글자나 숫자를 보는 것을 의식하지 못하지만, 그래도 그것을 여전히 무의식적으로 처리한다. 의식적 지각의 결함이 얼마나 심한지는 전전두엽과 시각 영역의 뒤쪽 부위를 연결하는 장거리 신경섬유가 얼마나 손상됐는지로부터 예측할 수 있다.[56] 이러한 발견이 중요한 이유는, 첫 번째 백질 손상이 선택적으로 의식화에 영향을 미친다는 것을 확인해주기 때문이며, 두 번째로 다발성 경화증 환자 가운데 극소수가 조현병과 유사한 정신장애를 일으키기 때문이다. 그리고 이것은 다시 한 번 뇌에서의 장거리 연결이 정신병의 발병에 중요한 역할을 할지도 모른다는 것을 시사해준다.

조현병 환자들의 뇌영상을 통해 그들의 의식 점화능력이 매우 저하되어있음이 입증되고 있다. 시각과 주의에 관한 그들의 조기 처리는 대체로 유지되고 있지만, 두부 표층에서 P3파를 생성해 의식적 지각에 대한 신호를 내는 동기화된 대규모 활동은 결여되어있다.[57] 또 하나의 의식화 기호, 즉 베타 주파수 대역(13~30헤르츠)에서 원격의 피질 사이의 대규모 상호작용을 수반하는 일관된 브레인 웹의 갑작스러운 출현도 결여되어있다.[58]

광역 작업 공간 네트워크의 해부학적 변화에 대한 더욱 직접적인 증거가 조현병에 있을까? 그렇다. 확산텐서영상에 의하면 피질 부위를 연결하는 장거리 축삭 다발에 대규모 이상이 보인다. 두 대뇌 반구를 연결하는 뇌량이 특히 손상되어있고, 전전두엽과 원격 피질 부위, 해마, 시상 등을 연결하는 신경 연결도 그렇다.[59] 그 결과 안정상태 때의 연결이 심각하게 혼란스러워진다. 가만히 휴식을 취하는 동안 조현병 환자들의 전전두엽은 상호연결 중추로서의 지위를 상실하며, 전체적인 기능으로 통합되는 활동의 정도가 정상적인 제어군보다 훨씬 저하된다.[60]

더욱 미세한 수준에서는 조현병 환자의 경우 수천 개나 되는 시냅스 연결을 받아들일 수 있는 광대한 가지돌기를 가지고 있는 배외측 전전두엽(제2 및 제3층)의 거대한 피라미드 모양 세포가 훨씬 작다. 그리고 밀도가 높은 것이 특징인 흥분성 시냅스의 말단을 이루는 가시돌기의 수도 적다. 이처럼 연결이 없어지는 것이 조현병을 일으키는 데 중요한 역할을 할지도 모른다. 정말로 조현병에서 교란되는 유전자 가운데 다수는 분자로 된 2가지 신경 전달물질 시스템, 즉 전전두엽의 시냅스 전달과 가소성에 중요한 역할을 맡는 도파민 D2와 글루탐산 NMDA 수용체로 이루어진 시스템 가운데 어느 하나 또는 둘 모두에 영향을 미친다.[61]

아마도 가장 흥미로운 것은 정상적인 성인도 펜시클리딘 phencyclidine(PCP나 에인절더스트angel dust로 더 잘 알려져있다)과 케타민ketamine 같은 약물을 복용하면 조현병 같은 정신이상을 일시적으로 경험한다는 점이다. 이러한 약물은 구체적으로 현재 피질의 원격 부위에 걸쳐 하향 메시지를 전달하는 데 필요불가결하다고 알려져있는 NMDA형 흥분성 시냅스에서 신경세포의 전달을 막음으로써 작용한다.[62] 내가 했던 광역 작업 공간 네트워크의 컴퓨터 시뮬레이션에서는 NMDA 시냅스가 의심의 점화에 필요불가결한 것이었다. 그들은 하향식으로 고차 피질 영역들을 활성화했던 저차의 처리장치로 연결하는 장거리 루프를 형성했다. 우리 시뮬레이션에서 NMDA 수용체를 제거하자 광역의 신경 연결이 갑자기 상실되고 점화가 사라졌다.[63] 다른 시뮬레이션에서는 NMDA 수용체가 사려 깊은 의사결정의 기반이 되는 완만한 증거 축적에도 똑같이 중요하다는 것이 밝혀지고 있다.[64]

하향식 신경 연결의 광역적인 상실은 조현병의 음성적인 증상을 어느 정도 설명해줄지 모른다. 그것은 감각정보의 피드포워드 전달에 영향을 미치지 않겠지만, 그것이 장거리 하향식 루프를 통해 광역적 통합을 선택적으로 저해할 것이다. 따라서 조현병 환자들은 식역 이하의 프라임을 일으키는 미묘한 작용을 비롯한 아주 정상적인 피드포워드 처리를 나타낼 것이다. 그들은 후속적인 점화와 정보 전파에 관한 결함이 있으며, 의식적인 감시, 하향식으로 작용하는 주의, 작동기억, 의사결정 등의 능력이 교란당할 것이다.

기묘한 망상이나 환각 등 조현병 환자들의 양성적인 증상에 대해서는 어떨까? 인지신경학자 폴 플레처Paul Fletcher와 크리스 프리스Chris Frith는 정보 전파의 저해를 바탕으로 하는 간명하고 설명적인 메커니즘을 제안한 바 있다.[65] 제2장에서 다룬 것처럼 뇌는 셜록 홈스처럼 그것에 입력된 여러 가지 지각적·사회적 정보로부터 최대한의 추론을 끌어낸다. 그 같은 통계적 학습에는 쌍방향 정보 교환이 필요하다.[66] 감각적인 부위에서는 그들의 메시지를 상위 계층으로 보내고, 고차의 부위에서는 감각 기관을 통해 입력되는 정보를 항상 설명하는 학습 알고리즘의 일부로서 하향식 예측에 의해 반응한다. 고차의 표상이 아주 정확해서 그들의 예측이 상향식 입력정보와 완전히 일치할 때 학습은 멈춘다. 이 시점에서 뇌는 무시해도 좋을 정도의 오류신호(예측된 신호와 관찰된 신호 사이의 차이)를 지각하며, 그 결과 놀람이 최소한에 그치게 된다. 입력되는 신호는 더 이상 흥미롭지 않으며, 따라서 더 이상 학습을 촉발하지 않는다.

이제 조현병의 경우 손상된 장거리 연결이나 기능 부전의 NMDA 수용체 때문에 하향식 메시지가 감소된다고 상상해보자. 플레처와 프리스가 주장하기를, 이것에 의해 통계적 학습 메커니즘에 심한 부조화가 초래된다고 한다. 감각 입력에는 결코 만족스러운 설명이 이루어지지 않을 것이다. 오류신호는 영원히 남아 끝없는 해석이 이루어지게끔 할 것이다. 조현병 환자들은 지속적으로 "뭔가가 설명되지 않고 남아있으며, 세상에는 오직 자신만이 인식하고 계산할 수 있는 여러 겹의 숨은 의미와 깊은 수준의 설명이 들어있다"고 느낄 것이다. 그 결과 그들은 주위에 대해 지속적으로 엉뚱한 해석을 내놓을 것이다.

예컨대 조현병 환자의 뇌가 어떻게 자신의 행위를 감시하고 있는지 생각해보자. 정상적이라면 우리가 움직일 때는 항상 예측 메커니즘이 우리 행동의 감각적인 결과를 제거한다. 그 덕분에 커피잔을 집을 때 놀라지 않는다. 우리 손이 감지하는 따뜻한 촉감과 가벼운 무게는 쉽게 예측할 수 있다. 그리고 우리가 행동하기 전에 뇌의 운동 영역에서 감각 영역에 하향식 예측을 보내 곧 '집는 행위'를 경험하게 될 것이라고 알린다. 이 예측이 제대로 이루어지기 때문에 우리가 행동할 때 보통 촉감을 인식하지 못한다. 단, 의외로 뜨거운 컵을 집을 때처럼 예측이 잘못될 경우에만 그것을 인식하는 것이다.

다음에는 하향식 예측이 제 기능을 하지 못할 때 세상을 살아가는 것을 상상해보자. 그러면 커피잔까지도 느낌이 이상해진다. 그것을 집을 때 그 촉감이 미묘하게 예상과 어긋나므로 어떤 사람이나 사물이 우리의 감각을 바꾸고 있는 것은 아닌가 하는 의아함마저 든다. 무엇보다 말하는 것이 기이하게 여겨진다. 들려오는 음향이 기이하기 때문에 끊임없이 주의가 쏠린다. 그리고 누군가가 우리가 하는 말에 참견을 한다는 생각이 들기 시작한다. 그때부터 곧 머릿속에서 목소리가 들리며 이웃사람이나 비밀첩보원 같은 나쁜 사람이 우리 몸을 제어하고 우리 생활을 뒤흔들고 있다고 확신하게 된다. 그리고 다른 사람들이 눈치채지 못하는 기묘한 사건들의 숨겨진 원인을 끊임없이 탐구하고 있는 자신을 발견한다. 이런 것들이 바로 조현병의 증상이다.

요컨대 조현병은 뇌 전체에 신호를 전파시켜 의식의 작업 공간 시스템을 형성하는 장거리 신경 연결장애로 일어나는 병일 가능성이 높은 것 같다. 그렇다고 조현병 환자가 아무 의식이 없는 좀비라는 말은 아니다. 내 견해는 단지 조현병 환자의 경우 의식의 전파기능이 다른 자동적인 처리기능에 비해 훨씬 더 손상됐다는 것이다. 이런 질병은 신경계의 경계를 존중하는 경향이 있는데, 조현병은 구체적으로 장거리 하향식 신경 연결을 유지하는 생물학적 메커니즘에 영향을 미칠지도 모른다.

조현병의 경우 이 기능 부전은 완전하지 않다. 완전하다면 그 환자는 무의식상태에 빠져버릴 것이다. 과연 그 같은 극적인 상황이 존재할 수 있을까? 2007년 펜실베이니아 대학교의 신경학자들은 놀라운 새 질병을 발견했다.[67] 당시 많은 젊은이들이 다양한 증상으로 병원에 왔다. 다수는 난소암을 가진 여성들이었지만, 일부는 두통, 발열, 또는 유행성 감기 비슷한 증상을 호소할 뿐이었다. 그러나 곧 그들의 증세는 예상하지 못한 방향으로 흘렀다. 그들은 신속히 발달하는 후천성 급성 조현병 증상들인 '불안, 흥분, 기괴한 행동, 망상, 편집적 사고, 시각적·청각적 환각 등 정신병의 현저한 증상'을 나타냈던 것이다. 그리고 3주가 되기 전에 의식이 쇠퇴하기 시작했다. EEG에서는 잠이 들었을 때나 혼수상태에 빠졌을 때처럼 느린 뇌파를 나타냈다. 그들은 움직임이 없어졌고, 자극에 대한 반응은 물론 심지어는 스스로 호흡하는 것까지 멈췄다. 그들 가운데 몇 명은 몇 달 만에 사망

하기도 했다. 다른 사람들은 나중에 회복해 정상적인 생활과 정신건강을 되찾았지만, 무의식상태가 되었던 일에 대한 기억이 전혀 없다고 했다.

무슨 일이 일어났던 것일까? 세심한 조사를 한 결과 이 환자들은 모두 대규모 자기면역질환에 걸렸던 것임이 드러났다. 그들의 면역계가 바이러스나 세균 같은 외부 침입자를 경계하는 대신 그 자체에게로 방향을 돌렸던 것이다. 그래서 환자의 몸속에 있는 신경 전달물질인 글루탐산의 NMDA 수용체를 선택적으로 파괴하고 있었다. 앞서 살펴본 것처럼 뇌의 이 기본적인 구성요소는 피질 시냅스의 하향식 정보 전달에 중요한 역할을 한다. 배양된 신경세포를 환자로부터 채취한 장액serum에 두자 그 NMDA 시냅스는 몇 시간 만에 사라져버렸다. 하지만 치명적 장액을 제거하자마자 그 수용체는 되돌아왔다.

단 하나의 분자가 없어지기만 해도 정신건강, 나아가서 의식 그 자체까지 선택적으로 사라지게 할 수 있다는 것은 놀라운 일이다. 우리는 어느 질병에 의해 장거리 신경 연결이 선택적으로 교란되는 최초의 상태를 목격하고 있는 것인지도 모른다. 내가 만든 광역 신경세포 작업공간모델에 의하면 이러한 신경 연결은 의식경험의 기반이 된다. 이렇듯 초점이 맞춰진 공격에 의해 처음에는 조현병의 인공적인 형태가 유발되고, 그 다음에는 각성상태를 유지하는 바로 그 능력을 파괴함으로써 의식이 빠르게 저해된다. 그 같은 상태는 앞으로 수년 이내에 하나의 모델

질병이 되고, 그 분자 메커니즘에 의해 정신병, 그 발병, 그것과 의식적 경험의 관계 등이 밝혀질지도 모른다.

의식이 있는 기계?

이제 의식의 기능, 그것에 관한 피질의 구조, 분자적 기반, 그 질병까지 이해되기 시작하고 있으므로, 그것을 컴퓨터로 시뮬레이션할 수 있을까? 나는 이 가능성에 대해 아무런 논리적 문제를 발견하지 못했을 뿐 아니라, 그것이 컴퓨터공학이 앞으로 수십 년에 걸쳐 해결해야 할 과학적 연구의 흥미로운 도전이라 생각한다. 아직 그 같은 기계를 만들 능력에 다가가지 못한 상태지만, 그런 컴퓨터의 몇 가지 특징에 대해 구체적인 제안을 할 수 있다는 사실 그 자체가 의식과학이 진보되고 있음을 가리킨다.

제5장에서 나는 의식화의 컴퓨터 시뮬레이션을 위한 일반적인 지침을 대략적으로 이야기했다. 그러한 아이디어는 새로운 소프트웨어의 기반이 될 수 있을 것이다. 현대의 컴퓨터가 다수의 특수 목적 프로그램을 병렬적으로 구동하는 것과 마찬가지로, 우리 소프트웨어에도 얼굴인식, 움직임검출, 공간 내비게이션, 발성, 운동 등 각각의 기능을 담당하는 아주 많은 특수한 프로그램이 포함될 것이다. 이러한 프로그램 가운데 일부는 시스

템의 외부로부터가 아니라 오히려 내부로부터 입력정보를 받아들여 일종의 내성과 자기지식을 제공한다. 예컨대 오류를 검출하는 특수한 장치는 해당 유기체가 당면 목표로부터 일탈할지의 여부를 예측하는 법을 배우게 될 것이다. 현재의 컴퓨터도 이 같은 아이디어와 관련된 초보적인 능력을 가지고 있다. 남아 있는 배터리의 수명, 디스크의 저장 공간, 메모리, 내부 충돌 등을 조사하는 자기감시장치 등이 그것이다.

나는 현재의 컴퓨터가 갖추지 못한 중요한 기능이 적어도 유연한 의사소통, 가소성, 자율성 등 3가지라고 꼽는다. 첫 번째, 프로그램들이 서로 유연하게 의사소통을 해야 한다. 프로그램 하나의 출력정보는 어느 순간에도 유기체 전체의 이익에 초점을 맞춰 선택될 것이다. 선택된 정보는 느리고 직렬적인 방식으로 작동하지만, 그 정보를 다른 어느 프로그램에도 전파할 수 있는 커다란 이점을 가지고 있는 제한적인 능력의 시스템인 작업 공간으로 들어올 것이다. 현재의 컴퓨터에서는 그 같은 교환이 보통 금지되어있다. 각각의 앱이 분리된 메모리 공간에서 실행되며, 그 출력정보가 공유될 수 없다. 프로그램들은 초보적이며 사용자가 제어할 수 있는 클립보드를 제외하고는 자신의 전문지식을 교환할 수 있는 종합적인 수단을 갖추고 있지 않다. 내가 마음속에 간직하고 있는 구조는 일종의 보편적·자율적 클립보드, 즉 광역 작업 공간을 마련함으로써 정보 교환의 유연성을 극적으로 강화하는 것이다.

수신 프로그램은 클립보드에 의해 전해진 정보를 어떻게 이용할까? 내가 생각하는 두 번째 중요한 요소는 강력한 학습 알고리즘이다. 개별 프로그램은 정적이지 않고 자신이 수신한 정보를 가장 훌륭하게 활용하는 법을 찾아내는 능력을 갖추게 될 것이다. 각각의 프로그램은 입력정보들 사이에 존재하는 여러가지 예측 가능한 관계를 포착할, 인간의 두뇌 같은 학습 규칙에 따라 스스로 조정될 것이다. 따라서 그 시스템은 환경과, 하부 프로그램의 오류처럼 그 자체의 구조가 지니는 특이성에도 적응할 것이다. 그리고 입력정보 가운데 어느 것에 주의를 기울여야 하는지, 그들을 어떻게 결합해 유용한 처리를 실행할지를 발견할 것이다.

이에 따라 내가 바람직하다고 생각하는 세 번째 특징인 자율성에 이른다. 컴퓨터는 사용자와의 아무런 상호작용이 없더라도 그 자체의 가치 시스템을 사용해 어떤 데이터가 광역 작업 공간에서 느릿느릿한 의식적 검사를 해야 하는지를 판단할 것이다. 자발적인 활동에 의해 임의의 '사고'가 항상 작업 공간으로 들어올 것이며, 거기에서는 그 유기체의 기본 목표에 대한 적합 여부에 따라 그들은 유지되거나 기각될 것이다. 심지어 입력정보가 없더라도 변동하는 내부 상태에 일련의 흐름이 생길 것이다.

시뮬레이션이 이루어지는 그 같은 유기체의 움직임은 우리 자신의 다양한 의식을 상기시킬 것이다. 인간의 간섭이 없어도 그 유기체는 자체의 목표를 세우고 세상을 탐구하며 자체의 내부상태에 대해 배울 것이다. 그리고 어느 때라도 자신이 지니고 있는 자원을 의식의 내용이라고 할 만한 하나의 내적 표상에 집중할 것이다.

이러한 생각들은 여전히 애매모호하다. 상세한 청사진으로 바꾸기 위해서는 많은 노력이 필요할 것이다. 하지만 적어도 원리상으로는 인공적인 의식으로 이어지지 못할 이유는 없다.

그렇게 생각하지 못하는 사람도 많다. 잠시 그들의 주장에 대해 생각해보자. 그들 가운데 일부는 의식이 정보 처리로 환원될 수는 없다고 생각한다. 아무리 많은 양의 정보를 처리해도 결코 주관적인 경험을 일으키지 못하기 때문이다. 예컨대 뉴욕 대학교의 철학과 교수 네드 블록Ned Block은 "작업 공간 메커니즘이 의식화를 설명할지 모른다고 인정하면서도, 그것이 본질적으로 감각, 고통, 또는 아름다운 일몰 광경 등을 경험하는 것이 어떤지에 대한 우리의 주관적인 상태나 느낌과 같은 우리의 특질을 설명하지 못한다"고 주장한다.[68]

애리조나 대학교의 철학과 교수 데이비드 차머스David Chalmers도 그와 비슷하게 "비록 작업공간이론이 어느 작용이 의식적으로 이루어지는지를 설명하더라도 결코 1인칭 주관성의 수수께끼는 설명하지 못할 것"이라 주장한다.[69] 차머스는 의식의 쉬운 문제와 어려운 문제를 구분한 것으로 유명하다. 그는 의식의 쉬운 문제가 뇌의 여러 가지 기능에 대해 설명하는 것으로 이루어진다고 주장한다. 바로 다음과 같은 기능이다. 우리가 얼굴, 말, 풍경 등을 어떻게 알아차리는가? 감각으로부터 어떻게 정보를 추출하고, 그것을 이용해 우리의 행동을 일으키는가? 우리가 느끼는 것을 묘사하기 위해 문장을 어떻게 만들어내는가? "이러한 의문이 모두 의식과 관계 있다고 하더라도 인지 시스템의 객관적 메커니즘과 관련되어있으며, 따라서 우리는 인지심리학과 신경과학의 지속적인 연구에 의해 이러한 문제가 해결될 것이라 기대하게 된다"고 차머스는 주장한다.[70] 이와 대조적으로 어려운 문제는 다음과 같다.

뇌에서의 물리적 과정이 어떻게 주관적 경험을 만드는가, 즉 사물이 어떻게 주체에게 느껴지는가 하는 의문이다. 예컨대 무엇을 볼 때 우리는 "선명한 푸른색" 등과 같은 시각적 감흥을 느낀다. 또는 멀리서 들리는 오보에의 형언할 수 없는 음향, 격렬한 통증의 괴로움, 반짝거리는 행복감, 깊은 생각에 빠져있을 때의 명상적인 느낌 등을 생각해보자. …… 정말 마음의 신비를 제기하는 것은 바로 이러한 현상이다.

내 생각으로는 차머스가 형용사를 바꾸어 붙인 것 같다. '쉬운' 문제가 곧 어려운 것이고, 불명료한 직관이 관여하기 때문에 '어려운' 문제는 어렵게 보일 뿐이다. 일단 우리의 직관이 인지신경과학과 컴퓨터 시뮬레이션에 의해 훈련을 받으면 차머스의 어려운 문제는 증발해버릴 것이다. 정보 처리의 역할에서 벗어난 순수한 정신적 경험이라는 가설적인 개념은 생기론vitalism과 같은 비과학적 시대의 기묘한 생각이라 간주될 것이다. 생기론이란 살아있는 유기체의 화학적 메커니즘에 관해 아무리 많은 상세한 정보를 얻더라도 결코 생명의 특질을 설명할 수 없을 것이라는 19세기의 사고방식을 의미한다. 그리고 이 믿음은 우리 세포 속에 있는 분자 메커니즘을 통해 자기복제하는 자동기계가 형성되는 과정을 밝힌 현대 분자생물학에 의해 깨뜨려졌다. 마찬가지로 의식과학은 어려운 문제가 사라질 때까지 그것을 꾸준히 해체해나갈 것이다. 예컨대 현재의 시각모델은 이미 인간의 뇌가 왜 다양한 착각을 하는지에 대해 그 이유뿐 아니라 그 같은 착각이 똑같은 계산 문제를 안고 있는 합리적인 기계에도 나타나는 이유까지 설명한다.[71] 의식과학도 이미 우리의 주관적 경험 가운데 다수에 대해 설명하고 있으며, 그래서 나는 이 방법에 분명한 한계가 있다고 생각하지 않는다.

이와 관계 있는 어느 철학적 주장에서는 우리가 아무리 뇌를 시뮬레이션하려고 해도 그 소프트웨어는 항상 자유의지라는 인간 의식의 중요한 특징을 빼놓게 될 것이라고 한다. 어떤 사람들에게는 자유의지가 있는 기계란 논리적으로 모순된 것이다. 기계들의 행동은 내부 구조와 초기 상태에 의해 결정되기 때문이다. 기계의 작동은 측정의 부정확함이나 카오스 때문에 예측할 수 없을지도 모르지만, 물리적 구조에 의해 결정되는 인과법칙을 벗어나지는 못한다. 이 결정론에는 개인의 자유에 대한 여지가 없는 것 같다. 시인이자 철학자였던 루크레티우스Lucretius는 기원전 1세기 때 다음과 같이 썼다.

정해진 순서에 따라 낡은 것에서 새로운 것이 나오듯, 모든 움직임이 항상 서로 연결되어있는 것이라면, 즉 원자가 방향을 돌려 결코 인과관계라는 운명의 끈을 단절할 새로운 움직임을 새로 개시하지 않는다면, 지상에서 살아있는 것이 가지고 있는 자유의지의 근원은 무엇일까?[72]

현대의 최고 과학자조차도 이 문제가 아주 난해하다고 생각하기 때문에 새로운 물리법칙을 탐구하기도 한다. 그들은 단지 양자역학에서만 자유요소가 올바로 도입되고 있다고 주장한다. 시냅스에서 신호 전달이 이루어지는 화학적 근거에 대한 중요한 발견 덕에 1963년에 노벨상을 수상한 존 에클스John Eccles(1903~1997)도 회의론자 가운데 한 사람이었다. 그가 볼 때 신경과학의 주된 문제는 그의 수많은 저서 가운데 하나의 제목처럼 "자아가 어떻게 뇌를 제어하느냐"를 해명하는 것이었다(그리고 이것은 이원론의 영향을 의심하게 하는 표현이다).[73] 그는 결국 정신의 비물질적 사고가 시냅스에서 양자론적 사건의 개연성을 조작함으로써 물질적 뇌에 작용한다는 근거 없는 가정을 하기에 이르렀다.

또 한 사람의 뛰어난 현대 과학자로서 명망이 높은 물리학자 로저 펜로즈 경Sir Roger Penrose도 의식과 자유의지를 파헤치지 는 데 양자역학이 필요하리라는 생각에 동의한다.[74] 펜로즈 경은 마취학자 스튜어트 해머로프Stuart Hameroff와 더불어 뇌를 양자 컴퓨터로 간주하는 기발한 착상을 했다. 다수의 중첩된 상태로 존재할 수 있는 양자물리학적 시스템의 능력이 인간의 뇌에서 동원되어 한정된 시간에 거의 무한에 가까운 선택지를 탐구할 것이라고 그들은 생각했다. 어쩌면 '괴델의 정리Gödel's Theorem' 를 이해하는 수학자의 능력도 이것으로 설명될 것 같다.

안타깝게도 이들의 기발한 제안은 신경생물학이나 인지과학 에 근거한 것이 아니다. 우리 마음이 '자유롭게' 그 행동을 선택 한다는 직관에는 설명이 요구되지만, 루크레티우스가 말한 '일 탈하는 원자swerving atom'의 현대판인 양자역학은 결코 그 답이 아니다. 뇌가 들어있는 따뜻한 피의 욕조는 양자 간섭성quantum coherence이 급속히 상실되는 것을 피하기 위해 저온을 필요로 하는 양자 컴퓨팅quantum computing과 양립되지 않는다는 점에 대해 대부분의 물리학자들은 동의한다. 그리고 우리가 외계의 양상을 인식하는 시간 스케일은 이 양자 간섭성의 상실이 일어 나는 펨토(10^{-15})초의 스케일과 대체로 무관하다.

비록 양자 현상이 뇌의 일부 작용에 영향을 미치더라도 그들 이 지니는 본질적인 예측 불가능성은 자유의지라는 개념을 만 족시키지 않는다. 현대 철학자 대니얼 데닛이 확신을 갖고 주장한 것처럼, 뇌가 지니는 순수한 형태의 임의성 때문에 우리에게는 "가질 만한 종류의 자유Kind of freedom worth having"가 없다.[75] 우리가 정말 투레트증후군 환자의 무작위한 발작이나 경련처럼 원자 이하의 수준에서 생기는 제어 불가능한 일탈에 의해 신체가 임의로 흔들리기를 바라는 것일까? 우리가 생각하는 자유에 대한 개념으로부터는 이보다 더 벗어날 수 없다.

우리가 '자유의지'를 논할 때 그 자유는 훨씬 더 흥미로운 형태의 자유다. 자유의지에 대한 우리의 신념은 정상적인 상황에서 우리가 더 수준 높은 사고, 신념, 가치, 과거경험에 의해 판단에 이르고 바람직지 못한, 수준 낮은 충동을 제어할 수 있는 능력을 지닌다는 생각을 표현한다. 자율적인 결정을 내릴 때도 항상, 가능한 모든 선택지를 고려하고 그들에 대해 깊이 생각한 뒤 우리 마음에 드는 것을 고름으로써 자유의지를 행사한다. 자발적인 선택에 어느 정도의 우연은 개재될지 모르지만, 그것이 본질적인 것은 아니다. 우리의 자발적인 행위는 대부분 임의적인 것이 아니다. 선택지를 신중하게 검토한 뒤 우리가 좋아하는 것을 고려해 선택하는 것으로 이루어진다.

이 자유의지의 개념은 양자역학에 호소할 필요가 없으며, 오히려 표준 컴퓨터에 의해 실행될 수 있다. 광역 신경세포 작업 공간에 의해 우리는 현재의 감각과 기억으로부터 필요한 모든 정보를 수집하고 합성하며, 그 결과를 평가하고 원하는 만큼 오래 생각하며, 그런 뒤에야 내부적 성찰을 이용해 우리의 행동을 끌어낸다. 이것이 바로 우리가 "의사결정"이라 부르는 것이다.

따라서 우리는 자유의지에 대해 생각할 때 우리의 결정에 관한 2가지 직관을 명확히 구분할 필요가 있다. 그 직관이란 바로 결정이 지니는 근본적인 비결정성(의심스러운 생각)과 자율성(존중해야 할 생각)이다. 우리 뇌의 상태는 분명히 아무런 원인 없이 일어나지 않으며, 물리법칙을 벗어나지도 않는다. 물리법칙을 벗어나는 것은 전혀 없다. 하지만 우리의 의사결정은 자율적으로 아무런 방해 없이 하나의 행동을 일으키기 전에 그 장단점을 신중하게 검토하면서 진행되는 심사숙고를 바탕으로 할 때는 항상 순수한 의미에서 자유롭다. 이렇게 결정이 이루어질 때 그것을 "자발적 결정Voluntary decision"이라 할 수 있다. 비록 그것이 궁극적으로는 우리의 유전자, 그때까지의 인생, 그리고 그들이 우리의 신경회로에 새긴 가치판단의 기능에 의해 이루어졌더라도 그렇다. 우리의 결정은 임의로 이루어지는 뇌활동의 변동 때문에 심지어 자신조차 예측할 수 없다. 하지만 이 예측 불가능성은 자유의지를 정의하는 특징이 아니며, 또한 절대적인 비결정성과 혼동해서도 안 된다. 중요한 것은 자율적인 의사결정이다.

따라서 "자유의지를 가진 기계machine with free will"라는 말은 논리상 모순이 아니라 단지 인간이 어떤 존재인지를 단적으로 말한 것일 뿐이라고 생각된다. 나는 자체의 행동 과정에 대해 의지를 가지고 결정할 수 있는 인공적인 장치를 상상해보는 데 아무런 문제가 없다고 본다. 비록 우리 뇌의 구조가 컴퓨터 시뮬레이션처럼 완전히 결정론적이라 하더라도 여전히 그 뇌가 일종의 자유의지를 행사한다고 말해도 무방할 것이다. 신경 구조가 자율성과 사고 과정을 나타낼 때는 항상 그것이 '자유로운 마음free mind'이라 해도 좋다. 그리고 일단 그 메커니즘을 파악하면 인공적인 기계를 통해 그것을 모방하는 법을 배울 것이다.

요컨대 특질이나 자유의지를 모두 아우르는 의식이 있는 기계라는 개념에 대해 심각한 철학적 문제를 제기하지 않아도 될 것 같다. 그리고 의식과 뇌에 관한 여정의 끝에 이르러 우리는 복잡한 신경회로가 무엇을 이룰 수 있느냐에 대한 우리의 직관을 얼마나 신중하게 다뤄야 하는지를 깨닫는다. 160억 개의 대뇌 피질 신경세포로 이루어지는 진화된 네트워크가 제공하는 풍부한 정보 처리는 우리가 현재 상상할 수 있는 것을 넘어선다. 우리 신경세포의 상태는 부분적으로는 자율적인 방식으로 끊임없이 변동하면서 개인적인 사고가 이루어지는 내면세계를 만들어낸다. 신경세포는 심지어 똑같은 감각 입력을 받을 때라도 그때의 기분, 목표, 기억에 따라 달리 반응한다. 의식의 신경세포의 부호 역시 뇌마다 다르다. 비록 우리 모두가 색깔, 모양, 움직임 등을 부호화하는 일련의 신경세포를 똑같이 공유하더라도, 그들의 상세한 구조는 끊임없이 시냅스를 선택하고 배제하면서 각각의 뇌를 달리 만드는 오랜 발달 과정을 거친 결과이며, 우리 각자에게서 특유한 개성을 형성한다.

유전적인 규칙, 과거경험, 우연적인 일 등이 교차된 결과 이루어지는 신경세포의 부호는 순간마다, 개인마다 독특하다. 환경과 결부되지만 그것에 지배되지 않는 풍부한 내적 표상의 세계가 이 엄청난 수의 상태에 의해 만들어진다. 고통, 아름다움, 욕정, 후회 등의 주관적인 감정은 이 동적인 환경 가운데 안정적인 신경세포들과 조응한다. 그들은 본질적으로 주관적이다. 왜냐하면 뇌의 역학에 의해 뇌에 들어오는 현재의 입력이 과거의 기억, 미래의 목표로 이루어지는 직물 속에 함께 짜임으로써 생경한 감각 입력에 개인적인 경험의 층이 덧붙여지기 때문이다.

그 결과 출현하는 것이 지금 여기에 대한 개개인의 암호체계로서, "기억되는 현재remembered present"[76], 즉 남아있는 기억과 미래의 예측으로 두꺼워지고 항상 1인칭 관점을 외계에 투영하는 의식의 내면세계다.

이 절묘한 생물기계는 바로 지금 우리의 뇌 속에서 작동하고 있다. 이 책을 닫고 자신의 존재에 대해 생각하는 동안에도, 점화된 신경세포집합이 글자 그대로 우리의 마음을 만들어낸다.

감사의 말

의식에 대한 내 견해는 허공 속에서 발달된 것이 아니다. 나는 지난 30년 동안 여러 가지 아이디어에 잠겨있었고, 절친한 친구가 된 동료들과 드림팀을 이루기도 했다. 나는 특히 그들 가운데 세 사람에게 빚을 졌다. 먼저 1990년대 초 내 스승인 장피에르 샹죄는 의식 문제가 접근하지 못할 영역이 아니라는 점, 그리고 실험과 이론 두 측면에서 함께 다룰 수 있으리라는 점을 이야기해주었다. 그 후 친구 로랑 코엔Laurent Cohen이 아주 적절한 신경심리학적 사례를 지적해주었다. 그는 또 당시 젊은 의대생이었고 지금은 뛰어난 신경학자이자 인지신경과학자가 된 리오넬 나카슈를 소개했으며, 우리는 그와 함께 식역 이하의 처리가 어느 정도로 이루어지는지를 탐구했다. 우리의 협조와 토론은 결코 중단되지 않았다. 부단한 격려와 우의에 대해 장피에르, 로랑, 리오넬 세 사람에게 감사를 표한다.

프랑스 파리는 의식연구의 중요한 거점 가운데 하나가 됐다. 내 연구소도 이 같은 자극적인 환경에서 크게 이익을 얻었으며, 특히 나와 열띤 논의를 했던 패트릭 캐버나, 시드 쿠이더, 제롬 사쾨르, 에티엔 코슐랭, 케빈 오리건, 마티아스 페실리오네 등에게 고마움을 느낀다. 여러 총명한 학생들과 박사 후 연구원들이 가끔 피상 재단Fyssen Foundation이나 고등사범학교 인지과학 분야의 훌륭한 마스터 프로그램의 지원을 받기도 하면서 그들의 에너지와 창의력으로 우리 연구소를 풍요롭게 해주었다. 그리고 내 밑에서 박사 과정을 밟고 있는 뤼시 샤를, 앙투안 델 퀼, 라파엘 가야르, 장레미 킹, 클레르 세르장, 멜라니 스트로스, 린 유리그, 카트린 와코뉴, 발렌틴 와이어트, 그리고 박사 후 연구원으로 종사하는 동료들인 트리스탄 베킨슈타인, 플로리 드 랑주, 세바스티앙 마르티, 나카무라 기미히로, 모티 살티, 에런 슈거, 자코보 지트, 시몬 판 할, 필리프 판 옵스탈 등의 끊임없는 질문과 아이디어에 대해서도 감사한다. 특히 10년 동안 충실한 협동 작업, 수많은 의견 교환, 우직한 우의를 나눈 마리아노 시그먼에게 감사를 표한다.

의식에 관한 성찰은 여러 분야, 전 세계의 연구소와 연구자로부터 나왔다. 나는 특히 버나드 바스(광역작업공간이론의 창시자), 모셰 바, 에도아르도 비지아크, 올라프 블랑케, 네드 블록, 안토니오 다마지오, 댄 데닛, 데릭 덴턴, 게리 에덜먼, 파스칼 프리스, 칼 프리스턴, 크리스 프리스, 유타 프리스, 멜 구데일, 토니 그린월드, 존딜런 헤인스, 비유 제이드 히, 낸시 칸위셔, 마커스 키퍼, 크리스토프 코크, 빅토르 라머, 도미니크 라미, 하콴 라우, 스티브 로리스, 니코스 로고테티스, 루치아 멜로니, 얼 밀러, 에이드리언 오언, 조세프 파비지, 댄 폴런, 마이클 포스너, 알렉스 푸제, 마커스 레이츨, 저레인트 리스, 피터 롤프세마, 니코 시프, 마이크 섀들런, 팀 섈리스, 킴런 샤피로, 울프 싱어, 엘리자베스 스펠크, 줄리오 토노니, 빔 판뒈펄, 래리 바이스크란츠, 마크 윌리엄스 등과 나눈 대화들에 대해 깊은 사의를 표한다.

내 연구는 프랑스 국립보건의학연구소(INSERM), 프랑스 원자력·대체에너지청(CEA), 콜레주 드 프랑스, 파리 제11 대학, 유럽연구평의회 등으로부터 장기적인 지원을 받았다. 파리 남부에 소재하며 드니 르 비앙이 이끄는 뉴로스핀 센터Neuro Spin center에서는 고도로 이론적인 이 주제를 탐구하는 데 자극적인 환경을 마련해주었다. 그리고 나는 질 블록, 장로베르 드베르, 뤼시 에르츠파니에, 베키르 자라야, 안드레아스 클라인슈미트, 장프랑수아 망쟁, 베르트랑 티리옹, 가엘 바로코, 비르지니 반 바세노브 등 파리의 여러 동료들의 후원과 조언에 감사한다.

이 책을 쓰는 동안에는 다른 여러 연구소로부터도 후의를 입었다. 몇 군데를 열거하자면 캐나다 밴쿠버의 피터 월 고등연구소, 호주 시드니의 맥쿼리 대학교, 이탈리아 파비아의 IUSS 고등연구소, 프랑스 남부의 트레유 재단, 바티칸 과학원 …… 그리고 우리 가족의 은거지로 이 책의 많은 분량이 집필된 프랑스 라슈 아니에르와 라트리니텐 등이다.

에이전트인 존 브록만은 아들 맥스 브록만과 함께 내게 이 책을 집필하게끔 처음 권유했다. 바이킹 출판사의 멜라니 토토롤리는 원고를 여러 차례에 걸쳐 꼼꼼하게 수정해주었다. 그리고 시드 쿠이더와 리오넬 나카슈도 각각 일독하면서 많은 도움을 주었다.

마지막으로 유아의 뇌와 마음에 관한 자신의 놀라운 지식뿐 아니라 살아갈 만한 인생과 가질 만한 의식을 만드는 사랑과 부드러움까지도 공유했던 내 아내 기슬렌 데하네람베르츠에게 감사한다.

주석

서문: 생각의 재료

1. Jouvet 1999, 169–71.

2. Damasio 1994.

3. James 1890, chap 5.

4. 1632~1633년 무렵에 씌어진 데카르트의 《인간론*Treatise on Man*》(1662년에 초판)에서 인용. 영역본은 Decartes 1985.

5. 또 1가지 요인은 데카르트가 교회와의 갈등을 두려워한 사실이다. 조르다노 브루노가 1600년 화형에 처해졌을 때 그의 나이 4세였다. 또 갈릴레오가 그와 똑같은 운명을 간신히 면한 1633년에는 37세였다. 그는 '인간'이라는 고도로 환원주의적인 부분이 포함된 걸작 《세계론*Le monde*》이 그의 생전에 간행되지 않도록 조처했다. 이 저서는 1650년에 그가 죽고 나서 세월이 한참 흐른 1664년까지도 간행되지 않았다. 그에 관한 간략한 언급이 《방법서설*Discourse on Method*》(1637) 및 《정념론*Passions of the Soul*》(1649)에 보일 뿐이다. 그가 신중해진 것은 무리도 아니다. 1663년 로마 교황청에서는 금서 목록에 그의 저작을 포함시켰다. 따라서 영혼의 비물질성에 관한 데카르트의 주장은 부분적으로는 자신의 목숨을 지키기 위한 눈가림이었을는지 모른다.

6. Michel de Montaigne, *The Complete Essays*, trans. Michael Andrew Screech (New York: Penguin, 1987), 2:12.

7. E.g., Posner and Snyder 1975/2004; Shallice 1979; Shallice 1972; Marcel 1983; Libet, Alberts, Wright, and Feinstein 1967; Bisiach, Luzzatti, and Perani 1979; Weiskrantz 1986; Frith 1979; Weiskrantz 1997.

8. Baars 1989.

9. Watson 1913.

10. Nisbett and Wilson 1977; Johansson, Hall, Sikstrom, and Olsson 2005.

11. 철학자 대니얼 데닛은 이 접근을 '헤테로 현상학heterophenomenology'이라 한다 (Dennett 1991).

1장 실험실로 들어온 의식

1. Crick and Koch 1990a; Crick and Koch 1990b. 물론 다른 많은 심리학자나 신경과학자도 그때까지 의식연구에 대해 환원주의적으로 접근했다(Churchland 1986; Changeux 1983; Baars 1989; Weiskrantz 1986; Posner and Snyder 1975/2004; Shallice 1972 등 참조). 그러나 내 의견으로는 크릭과 코크의 논문이 시각에 초점을 맞춘 현실적인 접근에 의해 실험과학자들을 이 분야에 끌어들이는 데 필수적인 역할을 했다.

2. Kim and Blake 2005.

3. Posner 1994.

4. Wyart, Dehaene, and Tallon-Baudry 2012; Wyart and Tallon-Baudry 2008.

5. Gallup 1970.

6. Plotnik, de Waal, and Reiss 2006; Prior, Schwarz, and Gunturkun 2008; Reiss and Marino 2001.

7. Epstein, Lanza, and Skinner 1981.

8. 거울 테스트에 관한 상세한 논의는 Suddendorf and Butler 2013 참조.

9. Hofstadter 2007.

10. Comte 1830-42.

11. 특히 '인식'이라는 용어를 사용해 감각상태에 접근하는 단순한 형태의 의식으로 언급하는 과학자도 있다. 나는 이것을 '감각정보에 대한 의식화'라 한다. 그러나 대부분의 사전적 정의는 이 한정된 용법에 일치하지 않을 뿐만 아니라, 현대 저자들도 '인식'과 '의식'을 동의어로 다루는 경향이 있다. 이 책에서는 이러한 양자를 같은 뜻으로 다루

는 한편 '의식화', '각성', '주의', '자의식', '메타인지' 등으로 좀 더 엄밀하게 구분했다.

12. Baars 1989.

13. Schneider and Shiffrin 1977; Shiffrin and Schneider 1977; Posner and Snyder 1975/2004; Raichle, Fiesz, Videen, and MacLeod 1994; Chein and Schneider 2005.

14. New and Scholl 2008; Ramachandran and Gregory 1991.

15. Leopold and Logothetis 1996; Logothetis, Leopold, and Sheinberg 1996; Leopold and Logothetis 1999. 이러한 선구적인 연구는 그 후 여러 차례 재현되었고, 이미지가 억제되는 때를 더욱 확실하게 조절할 수 있는 고도의 '플래시 억제flash suppression' 기술을 이용해 확장되었다(Maier, Wilke, Aura, Zhu, Ye, and Leopold 2008; Wilke, Logothetis, and Leopold 2006; Fries, Schroder, Roelfsema, Singer, and Engel 2002 등 참조). 또 인간을 대상으로 뇌영상기법을 이용해 이미지가 보이거나 사라지는 현상의 신경 메커니즘을 조사하는 연구자도 있다(Srinivasan, Russell, Edelman, and Tononi 1999; Lumer, Friston, and Rees 1998; Haynes, Deichmann, and Rees 2005; Haynes, Driver, and Rees 2005 등 참조).

16. Wilke, Logothetis, and Leopold 2003; Tsuchiya and Koch 2005.

17. Chong, Tadin, and Blake 2005; Chong and Blake 2006.

18. Zhang, Jamison, Engel, He, and He 2011; Brascamp and Blake 2012.

19. Zhang, Jamison, Engel, He, and He 2011.

20. Brascamp and Blake 2012.

21. Raymond, Shapiro, and Arnell 1992.

22. Marti, Sigman, and Dehaene 2012.

23. Chun and Potter 1995.

24. Telford 1931; Pashler 1984; Pashler 1994; Sigman and Dehaene 2005.

25. Marti, Sackur, Sigman, and Dehaene 2010; Dehaene, Pegado, Braga, Ventura, Nunes Filho, Jobert, Dehaene-Lambertz, et al. 2010; Corallo, Sackur, Dehaene, and Sigman 2008.

26. Marti, Sigman, and Dehaene 2012; Wong 2002; Jolicoeur 1999.

27. Mack and Rock 1998.

28. Simons and Chabris 1999. 해당 동영상은 http://www.youtube.com/watch?v=vJG698U2Mvo 참조.

29. Rensink, O'Regan, and Clark 1997. 이 현상을 이용해 변화검출에 있어서의 행동과 뇌의 상관을 연구하는 최근 연구는 다음을 참조. Beck, Rees, Frith, and Lavie 2001; Landman, Spekreijse, and Lamme 2003; Simons and Ambinder 2005; Beck, Muggleton, Walsh, and Lavie 2006; Reddy, Quiroga, Wilken, Koch, and Fried 2006.

30. Johansson, Hall, Sikstrom, and Olsson 2005.

31. 해당 동영상은 http://www.youtube.com/watch?v=ubNF9QNEQLA 참조.

32. 이에 대해서는 Simons and Ambinder 2005; Landman, Spekreijse, and Lamme 2003; Block 2007 등 참조.

33. Woodman and Luck 2003; Giesbrecht and Di Lollo 1998; Di Lollo, Enns, and Rensink 2000.

34. Del Cul, Dehaene, and Leboyer 2006; Gaillard, Del Cul, Naccache, Vinckier, Cohen, and Dehaene 2006; Del Cul, Baillet, and Dehaene 2007; Del Cul, Dehaene, Reyes, Bravo, and Slachevsky 2009; Sergent and Dehaene 2004.

35. Dehaene, Naccache, Cohen, Le Bihan, Mangin, Poline, and Rivière 2001.

36. Del Cul, Dehaene, Reyes, Bravo, and Slachevsky 2009; Charles, Van Opstal, Marti, and Dehaene 2013.

37. Dehaene and Naccache 2001.

38. Ffytche, Howard, Brammer, David, Woodruff, and Williams 1998.

39. Kruger and Dunning 1999; Johansson, Hall, Sikstrom, and Olsson 2005; Nisbett and Wilson 1977.

40. Dehaene 2009; Dehaene, Naccache, Cohen, Le Bihan, Mangin, Poline, and Rivière 2001.

41. Blanke, Landis, Spinelli, and Seeck 2004; Blanke, Ortigue, Landis, and Seeck 2002.

42. Lenggenhager, Mouthon, and Blanke 2009; Lenggenhager, Tadi, Metzinger, and Blanke 2007. 또 Ehrsson 2007도 참조. 이 실험에 앞서 이루어진 것으로 유명한 '고무손rubber hand' 착각이 있다. Botvinick and Cohen 1998; Ehrsson, Spence, and Passingham 2004 참조.

43. 최근의 중요한 발견에 의하면 동일한 처리 단계에서 패러다임이 달라짐에 따라 의식

화가 차단될는지 모른다. 예컨대 두 눈 사이의 경쟁은 마스킹 이전 단계의 시각 처리를 방해한다(Almeida, Mahon, Nakayama, and Caramazza 2008; Breitmeyer, Koc, Ogmen, and Ziegler 2008). 이처럼 의식화의 필요충분조건을 이해하려면 복수의 패러다임으로 비교하는 것이 필수적이다.

2장 무의식의 깊이 측정

1. 무의식의 개념에 대한 상세한 역사는 Ellenberger 1970 참조.

2. Gauchet 1992.

3. 신경과학의 역사를 상세하고 명석하게 분석한 쉬운 내용의 문헌으로는 Finger 2001 참조.

4. Howard 1996.

5. 상동.

6. Maudsley 1868.

7. James 1890, 211 and 208. 그리고 Ellenberger 1970과 Weinberger 2000 참조.

8. Vladimir Nabokov, *Strong Opinions*(1973, 1990), 66.

9. Ledoux 1996.

10. Weiskrantz 1997.

11. Sahraie, Weiskrantz, Barbur, Simmons, Williams, and Brammer 1997. 그리고 Morris, DeGelder, Weiskrantz, and Dolan 2001도 참조.

12. Morland, Le, Carroll, Hoffmann, and Pambakian 2004; Schmid, Mrowka, Turchi, Saunders, Wilke, Peters, Ye, and Leopold 2010; Schmid, Panagiotaropoulos, Augath, Logothetis, and Smirnakis 2009; Goebel, Muckli, Zanella, Singer, and Stoerig 2001.

13. Goodale, Milner, Jakobson, and Carey 1991; Milner and Goodale 1995.

14. Marshall and Halligan 1988.

15. Driver and Vuilleumier 2001; Vuilleumier, Sagiv, Hazeltine, Poldrack, Swick, Rafal, and Gabrieli 2001.

16. Sackur, Naccache, Pradat-Diehl, Azouvi, Mazevet, Katz, Cohen, and Dehaene 2008; McGlinchey-Berroth, Milberg, Verfaellie, Alexander, and Kilduff 1993.

17. Marcel 1983; Forster 1998; Forster and Davis 1984. 그리고 Kouider and Dehaene 2007에는 수많은 식역 이하의 플라이밍 실험이 논평되어있다.

18. Bowers, Vigliocco, and Haan 1998; Forster and Davis 1984.

19. Dehaene, Naccache, Le Clec'H, Koechlin, Mueller, Dehaene-Lambertz, van de Moortele, and Le Bihan 1998; Dehaene, Naccache, Cohen, Le Bihan, Mangin, Poline, and Rivière 2001.

20. Dehaene 2009.

21. Dehaene and Naccache 2001 또는 Dehaene, Naccache, Le Bihan, Mangin, Poline, and Rivière 2001; Dehaene, Jobert, Naccache, Ciuciu, Poline, Le Bihan, and Cohen 2004.

22. Goodale, Milner, Jakcobson, and Carey 1991; Milner and Goodale 1995.

23. Kanwisher 2001.

24. Treisman and Gelade 1980; Kahneman and Treisman 1984; Treisman and Souther 1986.

25. Crick 2003; Singer 1998.

26. Finkel and Edelman 1989; Edelman 1989.

27. Dehaene, Jobert, Naccache, Ciuciu, Poline, Le Bihan, and Cohen 2004.

28. Henson, Mouchlianitis, Matthews, and Kouider 2008; Kouider, Eger, Dolan, and Henson 2009; Dell'Acqua and Grainger 1999.

29. de Groot and Gobet 1996; Gobet and Simon 1998.

30. Kiesel, Kunde, Pohl, Berner, and Hoffmann 2009.

31. McGurk and MacDonald 1976.

32. 맥거크 착각의 시연은 http://www.youtube.com/watch?v=jtsfidRq2tw에서 찾아볼 수 있다.

33. Hasson, Skipper, Nusbaum, and Small 2007.

34. Singer 1998.

35. Tsunoda, Yamane, Nishizaki, and Tanifuji 2001; Baker, Behrmann, and Olson 2002; Brincat and Connor 2004.

36. Dehaene 2009; Dehaene, Pegado, Braga, Ventura, Nunes Filho, Jobert, Dehaene-Lambertz, et al. 2010.

37. Davis, Coleman, Absalom, Rodd, Johnsrude, Matta, Owen, and Menon

2007.

38. 훨씬 이전의 선구적인 업적으로서, 피험자가 "문자나 숫자가 전혀 보이지 않는다"고 보고할 만큼 멀리 제시되어도 피험자가 우연 이상으로 정확하게 알아맞히는 것을 보여주는 사이디스의 실험이 있다. Sidis 1898.

39. Broadbent 1962.

40. Moray 1959.

41. Lewis 1970.

42. Marcel 1983.

43. Marcel 1980.

44. Schvaneveldt and Meyer 1976.

45. Holender 1986; Holender and Duscherer 2004.

46. Dell'Acqua and Grainger 1999; Dehaene, Naccache, Le Clec'H, Koechlin, Mueller, Dehaene-Lambertz, van de Moortele, and Le Bihan 1998; Naccache and Dehaene 2001b; Merikle 1992; Merikle and Joordens 1997.

47. Abrams and Greenwald 2000.

48. 원리적으로 말하면 이런 관련짓기가 'h-a-p-p-y'라는 문자열에서 운동 반응 그 자체로 직접 이루어졌을 가능성도 있다. 그러나 앤서니 그린월드 등은 이 해석을 부정한다. '긍정적' 및 '부정적'으로 배정된 손을 도중에 반대로 배정해도 단어 'happy'를 의연하게 '긍정적'으로 분류하는 반응을 유도했던 것이다. Abrams, Klinger, and Greenwald 2002 참조.

49. Dehaene, Naccache, Le Clec'H, Koechlin, Mueller, Dehaene-Lambertz, van de Moortele, and Le Bihan 1998; Naccache and Dehaene 2001a; Naccache and Dehaene 2001b; Greenwald, Abrams, Naccache, and Dehaene 2003; Kouider and Dehaene 2009.

50. Kouider and Dehaene 2009.

51. Naccache and Dehaene 2001b; Greenwald, Abrams, Naccache, and Dehaene 2003.

52. Naccache and Dehaene 2001a.

53. Dehaene 2011.

54. Nieder and Miller 2004; Piazza, Izard, Pinel, Le Bihan, and Dehaene 2004; Piazza, Pinel, Le Bihan, and Dehaene 2007; Nieder and Dehaene 2009.

55. den Heyer and Briand 1986; Koechlin, Naccache, Block, and Dehaene 1999; Reynvoet and Brysbaert 1999; Reynvoet, Brysbaert, and Fias 2002; Reynvoet and Brysbaert 2004; Reynvoet, Gevers, and Caessens 2005.

56. Van den Bussche and Reynvoet 2007; Van den Bussche, Notebaert, and Reynvoet 2009.

57. Naccache, Gaillard, Adam, Hasboun, Clémenceau, Baulac, Dehaene, and Cohen 2005.

58. Morris, Ohman, and Dolan 1999; Morris, Ohman, and Dolan 1998.

59. Kiefer and Spitzer 2000; Kiefer 2002; Kiefer and Brendel 2006.

60. Vogel, Luck, and Shapiro 1998; Luck, Vogel and Shapiro 1996.

61. van Gaal, Naccache, Meeuwese, van Loon, Cohen, and Dehaene 2013.

62. 알아차리지 않은 채 구문 처리가 이루어지는 실례는 Batterink and Neville 2013 참조.

63. Sergent, Baillet, and Dehaene 2005.

64. Cohen, Cavanagh, Chun, and Nakayama 2012; Posner, and Rothbart 1998; Posner 1994.

65. 주의와 의식의 분리에 대해서는 Koch and Tsuchiya 2007 참조.

66. McCormick 1997.

67. Bressan and Pizzighello 2008; Tsushima, Seitz, and Watanabe 2008; Tsushima, Sasaki, and Watanabe 2006.

68. Posner and Snyder 1975.

69. Naccache, Blandin, and Dehaene 2002. 그리고 Lachter, Forster, and Ruthruff 2004; Kentrige, Nijboer, and Heywood 2008; Kiefer and Brendel 2006 등도 참조.

70. Woodman and Luck 2003.

71. Marti, Sigman, and Dehaene 2012.

72. Pessiglione, Schmidt, Draganski, Kalisch, Lau, Dolan, and Frith 2007.

73. Pessiglione, Petrovic, Daunizeau, Palminteri, Dolan, and Frith 2008.

74. Jaynes 1976, 23.

75. Hadamard 1945.

76. Bechara, Damasio, Tranel, and Damasio 1997. 이 발견은 Maria and

McClelland 2004에서 의문시되었다가 나중에 Persaud, Davidson, Maniscalco, Mobbs, Passingham, Cowey and Lau 2011에 의해 명확해졌다.

77. Lawrence, Jollant, O'Daly, Zelaya, and Phillips 2009.

78. Dijksterhuis, Bos, Nordgren, and van Baaren 2006.

79. Yang and Shadlen 2007.

80. de Lange, van Gaal, Lamme, and Dehaene 2011.

81. Van Opstal, de Lange, and Dehaene 2011.

82. Wagner, Gais, Haider, Verleger, and Born 2004.

83. Ji and Wilson 2007; Louie and Wilson 2001.

84. van Gaal, Ridderinkhof, Fahrenfort, Scholte, and Lamme 2008.

85. van Gaal, Ridderinkhof, Scholte, and Lamme 2010.

86. Nieuwenhuis, Ridderinkhof, Blom, Band, and Kok 2001.

87. Lau and Passingham 2007. 그리고 Reuss, Kiesel, Kunde, and Hommel 2001도 참조.

88. Lau and Rosenthal 2011; Rosenthal 2008; Bargh and Morsella 2008; Velmans 1991.

3장 의식은 무엇에 좋은가?

1. Turing 1952.

2. Gould 1974.

3. Gould and Lewontin 1979.

4. Velmans 1991.

5. Nørretranders 1999.

6. Lau and Rosenthal 2011; Velmans 1991; Wegner 2003. 벤저민 리벳은 좀 더 미묘한 표현을 쓰고 있다. 그의 주장에 따르면 의식은 자발적인 행동의 개시에는 아무런 역할도 하지 않지만, 그것을 거부할지도 모른다. Libet 2004; Libet, Gleason, Wright, and Pearl 1983 등을 참조.

7. Peirce 1901.

8. Pack and Born 2001.

9. Pack, Berezovskii, and Born 2001.

10. Moreno-Bote, Knill, and Pouget 2011.

11. 제1장 참조. Brascamp and Blake 2012; Zhang, Jamison, Engel, He, and He 2011 등도 참조.

12. Norris 2009; Norris 2006.

13. Schvaneveldt and Meyer 1976.

14. Vul, Hanus, and Kanwisher 2009; Vul, Nieuwenstein, and Kanwisher 2008.

15. Vul and Pashler 2008.

16. Fuster 1973; Fuster 2008; Funahashi, Bruce, and Goldman-Rakic 1989; Goldman-Rakic 1995.

17. Rounis, Maniscalco, Rothwell, Passingham, and Lau 2010; Del Cul, Dehaene, Reyes, Bravo, and Slachevsky 2009.

18. Clark, Manns, and Squire 2002; Clark and Squire 1998.

19. Carter, O'Doherry, Seymour, Koch, and Dolan 2006. 그리고 Carter, Hofstotter, Tsuchiya, and Koch 2003도 참조. 하지만 기억흔적조건부 테스트 의 평기에 대해서는 논의가 분분한 상내나. 식물인간상태의 환자 중에 이 테스트 를 통과하는 자도 있기 때문이다. Bekinschtein, Shalom, Forcato, Herrera, Coleman, Manes, and Sigman 2009; Bekinschtein, Peeters, Shalom, and Sigman 2011 등 참조.

20. Edelman 1989.

21. Han, O'Tuathaigh, van Trigt, Quinn, Fanselow, Mongeau, Koch, and Anderson 2003.

22. Mattler 2005; Greenwald, Draine, and Abrams 1996; Dupoux, de Gardelle, and Kouider 2008.

23. Naccache 2006b.

24. Soto, Mantyla, and Silvanto 2011.

25. Siegler 1987; Siegler 1988; Siegler 1989; Siegler and Jenkins 1989.

26. 논란은 있으나, 일련의 도형을 다른 눈에 비쳐 '9-4-3' 같은 복잡한 빼기 문제가 보 이지 않더라도 피험자들이 그것을 풀 수 있다고 주장하는 최근 보고도 있다(Sklar, Levy, Goldstein, Mandel, Marlil, and Hassin 2012). 그러나 이 연구에 이용된 방법 은 피험자가 계산을 일부밖에 실행하지 않았을 가능성(예컨대 '9-4'만 계산)을 배제 할 수 없다. 비록 후속 연구에 의해 여러 개의 숫자를 하나의 계산에 결합시키는 능

력이 지지를 받았더라도, 내게는 여전히 그 결합이 의식과 무의식 상황에서 아주 다르게 수행되었으리라고 예측된다. 서로 다른 8가지 수의 평균과 같은 고도의 계산도 의식 없이 병행 처리할 수 있을지 모른다(De Lange, van Gaal, Lamme, and Dehaene 2011; Van Opstal, de Lange, and Dehaene 2011). 하지만 완만하고 직렬적이며 유연하고 제어가 이루어지는 처리는 의식의 특권이라 생각된다.

27. Zylberberg, Fernandez Slezak, Roelfsema, Dehaene, and Sigman 2010.

28. Zylberberg, Dehaene, Roelfsema, and Sigman 2011; Zylberberg, Fernandez Slezak, Roelfsema, Dehaene, and Sigman 2010; Zylberberg, Dehaene, Mindlin, and Sigman 2009; Dehaene, and Sigman 2012. 그리고 Shanahan and Baars 2005도 참조.

29. Turing 1936.

30. Anderson 1983; Anderson and Lebiere 1998.

31. Ashcraft and Stazyk 1981; Widaman, Geary, Cormier, and Little 1989.

32. Tombu and Jolicoeur 2003; Logan and Schulkind 2000; Moro, Tolboom, Khayat, and Roelfsema 2010.

33. Sackur and Dehaene 2009.

34. Dehaene and Cohen 2007; Dehaene 2009.

35. 계산 천재는 이 예측에 반하는 것처럼 생각될지 모른다. 그러나 나는 다음과 같은 이 반대 의견을 가지고 있다. 우리는 그들의 전략이 어느 정도까지 실제로 의식적인 노력에 의존하고 있는지를 알지 못한다. 아무튼 그들은 일반적으로 계산에 몇 초 동안 정신을 집중해야 하며, 그 사이에 산만해지지도 않는다. 그들은 자신의 전략을 언어로 설명할 수 없지만(혹은 그러기를 거부한다), 그렇다고 해서 그들의 머리에 아무것도 떠오르지 않음을 의미하는 것은 결코 아니다. 예컨대 숫자 배열이나 캘린더의 선명한 시각 이미지 속을 움직인다고 보고하는 자도 있다(Howe and Smith 1988).

36. Sackur and Dehaene 2009.

37. de Lange, van Gaal, Lamme, and Dehaene 2011.

38. Van Opstal, de Lange, and Dehaene 2011.

39. Dijksterhuis, Bos, Nordgren, and van Baaren 2006.

40. de Lange, van Gaal, Lamme, and Dehaene 2011.

41. Levelt 1989.

42. Reed and Durlach 1998.

43. Dunbar 1996.

44. Bahrami, Olsen, Latham, Roepstorff, Rees, and Frith 2010.

45. Buckner, Andrew-Hanna, and Schacter 2008.

46. Yokoyama, Miura, Watanabe, Takemoto, Uchida, Sugiura, Horie, et al. 2010; Kikyo, Ohki, and Miyashita 2002. 그리고 Rounis, Maniscalco, Rothwell, Passingham, and Lau 2010; Del Cul, Dehaene, Reyes, Bravo, and Slachevsky 2009; Fleming, Weil, Nagy, Dolan, and Rees 2010 등도 참조.

47. Saxe and Powell 2006; Perner and Aichhorn 2008.

48. Ochsner, Knierim, Ludlow, Hanelin, Ramachandran, Glover, and Mackey 2004; Vogeley, Bussfeld, Newen, Herrmann, Happe, Falkai, Maier, et al. 2001.

49. Jenkins, Macrae, and Mitchell 2008.

50. Ricoeur 1990.

51. Frith 2007.

52. Marti, Sackur, Sigman, and Dehaene 2010; Corallo, Sackur, Dehaene, and Sigman 2008.

4장 의식적 사고의 기호

1. Ogawa, Lee, Kay, and Tank 1990.

2. Grill-Spector, Kushnir, Hendler, and Malach 2000.

3. Dehaene, Naccache, Cohen, Le Bihan, Mangin, Poline, and Rivière 2001.

4. Naccache and Dehaene 2001a.

5. Dehaene, Naccache, Cohen, Le Bihan, Mangin, Poline, and Rivière 2001. 니코스 로고테티스 등은 깨어있는 원숭이를 대상으로 단일 신경세포기록 기술을 이용함으로써 비슷한 관찰결과를 얻었다. Leopold and Logothetis 1996; Logothetis, Leopold, and Sheinberg 1996; Logothetis 1998 등 참조.

6. Dehaene, Naccache, Cohen, Le Bihan, Mangin, Poline, and Rivière 2001. 또한 '보이는 자극'과 '보이지 않는 자극'을 대비시키지 않고 유사한 지적을 하는 Rodriguez, George, Lachaux, Martinerie, Renault, and Varela 1999; Varela, Lachaux, Rodriguez, and Martinerie 2001 등도 참조.

7. Sadaghiani, Hesselmann, and Kleinschmidt 2009.

8. van Gaal, Ridderinkhof, Scholte, and Lamme 2010.

9. 의식적인 노력을 필요로 하는 처리에 관한 전두엽·두정엽활동의 다른 사례는 Marois, Yi, and Chun 2004; Kouider, Dehaene, Jobert, and Le Bihan 2007; Stephan, Thaut, Wunderlich, Schicks, Tian, Tellmann, Schmitz, et al. 2002; McIntosh, Rajah, and Lobaugh 1999; Petersen, van Mier, Fiez, and Raichle 1998 등 참조.

10. Sergent, Baillet, and Dehaene 2005.

11. 상동; Sergent and Dehaene 2004.

12. Williiams, Baker, Op de Beeck, Shim, Dang, Triantafyllou, and Kanwisher 2008; Roelfsema, Lamme, and Spekreijse 1998; Roelfsema, Khayat, and Spekreijse 2003; Supèr, Spekreijse, and Lamme 2001a; Supèr, Spekreijse, and Lamme 2001b; Haynes, Driver, and Rees 2005. 그리고 Williiams, Visser, Cunnington, and Mattingley 2008도 참조.

13. Luck, Vogel and Shapiro 1996.

14. 신경과학자는 P3a파와 P3b파를 구별한다. 전자는 예기치 않았던 일이 일어났을 때 전두엽 안쪽의 일부 영역에서 자동적으로 생기고, 후자는 피질 전체에 걸쳐서 분산되는 신경세포의 활동패턴을 보여준다. P3a파는 무의식중에도 환기할 수 있지만, P3b파는 구체적으로 의식상태를 가리키는 것 같다.

15. Lamy, Salti, and Bar-Haim 2009; Del Cul, Baillet, and Dehaene 2007; Donchin and Coles 1988; Bekinschtein, Dehaene, Rouhaut, Tadel, Cohen, and Naccache 2009; Picton 1992; Melloni, Molina, Pena, Torres, Singer, and Rodriguez 2007 등 참조. 또한 논평은 Dehaene 2011을 참조.

16. Marti, Sackur, Sigman, and Dehaene 2010; Sigman, and Dehaene 2008; Marti, Sigman, and Dehaene 2012.

17. Dehaene 2008.

18. Levy, Pashler, and Boer 2006; Strayer, Drews, and Johnston 2003.

19. Pisella, Grea, Tilikete, Vighetto, Desmurget, Rode, Boisson, and Rossetti 2000.

20. 이 효과의 정확한 메커니즘에 대해서는 현재도 논의가 이루어지고 있다. 이 논의에 대해서는 Kanai, Carlson, Verstraten, and Walsh 2009; Eagleman and

Sejnowski 2007; Krekelberg and Lappe 2001; Eagleman and Sejnowski 2000 등 참조.

21. Nieuwenhuis, Ridderinkhof, Blom, Band, and Kok 2001.

22. Dehaene, Posner and Tucker 1994; Gehring, Goss, Coles, Meyer, and Donchin 1993.

23. 의식이 사실 이후 한참 지나 일어난다는 생각은 캘리포니아 대학교의 심리학자 벤저민 리벳에 의해 최초로 제기되었다(Libet 1991; Libet, Gleason, Wright, and Pearl 1983; Libet, Wright, Feinstein, and Pearl 1979; Libet, Alberts, Wright, and Feinstein 1967; Libet, Alberts, Wright, Delattre, Levin, and Feinstein 1964). 그의 정교한 실험은 시대를 앞선 것이었다. 예컨대 그는 무의식적으로 지각되는 시도들에 초기의 사건관계 전위가 존재한다는 것, 그리고 늦게 생기는 뇌 반응이 의식과 더 상관관계가 있음을 이미 1967년 시점에 주목했다(Libet, Alberts, Wright, and Feinstein 1967 참조. 또한 Libet 1965; Schiller and Chorover 1996도 참조). 하지만 아쉽게도 그의 해석은 지나쳤다. 자신의 발견에 대한 최소한의 해석도 확인하려 하지 않고 오히려 비물질적인 '정신 엉억mental field'이나 시간역행 메커니즘에 호소했다(Libet 2004). 그래서 그의 연구에 대해서는 논란이 많았다. 최근 들어 비로소 그의 발견에 대한 새로운 신경생리학적인 해석이 제기되었다(Schurger, Sitt, and Dehaene 2012 등).

24. Sergent, Baillet, and and Dehaene 2005.

25. Lau and Passingham 2006.

26. Persaud, Davidson, Maniscalco, Mobbs, Passingham, Cowey, and Lau 2011.

27. Lamy, Salti, and Bar-Haim 2009.

28. Dehaene and Naccache 2001.

29. Hebb 1949.

30. Dehaene, Sergent and Changeux 2003.

31. Dehaene and Naccache 2001.

32. Del Cul, Baillet, and Dehaene 2007.

33. 상동; Del Cul, Dehaene, and Leboyer 2006. 우리는 다른 방법으로 유사한 결과를 얻었다(Sergent, Baillet, and Dehaene 2005; Sergent and Dehaene 2004). 의식적 지각의 불연속성에 대해서는 현재도 논의되고 있다(Overgaard, Rote, Mouridsen, and Ramsøy 2006 참조). 혼란의 일부는 고정된 표시 내용(예를 들면 숫자)에 대한 전

부 아니면 전무의 접근이라는 우리 주장과, 의식의 내용이 서서히 변화할 수 있다는 사실(피험자는 먼저 막대 모양, 다음에 글자 하나, 그리고 단어 전체를 보고 있을는지 모른다)을 구별하지 못해 생기는지도 모른다. Kouider, de Gardelle, Sackur, and Dupoux 2010; Kouider and Dupoux 2004 참조.

34. Gaillard, Dehaene, Adam, Clemenceau, Hasboun, Baulac, Cohen, and Naccache 2009; Gaillard, Del Cul, Naccache, Vinckier, Cohen, and Dehaene 2006; Gaillard, Naccache, Pinel, Clemenceau, Volle, Hasboun, Dupont, et al. 2006.

35. Fisch, Privman, Ramot, Harel, Nir, Kipervasser, Andelman, et al. 2009; Quiroga, Mukamel, Isham, Malach, and Fried 2008; Kreiman, Fried, and Koch 2002.

36. Gaillard, Dehaene, Adam, Clemenceau, Hasboun, Baulac, Cohen, and Naccache 2009.

37. Fisch, Privman, Ramot, Harel, Nir, Kipervasser, Andelman, et al. 2009.

38. Gaillard, Dehaene, Adam, Clemenceau, Hasboun, Baulac, Cohen, and Naccache 2009; Fisch, Privman, Ramot, Harel, Nir, Kipervasser, Andelman, et al. 2009; Aru, Axmacher, Do Lam, Fell, Elger, Singer, and Melloni 2012.

39. Whittingstall and Logothetis 2009; Fries, Nikolic, and Singer 2007; Cardin, Carlen, Meletis, Knoblich, Zhang, Deisseroth, Tsai, and Moore 2009; Buzsaki 2006.

40. Fries 2005.

41. Womelsdorf, Schoffelen, Oostenveld, Singer, Desimone, Engel, and Fries 2007; Fries 2005; Varela, Lachaux, Rodriguez, and Martinerie 2001.

42. Rodriguez, George, Lachaux, Martinerie, Renault, and Varela 1999; Gaillard, Dehaene, Adam, Clemenceau, Hasboun, Baulac, Cohen, and Naccache 2009; Gross, Schmitz, Schnitzler, Kessler, Shapiro, Hommel, and Schnitzler 2004; Melloni, Molina, Pena, Torres, Singer, and Rodriguez 2007.

43. Varela, Lachaux, Rodriguez, and Martinerie 2001.

44. He, Snyder, Zempel, Smyth, and Raichle 2008; He, Zempel, Snyder,

and Raichle 2010; Canolty, Edwards, Dalal, Soltani, Nagarajan, Kirsch, Berger, et al. 2006.

45. Gaillard, Dehaene, Adam, Clemenceau, Hasboun, Baulac, Cohen, and Naccache 2009.

46. Pins anf Ffytche 2003; Palva, Linkenkaer-Hansen, Naatanen, and Palva 2005; Fahrenfort, Scholte, and Lamme 2007; Railo and Koivisto 2009; Koivisto, Lahteenmaki, Sorensen, Vangkilde, Overgarrd, and Revonsuo 2008.

47. van Aalderen-Smeets, Oosstenveld, and Schwarzbach 2006; Lamy, Salti, and Bar-Haim 2009.

48. Wyart, Dehaene, and Tallon-Baudry 2012.

49. Palva, Linkenkaer-Hansen, Naatanen, and Palva 2005; Wyart and Tallon-Baudry 2009; Boly, Balteau, Schnakers, Degueldre, Moonen, Luxen, Phillips, et al. 2007; Supèr, van der Togt, Spekreijse, and Lamme 2003; Sadaghiani, Hesselmann, Friston, and Kleinschmidt 2010.

50. Nieuwenhuis, Gilzenrat, Holmes, and Cohen 2005.

51. 청반 부근의 뇌간 핵에 대한 손상은 혼수상태를 일으킬 수 있다. Parvizi and Damaiso 2003을 참조.

52. Haynes 2009.

53. Shady, Macleod, and Fisher 2004; Krolak-Salmon, Henaff, Tallon-Baudry, Yvert, Guenot, Vighetto, Mauguìere, and Bertrand 2003.

54. MacLeod and He 1993; He and MacLeod 2001.

55. Quiroga, Kreiman, Koch, and Fried 2008; Quiroga, Mukamel, Isham, Malach, and Fried 2008.

56. Wyler, Ojemann, and Ward 1982; Heit, Smith, and Halgren 1988.

57. Fried, MacDonald, and Wilson 1997.

58. Quiroga, Kreiman, Koch, and Fried 2008; Quiroga, Mukamel, Isham, Malach, and Fried 2008; Quiroga, Reddy, Kreiman, Koch, and Fried 2005; Kreiman, Fried, and Koch 2002; Kreiman, Koch, and Fried 2000a; Kreiman, Koch, and Fried 2000b.

59. Quiroga, Reddy, Kreiman, Koch, and Fried 2007.

60. Quiroga, Mukamel, Isham, Malach, and Fried 2008.

61. Kreiman, Fried, and Koch 2002. 이 연구는 니코스 로고테티스와 데이비드 레오폴드의 짧은꼬리원숭이를 이용한 선구적인 연구를 바탕으로 삼고 있다. 그 연구에서는 신경세포의 방전을 기록하고 있는 사이에 의식적 지각을 보고할 수 있도록 원숭이를 훈련시켰다. Leopold and Logothetis 1996; Logothetis, Leopold, and Sheinberg 1996; Leopold and Logothetis 1999 등 참조.

62. Kreiman, Koch, and Fried 2000b.

63. Fisch, Privman, Ramot, Harel, Nir, Kipervasser, Andelman, et al. 2009.

64. Vogel, McCollough, and Machizawa 2005; Vogel and Machizawa 2004.

65. Schurger, Pereira, Treisman, and Cohen 2009.

66. Dean and Platt 2006.

67. Derdikman and Moser 2010.

68. Jezek, Henriksen, Treves, Moser, and Moser 2011.

69. Peyrache, Khamassi, Benchenane, Wiener, and Battaglia 2009; Ji and Wilson 2007; Louie and Wilson 2001.

70. Horikawa, Tamaki, Miyawaki, and Kamitani 2013.

71. Thompson 1910; Magnusson and Stevens 1911.

72. Barker, Jalinous, and Freeston 1985; Pascual-Leone, Walsh, and Rothwell 2000; Hallett 2000.

73. Selimbeyoglu and Parvizi 2010; Parvizi, Jacques, Foster, Withoft, Rangarajan, Weiner, and Grill-Spector 2012.

74. Selimbeyoglu and Parvizi 2010.

75. Blanke, Ortigue, Landis, and Seeck 2002.

76. Desmurget, Reilly, Richard, Szathmari, Mottolese, and Sirigu 2009.

77. Taylor, Walsh, and Eimer 2010.

78. Silvanto, Lavie, and Walsh 2005; Silvanto, Cowey, Lavie, and Walsh 2005.

79. Halelamien, Wu, and Shimojo 2007.

80. Silvanto and Cattaneo 2010.

81. Lamme and Roelfsema 2000.

82. Lamme 2006.

83. Zeki 2003에서는 '의식분리가설'을 옹호하며, 각 뇌 부위에는 독자적인 형태의 '미세

의식'이 부호화되어있다고 생각한다.

84. Edelman 1987; Sporns, Tononi, and Edelman 1991.

85. Lamme and Roelfsema 2000; Roelfsema 2005.

86. Lamme, Zipser, and Spekreijse 1998; Pack and Born 2001.

87. Koivisto, Railo, and Salminen-Vaparanta 2010; Koivisto, Mantyla, and Silvanto 2010.

88. 변화 맹시에 관해서는 Beck, Muggleton, Walsh, and Lavie 2006 참조. 두 눈 사이의 경쟁에 관해서는 Carmel, Walsh, Lavie, and Rees 2010 참조. 부주의 맹시에 관해서는 Babiloni, Vecchio, Rossi, De Capua, Bartalini, Ulivelli, and Rossini 2007 참조. 주의의 깜빡거림에 대해서는 Kihara, Ikeda, Matsuyoshi, Hirose, Mima, Fukuyama, and Osaka 2010 참조.

89. Kanai, Muggleton, and Walsh 2008.

90. Rounis, Maniscalco, Rothwell, Passingham, and Lau 2010. 내 견해로는 초점을 응축한 단발 펄스에 의한 자극은 안전한 것처럼 여겨지지만, 이 연구에 이용된 것과 같은 좌우 양쪽으로의 심한 자극은 피해야 한다. 그 효과는 1시간 이내에 사라진다지만 정신과 의사는 뇌 구조에 일어나는 검출 가능한 장기적 변화를 통해 우울함으로부터의 완화를 유도하고자 일상적으로 경두개 자극을 장기간에 걸쳐 이용하고 있다(예를 들어 May, Hajak, Ganssbauer, Steffens, Langguth, Kleinjung and Eichhammer 2007 참조). 나라면 현재의 지식상태에서는 내게 그렇게 하지 않도록 할 것이다.

91. Carlen, Meletis, Siegel, Cardin, Futai, Vierling-Claassen, Ruhlmann, et al. 2011; Cardin, Carlen, Meletis, Knoblich, Zhang, Deisseroth, Tsai, and Moore 2009.

92. Adamantidis, Zhang, Aravanis, Deisseroth, and de Lecea 2007.

5장 의식의 이론화

1. Dehaene, Kerszberg, and Changeux 1998; Dehaene, Changeux, Naccache, Sackur, and Sergent 2006; Dehaene and Naccache 2001. 광역 신경세포 작업공간이론은 앞서 버나드 바스의 독창적인 저서(Baars 1989)에서 최초로 제기된 '광역작업공간이론'과 직접 관련이 있다. 우리들은 유난히 피질의 장거리 네트워크가 그 실행

에 필수적인 역할을 하고 있다고 제안함으로써 신경학적 용어로 만들었다(Dehaene, Kerszberg, and Changeux 1998).

2. Taine 1870.

3. Dennett 1991.

4. Dennett 1978.

5. Broadbent 1958.

6. Pashler 1994.

7. Chun and Potter 1995.

8. Shallice 1972; Shallice 1979; Posner and Snyder 1975; Posner and Rothbart 1998.

9. James 1890.

10. 19세기에 영국 신경학자 존 휼링 잭슨John Hughling Jackson에 의해 강조된 이 계층 구조는 신경학의 교과서적인 지식이 되었다.

11. van Gaal, Ridderinkhof, Fahrenfort, Scholte, and Lamme 2008; van Gaal, Ridderinkhof, Scholte, and Lamme 2010.

12. Tsao, Freiwald, Tootell, and Livingstone 2006.

13. Dehaene and Naccache 2001.

14. Denton, Shade, Zamarippa, Egan, Blair-West, Mckinley, Lancaster, and Fox 1999.

15. Hagmann, Cammoun, Gigandet, Meuli, Honey, Wedeen, and Sporns 2008; Parvizi, Van Hoesen, Buckwalter, and Damasio 2006.

16. Goldman-Rakic 1988.

17. Sherman 2012

18. Rigas and Castro-Alamancos 2007.

19. Elston 2003; Elston 2000.

20. Elston, Benavides-Piccione, and DeFelipe 2001.

21. Konopka, Wexler, Rosen, Mukamel, Osborn, Chen, Lu, et al. 2012.

22. Enard, Przeworski, Fisher, Lai, Wiebe, Kitano, Monaco, and Paabo 2002.

23. Pinel, Fauchereau, Moreno, Barbot, Lathrop, Zelenika, Le Bihan, et al. 2012.

24. Lai, Fisher, Hurst, Vargha-Khadem, and Monaco 2001.

25. Enard, Gehre, Hammerschmidt, Holter, Blass, Somel, Bruckner, et al. 2009; Vernes, Oliver, Spiteri, Lockstone, Puliyadi, Taylor, and Ho, et al. 2011.

26. Di Virgilio and Clarke 1997.

27. Tononi and Edelman 1998.

28. Hebb 1949.

29. Tsunoda, Yamane, Nishizaki, and Tanifuji 2001.

30. Selfridge 1959.

31. Felleman and Van Essen 1991; Salin and Bullier 1995.

32. Perin, Berger, and Markram 2011.

33. Hopfield 1982; Ackley, Hinton, and Sejnowski 1985; Amit 1989.

34. Crick 2003; Koch and Crick 2001.

35. Tononi 2008. 줄리오 토노니는 Φ라는 정보 통합의 수량적 척도를 나타내는 차이와 통합의 수식화를 도입했다. '의식은 통합된 정보'인 의식 시스템에는 이 척도의 높은 값이 필요충분조건이다. 그러나 내게는 이 결론이 쉽게 받아들여지지 않는다. 그것은 박테리아의 콜로니든 은하든 연결된 시스템이라면 무엇이나 어느 정도의 의식을 가진다는 논리, 즉 범심론에 이를 수 있기 때문이다. 또한 시각이나 의미에 관한 복잡하고 무의식적인 처리가 인간의 뇌 안에서 일상적으로 이루어지고 있는 이유를 설명하지 못한다.

36. Meyer and Damasio 2009; Damasio 1989.

37. Edelman 1987.

38. Friston 2005; Kersten, Mamassian, and Yuille 2004.

39. Beck, Ma, Kiani, Hanks, Churchland, Roitman, Shadlen, et al. 2008.

40. Dehaene, Kerszberg, and Changeux 1998; Dehaene, Changeux, Naccache, Sackur, and Sergent 2006; Dehaene, Naccache 2001; Dehaene 2011.

41. Fries 2005; Womelsdorf, Schoffelen, Oostenveld, Singer, Desimone, Engel, and Fries 2007; Buschman and Miller 2007; Engel and Singer 2001.

42. He and Raichle 2009.

43. Rockstroh, Müller, Cohen, and Elbert 1992.

44. Vogel, McCollough, and Machizawa 2005; Vogel and Machizawa 2004.

45. Dehaene and Changeux 2005; Dehaene, Sergent and Changeux 2003;

Dehaene, Kerszberg, and Changeux 1998. 우리 시뮬레이션은 기존 모델(Lumer, Edelman, and Tononi 1997a; Lumer, Edelman, and Tononi 1997b)에서 영감을 받은 것이었다. 그러나 그 기존 모델은 초기 시각 영역에 한정된 것이었다. 나중에 같은 아이디어를 더욱 확장해 부에노스아이레스 대학교의 아리엘 질베르베르크와 마리아노 시그만에 의해 좀 더 현실적인 시뮬레이션이 이루어졌다(Zylberberg, Fernandez Slezak, Roelfsema, Dehaene, and Sigman 2010; Zylberberg, Dehaene, Mindlin, and Sigman 2009). 동일선상에서 보스턴 대학교의 낸시 코펠Nancy Kopell 등은 수면·마취상태를 시뮬레이션할 수 있는 상세한 피질역학적 신경생리학상의 모델을 개발했다(Ching, Cimenser, Purdon, Brown, and Kopell 2010; McCarthy, Brown, and Kopell 2008).

46. 나중에 아리엘 질베르베르크는 훨씬 대규모 네트워크로 그 시뮬레이션을 확장시켰다. Zyllberberg, Fernandez Slezak, Roelfsema, Dehaene, and Sigman 2010; Zylberberg, Dehaene, Mindlin, and Sigman 2009 참조.

47. 마취상태, 각성상태, 의식화 등과 조응하는 상전이에 대해서는 몇 가지 상세한 제안이 있다. Steyn-Ross, Steyn-Ross, and Sleigh 2004; Breshears, Roland, Sharma, Gaona, Freudenburg, Tempelhoff, Avidan, and Leuthardt 2010; Jordan, Stockmanns, Kochs, Pilge, and Schneider 2008; Ching, Cimenser, Purdon, Brown, and Kopell 2010; Dehaene, and Changeux 2005 등 참조.

48. Portas, Krakow, Allen, Josephs, Armony, and Frith 2000; Davis, Coleman, Absalom, Rodd, Johnsrude, Matta, Owen, and Menon 2007; Supp, Siegel, Hipp, and Engel 2011.

49. Tsodyks, Kenet, Grinvald, and Arieli 1999; Kenet, Bibitchkov, Tsodyks, Grinvald, and Arieli 2003.

50. He, Snyder, Zempel, Smyth, and Raichle 2008; Raichle, MacLeod, Snyder, Powers, Gusnard, and Shulman 2001; Raichle 2010; Greicius, Krasnow, Reiss, and Menon 2003.

51. He, Snyder, Zempel, Smyth, and Raichle 2008; Boly, Tshibanda, Vanhaudenhuyse, Noirhomme, Schnakers, Ledoux, Boveroux, et al. 2009; Greicius, Kiviniemi, Tervonen, Vainionpaa, Alahuhta, Reiss, and Menon 2008; Vincent, Patel, Fox, Snyder, Baker, Van Essen, Zempel, et al. 2007.

52. Buckner, Andrews-Hanna, and Schacter 2008.

53. Mason, Norton, Van Horn, Wegner, Grafton, and Macrae 2007; Christoff, Gordon, Smallwood, Smith, and Schooler 2009.

54. Smallwood, Beach, Schooler, and Handy 2008.

55. Dehaene and Changeux 2005.

56. Sadaghiani, Hesselmann, Friston, and Kleinschmidt 2010.

57. Reichle 2010.

58. Berkes, Orban, Lengyel, and Fiser 2011.

59. Changeux, Heidmann, and Patte 1984; Changeux and Danchin 1976; Edelman 1987; Changeux and Dehaene 1989.

60. Dehaene and Changeux 1997; Dehaene, Kerszberg, and Changeux 1998; Dehaene and Changeux 1991.

61. Rougier, Noelle, Braver, Cohen, and O'Reilly 2005.

62. Dehaene, Changeux, Naccache, Sackur, and Sergent 2006.

63. 상동.

64. Sergent, Baillet, and Dehaene 2005; Dehaene, Sergent and Changeux 2003; Zylberberg, Fernandez Slezak, Roelfsema, Dehaene, and Sigman 2010; Zylberberg, Dehaene, Mindlin, and Sigman 2009.

65. Sergent, Wyart, Babo-Rebelo, Cohen, Naccache, and Tallon-Baudry 2013; Marti, Sigman, and Dehaene 2012.

66. Enns and Di Lollo 2000; Di Lollo, Enns, and Rensink 2000 등도 참조.

67. Shady, MacLeod, and Fisher 2004; He and MacLeod 2001.

68. Gilbert, Sigman, and Crist 2001.

69. Haynes and Rees 2005a; Haynes and Rees 2005b; Haynes, Sakai, Rees, Gilbert, Frith, and Passingham 2007.

70. Stettler, Das, Bennett, and Gilbert 2002.

71. Gaser and Schlaug 2003; Bengtsson, Nagy, Skare, Forsman, Forssberg, and Ullen 2005.

72. Buckner and Koutsaal 1998; Buckner, Andrews-Hanna, and Schacter 2008.

73. Sigala, Kusunoki, Nimmo-Smith, Gaffan, and Duncan 2008; Saga, Iba, Tanji, and Hoshi 2011; Shima, Isoda, Mushiake, and Tanji 2007; Fujii and

Graybiel 2003. 논평은 Dehaene and Sigman 2012 참조.

74. Tyler and Marslen-Wilson 2008; Griffiths, Marslen-Wilson, Stamatakis, and Tyler 2013; Pallier, Devauchelle, and Dehaene 2011; Saur, Schelter, Schnell, Kratochvil, Kupper, Kellmeyer, Kummerer, et al. 2010; Fedorenko, Duncan, and Kanwisher 2012.

75. Davis, Coleman, Absalom, Rodd, Johnsrude, Matta, Owen, and Menon 2007.

76. Beck, Ma, Kiani, Hanks, Churchland, Roitman, Shadlen, et al. 2008; Friston 2005; Deneve, Latham, and Pouget 2001.

77. Yang and Shadlen 2007.

78. Izhikevich and Elelman 2008.

6장 궁극적인 테스트

1. Laureys 2005.

2. Leon-Carrion, van Eeckhout, Dominguez-Morales Mdel, and Perez-Santamaria 2002.

3. Schnakers, Vanhaudenhuyse, Giacino, Ventura, Boly, Majerus, Moonen, and Laureys 2009.

4. Smedira, Evans, Grais, Cohen, Lo, Cooke, Schecter, et al. 1990.

5. Laureys, Owen, and Schiff 2004.

6. Pontifical Academy of Sciences 2008.

7. Alving, Moller, Sindrup, and Nielsen 1979; Grindal, Suter, and Martinez 1977; Westmoreland, Klass, Sharbrough, and Reagan 1975.

8. Hanslmayr, Gross, Klimesch, and Shapiro 2011; Capotosto, Babiloni, Romani, and Corbetta 2009.

9. Supp, Siegel, Hipp, and Engel 2011.

10. Jennett and Plum 1972.

11. Jennett 2002.

12. Giacino 2005.

13. Giacino, Kezmarsky, DeLuca, and Ciserone 1991. 현재 신경학자들은 개정

판 '혼수상태 회복척도(CRS-R)'를 이용하고 있다(Giacino, Kalmar, and Whyte 2004). 이 척도에 포함된 일련의 테스트는 현재도 논의와 개량이 계속 이루어지고 있다. 예컨대 Schnakers, Vanhaudenhuyse, Giacino, Ventura, Boly, Majerus, Moonen, and Laureys 2009 참조.

14. Giacino, Kalmar, and Whyte 2004; Schnakers, Vanhaudenhuyse, Giacino, Ventura, Boly, Majerus, Moonen, and Laureys 2009.

15. Bruno, Bernheim, Ledoux, Pellas, Demertzi, and Laureys 2011. 또한 Laureys 2005도 참조.

16. Owen, Coleman, Boly, Davis, Laureys, and Pickard 2006. 자극에 대한 반응에 변동이 보이기 때문에 애당초 이 환자를 최소의식상태로 분류해야 했던 것이 아닌지 임상 의사들 사이에서 논의가 이어지고 있다. 그 점은 별도로 하더라도 이 환자에게 거의 정상적인 뇌활동패턴이 보였음은 주목할 만하다.

17. 예컨대 Davis, Coleman, Absalom, Rodd, Johnsrude, Matta, Owen, and Menon 2007; Portas, Krakow, Allen, Josephs, Armony, and Frith 2000 등 참조.

18. Naccache 2006a; Nachev and Husain 2007; Greenberg 2007.

19. Ropper 2010.

20. Owen, Coleman, Boly, Davis, Laureys, Jolles, and Pickard 2007.

21. Monti, Vanhaudenhuyse, Coleman, Boly, Pickard, Tshibanda, Owen, and Laureys 2010.

22. Cyranoski 2012.

23. EEG에 의한 뇌파 해석과 뇌·컴퓨터 인터페이스 개척자가 튀빙겐 대학교의 닐스 비르바우머Neils Birbaumer인 것에 이의를 제기하는 자는 없을 것이다. 논평은 Birbaumer, Murguialday, and Cohen 2008 참조.

24. Cruse, Chennu, Chatelle, Bekinschtein, Fernandez-Espejo, Pickard, Laureys, and Owen 2011.

25. Goldfine, Victor, Conte, Bardin, and Schiff 2012.

26. Goldfine, Victor, Conte, Bardin, and Schiff 2011.

27. Chatelle, Chennu, Noirhomme, Cruse, Owen, and Layreys 2012.

28. Hochberg, Bacher, Jarosiewicz, Masse, Simeral, Vogel, Haddadin, et al. 2012.

29. Brumberg, Nieto-Castanon, Kennedy, and Guenther 2010.

30. Squires, Squires, and Hillyard 1975; Squires, Wickens, Squires, and Donchin 1976.

31. Naatanen, Paavilainen, Rinne, and Alho 2007.

32. Wacongne, Changeux, and Dehaene 2012.

33. 부적합 반응은 의식의 지표가 되지 않지만 임상적인 징후로서는 유용하다. 명확한 부적합 반응을 보이는 혼수상태 환자는 그렇지 않은 환자와 비교할 때 나중에 회복될 가능성이 높다. Fischer, Luaute, Adeleine, and Morlet 2004; Kane, Curry, Butler, and Cummins 1993; Naccache, Puybasset, Gaillard, Serve, and Willer 2005 등 참조.

34. Bekinschtein, Dehaene, Rohaut, Tadel, Cohen, and Naccache 2009.

35. 상동.

36. Faugeras, Rohaut, Weiss, Bekinschtein, Galanaud, Puybasset, Bolgert, et al. 2012; Faugeras, Rohaut, Weiss, Bekinschtein, Galanaud, Puybasset, Bolgert, et al. 2011.

37. Friston 2005; Wacongne, Labyt, van Wassenhove, Bekinschtein, Naccache, and Dehaene 2011.

38. King, Faugeras, Gramfort, Schurger, El Karoui, Sitt, Wacongne, et al. 2013. 유사한 접근으로 Tzovara, Rossetti, Spierer, Grivel, Murray, Oddo, and De Lucia 2012도 참조.

39. Massimini, Ferrarelli, Huber, Esser, Singh, and Tononi 2005; Massimini, Boly, Casali, Rosanova, and Tononi 2009; Ferrarelli, Massimini, Sarasso, Casali, Riedner, Angelini, Tononi, and Pearce 2010.

40. Casali, Gosseries, Rosanova, Boly, Sarasso, Casali, Casarotto, et al. 2013.

41. Rosanova, Gosseries, Casarotto, Boly, Casali, Bruno, Mariotti, et al. 2012.

42. Laureys 2005; Laureys, Lemaire, Maquer, Phillips, and Franck 1999.

43. Schiff, Ribary, Moreno, Beattie, Kronberg, Blasberg, Giacino, et al. 2002; Schiff, Ribary, Plum, and Llinas 1999.

44. Galanaud, Perlbarg, Gupta, Stevens, Sanchez, Tollard, de Champfleur, et al. 2012; Tshibanda, Vanhaudenhuyse, Galanaud, Boly, Laureys, and Puybasset 2009; Galanaud, Naccache, and Puybasset 2007.

45. King, Faugeras, Gramfort, Schurger, El Karoui, Sitt, Wacongne, et al. 2013.

46. WSMI는 'symbolic transfer entropy'라는 이전의 제안에서 영감을 받아 고안했다. Staniek and Lehnertz 2008 참조.

47. Sitt, King, El Karoui, Rohaut, Faugeras, Gramfort, Cohen, et al. 2013.

48. 고주파와 저주파 사이의 상충은 마취상태의 무의식 심도를 측정하려는 시판되는 시스템의 2파장 지수 계산에 강하게 나타났다. 비판적인 평가에 대해서는 Miller, Sleigh, Barnard, and Steyn-Ross 2004; Schnakers, Ledoux, Majerus, Damas, Damas, Lambermont, Lamy, et al. 2008 등을 참조.

49. Schiff, Giacino, Kalmar, Victor, Baker, Gerber, Fritz, et al. 2007. 이 연구의 우선순위는 의문시되었는데(Staunton 2008), 혼수상태·식물인간상태의 환자를 대상으로 하는 뇌 심부의 자극이 1960년대부터 빈번하게 이루어졌기 때문이다. 예컨대 Tsubokawa, Yamamoto, Katayama, Hirayama, Maejima, and Moriya 1990 참조. 의문에 대한 응답은 Schiff, Giacino, Kalmar, Victor, Baker, Gerber, Fritz, et al. 2008 참조.

50. Moruzzi and Magoun 1949.

51. Shirvalkar, Seth, Schiff, and Herrera 2006.

52. Giacino, Fins, Machado, and Schiff 2012.

53. Schiff, Giacino, Kalmar, Victor, Baker, Gerber, Fritz, et al. 2007.

54. Voss, Uluc, Dyke, Watts, Kobylarz, McCandliss, Heier, et al. 2006. 그리고 Sidaros, Engberg, Sidaros, Liptrot, Herning, Petersen, Paulson, et al. 2008도 참조.

55. Laureys, Faymonville, Luxen, Lamy, Franck, and Maquet 2000.

56. Matsuda, Matsumura, Komatsu, Yanaka, and Nose 2003.

57. Giacino, Fins, Machado, and Schiff 2012.

58. Brefel-Courbon, Payoux, Ory, Sommer, Slaoui, Raboyeau, Lemesle, et al. 2007.

59. Cohen, Chaaban, and Habert 2004.

60. Schiff 2010.

61. Striem-Amit, Cohen, Dehaene, and Amedi 2012.

7장 의식의 미래

1. Tooley 1983.

2. Tooley 1972.

3. Singer 1993.

4. Diamond and Doar 1989; Diamond and Gilbert 1989; Diamond and Goldman-Rakic 1989.

5. Dubios, Dehaene-Lambertz, Perrin, Mangin, Cointepas, Duchesnay, Le Bihan, and Hertz-Pannier 2007; Jessica Dubios and Ghislaine Dehaene-Lambertz, ongoing research at Unicog lab, NeuroSpin Center, Gif-sur-Yvette, France에서 진행 중인 연구.

6. Fransson, Skiold, Horsh, Nordell, Blennow, Lagercrantz, and Aden 2007; Doria, Beckmann, Arichi, Merchant, Groppo, Turkheimer, Counsell, et al. 2010; Lagercrantz and Changeux 2010.

7. Mehler, Jusczyk, Lambertz, Halsted, Bertoncini, and Amiel-Tison 1988.

8. Dehaene-Lambertz, Dehaene, and Hertz-Pannier 2002; Dehaene-Lambertz, Hertz-Pannier and Dubios 2006; Dehaene-Lambertz, Hertz-Pannier, Dubios, Meriaux, Roche, Sigman, and Dehaene 2006; Dehaene-Lambertz, Montavont, Jobert, Allirol, Dubios, Hertz-Pannier, and Dehaene 2009.

9. Dehaene-Lambertz, Montavont, Jobert, Allirol, Dubios, Hertz-Pannier, and Dehaene 2009.

10. Leroy, Glasel, Dubios, Hertz-Pannier, Thiron, Mangin, and Dehaene-Lambertz 2011.

11. Dehaene-Lambertz, Hertz-Pannier, Dubios, Meriaux, Roche, Sigman, and Dehaene 2006.

12. Davis, Coleman, Absalom, Rodd, Johnsrude, Matta, Owen, and Menon 2007.

13. Dehaene-Lambertz, Hertz-Pannier, Dubios, Meriaux, Roche, Sigman, and Dehaene 2006.

14. Basirat, Dehaene, and Dehaene-Lambertz 2012.

15. Johnson, Dziurawiec, Ellis, and Morton 1991.

16. 유아를 대상으로 하는 실험에 관해서는 Gelskov and Kouider 2010; Kouider, Stahlhut, Gelskov, Barbosa, Dutat, de Gardelle, Christophe, et al. 2013 참조. 제4장에서 언급했지만 성인에 대해서는 Del Cul, Baillet, and Dehaene 2007에서 논의되었다.

17. Diamond and Doar 1989.

18. de Haan and Nelson 1999; Csibra, Kushnerenko, and Grossman 2008.

19. Nelson, Thomas, de Haan, and Wewerka 1998.

20. Dehaene-Lambertz and Dehaene 1994.

21. Friederici, Friedrich, and Weber 2002.

22. Dubios, Dehaene-Lambertz, Perrin, Mangin, Cointepas, Duchesnay, Le Bihan, and Hertz-Pannier 2007.

23. Izard, Sann, Spelke, and Streri 2009.

24. Lagercrantz and Changeux 2009.

25. Han, O'Tuathaigh, van Trigt, Quinn, Fanselow, Mongeau, Koch, and Anderson 2003; Dos Santos Coura and Granon 2012.

26. Bolhuis and Gahr 2006.

27. Leopold and Logothetis 1996.

28. Kovacs, Vogels, and Orban 1995; Macknik and Haglund 1999.

29. Cowey and Stoerig 1995.

30. Fuster 2008.

31. Denys, Vanduffel, Fize, Nelissen, Sawamura, Georgieva, Vogels, et al. 2004.

32. Hasson, Nir, Levy, Fuhrmann, and Malach 2004.

33. Hayden, Smith, and Platt 2009.

34. Buckner, Andrews-Hanna, and Schacter 2008.

35. 나는 동료들과 현재 원숭이(린 유리그, 베키르 자라와의 공동연구) 및 생쥐(카림 방슈난, 카트린 와코뉴와의 공동연구)에서의 국소·광역적인 패러다임을 조사하고 있다.

36. Smith, Schull, Strote, McGee, Egnor, and Erb 1995.

37. Terrace and Son 2009.

38. Hampton 2001; Kornell, Son, and Terrace 2007; Kiani and Shadlen 2009.

39. Kornell, Son, and Terrace 2007.

40. Nieuwenhuis, Ridderinkhof, Blom, Band, and Kok 2001; Logan and Crump 2010; Charles, Van Opstal, Marti, and Dehaene 2013.

41. Kiani and Shadlen 2009; Fleming, Weil, Nagy, Dolan, and Rees 2010. 전 전두엽이나 두정엽과 긴밀하게 결합되는 시상침pulvinar이라는 시상의 일부도 또 한 메타인지적인 판단에 중요한 역할을 한다. Komura, Nikkuni, Hirashima, Uetake, and Miyamoto 2013 참조.

42. Meltzoff and Brooks 2008; Kovacs, Teglas, and Endress 2010.

43. Herrmann, Call, Hernandez-Lloreda, Hare, and Tomasello 2007.

44. Marticorena, Ruiz, Mukerji, Goddu, and Santos 2011.

45. Fuster 2008.

46. Elston, Benavides-Piccione, and DeFelipe 2001; Elston 2003.

47. Ochsner, Knierim, Ludlow, Hanelin, Ramachandran, Glover, and Mackey 2004; Saxe and Powell 2006; Fleming, Weil, Nagy, Dolan, and Rees 2010.

48. Schoenemann, Sheehan, and Glotzer 2005.

49. Schenker, Buxhoeveden, Blackmon, Amunts, Zilles, and Semendeferi 2008; Schenker, Hopkins, Spocter, Garrison, Stimpson, Erwin, Hof, and Sherwood 2009.

50. Nimchinsky, Gilissen, Allman, Perl, Erwin, and Hof 1999; Allman, Hakeem, and Watson 2002; Allman, Watson, Tetreault, and Hakeem 2005.

51. Dehaene and Changeux 2011.

52. Frith 1979; Frith 1996; Stephan, Friston, and Frith 2009.

53. Huron, Danion, Giacomoni, Grange, Robert, and Rizzo 1995; Danion, Meulemans, Kauffmann-Muller, and Vermaat 2001; Danion, Cuervo, Piolino, Huron, Riutort, Peretti, and Eustache 2005.

54. Dehaene, Artiges, Naccache, Martelli, Viard, Schurhoff, Recasens, et al. 2003; Del Cul, Dehaene, and Leboyer 2006. 우리는 손상된 의식화와 손상되지 않은 식역 이하의 처리가 분리되는 것에 특히 연구의 초점을 맞추었다. 조현병 환자 의 마스킹 문제에 관한 초기 연구를 논평한 것은 McClure 2001 참조.

55. Reuter, Del Cul, Audoin, Malikova, Naccache, Ranjeva, Lyon-Caen, et al. 2007.

56. Reuter, Del Cul, Malikova, Naccache, Confort-Gouny, Cohen, Cherif, et al. 2009.

57. Luck, Fuller, Braun, Robinson, Summerfelt, and Gold 2006; Luck, Kappenman, Fuller, Robinson, Summerfelt, and Gold 2009; Antoine Del Cul, Stanislas Dehaene, Marion Leboyer et al., 미발표 실험.

58. Uhlhaas, Linden, Singer, Haenschel, Lindner, Maurer, and Rodriguez 2006; Uhlhaas and Singer 2010.

59. Kubicki, Park, Westin, Nestor, Mulkern, Maier, Niznikiewicz, et al. 2005; Karlsgodt, Sun, Jimenez, Lutkenhoff, Willhite, van Erp, and Cannon 2008; Knochel, Oertel-Knochel, Schonmeyer, Rotarska-Jagiela, van den Ven, Prvulovic, Haenschel, et al. 2012.

60. Basset, Bullmore, Verchinski, Mattay, Weinberger, and Meyer-Lindenberg 2008; Liu, Liang, Zhou, He, Hao, Song, Yu, et al. 2008; Basset, Bullmore, Meyer-Lindenberg, Apud, Weinberger, and Coppola 2009; Lynall, Basset, Kerwin, McKenna, Kitzbichler, Muller, and Bullmore 2010.

61. Ross, Margolis, Reading, Pletnicov, and Coyle 2006; Dickman and Davis 2009; Tang, Yang, Chen, Lu, Ji, Roche, and Lu 2009; Shao, Shuai, Wang, Feng, Lu, Li, Zhao, et al. 2011.

62. Self, Kooijmans, Supèr, Lamme, and Roelfsema 2012.

63. Dehaene, Sergent and Changeux 2003; Dehaene and Changeux 2005.

64. Wong and Wang 2006.

65. Fletcher and Frith 2009; 그리고 Stephan, Friston, and Frith 2009도 참조.

66. Friston 2005.

67. Dalmau, Tuzun, Wu, Masjuan, Rossi, Voloschin, Baehring, et al. 2007; Dalmau, Gleichman, Hughes, Rossi, Peng, Lai, Dessain, et al. 2008.

68. Block 2001; Block 2007.

69. Chalmers 1996.

70. Chalmers 1995, 81.

71. Weiss, Simoncelli, and Adelson 2002.

72. Lucretius, *De Rerum Natura*(사물의 성질), book 2.

73. Eccles 1994.

74. Penrose and Hameroff 1998.

75. Dennett 1984.

76. Edelman 1989.

참고문헌

Abrams, R. L., and A. G. Greenwald. 2000. "Parts Outweigh the Whole (Word) in Unconscious Analysis of Meaning." *Psychological Science* 11 (2): 118-24.

Abrams, R. L., M. R. Klinger, and A. G. Greenwald. 2002. "Subliminal Words Activate Semantic Categories (Not Automated Motor Responses)." *Psychonomic Bulletin and Review* 9 (1): 100-6.

Ackley, D. H., G. E. Hinton, and T. J. Sejnowski. 1985. "A Learning Algorithm for Boltzmann Machines." *Cognitive Science* 9 (1): 147-69.

Adamantidis, A. R., F. Zhang, A. M. Aravanis, K. Deisseroth, and L. de Lecea. 2007. "Neural Substrates of Awakening Probed with Optogenetic Control of Hypocretin Neurons." *Nature* 450 (7168): 420-24.

Allman, J., A. Hakeem, and K. Watson. 2002. "Two Phylogenetic Specializations in the Human Brain." *Neroscientist* 8 (4): 335-46.

Allman, J. M., K. K. Watson, N. A. Tetreault, and A. Y. Hakeem. 2005. "Intuition and Autism: A Possible Role for Von Economo Neurons." *Trends in Cognitive Sciences* 9 (8): 367-73.

Almeida, J., B. Z. Mahon, K. Nakayama, and A. Caramazza. 2008. "Unconscious Processing Dissociates Along Categorical Lines." *Proceedings of the National Academy of Sciences* 105 (39): 15214-18.

Alving, J., M. Moller, E. Sindrup, and B. L. Nielsen. 1979. "'Alpha Pattern Coma' Following Cerebral Anoxia." *Electroencephalography and Clinical Neurophysiology* 47 (1): 95-101.

Amit, D. 1989. *Modeling Brain Function: The World of Attractor Neural Networks.* New York: Cambridge University Press.

Anderson, J. R. 1983. *The Architecture of Cognition.* Cambridge, Mass.: Harvard University Press.

Anderson, J. R., and C. Lebiere. 1998. *The Atomic Components of Thought.* Mahwah, N.J.: Lawrence Erlbaum.

Aru, J., N. Axmacher, A. T. Do Lam, J. Fell, C. E. Elger, W. Singer, and L. Melloni. 2012. "Local Category-Specific Gamma Band Responses in the Visual Cortex Do Not Reflect Conscious Perception." *Journal of Neuroscience* 32 (43): 14909-14.

Ashcraft, M. H., and E. H. Stazyk. 1981. "Mental Addition: A Test of Three Verification Models." *Memory and Cognition* 9: 185-96.

Baars, B. J. 1989. *A Cognitive Theory of Consciousness.* Cambridge, U.K.: Cambridge University Press.

Babiloni, C., F. Vecchio, S. Rossi, A. De Capua, S. Bartalini, M. Ulivelli, and P. M. Rossini. 2007. "Human Ventral Parietal Cortex Plays a Functional Role on Visuospatial Attention and Primary Consciousness: A Repetitive Transcranial Magnetic Stimulation Study." *Cerebral Cortex* 17 (6): 1486-92.

Bahrami, B., K. Olsen, P. E. Latham, A. Roepstorff, G. Rees, and C. D. Frith. 2010. "Optimally Interacting Minds." *Science* 329 (5995): 1081-85.

Baker, C., M. Behrmann, and C. Olson. 2002. "Impact of Learning on Representation of Parts and Wholes in Monkey Inferotemporal Cortex." *Nature Neuroscience* 5 (11): 1210-16.

Bargh, J. A., and E. Morsella. 2008. "The Unconscious Mind." *Perspectives on Psychological Science* 3(1): 73-79.

Barker A. T., R. Jalinous, I. L. Freeston. 1985. "Non-invasive Magnetic Stimulation of Human Motor Cortex." *Lancet* 1 (8437): 1106-7.

Basirat, A., S. Dehaene, and G. Dehaene-Lambertz. 2012. "A Hierarchy of Cortical Responses to Sequence Violations in Two-Month-Old Infants." *Cognition*, submitted.

Bassett, D. S., E. Bullmore, B. A, Verchinski, V. S, Mattay, D. R. Weinberger, and A. Meyer-Linderberg. 2008. "Hierarchical Organization of Human Cortical Networks in Health and Schizophrenia." *Journal of Neuroscience* 28 (37): 9239-48.

Bassett, D. S., E. T. Bullmore, A. Meyer-Lindenberg, J. A. Apud, D. R. Weinberger, and R. Coppola. 2009. "Cognitive Fitness of Cost-Efficient Brain Functional Networks." *Proceedings of the National Academy of Sciences* 106 (28): 11747-52.

Batterink L., and H. J. Neville. 2013. "The Human Brain Processes Syntax in the Absence of Conscious Awareness." *Journal of Neuroscience* 33 (19): 8528-33.

Bechara, A., H. Damasio, D. Tranel, and A. R. Damasio. 1997. "Deciding Advantageously Before Knowing the Advantageous Strategy." *Science* 275 (5304): 1293-95.

Beck, D. M., N. Muggleton, V. Walsh, and N. Lavie. 2006. "Right Parietal Cortex Plays a Critical Role in Change Blindness." *Cerebral Cortex* 16 (5): 712-17.

Beck, D. M., G. Rees, C. D. Frith, and N. Lavie. 2001. "Neural Correlates of Change Detection and Change Blindness." *Nature Neuroscience* 4: 645-50.

Beck, J. M., W. J. Ma, R. Kiani, T. Hanks, A. K. Churchland, J. Roitman, M. N. Shadlen, et al. 2008. "Probabilistic Population Codes for Bayesian Decision Making." *Neuron* 60 (6): 1142-52.

Bekinschtein, T. A., S. Dehaenea, B. Rohaut, F. Tadel, L. Cohen, and L. Naccache. 2009. "Neural Signature of the Conscious Processing of Auditory Regularities." *Proceedings of the National Academy of Sciences* 106 (5):1672-77.

Bekinschtein, T. A., M. Peeters, D. Shalom, and M. Sigman. 2011. "Sea Slugs, Subliminal Pictures, and Vegetative State Patients: Boundaries of Consciousness in Classical Conditioning." *Frontiers in Psychology* 2: 337.

Bekinschtein, T. A., D. E. Shalom, C. Forcato, M. Herrera, M. R. Coleman, F. F. Manes, and M. Sigman. 2009. "Classical Conditioning in the Vegetative and Minimally Conscious State." *Nature Neuroscience* 12 (10): 1343-49.

Bengtsson, S. L., Z. Nagy, S. Skare, L. Forsman, H. Forssberg, and F. Ullen. 2005. "Extensive Piano Practicing Has Regionally Specific Effects on White Matter Development." *Nature Neuroscience* 8 (9): 1148-50.

Berkes P., G. Orban, M. Lengyel, and J. Fiser. 2011. "Spontaneous Cortical Activity Reveals Hallmarks of an Optimal Internal Model of the Environment." *Science* 331

(6013): 83-87

Birbaumer, N., A. R. Murguialday, and L. Cohen. 2008. "Brain-Computer Interface in Paralysis." *Current Opinion in Neurobiology* 21 (6): 634-38.

Bisiach, E., C, Luzzatti, and D. Perani. 1979. "Unilateral Neglect, Representational Schema and Consciousness." *Brain* 102 (3): 609-18.

Blanke, O., T, Landis, L. Spinelli, and M. Seeck. 2004. "Out-of-Body Experience and Autoscopy of Neurological Origin." *Brain* 127 (Pt 2): 243-58.

Blanke, O., S. Ortigue, T, Landis, and M. Seeck. 2002. "Stimulating Illusory Own-Body Perceptions." *Nature* 419 (6904): 269-70.

Block, N. 2001. "Paradox and Cross Purposes in Recent Work on Consciousness." *Cognition* 79 (1-2): 197-219.

-----. 2007. "Consciousness Accessibility and the Mesh Between Psychology and Neuroscience." *Behavioral and Brain Sciences* 30 (5-6): 481-99; discussion 499-548.

Bolhuis, J. J., and M. Gahr. 2006. "Neural Mechanisms of Birdsong Memory." *Nature Reviews Neuroscience* 7 (5): 347-57.

Boly, M., E. Balteau, C. Schnakers, C. Degueldre, G. Moonen, A. Luxen, C. Phillips, et al. 2007. "Baseline Brain Activity Fluctuations Predict Somatosensory Perception in Humans." *Proceedings of the National Academy of Sciences* 104 (29): 12187-92.

Boly, M., L. Tshibanda, A. Vanhaudenhuyse, Q. Noirhomme, C. Schnakers, D. Ledoux, P. Boveroux, et al. 2009. "Functional Connectivity in the Default Network During Resting State Is Preserved in a Vegetative but Not in a Brain Dead Patient." *Human Brain Mapping* 30 (8): 239-400.

Botvinik, M., and J. Cohen. 1998. "Rubber Hands 'Feel' Touch That Eyes See." *Nature* 391 (6669): 756.

Bowers, J. S., G. Vigliocco, and R. Haan. 1998. "Orthographic, Phonological, and Articulatory Contributions to Masked Letter and Word Priming." *Journal of Experimental Psychology: Human Perception and Performance* 24 (6): 1705-19.

Brascamp J. W., and R. Blake. 2012. "Inattention Abolishes Binocular Rivalry: Perceptual Evidence." *Psychological Science* 23 (10): 1159-67.

Brefel-Courbon, C., P. Payoux, F. Ory, A. Sommet, T. Slaoui, G. Raboyeau, B. Lemesle, et. al. 2007. "Clinical and Imaging Evidence of Zolpidem Effect in Hypoxic

Encephalopathy." *Annals of Neurology* 62 (1): 102-5.

Breitmeyer, B. G., A. Koc, H. Ogmen, and R. Ziegler. 2008. "Functional Hierarchies of Nonconscious Visual Processing." *Vision Research* 48 (14): 1509-13.

Breshears, J. D., J. L. Roland, M. Sharma, C. M. Gaona, Z. V. Freudenburg, R. Tempelhoff, M. S. Avidan, and E. C. Leuthardt. 2010. "Stable and Dynamic Cortical Electrophysiology of Induction and Emergence with Propofol Anesthesia." *Proceedings of the National Academy of Sciences* 107 (49): 21170-75.

Bressan, P., and S. Pizzighello. 2008. "The Attentional Cost of Inattentional Blindness." *Cognition* 106 (1): 370-83.

Brincat, S. L., and C. E. Connor. 2004. "Underlying Principles of Visual Shape Selectivity in Posterior Inferotemporal Cortex." *Nature Neuroscience* 7 (8): 880-86.

Broadbent, D. E. 1958. *Perception and Communication*. London: Pergamon.

-----. 1962. "Attention and the Perception of Speech." *Scientific American* 206 (4): 143-51.

Brumberg, J. S., A. Nieto-Castanon, P. R. Kennedy, and F. H. Guenther. 2010. "Brain-Computer Interfaces for Speech Communication." *Speech Communication* 52 (4): 367-79.

Bruno, M. A., J. L. Bernheim, D. Ledoux, F. Pellas, A. Demertzi, and S. Laureys. 2011. "A Survey on Self-Assessed Well-Being in a Cohort of Chronic Locked-in Syndrome Patients: Happy Majority, Miserable Minority." *BMJ Open* 1 (1): e000039.

Buckner, R, L,, J. R. Andrews-Hanna, and D. L. Schacter. 2008. "The Brain's Default Network: Anatomy, Function, and Relevance to Disease." *Annals of the New York Academy of Sciences* 1124: 1-38.

Buckner, R, L,, and W. Koutstaal. 1998. "Functional Neuroimaging Studies of Encoding, Priming, and Explicit Memory Retrieval." *Proceedings of the National Academy of Sciences* 95 (3): 891-98.

Buschman, T. J., and E. K. Miller. 2007. "Top-Down Versus Bottom-Up Control of Attention in the Prefrontal and Posterior Parietal Cortices." *Science* 315 (5820): 1860-62.

Buzsaki, G. 2006. *Rhythms of the Brain*. New York: Oxford University Press.

Canolty, R. T., E. Edwards, S. S. Dalal, M. Soltani, S. S. Nagarajan, H. E. Kirsch, M. S. Berger, et al. 2006. "High Gamma Power Is Phase-Locked to Theta Oscillations in

Human Neocortex." *Science* 313 (5793): 1626-28.

Capotosto, P., C. Babiloni, G. L. Romani. and M. Corbetta. 2009. "Frontoparietal Cortex Controls Spatial Attention Through Modulation of Anticipatory Alpha Rhythms." *Journal of Neuroscience* 29 (18): 5863-72.

Cardin, J. A., M. Carlen, K. Meletis, U. Knoblich, F. Zhang, K. Deisseroth, L. H. Tsai, and C. I. Moore. 2009. "Driving Fast-Spiking Cells Induces Gamma Rhythm and Controls Sensory Responses." *Nature* 459 (7247): 663-47.

Carlen, M., K. Meletis, J. H. Siegle, J. A. Cardin, K. Futai, D. Vierling-Claassen, C. Ruhlmann, et al. 2011. "A Critical Role for NMDA Receptors in Parvalbumin Interneurons for Gamma Rhythm Induction and Behavior." *Molecular Psychiatry* 17 (5): 537-48.

Carmel, D., V. Walsh, N, Lavie, and G. Rees. 2010. "Right Parietal TMS Shortens Dominance Durations in Binocular Rivalry." *Current Biology* 20 (18): R799-800.

Carter, R. M., C. Hofstotter, N. Tsuchiya, and C. Koch. 2003. "Working Memory and Fear Conditioning." *Proceedings of the National Academy of Sciences* 100 (3): 1399-404.

Carter, R. M., J. P. O'Doherty, B. Seymour, C. Koch, R. J. Dolan. 2006. "Contingency Awareness in Human Aversive Conditioning Involves the Middle Frontal Gyrus." *NeuroImage* 29 (3): 1007-12.

Casali, A., O. Gosseries, M. Rosanova, M. Boly, S. Sarasso, K. R. Casali, S. Casarotto, et al. 2013. "A Theoretically Based Index of Consciousness Independent of Sensory Processing and Behavior." *Science Translational Medicine*, in press.

Chalmers, D. 1996. *The Conscious Mind.* New York: Oxford University Press.

Chalmers, D. 1995. "The Puzzle of Conscious Experience." *Scientific American* 273 (6): 80-86.

Changeux, J. P. 1983. *L'homme neuronal.* Paris: Fayard.

Changeux, J. P., and A. Danchin. 1976. "Selective Stabilization of Developing Synapses as a Mechanism for the Specification of Neuronal Networks." *Nature* 264: 705-12.

Changeux, J. P., and S. Dehaene. 1989. "Neuronal Models of Cognitive Functions." *Cognition* 33 (1-2): 63-109.

Changeux, J. P., and T. Heidmann, and P. Patte. 1984. "Learning by Selection." In *The Biology of Learning*, edited by P. Marler and H. S. Terrace, 115-39. Springer: Berlin.

Charles, L., F. Van Opstal, S. Marti, and S. Dehaene. 2013. "Distinct Brain Mechanisms for Conscious Versus Subliminal Error Detection." *NeuroImage* 73: 80-94.

Chatelle, C., S. Chennu, Q. Noirhomme, D. Cruse, A. M. Owen, and S. Laureys. 2012. "Brain-Computer Interfacing in Disorders of Consciousness." *Brain Injury* 26 (12): 1510-22.

Chein, J. M., and W. Schneider. 2005. "Neuroimaging Studies of Practice-Related Change: fMRI and Meta-analytic Evidence of a Domain-General Control Network for Learning." *Brain Research: Cognitive Brain Research* 25 (3): 607-23.

Ching, S., A. Cimenser, P. L. Purdon, E. N. Brown, and N. J. Kopell. 2010. "Thalamocortical Model for a Propofol-Induced Alpha-Rhythm Associated with Loss of Consciousness." *Proceedings of the National Academy of Sciences* 107 (52): 22665-70.

Chong, S. C., and R. Blake. 2006. "Exogenous Attention and Endogenous Attention Influence Initial Dominance in Binocular Rivalry." *Vision Research* 46 (11): 1794-803.

Chong, S. C., D. Tadin, and R. Blake. 2005. "Endogenous Attention Prolongs Dominance Durations in Binocular Rivalry." *Journal of Vision* 5 (11): 1004-12.

Christoff, K., A. M. Gordon, J. Smallwood, R. Smith, and J. W. Schooler. 2009. "Experience Sampling During fMRI Reveals Default Network and Executive System Contributions to Mind Wandering." *Proceedings of the National Academy of Sciences* 106 (21): 8719-24.

Chun, M. M., and M. C. Potter. 1995. "A Two-Stage Model for Multiple Target Detection in Rapid Serial Visual Presentation." *Journal of Experimental Psychology: Human Perception and Performance* 21 (1): 109-27.

Churchland, P. S. 1986. *Neurophilosophy: Toward a Unified Understanding of the Mind/ Brain.* Cambridge, Mass: MIT Press.

Clark, R. E., J. R. Manns, and L. R. Squire. 2002. "Classical Conditioning, Awareness, and Brain Systems." *Trends in Cognitive Sciences* 6 (12): 524-31.

Clark, R. E., and L. R. Squire. 1998. "Classical Conditioning and Brain Systems: The Role of Awareness." *Science* 280 (5360): 77-81.

Cohen, L., B. Chaaban, and M. O. Habert. 2004. "Transient Improvement of Aphasia with Zolpidem." *New England Journal of Medicine* 350 (9): 949-50.

Cohen, M. A., P. Cavanagh, M. M. Chun, and K. Nakayama. 2012. "The Attentional

Requirements of Consciousness." *Trends in Cognitive Sciences* 16 (8): 411-17.

Comte, A. 1830-42. *Cours de philosophie positive*. Paris: Bachelier.

Corallo, G., J. Sackur, S. Dehaene, and M. Sigman. 2008. "Limits on Introspection: Distorted Subjective Time During the Dual-Task Bottleneck." *Psychological Science* 19 (11): 1110-17.

Cowey, A., and P. Stoerig. 1995. "Blindsight in Monkeys." *Nature* 373 (6511): 247-49.

Crick, F., and C. Koch. 1990a. "Some Reflections on Visual Awareness." *Cold Spring Harbor Symposia on Quantitative Biology* 55: 953-62.

-----. 1990b. "Towards a Neurobiological Theory of Consciousness." *Seminars in Neurosciences* 2: 263-75.

-----. 2003. "A Framework for Consciousness." *Nature Neuroscience* 6 (2): 119-26.

Cruse, D., S. Chennu, C. Chatelle, T. A. Bekinschtein, D. Fernandez-Espejo, J. D. Pickard, S. Laureys, and A. M. Owen. 2011. "Bedside Detection of Awareness in the Vegetative State: A Cohort Study." *Lancet* 378 (9809): 2088-94.

Csibra, G., E. Kushnerenko, and T. Grossman. 2008. "Electrophysiological Methods in Studying Infant Cognitive Development." In *Handbook of Developmental Cognitive Neuroscience*, 2nd ed., edited by C. A. Nelson & M. Luciana. Cambridge, Mass.: MIT Press.

Cyranoski, D. 2012. "Neuroscience: The Mind Reader." *Nature* 486 (7402): 178-80.

Dalmau, J., A. J. Gleichman, E. G. Hughes, J. E. Rossi, X. Peng, M. Lai, S. K. Dessain, et al. 2008. "Anti-NMDA-Receptor Encephalitis: Case Series and Analysis of the Effects of Antibodies." *Lancet Neurology* 7 (12): 1091-98.

Dalmau, J., E. Tuzun, H. Y. Wu, J. Masjuan, J. E. Rossi, A. Voloschin, J. M. Baehring, et al. 2007. "Paraneoplastic Anti-N-Methyl-D-Aspartate Receptor Encephalitis Associated with Ovarian Teratoma." *Annals of Neurology* 61 (1): 25-36.

Damasio, A. R. 1989. "The Brain Binds Entities and Events by Multiregional Activation from Convergence Zones." *Neural Computation* 1: 123-32.

-----. 1994. *Descartes' Error: Emotion, Reason, and the Human Brain*. New York: G. P. Putnam.

Danion, J. M., C. Cuervo, P. Piolino, C. Huron, M. Riutort, C. S. Peretti, and F. Eustache. 2005. "Conscious Recollection in Autobiographical Memory: An Investigation in

Schizophrenia." *Consciousness and Cognition* 14 (3): 535-47.

Danion, J. M., T. Meulemans, F. Kauffman-Muller, and H. Vermaat. 2001. "Intact Implicit Learning in Schizophrenia." *American Journal of Psychiatry* 158 (6): 944-48.

Davis, M. H., M. R. Coleman, A. R. Absalom, J. M. Rodd, I. S. Johnsrude, B. F. Matta, A. M. Owen, and D. K. Menon. 2007. "Dissociating Speech Perception and Comprehension at Reduced Levels of Awareness." *Proceedings of the National Academy of Sciences* 104 (41): 16032-37.

de Groot, A. D., and F. Gobet 1996. *Perception and Memory in Chess*. Assen, Netherlands: Van Gorcum.

de Haan, M., and C. A. Nelson. 1999. "Brain Activity Differentiates Face and Object Processing in 6-Month-Old Infants." *Developmental Psychology* 35 (4): 1113-21.

de Lange, F. P., S. van Gaal, V. A. Lamme, and S. Dehaene. 2011. "How Awareness Changes the Relative Weights of Evidence During Human Decision-Making." *PLOS Biology* 9 (11): e1001203.

Dean, H. L., and M. L. Platt. 2006. "Allocentric Spatial Referencing of Neuronal Activity in Macaque Posterior Cingulate Cortex." *Journal of Neuroscience* 26 (4): 1117-27.

Dehaene, S. 2008. "Conscious and Nonconscious Processes: Distinct Forms of Evidence Accumulation?" In *Better Than Conscious? Decision Making, the Human Mind, and Implications for Institutions. Strüngmann Forum Report*, edited by C. Engel and W. Singer. Cambridge, Mass.: MIT Press.

-----. 2009. *Reading in the Brain*. New York: Viking.

-----. 2011. *The Number Sense*, 2nd ed. New York: Oxford University Press.

Dehaene, S., E. Artiges, L. Naccache, C. Martelli, A. Viard, F. Schurhoff, C. Recasens, et al. 2003. "Conscious and Subliminal Conflicts in Normal Subjects and Patients with Schizophrenia: the Role of the Anterior Cingulate." *Proceedings of the National Academy of Sciences* 100 (23): 13722-27.

Dehaene, S., and J. P. Changeux. 1991. "The Wisconsin Card Sorting Test: Theoretical Analysis and Modelling in a Neuronal Network." *Cerebral Cortex* 1: 62-79.

-----. 1997. "A Hierarchical Neuronal Network for Planning Behavior." *Proceedings of the National Academy of Sciences* 94 (24): 13293-98.

-----. 2005. "Ongoing Spontaneous Activity Controls Access to Consciousness: A

Neuronal Model for Inattentional Blindness." *PLOS Biology* 3 (5): e141.

-----. 2011. "Experimental and Theoretical Approaches to Conscious Processing." *Neuron* 70 (2): 200-27.

Dehaene, S., J. P. Changeux, L. Naccache, J. Sackur, and C. Sergent. 2006. "Conscious, Preconscious, and Subliminal Processing: A Testable Taxonomy." *Trends in Cognitive Sciences* 10 (5): 204-11.

Dehaene, S., and L. Cohen. 2007. "Cultural Recycling of Cortical Maps." *Neuron* 56 (2): 384-98.

Dehaene, S., A. Jobert, L. Naccache, P. Ciuciu, J. B. Poline, D. Le Bihan, and L. Cohen. 2004. "Letter Binding and Invariant Recognition of Masked Words: Behavioral and Neuroimaging Evidence." *Psychological Science* 15 (5): 307-13.

Dehaene, S., M. Kerszberg, and J. P. Changeux. 1998. "A Neuronal Model of a Global Workspace in Effortful Cognitive Tasks." *Proceedings of the National Academy of Sciences* 95 (24): 14529-34.

Dehaene, S., and L. Naccache. 2001. "Towards a Cognitive Neuroscience of Consciousness: Basic Evidence and a Workspace Framework." *Cognition* 79 (1-2): 1-37.

Dehaene, S., L. Naccache, L. Cohen, D. Le Bihan, J. F. Mangin, J. B. Poline, and D. Rivière. 2001. "Cerebral Mechanisms of Word Masking and Unconscious Repetition Priming." *Nature Neuroscience* 4 (7): 752-58.

Dehaene, S., L. Naccache, G. Le Clec'H, E. Koechlin, M. Mueller, G. Dehaene-Lambertz, P. F. van de Moortele, and D. Le Bihan. 1998. "Imaging Unconscious Semantic Priming." *Nature* 395 (6702): 597-600.

Dehaene, S., F. Pegado, L. W. Braga, P. Ventura, G. Nunes Filho, A. Jobert, G. Dehaene-Lambertz, et al. 2010. "How Learning to Read Changes the Cortical Networks for Vision and Language." *Science* 330 (6009): 1359-64.

Dehaene, S., M. I. Posner and D. M. Tucker. 1994. "Localization of a Neural System for Error Detection and Compensation." *Psychological Science* 5: 303-5.

Dehaene, S., C. Sergent and J. P. Changeux. 2003. "A Neuronal Network Model Linking Subjective Reports and Objective Physiological Data During Conscious Perception." *Proceedings of the National Academy of Sciences* 100: 8520-25.

Dehaene, S., and M. Sigman. 2012. "From a Single Decision to a Multi-step Algorithm."

Current Opinion in Neurobiology 22 (6): 937-45.

Dehaene-Lambertz, G., and S. Dehaene. 1994. "Speed and Cerebral Correlates of Syllable Discrimination in Infants." *Nature* 370: 292-95.

Dehaene-Lambertz, G., S. Dehaene, and L. Hertz-Pannier. 2002. "Functional Neuroimaging of Speech Perception in Infants." *Science* 298 (5600): 2013-15.

Dehaene-Lambertz, G., L. Hertz-Pannier, and J. Dubios. 2006. "Nature and Nurture in Language Acquisition: Anatomical and Functional Brain-Imaging Studies in Infants." *Trends in Neurosciences* 29 (7): 367-73.

Dehaene-Lambertz, G., L. Hertz-Pannier, J. Dubios, S. Meriaux, A. Roche, M. Sigman, and S. Dehaene. 2006. "Functional Organization of Perisylvian Activation During Presentation of Sentences in Preverbal Infants." *Proceedings of the National Academy of Sciences* 103 (38): 14240-45.

Dehaene-Lambertz, G., A. Montavont, A. Jobert, L. Allirol, J. Dubois, L. Hertz-Pannier, and S. Dehaene. 2009. "Language or Music, Mother or Mozart? Structural and Environmental Influences on Infants' Language Networks." *Brain Language* 114 (2): 53-65.

Del Cul, A., S. Baillet, and S. Dehaene. 2007. "Brain Dynamics Underlying the Nonlinear Threshold for Access to Consciousness." *PLOS Biology* 5 (10): e260.

Del Cul, A., S. Dehaene, and M. Leboyer. 2006. "Preserved Subliminal Processing and Impaired Conscious Access in Schizophrenia." *Archives of General Psychiatry* 63 (12): 1313-23.

Del Cul, A., S. Dehaene, P. Reyes, E. Bravo, and A. Slachevsky. 2009. "Causal Role of Prefrontal Cortex in the Threshold for Access to Consciousness." *Brain* 132 (9): 2531-40.

Dell'Acqua, R., and J. Grainger. 1999. "Unconscious Semantic Priming from Pictures." *Cognition* 73 (1): B1-B15.

den Heyer, K., and K. Briand. 1986. "Priming Single Digit Numbers: Automatic Spreading Activation Dissipates as a Function of Semantic Distance." *American Journal of Psychology* 99 (3): 315-40.

Deneve, S., P. E. Latham, and A. Pouget. 2001. "Efficient Computation and Cue Integration with Noisy Population Codes." *Nature Neuroscience* 4 (8): 826-31.

Dennett, D. 1978. *Brainstorms*. Cambridge, Mass.: MIT Press.

-----. 1984. *Elbow Room: The Varieties of Free Will Worth Wanting*. Cambridge, Mass.: MIT Press.

-----. 1991. *Consciousness Explained*. London: Penguin.

Denton, D., R. Shade, F. Zamarippa, G. Egan, J. Blair-West, M. Mckinley, J. Lancaster, and P. Fox 1999. "Neuroimaging of Genesis and Satiation of Thirst and an Interoceptor-Driven Theory of Origins of Primary Consciousness." *Proceedings of the National Academy of Sciences* 96 (9): 5304-9.

Denys, K., W. Vanduffel, D, Fize, K. Nelissen, H. Sawamura, S. Georgieva, R. Vogels, et al. 2004. "Visual Activation in Prefrontal Cortex Is Stronger in Monkeys than in Humans." *Journal of Cognitive Neuroscience* 16 (9): 1505-16.

Derdikman, D., and E. I. Moser. 2010. "A Manifold of Spatial Maps in the Brain." *Trends in Cognitive Sciences* 14 (12): 561-69.

Descartes, R. 1985. *The Philosophical Writings of Descartes*. Translated by J. Cottingham, R. Stoothoff, and D. Murdoch. New York: Cambridge University Press.

Desmurget, M., K. T. Reilly, N. Richard, A. Szathmari, C. Mottolese, and A. Sirigu. 2009. "Movement Intention After Parietal Cortex Stimulation in Humans." *Science* 324 (5928): 811-13.

Di Lollo, V., J. T. Enns, and R. A. Rensink. 2000. "Competition for Consciousness Among Visual Events: The Psychophysics of Reentrant Visual Processes." *Journal of Experimental Psychology: General* 129 (4): 481-507.

Di Virgilio, G., and S. Clarke. 1997. "Direct Interhemispheric Visual Input to Human Speech Areas." *Human Brain Mapping* 5 (5): 347-54.

Diamond, A., and B. Doar. 1989. "The Performance of Human Infants on a Measure of Frontal Cortex Function, the Delayed Response Task." *Developmental Psychobiology* 22 (3): 271-94.

Diamond, A., and J. Gilbert. 1989. "Development as Progressive Inhibitory Control of Action: Retrieval of a Contiguous Object." *Cognitive Development* 4 (3): 223-50.

Diamond, A., and P. S. Goldman-Rakic. 1989. "Comparison of Human Infants and Rhesus Monkeys on Piaget's A-not-B Task: Evidence for Dependence on Dorsolateral Prefrontal Cortex." *Experimental Brain Research* 74 (1): 24-40.

Dickman, D. K., and G. W. Davis. 2009. "The Schizophrenia Susceptibility Gene Dysbindin Controls Synaptic Homeostasis." *Science* 326 (5956): 1127-30.

Dijksterhuis, A., M. W. Bos, L. F. Nordgren, and R. B. van Baaren. 2006. "On Making the Right Choice: The Deliberation-Without-Attention Effect." *Science* 311 (5763): 1005-7.

Donchin, E., and M. G. H. Coles. 1988. "Is the P300 Component a Manifestation of Context Updating?" *Behavioral and Brain Sciences* 11 (3): 357-427.

Doria, V., C. F. Beckmann, T. Arichi, N. Merchant, M. Groppo, F. E. Turkheimer, S. J. Counsell, et al. 2010. "Emergence of Resting State Networks in the Preterm Human Brain." *Proceedings of the National Academy of Sciences* 107 (46): 20015-20.

Dos Santos Coura, R., and S. Granon. 2012. "Prefrontal Neuromodulation by Nicotinic Receptors for Cognitive Processes." *Psychopharmacology (Berlin)* 221 (1): 1-18.

Driver, J., and P. Vuilleumier. 2001. "Perceptual Awareness and Its Loss in Unilateral Neglect and Extinction." *Cognition* 79 (1-2): 39-88.

Dubios, J., G. Dehaene-Lambertz, M. Perrin, J. F. Mangin, Y. Cointepas, E. Duchesnay, D. Le Bihan, and L. Hertz-Pannier. 2007. "Asynchrony of the Early Maturation of White Matter Bundles in Healthy Infants: Quantitative Landmarks Revealed Noninvasively by Diffusion Tensor Imaging." *Human Brain Mapping* 29 (1): 14-27.

Dunbar, R. 1996. *Grooming, Gossip and the Evolution of Language*. London: Faber and Faber.

Dupoux, E., V. de Gardelle, and S. Kouider. 2008. "Subliminal Speech Perception and Auditory Streaming." *Cognition* 109 (2): 267-73.

Eagleman, D. M., and T. J. Sejnowski. 2000. "Motion Iintegration and Postdiction in Visual Awareness." *Science* 287 (5460): 2036-38.

-----. 2007. "Motion Signals Bias Localization Judgments: A Unified Explanation for the Flash-Lag, Flash-Drag, Flash-Jump, and Frohlich Illusions." *Journal of Vision* 7 (4): 3.

Eccles, J. C. 1994. *How the Self Controls Its Brain*. New York: Springer Verlag.

Edelman, G. 1987. *Neural Darwinism*. New York: Basic Books.

-----. 1989. *The Remembered Present*. New York: Basic Books.

Ehrsson, H. H. 2007. "The Experimental Induction of Out-of-Body Experiences." *Science* 317 (5841): 1048.

Ehrsson, H. H., C. Spence, and R. E. Passingham. 2004. "That's My Hand! Activity in

Premotor Cortex Reflects Feeling of Ownership of a Limb." *Science* 305 (5685): 875-77.

Eliasmith, C., T. C. Stewart, X. Choo, T. Bekolay, T. DeWolf, Y. Tang, and D. Rasmussen. 2012. "A Large-Scale Model of the Functioning Brain." *Science* 338 (6111): 1202-5.

Ellenberger, H. F. 1970. *The Discovery of the Unconscious: The History and Evolution of Dynamic Psychiatry.* New York: Basic Books.

Elston, G. N. 2000. "Pyramidal Cells of the Frontal Lobe: All the More Spinous to Think With." *Journal of Neuroscience* 20 (18): RC95.

-----. 2003. "Cortex, Cognition and the Cell: New Insights into the Pyramidal Neuron and Prefrontal Function." *Cerebral Cortex* 13 (11): 1124-38.

Elston, G. N., R. Benavides-Piccione, and J. DeFelipe. 2001. "The Pyramidal Cell in Cognition: A Comparative Study in Human and Monkey." *Journal of Neuroscience* 21 (17): RC163.

Eknard. W., S. Gehre, K. Hammerschmidt, S. M. Holter, T. Blass, M. Somel, M. K. Bruckner, et al. 2009. "A Humanized Version of Foxp2 Affects Cortico-Basal Ganglia Circuits in Mice." *Cell* 137 (5): 961-71.

Enard, W., M. Przeworski, S. E. Fisher, C. S. Lai, V. Wiebe, T. Kitano, A. P. Monaco, and S. Paabo 2002. "Molecular Evolution of FOXP2, a Gene Involved in Speech and Language." *Nature* 418 (6900): 869-72.

Engel, A. K., and W. Singer. 2001. "Temporal Binding and the Neural Correlates of Sensory Awareness." *Trends in Cognitive Sciences* 5 (1): 16-25.

Enns, J. T. and V. Di Lollo. 2000. "What's New in Visual Masking?" *Trends in Cognitive Sciences* 4 (9): 345-52.

Epstein, R., R. P. Lanza, and B. F. Skinner. 1981. "'Self-Awareness' in the Pigeon." *Science* 212 (4495): 695-96.

Fahrenfort, J. J., H. S. Scholte, and V. A. Lamme. 2007. "Masking Disrupts Reentrant Processing in Human Visual Cortex." *Journal of Cognitive Neuroscience* 19 (9): 1488-97.

Faugeras, F., B. Rohaut, N. Weiss, T. A. Bekinschtein, D. Galanaud, L. Puybasser, F. Bolgert, et al. 2011. "Probing Consciousness with Event-Related Potentials in the Vegetative State." *Neurology* 77 (3): 264-68.

-----. 2012. "Event Related Potentials Elicited by Violations of Auditory Regularities in

Patients with Impaired Consciousness." *Neuropsychologia* 50 (3): 403-18.

Fedorenko, E., J. Duncan, and N. Kanwisher. 2012. "Language-Selective and Domain-General Regions Lie Side by Side Within Broca's Area." *Current Biology* 22 (21): 2059-62.

Felleman, D. J., and D. C. Van Essen. 1991. "Distributed Hierarchical Processing in the Primate Cerebral Cortex." *Cerebral Cortex* 1 (1): 1-47.

Ferrarelli, F., M. Massimini, S. Sarasso, A. Casali, B. A. Riedner, G. Angelini, G. Tononi, and R. A. Pearce. 2010. "Breakdown in Cortical Effective Connectivity During Midazolam-Induced Loss of Consciousness." *Proceedings of the National Academy of Sciences* 107 (6): 2681-86.

Ffytche, D. H., R. J. Howard, M. J. Brammer, A. David, P. Woodruff, and S. Williams 1998. "The Anatomy of Conscious Vision: An fMRI Study of Visual Hallucinations." *Nature Neuroscience* 1 (8): 738-42.

Finger, S. 2001. *Origins of Neuroscience: A History of Explorations into Brain Function*. Oxford: Oxford University Press.

Finkel, L. H., and G. M. Edelman 1989. "Integration of Distributed Cortical Systems by Reentry: A Computer Simulation of Interactive Functionally Segregated Visual Areas." *Journal of Neuroscience* 9 (9): 3188-208.

Fisch, L., E. Privman, M. Ramot, M. Harel, Y. Nir, S. Kipervasser, F. Andelman, et al. 2009. "Neural 'Ignition': Enhanced Activation Linked to Perceptual Awareness in Human Ventral Stream Visual Cortex." *Neuron* 64 (4): 562-74.

Fischer, C., J. Luaute, P. Adeleine, and D. Morlet. 2004. "Predictive Value of Sensory and Cognitive Evoked Potentials for Awakening from Coma." *Neurology* 63 (4): 669-73.

Fleming, S. M., R. S. Weil, Z. Nagy, R. J. Dolan, and G. Rees. 2010. "Relating Introspective Accuracy to Individual Differences in Brain Structure." *Science* 329 (5998): 1541-43.

Fletcher, P. C., and C. D. Frith. 2009. "Perceiving is Believing: A Bayesian Approach to Explaining the Positive Symptoms of Schizophrenia." *Nature Reviews Neuroscience* 10 (1): 48-58.

Forster, K. I. 1998. "The Pros and Cons of Masked Priming." *Journal of Psycholinguistic Research* 27 (2): 203-33.

Forster, K. I., and C. Davis. 1984. "Repetition Priming and Frequency Attenuation in

Lexical Access." *Journal of Experimental Psychology: Learning, Memory, and Cognition* 10 (4): 680-98.

Fransson, P., B. Skiold, S. Horsh, A. Nordell, M. Blennow, H. Lagercrantz, and U. Aden 2007. "Resting-State Networks in the Infant Brain." *Proceedings of the National Academy of Sciences* 104 (39): 15531-36.

Fried, I., A. MacDonald, and C. L. Wilson. 1997. "Single Neuron Activity in Human Hippocampus and Amygdala During Recognition of Faces and Objects." *Neuron* 18 (5): 753-65.

Friederici, A. D., M. Friedrich, and C. Weber 2002. "Neural Manifestation of Cognitive and Precognitive Mismatch Detection in Early Infancy." *NeuroReport* 13 (10): 1251-54.

Fries, P. 2005. "A Mechanism for Cognitive Dynamics: Neuronal Communication Through Neuronal Coherence." *Trends in Cognitive Sciences* 9 (10): 474-80.

Fries, P., D. Nikolic, and W. Singer 2007. "The Gamma Cycle." *Trends in Neurosciences* 30 (7): 309-16.

Fries, P., J. H. Schroder, P. R. Roelfsema, W. Singer, and A. K. Engel. 2002. "Oscillatory Neuronal Synchronization in Primary Vvisual Cortex as a Correlate of Stimulus Selection." *Journal of Neuroscience* 22 (9): 3739-54.

Friston, K., 2005. "A Theory of Cortical Responses." *Philosophical Transactions of the Royal Society of B: Biological Sciences* 360 (1456): 815-36.

Frith, C. 1996. "The Role of the Prefrontal Cortex in Self-Consciousness: The Case of Auditory Hallucinations." *Philosophical Transactions of the Royal Society of B: Biological Sciences* 351 (1346): 1505-12.

-----. 1979. "Consciousness, Information Processing and Schizophrenia." *British Journal of Psychiatry* 134 (3): 225-35.

-----. 2007. *Making Up the Mind: How the Brain Creates Our Mental World*. London: Blackwell.

Fujii, N., and A. M. Graybiel. 2003. "Representation of Action Sequence Boundaries by Macaque Prefrontal Cortical Neurons." *Science* 301 (5637): 1246-49.

Funahashi, S., C. J. Bruce, and P. S. Goldman-Rakic. 1989. "Mnemonic Coding of Visual Space in the Monkey's Dorsolateral Prefrontal Cortex." *Journal of Neurophysiology* 61 (2): 331-49.

Fuster, J. M. 1973. "Unit Activity in Prefrontal Cortex During Delayed-Response Performance: Neuronal Correlates of Transient Memory." *Journal of Neurophysiology* 36 (1): 61-78.

-----. 2008. *The Prefrontal Cortex*, 4th ed. London: Academic Press.

Gaillard, R., S. Dehaene, C. Adam, S. Clemenceau, D. Hasboun, M. Baulac L. Cohen, and L. Naccache. 2009. "Converging Intracranial Markers of Conscious Access." *PLOS Biology* 7 (3): e61.

Gaillard, R., A. Del Cul, L. Naccache, F. Vinckier, L. Cohen, and S. Dehaene 2006. "Nonconscious Semantic Processing of Emotional Words Modulates Conscious Access." *Proceedings of the National Academy of Sciences* 103 (19): 7524-29.

Gaillard, R., L. Naccache, P. Pinel, S. Clemenceau, E. Volle, D. Hasboun, S. Dupont, et al. 2006. "Direct Intracranial, fMRI, and Lesion Evidence for the Causal Role of Left Inferotemporal Cortex in Reading." *Neuron* 50 (2): 191-204.

Galanaud, D., L. Naccache, and L. Puybasset. 2007. "Exploring Impaired Consciousness: The MRI Approach." *Current Opinion in Neurology* 20 (6): 627-31.

Galanaud, D., V. Perlbarg, R. Gupta, R. D. Stevens, P. Sanchez, E. Tollard, N. M. de Champfleur, et al. 2012. "Assessment of White Matter Injury and Outcome in Severe Brain Trauma: A Prospective Multicenter Cohort." *Anesthesiology* 117 (6): 1300-10.

Gallup. G. G. 1970. "Chimpanzees: Self-Recognition." *Science* 167: 86-87.

Gaser, C., and G. Schlaug. 2003. "Brain Structures Differ Between Musicians and Non-musicians." *Journal of Neuroscience* 23 (27): 9240-45.

Gauchet, M. 1992. *L'inconscient cérébral*. Paris: Le Seuil.

Gehring, W. J., B. Goss, M. G. H. Coles, D. E. Meyer, and E. Donchin. 1993. "A Neural System for Error Detection and Compensation." *Psychological Science* 4 (6): 385-90.

Gelskov, S. V., and S. Kouider 2010. "Psychophysical Thresholds of Face Visibility During Infancy." *Cognition* 114 (2): 285-92.

Giacino, J., J. J. Fins, A. Machado, and N. D. Schiff. 2012. "Central Thalamic Deep Brain Stimulation to Promote Recovery from Chronic Posttraumatic Minimally Conscious State: Challenges and Opportunities." *Neuromodulation* 15 (4): 339-49.

Giacino, J., T. 2005. "The Minimally Conscious State: Defining the Borders of Consciousness." *Progress in Brain Research* 150: 381-95.

Giacino, J. T., K. Kalmar, and J. Whyte 2004. "The JFK Coma Recovery Scale-Revised: Measurement Characteristics and Diagnostic Utility." *Archives of Physical Medicine and Rehabilitation* 85 (12): 2020-29.

Giacino, J. T., M. A. Kezmarsky, J. DeLuca, and K. D. Ciserone. 1991. "Monitoring Rate of Recovery to Predict Outcome in Minimally Responsive Patients." *Archives of Physical Medicine and Rehabilitation* 72 (11): 897-901.

Giacino, J. T., J. Whyte, E. Bagiella, K. Kalmar, N. Childs, A. Khademi, B. Eifert, et al. 2012. "Placebo-Controlled Trial of Amantadine for Severe Traumatic Brain Injury." *New England Journal of Medicine* 366 (9): 819-26.

Giesbrecht, B., and V. Di Lollo. 1998. "Beyond the Attentional Blink: Visual Masking by Object Substitution." *Journal of Experimental Psychology: Human Perception and Performance* 24 (5): 1454-66.

Gilbert, C. D., M. Sigman, and R. E. Crist. 2001. "The Neural Basis of Perceptual Learning." *Neuron* 31 (5): 681-97.

Gobet, F., and H. A. Simon. 1998. "Expert Chess Memory: Revisiting the Chunking Hypothesis." *Memory* 6 (3): 225-55.

Goebel, R., L. Muckli, F. E. Zanella, W. Singer, and P. Stoerig. 2001. "Sustained Extrastriate Cortical Activation Without Visual Awareness Revealed by fMRI Studies of Hemianopic Patients." *Vision Research* 41 (10-11): 1459-74.

Goldfine, A. M., J. D. Victor, M. M. Conte, J. C. Bardin, and N. D. Schiff. 2011. "Determination of Awareness in Patients with Severe Brain Injury Using EEG Power Spectral Analysis." *Clinical Neurophysiology* 122 (11): 2157-68.

-----. 2012. "Bedside Detection of Awareness in the Vegetative State." *Lancet* 379 (9827): 1701-2.

Goldman-Rakic, P. S. 1988. "Topography of Cognition: Parallel Distributed Networks in Primate Association Cortex." *Annual Review of Neuroscience* 11: 137-56.

-----. 1995. "Cellular Basis of Working Memory." *Neuron* 14 (3): 477-85.

Goodale, M. A., A. D. Milner, L. S. Jakobson, and D. P. Carey 1991. "A Neurological Dissociation Between Perceiving Objects and Grasping Them." *Nature* 349 (6305): 154-56.

Gould, S. J. 1974. "The Origin and Function of 'Bizarre' Structures: Antler Size and Skull

Size in the 'Irish Elk,' *Megaloceros giganteus*." *Evolution* 28 (2): 191-220.

Gould, S. J., and R. C. Lewontin. 1979. "The Spandrels of San Marco and the Panglossian Paradigm: A Critique of the Adaptationist Programme." *Proceedings of the Royal Society of B: Biological Sciences* 205 (1161): 581-98.

Greenberg, D. L. 2007. Comment on "Detecting Awareness in the Vegetative State." *Science* 315 (5816) 1221; author reply 1221.

Greenwald, A. G., R. L. Abrams, L. Naccache, and S. Dehaene. 2003. "Long-Term Semantic Memory Versus Contextual Memory in Unconscious Number Processing." *Journal of Experimental Psychology: Learning, Memory, and Cognition* 29 (2): 235-47.

Greenwald, A. G., S. C. Draine, and R. L. Abrams. 1996. "Three Cognitive Markers of Uunconscious Semantic Activation." *Science* 273 (5282): 1699-702.

Greicius, M. D., V. Kiviniemi, O. Tervonen, V. Vainionpaa, S. Alahuhta, A. L. Reiss, and V. Menon. 2008. "Persistent Default-Mode Network Connectivity During Light Sedation." *Human Brain Mapping* 29 (7): 839-47.

Greicius, M. D., B. Krasnow, A. L. Reiss, and V. Menon. 2003. "Functional Connectivity in the Resting Brain: A Network Analysis of the Default Mode Hypothesis." *Proceedings of the National Academy of Sciences* 100 (1): 253-58.

Griffiths, J. D., W. D. Marslen-Wilson, E. A. Stamatakis, and L. K. Tyler. 2013. "Functional Oorganization of the Neural Language System: Dorsal and Ventral Pathways Are Critical for Syntax." *Cerebral Cortex* 23 (1): 139-47.

Grill-Spector, K., T. Kushnir, T. Hendler, and R. Malach. 2000. "The Dynamics of Object-Selective Activation Correlate with Recognition Performance in Humans." *Nature Neuroscience* 3 (8): 837-43.

Grindal, A. B., C. Suter, and A. J. Martinez. 1977. "Alpha-Pattern Coma: 24 Cases with 9 Survivors." *Annals of Neurology* 1 (4): 371-77.

Gross, J., F. Schmitz, I. Schnitzler, K. Kessler, K. Shapiro, B. Hommel, and A. Schnitzler. 2004. "Modulation of Long-Range Neural Synchrony Reflects Temporal Limitations of Visual Attention in Humans." *Proceedings of the National Academy of Sciences* 101 (35): 13050-55.

Hadamard, J. 1945. *An Essay on the Psychology of Invention in the Mathematical Field.* Princeton, N. J.: Princeton University Press.

Hagmann, P., L. Cammoun, X. Gigandet, R. Meuli, C. J. Honey, V. J. Wedeen, and O. Sporns 2008. "Mapping the Structural Core of Human Cerebral Cortex." *PLOS Biology* 6 (7): e159.

Halelamien, N., D.-A. Wu, and S, Shimojo. 2007. "TMS Induces Detail-Rich 'Instant Replays' of Natural Images." *Journal of Vision* 7 (9).

Hallett, M. 2000. "Transcranial Magnetic Stimulation and the Human Brain." *Nature* 406 (6792): 147-50.

Hampton, R. R. 2001. "Rhesus Monkeys Know When They Remember." *Proceedings of the National Academy of Sciences* 98 (9): 5359-62.

Han, C. J., C. M. O'Tuathaigh, L. van Trigt, J. J. Quinn, M. S. Fanselow, R. Mongeau, C. Koch, and D. J. Anderson. 2003. "Trace but Not Delay Fear Conditioning Requires Attention and the Anterior Cingulate Cortex." *Proceedings of the National Academy of Sciences* 100 (22): 13087-92.

Hanslmayr, S., J. Gross, W. Klimesch, and K. L. Shapiro 2011. "The Role of Alpha Oscillations in Temporal Attention." *Brain Research Reviews* 67 (1-2): 331-43.

Hasson, U., Y. Nir, I. Levy, G. Fuhrmann, and R. Malach. 2004. "Intersubject Synchronization of Cortical Activity During Natural Vision." *Science* 303 (5664): 1634-40.

Hasson, U., J. I. Skipper, H. C. Nusbaum, and S. L. Small 2007. "Abstract Coding of Audiovisual Speech: Beyond Sensory Representation." *Neuron* 56 (6) 1116-26.

Hayden, B. Y., D. V. Smith, and M. L. Platt. 2009. "Electrophysiological Correlates of Default-Mode Processing in Macaque Posterior Cingulate Cortex." *Proceedings of the National Academy of Sciences* 106 (14): 5948-53.

Haynes, J. D. 2009. "Decoding Visual Consciousness from Human Brain Signals." *Trends in Cognitive Sciences* 13: 194-202.

Haynes, J. D., R. Deichmann, and G. Rees. 2005. "Eye-Specific Effects of Binocular Rivalry in the Human Lateral Geniculate Nucleus." *Nature* 438 (7067): 496-99.

Haynes, J. D., J. Driver, and G. Rees. 2005. "Visibility Reflects Dynamic Changes of Effective Connectivity Between V1 and Fusiform Cortex." *Neuron* 46 (5): 811-21.

Haynes, J. D., and G. Rees. 2005a. "Predicting the Orientation of Invisible Stimuli from Activity in Human Primary Visual Cortex." *Nature Neuroscience* 8 (5): 686-91.

-----. 2005b. "Predicting the Stream of Consciousness from Activity in Human Visual Cortex." *Current Biology* 15 (14): 1301-7.

Haynes, J. D., K. Sakai, G. Rees, S. Gilbert, C. Frith, and R. E. Passingham. 2007. "Reading Hidden Intentions in the Human Brain." *Current Biology* 17 (4): 323-28.

He, B. J., and M. E. Raichle. 2009. "The fMRI Signal, Slow Cortical Potential and Consciousness." *Trends in Cognitive Sciences* 13 (7): 302-9.

He, B. J., A. Z. Snyder, J. M. Zempel, M. D. Smyth, and M. E. Raichle. 2008. "Electrophysiological Correlates of the Brain's Intrinsic Large-Scale Functional Architecture." *Proceedings of the National Academy of Sciences* 105 (41): 16039-44.

He, B. J., J. M. Zempel, A. Z. Snyder, and M. E. Raichle. 2010. "The Temporal Structures and Functional Significance of Scale-Free Brain Activity." *Neuron* 66 (3): 353-69.

He, S., and D. I. MacLeod. 2001. "Orientation-Selective Adaptation and Tilt After-Effect from Invisible Patterns." *Nature* 411 (6836): 473-76.

Hebb, D. O. 1949. *The Organization of Behavior.* New York: Wiley.

Heit, G., M. E. Smith, and E. Halgren 1988. "Neural Encoding of Individual Words and Faces by the Human Hippocampus and Amygdala." *Nature* 333 (6175): 773-75.

Henson, R. N., E. Mouchlianitis, W. J. Matthews, and S. Kouider. 2008. "Electrophysiological Correlates of Masked Face Priming." *NeuroImage* 40 (2): 884-95.

Herrmann, E., J. Call, M. V. Hernandez-Lloreda, B. Hare, and M. Tomasello. 2007. "Humans Have Evolved Specialized Skills of Social Cognition: The Cultural Intelligence Hypothesis." *Science* 317 (5843): 1360-66.

Hochberg, L. R., D. Bacher, B. Jarosiewicz, N. Y. Masse, J. D. Simeral, J. Vogel, S. Haddadin, et al. 2012. "Reach and Grasp by People with Tetraplegia Using a Neurally Controlled Robotic Arm." *Nature* 485 (7398): 372-75.

Hofstadter, D. 2007. *I Am a Strange Loop.* New York: Basic Books.

Holender, D. 1986. "Semantic Activation Without Conscious Identification in Dichotic Listening, Parafoveal Vision and Visual Masking: A Survey and Appraisal." *Behavioral and Brain Sciences* 9 (1): 1-23.

Holender, D., and K. Duscherer. 2004. "Unconscious Perception: The Need for a Paradigm Shift." *Perspection and Psychophysics* 66 (5): 872-81; discussion 888-95.

Hopfield, J. J. 1982. "Neural Networks and Physical Systems with Emergent Collective Computational Abilities." *Proceedings of the National Academy of Sciences* 79 (8): 2254-58.

Horikawa, T., M. Tamaki, Y. Miyawaki, and Y. Kamitani. 2013. "Neural Decoding of Visual Imagery During Sleep." *Science* 340 (6132): 639-42.

Howard, I. P. 1996. "Alhazen's Neglected Discoveries of Visual Phenomena." *Perseption* 25 (10): 1203-17.

Howe, M. J. A., and J. Smith. 1988. "Calendar Calculating in 'Idiots Savants': How Do They Do It?" *British Journal of Psychology* 79 (3): 371-86.

Huron, C., J. M. Danion, F. Giacomoni, D. Grange, P. Robert, and L. Rizzo. 1995. "Impairment of Recognition Memory With, but Not Without, Conscious Recollection in Schizophrenia." *American Journal of Psychiatry* 152 (12): 1737-42.

Izard, V., C. Sann, E. S. Spelke, and A. Streri. 2009. "Newborn Infants Perceive Abstract Numbers." *Proceedings of the National Academy of Sciences* 106 (25): 10382-85.

Izhikevich, E. M., and G. M. Elelman. 2008. "Large-Scale Model of Mammalian Thalamocortical Systems." *Proceedings of the National Academy of Sciences* 105 (9): 3593-98.

James, W. 1890. *The Principles of Psychology.* New York: Holt.

Jaynes, J. 1976. *The Origin of Consciousness in the Breakdown of the Bicameral Mind.* New York: Houghton Mifflin.

Jenkins, A. C., C. N. Macrae, and J. P. Mitchell. 2008. "Repetition Suppression of Ventromedial Prefrontal Activity During Judgments of Self and Others." *Proceedings of the National Academy of Sciences* 105 (11): 4507-12.

Jennett, B. 2002. *The Vegetative State. Medical Facts, Ethical and Legal Dilemmas.* New York: Cambridge University Press.

Jennett, B., and F. Plum 1972. "Persistent Vegetative State After Brain Damage: A Syndrome in Search of a Name." *Lancet* 1 (7753): 734-37,

Jezek, K., E. J. Henriksen, A. Treves, E. I. Moser, and M. B. Moser. 2011. "Theta-Paced Flickering Between Place-Cell Maps in the Hippocampus." *Nature* 478 (7368): 246-49.

Ji, D., and M. A. Wilson. 2007. "Coordinated Memory Replay in the Visual Cortex and Hippocampus During Sleep." *Nature Neuroscience* 10 (1): 100-7.

Johansson, P., L. Hall, S. Sikstrom, and A. Olsson. 2005. "Failure to Detect Mismatches Between Intention and Outcome in a Simple Decision Task." *Science* 310 (5745): 116-19.

Johnson, M. H., S. Dziurawiec, H. Ellis, and J. Morton. 1991. "Newborns' Preferential Tracking of Face-Like Stimuli and Its Subsequent Decline." *Cognition* 40 (1-2): 1-19.

Jolicoeur, P. 1999. "Concurrent Response-Selection Demands Modulate the Attentional Blink." *Journal of Experimental Psychology: Human Perception and Performance* 25 (4): 1097-113.

Jordan, D., G. Stockmanns, E. F. Kochs, S. Pilge, and G. Schneider. 2008. "Electroencephalographic Order Pattern Analysis for the Separation of Consciousness and Unconsciousness: An Analysis of Approximate Entropy, Permutation Entropy, Recurrence Rate, and Phase Coupling of Order Recurrence Plots." *Anesthesiology* 109 (6): 1014-22.

Jouvet, M. 1999. *The Paradox of Sleep.* Cambridge, Mass: MIT Press.

Kahneman, D., and A. Treisman. 1984. "Changing Views of Attention and Automaticity." In *Varieties of Attention*, edited by R. Parasuraman, R. Davies, and J. Beatty, 29-61. New York: Academic Press.

Kanai, R., T. A. Carlson, F. A. Verstraten, and V. Walsh. 2009. "Perceived Timing of New Objects and Feature Changes." *Journal of Vision* 9 (7): 5.

Kanai, R., N. G. Muggleton, and V. Walsh. 2008. "TMS over the Intraparietal Sulcus Induces Perceptual Fading." *Journal of Neurophysiology* 100 (6): 3343-50.

Kane, N. M., S. H. Curry, S. R. Butler, and B. H. Cummins. 1993. "Electrophysiological Indicator of Awakening from Coma." *Lancet* 341 (8846): 688.

Kanwisher, N. 2001. "Neural Events and Perceptual Awareness." *Cognition* 79 (1-2): 89-113.

Karlsgodt, K. H., D. Sun, A. M. Jimenez, E. S. Lutkenhoff, R. Willhite, T. G. van Erp, and T. D. Cannon. 2008. "Developmental Disruptions in Neural Connectivity in the Pathophysiology of Schizophrenia." *Development and Psychopathology* 20 (4): 1297-327.

Kenet, T., D. Bibitchkov, M. Tsodyks, A. Grinvald, and A. Arieli. 2003. "Spontaneously Emerging Cortical Representations of Visual Attributes." *Nature* 425 (6961): 954-56.

Kentrige, R. W., T. C. Nijboer, and C. A. Heywood. 2008. "Attended but Unseen: Visual

Attention Is Not Sufficient for Visual Awareness." *Neuropsychologia* 46 (3): 864-69.

Kersten, D., P. Mamassian, and A. Yuille. 2004. "Object Perception as Bayesian Inference." *Annual Review of Psychology* 55: 271-304.

Kiani, R., and M. N. Shadlen. 2009. "Representation of Confidence Associated with a Decision by Neurons in the Parietal Cortex." *Science* 324 (5928): 759-64.

Kiefer, M. 2002. "The N400 Is Modulated by Unconsciously Perceived Masked Words: Further Evidence for an Automatic Spreading Activation Account of N400 Priming Effects." *Brain Research: Cognitive Brain Research* 13 (1): 27-39.

Kiefer, M., and D. Brendel. 2006. "Attentional Modulation of Unconscious 'Automatic' Processes: Evidence from Event-Related Potentials in a Masked Priming Paradigm." *Journal of Cognitive Neuroscience* 18 (2): 184-98.

Kiefer, M., and M. Spitzer. 2000. "Time Course of Conscious and Unconscious Semantic Brain Activation." *NeuroReport* 11 (11): 2401-7.

Kiesel, A., W. Kunde, C. Pohl, M. P. Berner, and J. Hoffmann. 2009. "Playing Chess Unconsciously." *Journal of Experimental Psychology: Learning, Memory, and Cognition* 35 (1): 292-98.

Kihara, K., T. Ikeda, D. Matsuyoshi, N. Hirose, T. Mima, H. Fukuyama, and N. Osaka. 2010. "Differential Contributions of the Intraparietal Sulcus and the Inferior Parietal Lobe to Attentional Blink: Evidence from Transcranial Magnetic Stimulation." *Journal of Cognitive Neuroscience* 23 (1): 247-56.

Kikyo, H., K. Ohki, and Y. Miyashita. 2002. "Neural Correlates for Feeling-of-Knowing: An fMRI Parametric Analysis." *Neuron* 36 (1): 177-86.

Kim, C. Y., and R. Blake. 2005. "Psychophysical Magic: Rendering the Visible 'Invisible'." *Trends in Cognitive Sciences* 9 (8): 381-88.

King, J. R., F. Faugeras, A. Gramfort, A. Schurger, I. El Karoui, J. D. Sitt, C. Wacongne, et al. 2013. "Single-Trial Decoding of Auditory Novelty Responses Facilitates the Detection of Residual Consciousness." *NeuroImage*, in press.

King, J. R., J. D. Sitt, F. Faugeras, B. Rohaut, I. El Karoui, L. Cohen, L. Naccache, and S. Dehaene. 2013. "Long-Distance Information Sharing Indexes the State of Consciousness of Unresponsive Patients." Submitted.

Knochel, C., V. Oertel-Knochel, R. Schonmeyer, A. Rotarska-Jagiela, V. van den Ven,

D. Prvulovic, C. Haenschel, et al. 2012. "Interhemispheric Hypoconnectivity in Schizophrenia: Fiber Integrity and Volume Differences of the Corpus Callosum in Patients and Unaffected Relatives." *NeuroImage* 59 (2): 926-34.

Koch, C., and F. Crick 2001. "The Zombie Within." *Nature* 411 (6840): 893.

Koch, C., and N. Tsuchiya. 2007. "Attention and Consciousness: Two Distinct Brain Processes." *Trends in Cognitive Sciences* 11 (1): 16-22.

Koechlin, E., L. Naccach, E. Block, and S. Dehaene. 1999. "Primed Numbers: Exploring the Modularity of Numerical Representations with Masked and Unmasked Semantic Priming." *Journal of Experimental Psychology: Human Perception and Performance* 25 (6): 1882-905.

Koivisto, M., M. Lahteenmaki, T. A. Sorensen, S. Vangkilde, M. Overgarrd, and A. Revonsuo. 2008. "The Earliest Electrophysiological Correlate of Visual Awareness?" *Brain and Cognition* 66 (1): 91-103.

Koivisto, M., T. Mantyla, and J. Silvanto. 2010. "The Role of Early Visual Cortex (V1/V2) in Conscious and Unconscious Visual Perception." *NeuroImage* 51 (2): 828-34.

Koivisto, M., H. Railo, and N. Salminen-Vaparanta. 2010. "Transcranial Magnetic Stimulation of Early Visual Cortex Interferes with Subjective Visual Awareness and Objective Forced-Choice Performance." *Consciousness and Cognition* 20 (2): 288-98.

Komura, Y., A. Nikkuni, N. Hirashima, T. Uetake, and A. Miyamoto. 2013. "Responses of Pulvinar Neurons Reflect a Subject's Confidence in Visual Categorization." *Nature Neuroscience* 16: 749-55.

Konopka, G., E. Wexler, E. Rosen, Z. Mukamel, G. E. Osborn, L. Chen, D. Lu, et al. 2012. "Modeling the Functional Genomics of Autism Using Human Neurons." *Molecular Psychiatry* 17 (2): 202-14.

Kornell, N., L. K. Son, and H. S. Terrace. 2007. "Transfer of Metacognitive Skills and Hint Seeking in Monkeys." *Psychological Science*. 18 (1): 64-71.

Kouider, S., V. de Gardelle, J. Sackur, and E. Dupoux. 2010. "How Rich Is Consciousness? The Partial Awareness Hypothesis." *Trends in Cognitive Sciences* 14 (7): 301-7.

Kouider, S., and S. Dehaene. 2007. "Levels of Processing During Non-conscious Perception: A Critical Review of Visual Masking." *Philosophical Transactions of the Royal Society of B: Biological Sciences* 362 (1481): 857-75.

-----. 2009. "Subliminal Number Priming Within and Across the Visual and Auditory Modalities." *Experimental Psychology,* in press.

Kouider, S., S. Dehaene, A. Jobert, and D. Le Bihan. 2007. "Cerebral Bases of Subliminal and Supraliminal Priming During Reading." *Cerebral Cortex* 17 (9): 2019-29.

Kouider, S., and E. Dupoux. 2004. "Partial Awareness Creates the 'Illusion' of Subliminal Semantic Priming." *Psychological Science.* 15 (2): 75-81.

Kouider, S., E. Eger, R. Dolan and R. N. Henson. 2009. "Activity in Face-Responsive Brain Regions Is Modulated by Invisible, Attended Faces: Evidence from Masked Priming." *Cerebral Cortex* 19 (1): 13-23.

Kouider, S., C. Stahlhut, S. V. Gelskov, L. Barbosa, M. Dutat, V. de Gardelle, A. Christophe, et al. 2013. "A Neural Marker of Perceptual Consciousness in Infants." *Science* 340 (6130): 376-80.

Kovacs, A. M., E. Teglas, and A. D. Endress. 2010. "The Social Sense: Susceptibility to Others' Beliefs in Human Infants and Adults." *Science* 330 (6012): 1830-34.

Kovacs, G., R. Vogels, and G. A. Orban. 1995. "Cortical Correlate of Pattern Backward Masking." *Proceedings of the National Academy of Sciences* 92 (12): 5587-91.

Kreiman, G., I. Fried, and C. Koch. 2002. "Single-Neuron Correlates of Subjective Vision in the Human Medial Temporal Lobe." *Proceedings of the National Academy of Sciences* 99 (12): 8378-83.

Kreiman, G., C. Koch, and I. Fried. 2000a. "Category-Specific Visual Responses of Single Neurons in the Human Medial Temporal Lobe." *Nature Neuroscience* 3 (9): 946-53.

-----. 2000b. "Imagery Neurons in the Human Brain." *Nature* 408 (6810): 357-61.

Krekelberg, B., and M. Lappe. 2001. "Neuronal Latencies and the Position of Moving Objects." *Trends in Neurosciences* 24 (6): 335-39.

Krolak-Salmon, P., M. A. Henaff, C. Tallon-Baudry, B. Yvert, M. Guenot, A. Vighetto, F. Mauguiere, and O. Bertrand. 2003. "Human Lateral Geniculate Nucleus and Visual Cortex Respond to Screen Flicker." *Annals of Neurology* 53 (1): 73-80.

Kruger, J., and D. Dunning. 1999. "Unskilled and Unaware of It: How Difficulties in Recognizing One's Own Incompetence Lead to Inflated Self-Assessments." *Journal of Personality and Social Psychology* 77 (6): 1121-34.

Kubicki, M., H. Park, C. F. Westin, P. G. Nestor, R. V. Mulkern, S. E. Maier, M.

Niznikiewicz, et al. 2005. "DTI and MTR Abnormalities in Schizophrenia: Analysis of White Matter Integrity." *NeuroImage* 26 (4): 1109-18.

Lachter, J., K. I. Forster, and E. Ruthruff. 2004. "Forty-Five Years After Broadbent (1958): Still No Identification Without Attention." *Psychology Review* 111 (4): 880-913.

Lagercrantz, H., and J. P. Changeux. 2009. "The Emergence of Human Consciousness: From Fetal to Neonatal Life." *Pediatric Research* 65 (3): 255-60.

-----. 2010. "Basic Consciousness of the Newborn." *Seminars in Perinatology* 34 (3): 201-6.

Lai, C. S., S. E. Fisher, J. A. Hurst, F. Vargha-Khadem, and A. P. Monaco. 2001. "A Forkhead-Domain Gene Is Mutated in a Severe Speech and Language Disorder." *Nature* 413 (6855): 519-23.

Lamme, V. A. 2006. "Towards a True Neural Stance on Consciousness." *Trends in Cognitive Sciences* 10 (11): 494-501.

Lamme, V. A., and P. R. Roelfsema. 2000. "The Distinct Modes of Vision Offered by Feedforward and Recurrent Processing." *Trends in Neurosciences* 23 (11): 571-79.

Lamme, V. A., K. Zipser, and H. Spekreijse. 1998. "Figure-Ground Activity in Primary Visual Cortex Is Suppressed by Anesthesia." *Proceedings of the National Academy of Sciences* 95 (6): 3263-68.

Lamy, D., M. Salti, and Y. Bar-Haim. 2009. "Neural Correlates of Subjective Awareness and Unconscious Processing: An ERP Study." *Journal of Cognitive Neuroscience* 21 (7): 1435-46.

Landman, R., H. Spekreijse, and V. A. Lamme. 2003. "Large Capacity Storage of Integrated Objects Before Change Blindness." *Vision Research* 43 (2): 149-64.

Lau, H., and D. Rosenthal. 2011. "Empirical Support for Higher-Order Theories of Conscious Awareness." *Trends in Cognitive Sciences* 15 (8): 365-73.

Lau, H. C., and R. E. Passingham. 2006. "Relative Blindsight in Normal Observers and the Neural Correlate of Visual Consciousness." *Proceedings of the National Academy of Sciences* 103 (49): 18763-68.

-----. 2007. "Unconscious Activation of the Cognitive Control System in the Human Prefrontal Cortex." *Journal of Neuroscience* 27 (21): 5805-11.

Laureys, S. 2005. "The Neural Correlate of (Un)Awareness: Lessons from the Vegetative State." *Trends in Cognitive Sciences* 9 (12): 556-59.

Laureys, S., M. E. Faymonville, A. Luxen, M. Lamy, G. Franck, and P. Maquet. 2000. "Restoration of Thalamocortical Connectivity After Recovery from Persistent Vegetative State." *Lancet* 355 (9217): 1790-91.

Laureys, S., C. Lemaire, P. Maquet, C. Phillips, and G. Franck 1999. "Cerebral Metabolism During Vegetative State and After Recovery to Consciousness." *Journal of Neurology, Neurosurgery and Psychiatry* 67 (1): 121.

Laureys, S., A. M. Owen, and N. D. Schiff. 2004. "Brain Function in Coma, Vegetative State, and Related Disorders." *Lancet Neurology* 3 (9): 537-46.

Laureys, S., F. Pellas, P. Van Eeckhout, S. Ghorbel, C. Schnakers, F. Perrin, J. Berre, et al. 2005. "The Locked-In Syndrome : What Is It Like to Be Conscious but Paralyzed and Voiceless?" *Progress in Brain Research* 150: 495-511.

Lawrence, N. S., F. Jollant, O. O'Daly, F. Zelaya, and M. L. Phillips. 2009. "Distinct Roles of Prefrontal Cortical Subregions in the Iowa Gambling Task." *Cerebral Cortex* 19 (5): 1134-43.

Ledoux, J. 1996. *The Emotional Brain*. New York: Simon and Schuster.

Lenggenhager, B., M. Mouthon, and O. Blanke. 2009. "Spatial Aspects of Bodily Self-Consciousness." *Consciousness and Cognition* 18 (1): 110-17.

Lenggenhager, B., T. Tadi, T. Metzinger, and O. Blanke. 2007. "Video Ergo Sum: Manipulating Bodily Self-Consciousness." *Science* 317 (5841): 1096-99.

Leon-Carrion, J., P. van Eeckhout, R. Dominguez-Morales Mdel, and F. J, Perez-Santamaria. 2002. "The Locked-In Syndrome: A Syndrome Looking for a Therapy." *Brain Injury* 16 (7): 571-82.

Leopold, D. A., and N. K. Logothetis. 1996. "Activity Changes in Early Visual Cortex Reflect Monkeys' Percepts During Binocular Rivalry." *Nature* 379 (6565): 549-53.

-----. 1999. "Multistable Phenomena: Changing Views in Perception." *Trends in Cognitive Sciences* 3 (7): 254-64.

Leroy, F., H. Glasel, J. Dubois, L. Hertz-Pannier, B. Thirion, J. F. Mangin, and G. Dehaene-Lambertz. 2011. "Early Maturation of the Linguistic Dorsal Pathway in Human Infants." *Journal of Neuroscience* 31 (4): 1500-6.

Levelt, W. J. M. 1989. *Speaking: From Intention to Articulation*. Cambridge, Mass.: MIT Press.

Levy, J., H. Pashler, and E. Boer. 2006. "Central Interference in Driving: Is There Any Stopping the Psychological Refractory Period?" *Psychological Science* 17 (3): 228-35.

Lewis, J. L. 1970. "Semantic Processing of Unattended Messages Using Dichotic Listening." *Journal of Experimental Psychology* 85 (2): 225-28.

Libet, B. 1965. "Cortical Activation in Conscious and Unconscious Experience." *Perspectives in Biology and Medicine* 9 (1): 77-86.

-----. 1991. "Conscious vs Neural Time." *Nature* 352 (6330): 27-28.

-----. 2004. *Mind Time: The Temporal Factor in Consciousness.* Cambridge, Mass.: Havard University Press.

Libet, B., W. W. Alberts, E. W. Wright, Jr., L. D. Delattre, G. Levin, and B. Feinstein. 1964. "Production of Threshold Levels of Conscious Sensation by Electrical Stimulation of Human Somatosensory Cortex." *Journal of Neurophysiology* 27: 546-78.

Libet, B., W. W. Alberts, E. W. Wright, Jr., and B. Feinstein. 1967. "Responses of Human Somatosensory Cortex to Stimuli Below Threshold for Conscious Sensation." *Science* 158 (808): 1597-600.

Libet, B., C. A. Gleason, E. W. Wright, and D. K. Pearl. 1983. "Time of Conscious Intention to Act in Relation to Onset of Cerebral Activity (Readiness-Potential). The Unconscious Initiation of a Freely Voluntary Act." *Brain* 106 (3): 623-42.

Libet, B., E. W. Wright, Jr., B. Feinstein, and D. K. Pearl. 1979. "Subjective Referral of the Timing for a Conscious Sensory Experience: a Functional Role for the Somatosensory Specific Projection System in Man." *Brain* 102 (1): 193-224.

Liu, Y., M. Liang, Y. Zhou, Y. He, Y. Hao, M. Song, C. Yu, et al. 2008. "Disrupted Small-World Networks in Schizophrenia." *Brain* 131 (4): 945-61.

Logan, G. D., and M. J. Crump. 2010. "Cognitive Illusions of Authorship Reveal Hierarchical Error Detection in Skilled Typists." *Science* 330 (6004): 683-86.

Logan, G. D., and M. D. Schulkind. 2000. "Parallel Memory Retrieval in Dual-Task Situations: I. Semantic Memory." *Journal of Experimental Psychology: Human Perception and Performance* 26 (3): 1072-90.

Logothetis, N. K. 1998. "Single Units and Conscious Vision." *Philosophical Transactions of the Royal Society of B: Biological Sciences* 353 (1377): 1801-18.

Logothetis, N. K., D. A. Leopold, and D. L. Sheinberg. 1996. "What is Rivalling During

Binocular Rivalry?" *Nature* 380 (6575): 621-24.

Louie, K., and M. A. Wilson. 2001. "Temporally Structured Replay of Awake Hippocampal Ensemble Activity During Rapid Eye Movement Sleep." *Neuron* 29 (1): 145-56.

Luck, S. J., R. L. Fuller, E. L. Braun, B. Robinson, A. Summerfelt, and J. M. Gold. 2006. "The Speed of Visual Attention in Schizophrenia: Electrophysiological and Behavioral Evidence." *Schizophrenia Research* 85 (1-3): 174-95.

Luck, S. J., E. S. Kappenman, R. L. Fuller, B. Robinson, A. Summerfelt, and J. M. Gold. 2009. "Impaired Response Selection in Schizophrenia: Evidence from the P3 Wave and the Lateralized Readiness Potential." *Psychophysiology* 46 (4): 776-86.

Luck, S. J., E. K. Vogel, and K. L. Shapiro. 1996. "Word Meanings Can Be Accessed but Not Reported During the Attentional Blink." *Nature* 383 (6601): 616-18.

Lumer, E. D., G. M. Edelman, and G. Tononi. 1997a. "Neural Dynamics in a Model of the Thalamocortical System. I. Layers, Loops and the Emergence of Fast Synchronous Rhythms." *Cerebral Cortex* 7 (3): 207-27.

-----. 1997b. "Neural Dynamics in a Model of the Thalamocortical System. II. The Role of Neural Synchrony Tested Through Perturbations of Spike Timing." *Cerebral Cortex* 7 (3): 228-36.

Lumer, E. D., K. J. Friston, and G. Rees. 1998. "Neural Correlates of Perceptual Rivalry in the Human Brain." *Science* 280 (5371): 1930-34.

Lynall, M. E., D. S. Basset, R. Kerwin, P. J. McKenna, M. Kitzbichler, U. Muller, and E. Bullmore. 2010. "Functional Connectivity and Brain Networks in Schizophrenia." *Journal of Neuroscience* 30 (28): 9477-87.

Mack, A., and I. Rock. 1998. *Inattentional Blindness.* Cambridge, Mass.: MIT Press.

Macknik, S. L., and M. M. Haglund. 1999. "Optical Images of Visible and Invisible Percepts in the Primary Visual Cortex of Primates." *Proceedings of the National Academy of Sciences* 96 (26): 15208-10.

MacLeod, D. I., and S. He. 1993. "Visible Flicker from Invisible Patterns." *Nature* 361 (6409): 256-58.

Magnusson, C. E., and H. C. Stevens. 1911. "Visual Sensations Created by a Magnetic Field." *American Journal of Psychology* 29: 124-36.

Maia, T. V., and J. L. McClelland. 2004. "A Reexamination of the Evidence for the Somatic Marker Hypothesis: What Participants Really Know in the Iowa Gambling Task." *Proceedings of the National Academy of Sciences* 101 (45): 16075-80.

Maier, A., M. Wilke, C. Aura, C. Zhu, F. Q. Ye, and D. A. Leopold. 2008. "Divergence of fMRI and Neural Signals in V1 During Perceptual Suppression in the Awake Monkey." *Nature Neuroscience* 11 (10): 1193-200.

Marcel, A. J. 1980. "Conscious and Preconscious Recognition of Polysemous Words: Locating the Selective Effects of Prior Verbal Context." In *Attention and Performance*, edited by R. S. Nickerson, vol. 8. Hillsdale, N.J.: Lawrence Erlbaum.

-----. 1983. "Conscious and Unconscious Perception: Experiments on Visual Masking and Word Recognition." *Cognitive Psychology* 15: 197-237.

Marois, R., D. J. Yi, and M. M. Chun. 2004. "The Neural Fate of Consciously Perceived and Missed Events in the Attentional Blink." *Neuron* 41 (3): 465-72.

Marshall, J. C., and P. W. Halligan. 1988. "Blindsight and Insight in Visuo-Spatial Neglect." *Nature* 336 (6201): 766-67.

Marti, S., J. Sackur, M. Si-gman, and S. Dehaene. 2010. "Mapping Introspection's Blind Spot: Reconstruction of Dual-Task Phenomenology Using Quantified Introspection." *Cognition* 115 (2): 303-13.

Marti, S., M. Sigman, and S. Dehaene 2012. "A Shared Cortical Bottleneck Underlying Attentional Blink and Psychological Refractory Period." *NeuroImage* 59 (3): 2883-98.

Marticorena, D. C., A. M. Ruiz, C. Mukerji, A. Goddu, and L. R. Santos. 2011. "Monkeys Represent Others' Knowledge but Not Their Beliefs." *Developmental Science* 14 (6): 1406-16.

Mason, M. F., M. I. Norton, J. D. Van Horn, D. M. Wegner, S. T. Grafton, and C. N. Macrae. 2007. "Wandering Minds: The Default Network and Stimulus-Independent Thought." *Science* 315 (5810): 393-95.

Massimini, M., M. Boly, A. Casali, M. Rosanova, and G. Tononi. 2009. "A Perturbational Approach for Evaluating the Brain's Capacity for Consciousness." *Progress in Brain Research* 177: 201-14.

Massimini, M., F. Ferrarelli, R. Huber, S. K. Esser, H. Singh, and G. Tononi. 2005. "Breakdown of Cortical Effective Connectivity During Sleep." *Science* 309 (5744):

2228-32.

Matsuda, W., A. Matsumura, Y. Komatsu, K. Yanaka, and T. Nose. 2003. "Awakenings from Persistent Vegetative State: Report of Three Cases with Parkinsonism and Brain Stem Lesions on MRI." *Journal of Neurology, Neurosurgery and Psychiatry* 74 (11): 1571-73.

Mattler, U. 2005. "Inhibition and Decay of Motor and Nonmotor Priming." *Attention, Perception and Psychophysics* 67 (2): 285-300.

Maudsley, H. 1868. *The Physiology and Pathology of the Mind.* London: Macmillan.

May, A., G. Hajak, S. Ganssbauer, T. Steffens, B. Langguth, T. Kleinjung, and P. Eichhammer. 2007. "Structural Brain Alterations Following 5 Days of Intervention: Dynamic Aspects of Neuroplasticity." *Cerebral Cortex* 17 (1): 205-10.

McCarthy, M. M., E. N. Brown, and N. Kopell. 2008. "Potential Network Mechanisms Mediating Electroencephalographic Beta Rhythm Changes During Propofol-Induced Paradoxical Excitation." *Journal of Neuroscience* 28 (50): 13488-504.

McClure, R. K. 2001. "The Visual Backward Masking Deficit in Schizophrenia." *Progress in Neuro-psychopharmacology and Biological Psychiatry* 25 (2): 301-11.

McCormick, P. A. 1997. "Orienting Attention Without Awareness." *Journal of Experimental Psychology: Human Perception and Performance* 23 (1): 168-80.

McGlinchey-Berroth, R., W. P. Milberg, M. Verfaellie, M. Alexander, and P. Kilduff. 1993. "Semantic Priming in the Neglected Field: Evidence from a Lexical Decision Task." *Cognitive Neuropsychology* 10: 79-108.

McGurk, H., and J. MacDonald. 1976. "Hearing Lips and Seeing Voices." *Nature* 264 (5588): 746-48.

McIntosh, A. R., M. N. Rajah, and N. J. Lobaugh. 1999. "Interactions of Prefrontal Cortex in Relation to Awareness in Sensory Learning." *Science* 284 (5419): 1531-33.

Mehler, J., P. Jusczyk, G. Lambertz, N. Halsted, J. Bertoncini, and C. Amiel-Tison. 1988. "A Precursor of Language Acquisition in Young Infants." *Cognition* 29 (2): 143-78.

Melloni, L., C. Molina, M. Pena, D. Torres, W. Singer, and E. Rodriguez 2007. "Synchronization of Neural Activity Across Cortical Areas Correlates with Conscious Perception." *Journal of Neuroscience* 27 (11): 2858-65.

Meltzoff, A. N., and R. Brooks. 2008. "Self-Experience as a Mechanism for Learning

About Others: A Training Study in Social Cognition." *Developmental Psychology* 44 (5): 1257-65.

Merikle, P. M. 1992. "Perception Without Awareness.: Critical Issues." *American Psychologist* 47: 792-96.

Merikle, P. M., and S. Joordens 1997. "Parallels Between Perception Without Attention and Perception Without Awareness." *Consciousness and Cognition* 6 (2-3): 219-36.

Meyer, K., and A. Damasio. 2009. "Convergence and Divergence in a Neural Architecture for Recognition and Memory." *Trends in Neurosciences* 32 (7): 376-82.

Miller, A., J. W. Sleigh, J. Barnard, and D. A. Steyn-Ross. 2004. "Does Bispectral Analysis of the Electroencephalogram Add Anything but Complexity?" *British Journal of Anaesthesia* 92 (1): 8-13.

Milner, A. D., and M. A. Goodale. 1995. *The Visual Brain in Action.* New York: Oxford University Press.

Monti, M. M., A. Vanhaudenhuyse, M. R. Coleman, M. Boly, J. D. Pickard, L. Tshibanda, A. M. Owen, and S. Laureys. 2010. "Willful Modulation of Brain Activity in Disorders of Consciousness." *New England Journal of Medicine* 362 (7): 579-89.

Moray, N. 1959. "Attention in Dichotic Listening: Affective Cues and the Influence of Instructions." *Quarterly Journal of Experimental Psychology* 9: 56-60.

Moreno-Bote, R., D. C. Knill, and A. Pouget. 2011. "Bayesian Sampling in Visual Perception." *Proceedings of the National Academy of Sciences* 108 (30): 12491-96.

Morland, A. B., S. Le, E. Carroll, M. B. Hoffmann, and A. Pambakian. 2004. "The Role of Spared Calcarine Cortex and Lateral Occipital Cortex in the Responses of Human Hemianopes to Visual Motion." *Journal of Cognitive Neuroscience* 16 (2): 204-18.

Moro, S. I., M. Tolboom, P. S. Khayat, and P. R. Roelfsema 2010. "Neuronal Activity in the Visual Cortex Reveals the Temporal Order of Cognitive Operations." *Journal of Neuroscience* 30 (48): 16293-303.

Morris, J. S., B. DeGelder, L. Weiskrantz, and R. J. Dolan. 2001. "Differential Extrageniculostriate and Amygdala Responses to Presentation of Emotional Faces in a Cortically Blind Field." *Brain* 124 (6): 1241-52.

Morris, J. S., A. Ohman, and R. J. Dolan. 1998. "Conscious and Unconscious Emotional Learning in the Human Amygdala." *Nature* 393 (6684): 467-70.

-----. 1999. "A Subcortical Pathway to the Right Amygdala Mediating 'Unseen' Fear." *Proceedings of the National Academy of Sciences* 96 (4): 1680-85.

Moruzzi, G., and H. W. Magoun. 1949. "Brain Stem Reticular Formation and Activation of the EEG." *Electroencephalography and Clinical Neurophysiology* 1 (4): 455-73.

Naatanen, R., P. Paavilainen, T. Rinne, and K. Alho. 2007. "The Mismatch Negativity (MMN) in Basic Research of Central Auditory Processing: A Review." *Clinical Neurophysiology* 118 (12): 2544-90.

Naccache, L. 2006a. "Is She Conscious?" *Science* 313 (5792): 1395-96.

-----. 2006b. *Le nouvel inconscient*. Paris: Editions Odile Jacob.

Naccache, L., E. Blandin, and S. Dehaene. 2002. "Unconscious Masked Priming Depends on Temporal Attention." *Psychological Science* 13: 416-24.

Naccache, L., and S. Dehaene. 2001a. "The Priming Method: Imaging Unconscious Repetition Priming Reveals an Abstract Representation of Number in the Parietal Lobes." *Cerebral Cortex* 11 (10): 966-74.

-----. 2001b. "Unconscious Semantic Priming Extends to Novel Unseen Stimuli." *Cognition* 80 (3): 215-29.

Naccache, L., R. Gaillard, C. Adam, D. Hasboun, S. Clémenceau, M. Baulac, S. Dehaene, and L. Cohen. 2005. "A Direct Intracranial Record of Emotions Evoked by Subliminal Words." *Proceedings of the National Academy of Sciences* 102: 7713-17.

Naccache, L., L. Puybasser, R. Gaillard, E. Serve, and J. C. Willer. 2005. "Auditory Mismatch Negativity is a Good Predictor of Awakening in Comatose Patients: A Fast and Reliable Procedure." *Clinical Neurophysiology* 116 (4): 988-89.

Nachev, P., and M. Husain. 2007. Comments on "Detecting Awareness in the Vegetative State." *Science* 315 (5816): 1221; author reply 1221.

Nelson, C. A., K. M. Thomas, M. de Haan, and S. S. Wewerka. 1998. "Delayed Recognition Memory in Infants and Adults as Revealed by Event-Related Potentials." *International Journal of Psychophysiology* 29 (2): 145-65.

New, J. J., and B. J. Scholl, 2008. "'Perceptual Scotomas': A Functional Account of Motion-Induced Blindness." *Psychological Science* 19 (7): 653-59.

Nieder, A., and S. Dehaene. 2009. "Representation of Number in the Brain." *Annual Review of Neuroscience* 32: 185-208.

Nieder, A., and E. K. Miller. 2004. "A Parieto-Frontal Network for Visual Numerical Information in the Monkey." *Proceedings of the National Academy of Sciences* 101 (19): 7457-62.

Nieuwenhuis, S., M. S. Gilzenrat, B. D. Holmes, and J. D. Cohen. 2005. "The Role of the Locus Coeruleus in Mediating the Attentional Blink: A Neurocomputational Theory." *Journal of Experimental Psychology: General* 134 (3): 291-307

Nieuwenhuis, S., K. R. Ridderinkhof, J. Blom, G. P. Band, and A. Kok. 2001. "Error-Related Brain Potentials Are Differentially Related to Awareness of Response Errors; Evidence from an Antisaccade Task." *Psychophysiology* 38 (5). 752-60.

Nimchinsky, E. A., E. Gilissen, J. M. Allman, D. P. Perl, J. M. Erwin, and P. R. Hof. 1999. "A Neuronal Morphologic Type Unique to Humans and Great Apes." *Proceedings of the National Academy of Sciences* 96 (9): 5268-73.

Nisbett, R. E., and T. D. Wilson. 1977. "Telling More Than We Can Know: Verbal Reports on Mental Processes." *Psychological Review* 84 (3): 231-59.

Nørretranders, T. 1999. *The User Illusion: Cutting Consciousness Down to Size*. London: Penguin.

Norris, D., 2006. "The Bayesian Reader: Explaining Word Recognition as an Optimal Bayesian Decision Process." *Psychological Review* 113 (2): 327-57.

-----. 2009. "Putting It All Together: A Unified Account of Word Recognition and Reaction-Time Distributions." *Psychological Review* 116 (1): 207-19.

Ochsner, K. N., K. Knierim, D. H. Ludlow, J. Hanelin, T. Ramachandran, G. Glover, and S. C. Mackey. 2004. "Reflecting upon Feelings: An fMRI Study of Neural Systems Supporting the Attribution of Emotion to Self and Other." *Journal of Cognitive Neuroscience* 16 (10): 1746-72.

Ogawa, S., T. M. Lee, A. R. Kay, and D. W. Tank. 1990. "Brain Magnetic Resonance Imaging with Contrast Dependent on Blood Oxygenation." *Proceedings of the National Academy of Sciences* 87 (24): 9868-72.

Overgaard, M., J. Rote, K. Mouridsen, and T. Z. Ramsøy. 2006. "Is Conscious Perception Gradual or Dichotomous? A Comparison of Report Methodologies During a Visual Task." *Consciousness and Cognition* 15 (4): 700-8.

Owen, A., M. R. Coleman, M. Boly, M. H. Davis, S. Laureys, D. Jolles, and J. D. Pickard.

2007. "Response to Comments on 'Detecting Awareness in the Vegetative State'." *Science* 315 (5816): 1221.

Owen, A. M., M. R. Coleman, M. Boly, M. H. Davis, S. Laureys, and J. D. Pickard. 2006. "Detecting Awareness in the Vegetative State." *Science* 313 (5792): 1402.

Pack, C. C., V. K. Berezovskii, and R. T. Born. 2001. "Dynamic Properties of Neurons in Cortical Area MT in Alert and Anaesthetized Macaque Monkeys." *Nature* 414 (6866): 905-8.

Pack, C. C., and R. T. Born. 2001. "Temporal Dynamics of a Neural Solution to the Aperture Problem in Visual Area MT of Macaque Brain." *Nature* 409 (6823): 1040-42.

Pallier, C., A. D. Devauchelle, and S. Dehaene. 2011. "Cortical Representation of the Constituent Structure of Sentences." *Proceedings of the National Academy of Sciences* 108 (6): 2522-27.

Palva, S., K. Linkenkaer-Hansen, R. Naatanen, and J. M. Palva. 2005. "Early Neural Correlates of Conscious Somatosensory Perception." *Journal of Neuroscience* 25 (21): 5248-58.

Parvizi, J., and A. R. Damasio. 2003. "Neuroanatomical Correlates of Brainstem Coma." *Brain* 126 (7): 1524-36.

Parvizi, J., C. Jacques, B. L. Foster, N. Withoft, V. Rangarajan, K. S. Weiner, and K. Grill-Spector. 2012. "Electrical Stimulation of Human Fusiform Face-Selective Regions Distorts Face Perception." *Journal of Neuroscience* 32 (43): 14915-20.

Parvizi, J., G. W. Van Hoesen, J. Buckwalter, and A. Damasio. 2006. "Neural Connections of the Posteromedial Cortex in the Macaque." *Proceedings of the National Academy of Sciences* 103 (5): 1563-68.

Pascual-Leone, A., V. Walsh, and J. Rothwell. 2000. "Transcranial Magnetic Stimulation and Cognitive Neuroscience-Virtual Lesion, Chronometry, and Functional Connectivity." *Current Opinion in Neurobiology* 10 (2): 232-37.

Pashler, H. 1984. "Processing Stages in Overlapping Tasks: Evidence for a Central Bottleneck." *Journal of Experimental Psychology: Human Perception and Performance* 10 (3): 358-77.

-----. 1994. "Dual-Task Interference in Simple Tasks: Data and Theory." *Psychological Bulentin* 116 (2): 220-44.

Peirce, C. S. 1901. "The Proper Treatment of Hypotheses: A Preliminary Chapter, Toward an Examination of Hume's Argument Against Miracles, in Its Logic and in Its History." *Historical Perspectives* 2: 890-904.

Penrose, R., and S. Hameroff 1998. "The Penrose-Hameroff 'Orch OR' Model of Consciousness." *Philosophical Transactions of the Royal Society London (A)* 356: 1869-96.

Perin, R., T. K. Berger, and H. Markram. 2011. "A Synaptic Organizing Principle for Cortical Neuronal Groups." *Proceedings of the National Academy of Sciences* 108 (13): 5419-24.

Perner, J., and M. Aichhorn. 2008. "Theory of Mind, Language and the Temporoparietal Junction Mystery." *Trends in Cognitive Sciences* 12 (4): 123-26.

Persaud, N., M. Davidson, B. Maniscalco, D. Mobbs, R. E. Passingham, A. Cowey and H. Lau. 2001. "Awareness-Related Activity in Prefrontal and Parietal Cortices in Blindsight Reflects More Than Superior Visual Performance." *NeuroImage* 58 (2): 605-11.

Pessiglione, M., P. Petrovic, J. Daunizeau, S. Palminteri, R. J. Dolan, and C. D. Frith. 2008. "Subliminal Instrumental Conditioning Demonstrated in the Human Brain." *Neuron* 59 (4): 561-67.

Pessiglione, M., L. Schmidt, B. Draganski, R. Kalisch, H. Lau, R. J. Dolan, and C. D. Frith. 2007. "How the Brain Translates Money into Force: A Neuroimaging Study of Subliminal Motivation." *Science* 316 (5826): 904-6.

Petersen, S. E., H. van Mier, J. A. Fiez, and M. E. Raichle. 1998. "The Effects of Practice on the Functional Anatomy of Task Performance." *Proceedings of the National Academy of Sciences* 95 (3): 853-60.

Peyrache, A., M. Khamassi, K. Benchenane, S. I. Wiener, and F. P. Battaglia. 2009. "Replay of Rule-Learning Related Neural Patterns in the Prefrontal Cortex During Seep." *Nature Neuroscience* 12 (7): 919-26.

Piazza, M., V. Izard, P. Pinel, D. Le Bihan, and S. Dehaene. 2004. "Tuning Curves for Approximate Numerosity in the Human Intraparietal Sulcus." *Neuron* 44 (3): 547-55.

Piazza, M., P. Pinel, D. Le Bihan, and S. Dehaene. 2007. "A Magnitude Code Common to Numerosities and Number Symbols in Human Intraparietal Cortex." *Neuron* 53: 293-

305.

Picton, T. W. 1992. "The P300 Wave of the Human Event-Related Potential." *Journal of Clinical Neurophysiology* 9 (4): 456-79.

Pinel, P., F. Fauchereau, A. Moreno, A. Barbot, M. Lathrop, D. Zelenika, D. Le Bihan, et al. 2012. "Genetic Variants of FOXP2 and KIAA0319/TTRAP/THEM2 Locus Are Associated with Altered Brain Activation in Distinct Language-Related Regions." *Journal of Neuroscience* 32 (3): 817-25.

Pins, D., and D. Ffytche. 2003. "The Neural Correlates of Conscious Vision." *Cerebral Cortex* 13 (5): 461-74.

Pisella, L., H. Grea, C. Tilikete, A. Vighetto, M. Desmurget, G. Rode, D. Boisson, and Y. Rossetti. 2000. "An 'Automatic Pilot' for the Hand in Human Posterior Parietal Cortex: Toward Reinterpreting Optic Ataxia." *Nature Neuroscience* 3 (7): 729-36.

Plotnik, J. M., F. B. de Waal, and D. Reiss. 2006. "Self-Recognition in an Asian Elephant." *Proceedings of the National Academy of Sciences* 103 (45): 17053-57.

Pontifical Academy of Sciences. 2008. *Why the Concept of Death Is Valid as a Definition of Brain Death. Statement by the Pontifical Academy of Sciences and Responses to Objections.* http://www.pas.va/content/accademia/en/publications/extraseries/braindeath.html.

Portas, C. M., K. Krakow, P. Allen, O. Josephs, J. L. Armony, and C. D. Frith. 2000. "Auditory Processing Across the Sleep-Wake Cycle: Simultaneous EEG and fMRI Monitoring in Humans." *Neuron* 28 (3): 991-99.

Posner, M. I. 1994. "Attention: The Mechanisms of Consciousness." *Proceedings of the National Academy of Sciences* 91: 7398-403.

Posner, M. I., and M. K. Rothbart. 1998. "Attention, Self-Regulation and Consciousness." *Philosophical Transactions of the Royal Society of B: Biological Sciences* 353 (1377): 1915-27.

Posner, M. I., and C. R. R. Snyder. 1975/2004. "Attention and Cognitive Control." In *Cognitive Psychology: Key Readings*, edited by D. A. Balota, and E. J. Marsh. 205-23. New York: Psychology Press.

-----. 1975. "Attention and Cognitive Control." In *Information Processing and Cognition: The Loyola Symposium*, edited by R. L. Solso. 55-85, Hillsdale, N. J.: Lawrence

Erlbaum.

Prior, H., A. Schwarz, and O. Gunturkun. 2008. "Mirror-Induced Behavior in the Magpie (Pica Pica): Evidence of Self-Recognition." *PLOS Biology* 6 (8): e202.

Quiroga, R. Q., G. Kreiman, C. Koch, and I. Fried. 2008. "Sparse but Not 'Grandmother-Cell' Coding in the Medial Temporal Lobe." *Trends in Cognitive Sciences* 12 (3): 87-91.

Quiroga, R. Q., R. Mukamel, E. A. Isham, R. Malach, and I. Fried. 2008. "Human Single-Neuron Responses at the Threshold of Conscious Recognition." *Proceedings of the National Academy of Sciences* 105 (9): 3599-604.

Quiroga, R. Q., R. Reddy, C. Koch, and I. Fried. 2007. "Decoding Visual Inputs from Multiple Neurons in the Human Temporal Lobe." *Journal of Neurophysiology* 98 (4): 1997-2007.

Quiroga, R. Q., R. Reddy, G. Kreiman, C. Koch, and I. Fried. 2005. "Invariant Visual Representation by Single Neurons in the Human Brain." *Nature* 435 (7045): 1102-7.

Raichle, M. E. 2010. "Two Views of Brain Function." *Trends in Cognitive Sciences* 14 (4): 180-90.

Raichle, M. E., J. A. Fiesz, T. O. Videen, and A. K. MacLeod. 1994. "Practice-Related Changes in Human Brain Functional Anatomy During Nonmotor Learning." *Cerebral Cortex* 4: 8-26.

Raichle, M. E., A. M. MacLeod, A. Z. Snyder, W. J. Powers, D. A. Gusnard, and G. L. Shulman. 2001. "A Default Mode of Brain Function." *Proceedings of the National Academy of Sciences* 98 (2): 676-82.

Railo, H. and M. Koivisto. 2009. "The Electrophysiological Correlates of Stimulus Visibility and Metacontrast Masking." *Consciousness and Cognition* 18 (3): 794-803.

Ramachandran, V. S., and R. L. Gregory. 1991. "Perceptual Filling In of Artificially Induced Scotomas in Human Vision." *Nature* 350 (6320): 699-702.

Raymond, J. E., K. L. Shapiro, and K. M. Arnell. 1992. "Temporary Suppression of Visual Processing in an RSVP Task: An Attentional Blink?" *Journal of Experimental Psychology: Human Perception and Performance* 18 (3): 849-60.

Reddy, L., R. Q. Quiroga, P. Wilken, C. Koch, and I. Fried. 2006. "A Single-Neuron Correlate of Change Detection and Change Blindness in the Human Medial Temporal Lobe." *Current Biology* 16 (20): 2066-72.

Reed, C. M., and N. I. Durlach. 1998. "Note on Information Transfer Rates in Human Communication." *Presence: Teleoperators and Virtual Environments* 7 (5): 509-18.

Reiss, D., and L. Marino. 2001. "Mirror Self-Recognition in the Bottlenose Dolphin: A Case of Cognitive Convergence." *Proceedings of the National Academy of Sciences* 98 (10): 5937-42.

Rensink, R. A., J. K. O'Regan, and J. Clark. 1997. "To See or Not to See: The Need for Attention to Perceive Changes in Scenes." *Psychological Science* 8: 368-73.

Reuss, H., A. Kiesel, W. Kunde, and B. Hommel. 2011. "Unconscious Activation of Task Sets." *Consciousness and Cognition* 20 (3): 556-67.

Reuter, F., A. Del Cul, B. Audoin, I. Malikova, L. Naccache, J. P. Ranjeva, O. Lyon-Caen, et al. 2007. "Intact Subliminal Processing and Delayed Conscious Access in Multiple Sclerosis." *Neuropsychologia* 45 (12): 2683-91.

Reuter, F., A. Del Cul, I. Malikova, L. Naccache, S. Confort-Gouny, L. Cohen, A. A. Cherif, et al. 2009. "White Matter Damage Impairs Access to Consciousness in Multiple Sclerosis." *NeuroImage* 44 (2): 590-99.

Reynvoet, B., and M. Brysbaert. 1999. "Single-Digit and Two-Digit Arabic Numerals Address the Same Semantic Number Line." *Cognition* 72 (2): 191-201.

-----. 2004. "Cross-Notation Number Priming Investigated at Different Stimulus Onset Asynchronies in Parity and Naming Tasks." *Journal of Experimental Psychology* 51 (2): 81-90.

Reynvoet, B., M. Brysbaert, and W. Fias. 2002. "Semantic Priming in Number Naming." *Quarterly Journal of Experimental Psychology A* 55 (4): 1127-39.

Reynvoet, B., M. Gevers, and B. Caessens. 2005. "Unconscious Primes Activate Motor Codes Through Semantics." *Journal of Experimental Psychology: Learning, Memory, and Cognition* 31 (5): 991-1000.

Ricoeur, P. 1990. *Soi-même comme un autre*. Paris: Le Seuil.

Rigas, P., and M. A. Castro-Alamancos. 2007. "Thalamocortical Up States: Differential Effects of Intrinsic and Extrinsic Cortical Inputs on Persistent Activity." *Journal of Neuroscience* 27 (16): 4261-72.

Rockstroh, B., M. Müller, R. Cohen, and T. Elbert. 1992. "Probing the Functional Brain State During P300 Evocation." *Journal of Psychophysiology* 6: 175-84.

Rodriguez, E., N. Goerge, J. P. Lachaux, J. Martinerie, B. Renault, and F. J. Varela. 1999. "Perception's Shadow: Long-Distance Synchronization of Human Brain Activity." *Nature* 397 (6718): 430-33.

Roelfsema, P. R. 2005. "Elemental Operations in Vision." *Trends in Cognitive Sciences* 9 (5): 226-33.

Roelfsema, P. R., P. S. Khayat, and H. Spekreijse. 2003. "Subtask Sequencing in the Primary Visual Cortex." *Proceedings of the National Academy of Sciences* 100 (9): 5467-72.

Roelfsema, P. R., V. A. Lamme, and H. Spekreijse. 1998. "Object-Based Attention in the Primary Visual Cortex of the Macaque Monkey." *Nature* 395 (6700): 376-81.

Ropper, A. H. 2010. "Cogito Ergo Sum by MRI." *New England Journal of Medicine* 362 (7): 648-49.

Rosanova, M., O. Gosseries, S. Casarotto, M. Boly, A. G. Casali, M. A. Bruno, M. Mariotti, et al. 2012. "Recovery of Cortical Effective Connectivity and Recovery of Consciousness in Vegetative Patients." *Brain* 135 (4): 1308-20.

Rosenthal, D. M. 2008. "Consciousness and Its Function." *Neuropsychologia* 46 (3): 829-40.

Ross, C. A., R. L. Margolis, S. A. Reading, M. Pletnicov, and J. T. Coyle. 2006. "Neurobiology of Schizophrenia." *Neuron* 52 (1): 139-53.

Rougier, N. P., D. C. Noelle, T. S. Braver, J. D. Cohen, and R. C. O'Reilly. 2005. "Prefrontal Cortex and Flexible Cognitive Control: Rules Without Symbols." *Proceedings of the National Academy of Sciences* 10 (220): 7338-43.

Rounis, E., B. Maniscalco, J. C. Rothwell, R. Passingham, and H. Lau. 2010. "Theta-Burst Transcranial Magnetic Stimulation to the Prefrontal Cortex Impairs Metacognitive Visual Awareness." *Cognitive Neuroscience* 1 (3): 165-75.

Sackur, J., and S. Dehaene. 2009. "The Cognitive Architecture for Chaining of Two Mental Operations." *Cognition* 111 (2): 187-211.

Sackur, J., L. Naccache, P. Pradat-Diehl, P. Azouvi, D. Mazevet, R. Katz, L. Cohen, and S. Dehaene. 2008. "Semantic Processing of Neglected Numbers." *Cortex* 44 (6): 673-82.

Sadaghiani, S., G. Hesselmann, and K. J. Friston, and A. Kleinschmidt. 2010. "The Relation of Ongoing Brain Activity, Evoked Neural Responses, and Cognition." *Frontiers in Systems Neuroscience* 4: 20.

Sadaghiani, S., G. Hesselmann, and A. Kleinschmidt. 2009. "Distributed and Antagonistic Contributions of Ongoing Activity Fluctuations to Auditory Stimulus Detection." *Journal of Neuroscience* 29 (42): 13410-17.

Saga, Y., M. Iba, J. Tanji, and E. Hoshi. 2011. "Development of Multidimensional Representations of Task Phases in the Lateral Prefrontal Cortex." *Journal of Neuroscience* 31 (29): 10648-65.

Sahraie, A., L. Weiskrantz, J. L. Barbur, A. Simmons, S. C. R. Williams, and M. J. Brammer. 1997. "Pattern of Neuronal Activity Associated with Conscious and Unconscious Processing of Visual Signals." *Proceedings of the National Academy of Sciences* 94: 9406-11.

Salin, P. A., and J. Bullier. 1995. "Corticocortical Connections in the Visual System: Structure and Function." *Psychology Review* 75 (1): 107-54.

Saur, D., B. Schelter, S. Schnell, D. Kratochvil, H. Kupper, P. Kellmeyer, D. Kummerer, et al. 2010. "Combining Functional and Anatomical Connectivity Reveals Brain Networks for Auditory Language Comprehension." *NeuroImage* 49 (4): 3187-97.

Saxe, R. 2006. "Uniquely Human Social Cognition." *Current Opinion in Neurobiology* 16 (2): 235-39.

Saxe, R., and L. J. Powell. 2006. "It's the Thought That Counts: Specific Brain Regions for One Component of Theory of Mind." *Psychological Science* 17 (8), 692-99.

Schenker, N. M., D. P. Buxhoeveden, W. L. Blackmon, K. Amunts, K. Zilles, and K. Semendeferi. 2008. "A Comparative Quantitative Analysis of Cytoarchitecture and Minicolumnar Organization in Broca's Area in Humans and Great Apes." *Journal of Comparative Neurology* 510 (1): 117-28.

Schenker, N. M., W. D. Hopkins, M. A. Spocter, A. R. Garrison, C. D. Stimpson, J. M. Erwin, P. R. Hof, and C. C. Sherwood. 2009. "Broca's Area Homologue in Chimpanzees *(Pan troglodytes)*: Probabilistic Mapping, Asymmetry, and Comparison to Humans." *Cerebral Cortex* 20 (3): 730-42.

Schiff, N., U. Ribary, F. Plum, and R. Llinas 1999. "Words Without Mind." *Journal of Cognitive Neuroscience* 11 (6): 650-56.

Schiff, N. D. 2010. "Recovery of Consciousness After Brain Injury: A Mesocircuit Hypothesis." *Trends in Neurosciences* 33 (1): 1-9.

Schiff, N. D., J. T. Giacino, K. Kalmar, J. D. Victor, K. Baker, M. Gerber, B. Fritz, et al. 2007. "Behavioural Improvements with Thalamic Stimulation After Severe Traumatic Brain Injury." *Nature* 448 (7153): 600-3.

-----. 2008. "Behavioural Improvements with Thalamic Stimulation After Severe Traumatic Brain Injury." *Nature* 452 (7183): 120.

Schiff, N. D., U. Ribary, D. R. Moreno, B. Beattie, E. Kronberg, R. Blasberg, J. Giacino, et al. 2002. "Residual Cerebral Activity and Behavioural Fragments Can Remain in the Persistently Vegetative Brain." *Brain* 125 (6): 1210-34.

Schiller, P. H., and S. L. Chorover. 1996. "Metacontrast: Its Relation to Evoked Potentials." *Science* 153 (742): 1398-400.

Schmid, M. C., S. W. Mrowka, J. Turchi, R. C. Saunders, M. Wilke, A. J. Peters, F. Q. Ye, and D. A. Leopold. 2010. "Blindsight Depends on the Lateral Geniculate Nucleus." *Nature* 466 (7304): 373-77.

Schmid, M. C., T. Panagiotaropoulos, M. A. Augath, N. K. Logothetis, and S. M. Smirnakis. 2009. "Visually Driven Activation in Macaque Areas V2 and V3 Without Input from the Primary Visual Cortex." *PLOS One* 4 (5): e5527.

Schnakers, C., D. Ledoux, S. Majerus, P. Damas, F. Damas, B. Lambermont, M. Lamy, et al. 2008. "Diagnostic and Prognostic Use of Bispectral Index in Coma, Vegetative State and Related Disorders." *Brain Injury* 22 (12): 926-31.

Schnakers, C., A. Vanhaudenhuyse, J. Giacino, M. Ventura, M. Boly, S. Majerus, G. Moonen, and S. Laureys. 2009. "Diagnostic Accuracy of the Vegetative and Minimally Conscious State: Clinical Consensus Versus Standardized Neurobehavioral Assessment." *BMC Neurology* 9: 35.

Schneider, W., and R. M. Shiffrin. 1977. "Controlled and Automatic Human Information Processing: I. Detection, Search, and Attention." *Psychology Review* 84 (1): 1-66.

Schoenemann, P. T., M. J. Sheehan, and L. D. Glotzer. 2005. "Prefrontal White Matter Volume Is Disproportionately Larger in Humans Than in Other Primates." *Nature Neuroscience* 8 (2): 242-52.

Schurger, A., F. Pereira, A. Treisman, and J. D. Cohen. 2009. "Reproducibility Distinguishes Conscious from Nonconscious Neural Representations." *Science* 327 (5961): 97-99.

Schurger, A., J. D. Sitt, and S. Dehaene. 2012. "An Accumulator Model for Spontaneous Neural Activity Prior to Self-Initiated Movement." *Proceedings of the National Academy of Sciences* 109 (42): E2904-13.

Schvaneveldt, R. W., and D. E. Meyer. 1976. "Lexical Ambiguity, Semantic Context, and Visual Word Recognition." *Journal of Experimental Psychology: Human Perception and Performance* 2 (2): 243-56.

Self, M. W., R. N. Kooijmans, H. Supèr, V. A. Lamme, and P. R. Roelfsema. 2012. "Different Glutamate Receptors Convey Feedforward and Recurrent Processing in Macaque V1." *Proceedings of the National Academy of Sciences* 109 (27): 11031-36.

Selfridge, O. G. 1959. "Pandemonium: A Paradigm for Learning." In *Proceedings of the Symposium on Mechanisation of Thought Processes*, edited by D. V. Blake and A. M. Uttley, 511-29. London: H. M. Stationery Office.

Selimbeyoglu, A., and J. Parvizi. 2010. "Electrical Stimulation of the Human Brain: Perceptual and Behavioral Phenomena Reported in the Old and New Literature." *Frontiers in Human Neuroscience* 4: 46.

Sergent, C., S. Baillet, and S. Dehaene. 2005. "Timing of the Brain Events Underlying Access to Consciousness During the Attentional Blink." *Nature Neuroscience* 8 (10); 1391-400.

Sergent, C., and S. Dehaene. 2004. "Is Consciousness a Gradual Phenomenon? Evidence for an All-or-None Bifurcation During the Attentional Blink." *Psychological Science* 15 (11): 720-28.

Sergent, C., V. Wyart, M. Babo-Rebelo, L. Cohen, L. Naccache, and C. Tallon-Baudry. 2013. "Cueing Attention After the Stimulus is Gone Can Rretrospectively Trigger Conscious Perception." *Current Biology* 23 (2): 150-55.

Shady, S., D. I. MacLeod, and H. S. Fisher. 2004. "Adaptation from Invisible Flicker." *Proceedings of the National Academy of Sciences* 101 (14): 5170-73.

Shallice, T. 1972. "Dual Functions of Consciousness." *Psychological Review* 79 (5): 383-93.

-----. 1979. "A Theory of Consciousness." *Science* 204 (4395): 827.

-----. 1988. *From Neuropsychology to Mental Structure*. New York: Cambridge University Press.

Shanahan, M., and B. Baars. 2005. "Applying Global Workspace Theory to the Frame

Problem." *Cognition* 98 (2): 157-76.

Shao, L., Y. Shuai, J. Wang, S. Feng, B. Lu, Z. Li, Y. Zhao, et al. 2011. "Schizophrenia Susceptibility Gene Dysbindin Regulates Glutamatergic and Dopaminergic Functions via Distinctive Mechanisms in Drosophila." *Proceedings of the National Academy of Sciences* 108 (46): 18831-836.

Sherman, S. M. 2012. "Thalamocortical Interactions." *Current Opinion in Neurobiology* 22 (4): 575-79.

Shiffrin, R. M., and W. Schneider. 1977. "Controlled and Automatic Human Information Processing: II. Perceptual Learning, Automatic Attending, and a General Theory." *Psychological Review* 84 (2): 127-90.

Shima, K., M. Isoda, H. Mushiake, and J. Tanji. 2007. "Categorization of Behavioural Sequences in the Prefrontal Cortex." *Nature* 445 (7125): 315-18.

Shirvalkar P., M. Seth, N. D. Schiff, and D. G. Herrera. 2006. "Cognitive Enhancement with Central Thalamic Electrical Stimulation." *Proceedings of the National Academy of Sciences* 103 (45): 17007-12

Sidaros, A., A. Engberg, K. Sidaros, M. G. Liptrot, M. Herning, P. Petersen, O. B. Paulson, et al. 2008. "Diffusion Tensor Imaging During Recovery from Severe Traumatic Brain Injury and Relation to Clinical Outcome: A Longitudinal Study." *Brain* 131 (2): 559-72.

Sidis, B. 1898. The Psychology of Suggestion. New York: D. Appleton.

Siegler, R. S. 1987. "Strategy Choices in Subtraction." In *Cognitive Processes in Mathematics*, edited by J. Sloboda and D. Rogers, 81-106. Oxford: Clarendon Press.

-----. 1988. "Strategy Choice Procedures and the Development of Multiplication Skill." *Journal of Experimental Psychology: General* 117 (3): 258-75.

-----. 1989. "Mechanisms of Cognitive Developmetn." *Annual Review of Psychology* 40: 353-79.

Siegler, R. S., and E. A. Jenkins. 1989. *How Children Discover New Strategies*. Hillsdale, N.J.: Lawrence Erlbaum.

Sigala, N., M. Kusunoki, I. Nimmo-Smith, D. Gaffan, and J. Duncan. 2008. "Hierarchical Coding for Sequential Task Events in the Monkey Prefrontal Cortex." *Proceedings of the National Academy of Sciences* 105 (33: 11969-74.

Sigman, M. and S. Dehaene. 2005. "Parsing a Cognitive Task: A Characterization of the Mind's Bottleneck." *PLOS Biology* 3 (2): e37.

-----. 2008. "Brain Mechanisms of Serial and Parallel Processing During Dual-Task Performance." *Journal of Neuroscience* 28 (30): 7585-98.

Silvanto, J., and Z. Cattaneo. 2010. "Transcrannial Magnetic Stimulation Reveals the Content of Visual Short-Term Memory in the Visual Cortex." *NeuroImage* 50 (4); 1683-89.

Silvanto, J., A. Cowey, N. Lavie, and V. Walsh. 2005. "Striate Cortex (V1) Activity Gates Awareness of Motion." *Nature Neuroscience* 8 (2): 143-44.

Silvanto, J., N. Lavie, and V. Walsh. 2005. "Double Dissociation of V1 and V5/MT Activity in Visual Awareness." *Cerebral Cortex* 15 (11): 1736-41.

Simons, D. J., and M. S. Ambinder. 2005. "Change Blindness: Theory and Consequences." *Current Directions in Psychological Science* 14 (1): 44-48.

Simons. D. J., and C. F. Chabris. 1999. "Gorillas in Our Midst: Sustained Inattentional Blindness for Dynamic Events." *Perception* 28 (9): 1059-74.

Singer, P. 1993. *Practical Ethics*. 2nd ed. Cambridge: Cambridge University Press.

Singer, W. 1998. "Consciousness and the Structure of Neuronal Representations." *Philosophical Transactions of the Royal Society B: Biological Sciences* 353 (1377): 1829-40.

Sitt, J. D., J. R. King, I. El Karoui, B. Rohaut, F. Faugeras, A. Gramfort, L. Cohen, et al. 2013. "Signatures of Consciousness of Predictors of Recovery in Vegetative and Minimally Conscious Patients." Submitted.

Sklar, A. Y., N. Levy, A. Goldstein, R. Mandel, A. Maril, and R. R. Hassin. 2012. "Reading and Doing Arithmetic Nonconsciously." *Proceedings of the National Academy of Sciences* 109 (48): 19614-19.

Smallwood, J., E. Beach, J. W. Schooler, and T. C. Handy. 2008. "Going AWOL in the Brain: Mind Wandering Reduces Cortical Analysis of External Events." *Journal of Cognitive Neuroscience* 20 (3): 458-69.

Smedira N. G., B. H. Evans, L. S. Grais, N. H. Cohen, B. Lo, M. Cooke, W. P. Schecter, et al. 1990. "Withholding and Withdrawal of Life Support from the Critically Ill." *New England Journal of Medicine* 322 (5): 309-15.

Smith, J. D., J. Schull, J. Strote, K. McGee, R. Egnor, and L. Erb. 1995. "The Uncertain Response in the Bottlenosed Dolphin (*Tursiops truncatus*)." *Journal of Experimental Psychology: General* 124 (4): 391-408.

Soto, D., T. Mantyla, and J. Silvanto. 2011. "Working Memory Without Consciousness." *Current Biology* 21 (22): R912-13.

Sporns, O., G. Tononi, and G. M. Edelman. 1991. "Modeling Perceptual Grouping and Figure-Ground Segregation by Means of Active Reentrant Connections." *Proceedings of the National Academy of Sciences* 88 (1): 129-33.

Squires, K. C., C. Wickens, N. K. Squires, and E. Donchin 1976. "The Effect of Stimulus Sequence on the Waveform of the Cortical Event-Related Potential." *Science* 193 (4258): 1142-46.

Squires, K. C., K. C. Squires, and S. A. Hillyard. 1975. "Two Varieties of Long-Latency Positive Waves Evoked by Unpredictable Auditory Stimuli in Man." *Electroencephalography and Clinical Neurophysiology* 38 (4): 387-401.

Srinivasan, R., D. P. Russell, G. M. Edelman, and G. Tononi. 1999. "Increased Synchronization of Neuromagnetic Responses During Conscious Perception." *Journal of Neuroscience* 19 (13): 5435-48.

Staniek, M., and K. Lehnertz. 2008. "Symbolic Transfer Entropy." *Physical Review Letters* 100 (15): 158101.

Staunton, H. 2008. "Arousal by Stimulation of Deep-Brain Nucleus." *Nature* 452 (7183): E1; discussion E1-2.

Stephan, K. E., K. J. Friston, and C. D. Frith. 2009. "Dysconnection in Schizophrenia: From Abnormal Synaptic Plasticity to Failures of Self-Monitoring." *Schizophrenia Bulletin* 35 (3): 509-27.

Stephan, K. M., M. H. Thaut, G. Wunderlich, W. Schicks, B. Tian, L. Tellmann, T. Schmitz, et al. 2002. "Conscious and Subconscious Sensorimotor Synchronization-Prefrontal Cortex and the Influence of Awareness." *NeuroImage* 15 (2): 345-52.

Stettler, D. D., A. Das, J. Bennett, and C. D. Gilbert. 2002. "Lateral Connectivity and Contextual Interactions in Macaque Primary Visual Cortex." *Neuron* 36 (4): 739-50.

Steyn-Ross, M. L., D. A. Steyn-Ross, and J. W. Sleigh. 2004. "Modelling General Anaesthesia as a First-Order Phase Transition in the Cortex." *Progress in Biophysics and Molecular Biology* 85 (2-3): 369-85.

Strayer, D. L., F. A. Drews, and W. A. Johnston. 2003. "Cell Phone-Induced Failures of Visual Attention During Simulated Driving." *Journal of Experimental Psychology: Applied* 9 (1): 23-32.

Striem-Amit, E., L. Cohen, S. Dehaene, and A. Amedi. 2012. "Reading with Sounds: Sensory Substitution Selectively Activates the Visual Word Form Area in the Blind." *Neuron* 76 (3): 640-52.

Suddendorf, T., and D. L. Butler. 2013. "The Nature of Visual Self-Recognition." *Trends in Cognitive Sciences* 17 (3): 121-27.

Supèr, H., H. Spekreijse, and V. A. Lamme. 2001a. "Two Distinct Modes of Sensory Processing Observed in Monkey Primary Visual Cortex (V1)." *Nature Neuroscience* 4 (3): 304-10.

-----. 2001b. "A Neural Correlates of Working Memory in the Monkey Primary Visual Cortex." *Science* 293 (5527): 120-24.

Supèr, H., C. van der Togt, H. Spekreijse, and V. A. Lamme. 2003. "Internal State of Monkey Primary Visual Cortex (V1) Predicts Figure-Ground Perception." *Journal of Neuroscience* 23 (8): 3407-14.

Supp, G. G., M. Siegel, J. F. Hipp, and A. K. Engel. 2011. "Cortical Hypersynchrony Predicts Breakdown of Sensory Processing During Loss of Consciousness." *Current Biology* 21 (23): 1988-93.

Taine, H. 1870. De l'intelligence. Paris: Hachette.

Tang, T. T., F. Yang, B. S. Chen, Y. Lu, Y. Ji, K. W. Roche, and B. Lu. 2009. "Dysbindin Regulates Hippocampal LTP by Controlling NMDA Receptor Surface Expression." *Proceedings of the National Academy of Sciences* 106 (50): 21395-400.

Taylor, P. C., V. Walsh, and M. Eimer. 2010. "The Neural Signature of Phosphene Perception." *Human Brain Mapping* 31 (9): 1408-17.

Telford, C. W. 1931. "The Refractory Phase of Voluntary and Associative Responses." *Journal of Experimental Psychology* 14 (1): 1-36.

Terrace, H. S., and L. K. Son. 2009. "Comparative Metacognition." *Current Opinion in Neurobiology* 19 (1): 67-74.

Thompson, S. P. 1910. "A Physiological Effect of an Alternating Magnetic Field."

Proceedings of the Royal Society B: Biological Sciences B82: 396-99.

Tombu, M., and P. Jolicoeur. 2003. "A Central Capacity Sharing Model of Dual-Task Performance." *Journal of Experimental Psychology: Human Perception and Performance* 29 (1): 3-18.

Tononi, G. 2008. "Consciousness as Integrated Information: A Provisional Manifesto." *Biological Bulletin* 215 (3): 216-42.

Tononi, G., and G. M. Edelman. 1998. "Consciousness and Complexity." *Science* 282 (5395): 1846-51.

Tooley, M. 1972. "Abortion and Infanticide." *Philosophy and Public Affairs* 2 (1): 37-65.

-----. 1983. *Abortion and Infanticide*. London: Clarendon Press.

Treisman, A., and G. Gelade. 1980. "A Feature-Integration Theory of Attention." *Cognitive Psychology* 12: 97-136.

Treisman, A., and J. Souther. 1986. "Illusory Words: The Roles of Attention and Top-Down Constraints in Conjoining Letters to Form Words." *Journal of Experimental Psychology: Human Perception and Performance* 12: 3-17.

Tsao, D. Y., W. A. Freiwald, R. B. Tootell, and M. S. Livingstone. 2006. "A Cortical Region Consisting Entirely of Face-Selective Cells." *Science* 311 (5761): 670-74.

Tshibanda, L., A. Vanhaudenhuyse, D. Galanaud, M. Boly, S. Laureys, and L. Puybasset. 2009. "Magnetic Resonance Spectroscopy and Diffusion Tensor Imaging in Coma Survivors: Promises and Pitfalls." *Progress in Brain Research* 177: 215-29.

Tsodyks, M., T. Kenet, A. Grinvald, and A. Arieli. 1999. "Linking Spontaneous Activity of Single Cortical Neurons and the Underlying Functional Architecture." *Science* 286 (5446): 1943-46.

Tsubokawa, T., T. Yamamoto, Y. Katayama, T. Hirayama, S. Maejima, and T. Moriya. 1990. "Deep-Brain Stimulation in a Persistent Vegetative State: Follow-Up Results and Criteria for Selection of Candidates." *Brain Injury* 4 (4): 315-27.

Tsuchiya, N., and C. Koch. 2005. "Continuous Flash Suppression Reduces Negative Afterimages." *Nature Neuroscience* 8 (8): 1096-101.

Tsunoda, K., Y. Yamane, M. Nishizaki, and M. Tanifuji. 2001. "Complex Objects Are Represented in Macaque Inferotemporal Cortex by the Combination of Feature Columns." *Nature Neuroscience* 4 (8): 832-38.

Tsushima, Y., Y. Sakai, and T. Watanabe. 2006. "Greater Disruption Due to Failure of Inhibitory Control on an Ambiguous Distractor." *Science* 314 (5806): 1786-88.

Tsushima, Y., A. R. Seitz, and T. Watanabe. 2008. "Task-Irrelevant Learning Occurs Only When the Irrelevant Feature Is Weak." *Current Biology* 18 (12): R516-517.

Turing, A. M. 1936. "On Computable Numbers, with an Application to the Entscheidungsproblem." *Proceedings of the London Mathematical Society* 42: 230-65.

-----. 1952. "The Chemical Basis of Morphogenesis." *Philosophical Transactions of the Royal Society B: Biological Sciences* 237: 37-72.

Tyler, L. K., and W. Marslen-Wilson. 2008. "Fronto-Temporal Brain Systems Supporting Spoken Language Comprehension." *Philosophical Transactions of the Royal Society B: Biological Sciences* 363 (1493): 1037-54.

Tzovara, A., A. O. Rossetti, L. Spierer, J. Grivel, M. M. Murray, M. Oddo, and M. De Lucia. 2012. "Progression of Auditory Discrimination Based on Neural Decoding Predicts Awakening from Coma." *Brain* 136 (1): 81-89.

Uhlhaas, P. J., D. E. Linden, W. Singer, C. Haenschel, M. Lindner, K. Maurer, and E. Rodriguez. 2006. "Dysfunctional Long-Range Coordination of Neural Activity During Gestalt Perception in Schizophrenia." *Journal of Neuroscience* 26 (31): 8168-75.

Uhlhaas, P. J., and W. Singer. 2010. "Abnormal Neural Oscillations and Synchrony in Schizophrenia." *Nature Reviews Neuroscience* 11 (2): 100-13.

van Aalderen-Smeets, S. I., R. Oostenveld, and J. Schwarzbach. 2006. "Investigating Neurophysiological Correlates of Metacontrast Masking with Magnetoencephalography." *Advances in Cognitive Psychology* 2 (1): 21-35.

Van den Bussche, E., K. Notebaert, and B. Reynvoet. 2009. "Masked Primes Can Be Genuinely Semantically Processed." *Journal of Experimental Psychology* 56 (5): 295-300.

Van den Bussche, E., and B. Reynvoet. 2007. "Masked Priming Effects in Semantic Categorization Are Independent of Category Size." *Journal of Experimental Psychology* 54 (3): 225-35.

van Gaal, S., L. Naccache, J. D. I. Meeuwese, A. M. van Loon, L. Cohen, and S. Dehaene. 2013. "Can Multiple Words Be Integrated Unconsciously?" Submitted.

van Gaal, S., K. R. Ridderinkhof, J. J. Fahrenfort, H. S. Scholte, and V. A. Lamme. 2008.

"Frontal Cortex Mediates Unconsciously Triggered Inhibitory Control." *Journal of Neuroscience* 28 (32): 8053-62.

van Gaal, S., K. R. Ridderinkhof, H. S. Scholte, and V. A. Lamme. 2010. "Unconscious Activation of the Prefrontal No-Go Network." *Journal of Neuroscience* 30 (11): 4143-50.

Van Opstal, F., F. P. de Lange, and S. Dehaene. 2011. "Rapid Parallel Semantic Processing of Numbers Without Awareness." *Cognition* 120 (1): 136-47.

Varela, F., J. P. Lachaux, E. Rodriguez, and J. Martinerie. 2001. "The Brainweb: Phase Synchronization and Large-Scale Integration." *Nature Reviews Neuroscience* 2 (4): 229-39.

Velmans, M. 1991. "Is Human Information Processing Conscious?" *Behavioral and Brain Sciences* 14: 651-726.

Vernes, S. C., P. L. Oliver, E. Spiteri, H. E. Lockstone, R. Puliyadi, J. M. Taylor, J. Ho, et al. 2011. "Foxp2 Regulates Gene Networks Implicated in Neurite Outgrowth in the Developing Brain." *PLOS Genetics* 7 (7): e1002145.

Vincent, J. L., G. H. Patel, M. D. Fox, A. Z. Snyder, J. T. Baker, D. C. Van Essen, J. M. Zempel, et al. 2007. "Intrinsic Functional Architecture in the Anaesthetized Monkey Brain." *Nature* 447 (7140): 83-86.

Vogel, E. K., S. J. Luck, and K. L. Shapiro. 1998. "Electrophysiological Evidence for a Postperceptual Locus of Suppression During the Attentional Blink." *Journal of Experimental Psychology: Human Perception and Performance* 24 (6): 1656-74.

Vogel, E. K., and M. G. Machizawa. 2004. "Neural Activity Predicts Individual Differences in Visual Working Memory Capacity." *Nature* 428 (6984): 748-51.

Vogel, E. K., A. W. McCollough, and M. G. Machizawa. 2005. "Neural Measures Reveal Individual Differences in Controlling Access to Working Memory." *Nature* 438 (7067): 500-3.

Vogeley, K., P. Bussfeld, A. Newen, S. Herrmann, F. Happe, P. Falkai, W. Maier, et al. 2001. "Mind Reading: Neural Mechanisms of Theory of Mind and Self-Perspective." *NeuroImage* 14 (1 pt. 1): 170-81.

Voss, H. U., A. M. Uluc, J. P. Dyke, R. Watts, E. J. Kobylarz, B. D. McCandliss, L. A. Heier, et al. 2006. "Possible Axonal Regrowth in Late Recovery from the Minimally

Conscious State." *Journal of Clinical Investigation* 116 (7): 2005-11.

Vuilleumier, P., N. Sagiv, E. Hazeltine, R. A. Poldrack, D. Swick, R. D. Rafal, and J. D. Gabrieli. 2001. "Neural Fate of Seen and Unseen Faces in Visuospatial Neglect: A Combined Event-Related Functional MRI and Event-Related Potential Study." *Proceedings of the National Academy of Sciences* 98 (6): 3495-500.

Vul, E., D. Hanus, and N. Kanwisher. 2009. "Attention as Inference: Selection Is Probabilistic; Responses Are All-or-None Samples." *Journal of Experimental Psychology: General* 138 (4): 546-60.

Vul, E., M. Nieuwenstein, and N. Kanwisher. 2008. "Temporal Selection Is Suppressed, Delayed, and Diffused During the Attentional Blink." *Psychological Science* 19 (1): 55-61.

Vul, E., and H. Pashler. 2008. "Measuring the Crowd Within: Probabilistic Representations Within Individuals." *Psychological Science (Wiley-Blackwell)* 19 (7): 645-47.

Wacongne, C., J. P. Changeux, and S. Dehaene. 2012. "A Neuronal Model of Predictive Coding Accounting for the Mismatch Negativity." *Jounal of Neuroscience* 32 (11): 3665-78.

Wacongne, C., E. Labyt, V. van Wassenhove, T. Beckinschtein, L. Naccache, and S. Dehaene. 2001. "Evidence for a Hierarchy of Predictions and Prediction Errors in Human Cortex." *Proceedings of the National Academy of Sciences* 108 (51): 20754-59.

Wagner, U., S. Gais, H. Haider, R. Verleger, and J. Born. 2004. "Sleep Inspires Insight." *Nature* 427 (6972): 352-55.

Watson, J. B. 1913. "Psychology as the Behaviorist Views It." *Psychological Review* 20: 158-77.

Wegner, D. M. 2003. *The Illusion of Conscious Will.* Cambridge, Mass.: MIT Press.

Weinberger, J. 2000. "William James and the Unconscious: Redressing a Century-Old Misunderstanding." *Psychological Science* 11 (6): 439-45.

Weiskrantz, L. 1986. *Blindsight: A Case Study and Its Implications.* Oxford: Clarendon Press.

-----. 1997. *Consciousness Lost and Found: A Neuropsychological Exploration.* New York: Oxford University Press.

Weiss, Y., E. P. Simoncelli, and E. H. Adelson. 2002. "Motion Illusions as Optimal

Percepts." *Nature Neuroscience* 5 (6): 598-604.

Westmoreland, B. F., D. W. Klass, F. W. Sharbrough, and T. J. Reagan. 1975. "Alpha-Coma: Electroencephalographic, Clinical, Pathologic, and Etiologic Correations." *Archives of Neurology* 32 (11): 713-18.

Whittingstall, K., and N. K. Logothetis. 2009. "Frequency-Band Coupling in Surface EEG Reflects Spiking Activity in Monkey Visual Cortex." *Neuron* 64 (2): 281-89.

Widaman, K. F., D. C. Geary, P. Cormier, and T. D. Little. 1989. "A Componential Model for Mental Addition." *Journal of Experimental Psychology: Learning, Memory, and Cognition* 15: 898-919.

Wilke, M., N. K. Logothetis, and D. A. Leopold. 2003. "Generalized Flash Suppression of Salient Visual Targets." *Neuron* 39 (6): 1043-52.

-----. 2006. "Local Field Potential Reflects Perceptual Suppression in Monkey Visual Cortex." *Proceedings of the National Academy of Sciences* 103 (46): 17507-12.

Williams, M. A., C. I. Baker, H. P. Op de Beeck, W. M. Shim, S. Dang, C. Triantafyllou, and N. Kanwisher. 2008. "Feedback of Visual Object Information to Foveal Retinotopic Cortex." *Nature Neuroscience* 11 (12): 1439-45.

Williams, M. A., T. A. Visser, R. Cunnington, and J. B. Mattingley. 2008. "Attenuation of Neural Responses in Primary Visual Cortex During the Attentional Blink." *Journal of Neuroscience* 28 (39): 9890-94.

Womelsdorf, T., J. M. Schoffelen, R. Oostenveld, W. Singer, R. Desimone, A. K. Engel, and P. Fries. 2007. "Modulation of Neuronal Interactions Through Neuronal Synchronization." *Science* 316 (5831): 1609-12.

Wong, K. F. 2002. "The Relationship Between Attentional Blink and Psychological Refractory Period." *Journal of Experimental Psychology: Human Perception and Performance* 28 (1): 54-71.

Wong, K. F., and X. J. Wang. 2006. "A Recurrent Network Mechanism of Time Integration in Perceptual Decisions." *Journal of Neuroscience* 26 (4): 1314-28.

Woodman, G. F., and S. J. Luck. 2003. "Dissociations Among Attention, Perception, and Awareness During Object-Substitution Masking." *Psychological Science* 14 (6): 605-11.

Wyart, V., S. Dehaene, and C. tallon-Baudry. 2012. "Early Dissociation Between Neural

Signatures of Endogenous Spatial Attention and Perceptual Awareness During Visual Masking." *Frontiers in Human Neuroscience* 6: 16.

Wyart, V., and C. Tallon-Baudry. 2008. "Neural Dissociation Between Visual Awareness and Spatial Attention." *Journal of Neuroscience* 28 (10): 2667-79.

-----. 2009. "How Ongoing Fluctuations in Human Visual Cortex Predict Perceptual Awareness: Baseline Shift Versus Decision Bias." *Journal of Neuroscience* 29 (27): 8715-25.

Wyler, A. R., G. A. Ojemann, and A. A. Ward, Jr. 1982. "Neurons in Human Epileptic Cortex: Correlation Between Unit and EEG Activity." *Annuals of Neurology* 11 (3): 301-8.

Yang, T., and M. N. Shadlen. 2007. "Probabilistic Reasoning by Neurons." *Nature* 447 (7148): 1075-80.

Yokoyama, O., N. Miura, J. Watanabe, A. Takemoto, S. Uchida, M. Suigura, K. Horie, et al. 2010. "Right Frontopolar Cortex Activity Correlates with Reliability of Retrospective Rating of Confidence in Short-Term Recognition Memory Performance." *Neuroscience Research* 68 (3): 199-206.

Zeki, S. 2003. "The Disunity of Consciousness." *Trends in Cognitive Sciences* 7 (5): 214-18.

Zhang, P., K. Jamison, S. Engel, B. He, and S. He. 2011. "Binocular Rivalry Requires Visual Attention." *Neuron* 71 (2): 362-69.

Zylberberg, A., S. Dehaene, G. B. Mindlin, and M. Sigman. 2009. "Neurophysiological Bases of Exponential Sensory Decay and Top-Down Memory Retrieval: A Model." *Frontiers in Computational Neuroscience* 3: 4.

Zylberberg, A., S. Dehaene, P. R. Roelfsema, and M. Sigman 2011. "The Human Turing Machine: A Neural Framework for Mental Programs." *Trends in Cognitive Sciences* 15 (7): 293-300.

Zylberberg, A., D. Fernandez Slezak, P. R. Roelfsema, S. Dehaene, and M. Sigman. 2010. "The Brain's Router: A Cortical Network Model of Serial Processing in the Primate Brain." *PLOS Computational Biology* 6 (4): e1000765.

도판 출전

그림 1: © Ministère de la Culture—Médiathèque du Patrimoine, Dist. RMN—
Grand Palais / image IGN.

그림 4 (오른쪽 위): 저자.

그림 4 (아래): Adapted by the author from D. A. Leopold and N. K. Logothetis.
1999. "Multistable Phenomena: Changing Views in Perception." *Trends
in Cognitive Sciences* 3: 254–64. Copyright © 1999. With permission from
Elsevier.

그림 5: 저자.

그림 6 (위): D. J. Simons and C. F. Chabris. 1999. "Gorillas in Our Midst:
Sustained Inattentional Blindness for Dynamic Events." *Perception* 28:
1059–74.

그림 7 (위 그리고 가운데): Adapted by the author from S. Kouider and S. Dehaene.
2007. "Levels of Processing During Non—conscious Perception: A Critical
Review of Visual Masking." *Philosophical Transactions of the Royal Society B:
Biological Sciences* 362 (1481): 857–75. Figure 1, p. 859.

그림 7 (아래): 저자.

그림 9 (위): Courtesy of Melvyn Goodale.

그림 10: Courtesy of Edward Adelson.

그림 11: Adapted by the author based on S. Dehaene et al. 1998. "Imaging Unconscious Semantic Priming." *Nature* 395: 597–600.

그림 12: Adapted by the author from M. Pessiglione et al. 2007. "How the Brain Translates Money into Force: A Neuroimaging Study of Subliminal Motivation." *Science* 316 (5826): 904–6. Courtesy of Mathias Pessiglione.

그림 13: 저자.

그림 14: 저자.

그림 15: Adapted by the author from R. Moreno-Bote, D. C. Knill, and A. Pouget. 2001. "Bayesian Sampling in Visual Perception." *Proceedings of the National Academy of Sciences of the United States of America* 108 (30): 12491–96. Figure 1A.

그림 16 (위): Adapted by the author from S. Dehaene et al. 2001. "Cerebral Mechanism of Word Masking and Unconscious Repetition Priming." *Nature Neuroscience* 4 (7): 752–58. Figure 2.

그림 16 (아래): Adapted by the author from S. Sadaghiani et al. 2009. "Distributed and Antagonistic Contributions of Ongoing Activity Fluctuations of Auditory Stimulus Detection." *Journal of Neuroscience* 29 (42): 13410–17. Courtesy of Sepideh Sadaghiani.

그림 17: Adapted by the author from S. van Gaal et al. 2010. "Unconscious Activation of the Prefrontal No-Go Network." *Journal of Neuroscience* 30 (11): 4143–50. Figures 3 and 4. Courtesy of Simon van Gaal.

그림 18: Adapted by the author from C. Sergent et al. 2005. "Timing of the Brain Events Underlying Access to Consciousness During the Attentional Blink." *Nature Neuroscience* 8 (10): 1391–400.

그림 19: Adapted by the author from A. Del Cul et al. 2007. "Brain Dynamics Underlying the Nonlinear Threshold for Access to Consciousness." *PLOS Biology* 5 (10): e260.

그림 20: Adapted by the author from L. Fisch, E. Privman, M. Ramot, M. Harel, Y. Nir, S. Kipervasser, et al. 2009. "Neural 'Ignition': Enhanced Activation Linked to Perceptual Awareness in Human Ventral Stream Visual Cortex." *Neuron* 64: 562–74. With permission from Elsevier.

그림 21 (위): Adapted by the author from E. Rodriguez et al. 1999. "Perception's Shadow: Long−Distance Synchronization of Human Brain Activity." *Nature* 397 (6718): 430–33. Figures 1 and 3.

그림 21 (아래): Adapted by the author from R. Gaillard et al. 2009. "Converging Intracranial Markers of Conscious Access." *PLOS Biology* 7 (3): e61. Figure 8.

그림 22: Adapted by the author from R. Q. Quiroga, R. Mukamel, E. A. Isham, R. Malach, and I. Fried. 2008. "Human Single−Neuron Responses at the Threshold of Conscious Recognition." *Proceedings of the National Academy of Sciences of the United States of America* 105 (9):3599–604. Figure 2. Copyright © 2008 National Academy of Sciences, U.S.A.

그림 23 (오른쪽): Copyright © 2003 Neuroscience of Attention & Perception Laboratory, Princeton University.

그림 24 (위): B. J. Baars. 1989. *A Cognitive Theory of Consciousness*. Cambridge, U.K.: Cambridge University Press. Courtesy of Bernard Baars.

그림 24 (아래): S. Dehaene, M. Kerszberg, and J. P. Changeux. 1998. "A Neuronal Model of a Global Workspace in Effortful Cognitive Tasks." *Proceedings of the National Academy of Sciences of the United States of America* 95 (24); 14529–34. Figure 1. Copyright © 1998 National Academy of Sciences, U.S.A.

그림 25 (오른쪽): Courtesy of Michel Thiebaut de Schotten.

그림 26 (아래): G. N. Elston. 2003. "Cortex, Cognition and the Cell: New Insight into the Pyramidal Neuron and Prefrontal Function." *Cerebral Cortex* 13 (11): 1124–38. By permission of Oxford University Press.

그림 27: Adapted by the author from S. Dehaene et al. 2005. "Ongoing Spontaneous Activity Controls Access to Consciousness: A Neuronal Model for Inattentional Blindness." *PLOS Biology* 3 (5): e141.

그림 28: Adapted by the author from S. Dehaene et al. 2006. "Conscious, Preconscious, and Subliminal Processing: A Testable Taxonomy." *Trends in Cognitive Sciences* 10 (5): 204–11.

그림 29: Adapted by the author from S. Laureys et al. 2004. "Brain Funcion in Coma, Vegetative State, and Related Disorders." *Lancet Neurology* 3 (9):

537–46.

그림 30: Adapted by the author from M. M. Monti, A. Vanhaudenhuyse, M. R. Coleman, M. Boly, J. D. Pickard, L. Tshibanda, et al. 2010. "Willful Modulation of Brain Activity in Disorders of Consciousness." *New England Journal of Medicine* 362: 579–89. Copyright © 2010 Massachusetts Medical Society. Reprinted with permission from Massachusetts Medical Society.

그림 31: Adapted by the author from T. A. Bekinschtein, S. Dehaene, B. Rohaut, F. Tadel, L. Cohen, and L. Naccache. 2009. "Neural Signature of the Conscious Processing of Auditory Regularities." *Proceedings of the National Academy of Sciences of the United States of America* 106 (5): 1672–77. Figures 2 and 3.

그림 32: Courtesy of Steven Laureys.

그림 33: Adapted by the author from J. R. King, J. D. Sitt, et al. 2013. "Long-Distance Information Sharing Indexes the State of Consciousness of Unresponsive Patients." *Current Biology* 23: 1914–19. Copyright © 2013. With permission from Elsevier.

그림 34: Adapted by the author from G. Dehaene–Lambertz, S. Dehaene, and L. Hertz–Pannier. 2002. "Functional Neuroimaging of Speech Perception in Infants." *Science* 298 (5600): 2013–15.

그림 35: Adapted by the author from S. Kouider et al. 2013. "A Neural Marker of Perceptual Consciousness in Infants." *Science* 340 (6130): 376–80.

찾아보기

뇌의식의 탄생

2017년 08월 10일 1판 1쇄
2020년 06월 30일 1판 2쇄

지은이 스타니슬라스 데하네
옮긴이 박인용
발행인 김철종
인쇄제작 정민문화사

펴낸곳 한언
출판등록 1983년 9월 30일 제1 - 128호
주소 03146 서울시 종로구 삼일대로 453(경운동) KAFFE빌딩 2층
전화번호 02)701 - 6911 **팩스번호** 02)701 - 4449
전자우편 haneon@haneon.com **홈페이지** www.haneon.com

ISBN 978-89-5596-807-1 03560

이 도서의 국립중앙도서관 출판예정도서목록(CIP)은 서지정보유통지원시스템 홈페이지
(http://seoji.nl.go.kr)와 국가자료공동목록시스템(http://www.nl.go.kr/kolisnet)에서
이용하실 수 있습니다.(CIP제어번호: CIP2017019492)